国家自然科学基金项目(11371117)赞助

水文地质参数智能优化计算

张 勇 党承华 东 栋 张广宇 著

科 学 出 版 社

北 京

内 容 简 介

对于非稳定流抽水试验水文地质参数计算，作者在本书中提出了基于智能优化理论的配线计算方法，并论述了承压水完整井、非完整井、边界附近完整井、越流补给含水层、非完整井流、潜水 Boulton 模型、Neuman 模型等水文地质参数智能优化配线计算方法及例题。特点是采用智能优化配线替代传统的人工配线法计算水文地质参数，弥补了人工配线存在配线及读数误差的不足，解决了各种类型井函数的自动计算问题，提出了基于定点喂食的改进粒子群算法，用于曲线族类井函数的多维度目标函数优化配线计算，加快了收敛速度，提高了计算精度，免去了所有配线法制作标准曲线及人工绘制同比例试验曲线的麻烦和配线计算过程，使得水文地质参数计算更加高效、快速、准确。书中重点介绍了运用粒子群算法、蚁群算法、模拟退火算法、遗传算法、差分进化算法等进行优化配线求解水文地质参数的方法及步骤，以及智能优化配线与人工手动配线计算实例对比分析。书中附有作者基于 MATLAB 开发的部分相关程序，便于在本行业推广使用。

本书可供从事水文地质计算、地下水环境评价及相关科研工作的教师、技术人员、研究生参考。

图书在版编目(CIP)数据

水文地质参数智能优化计算/张勇等著. —北京：科学出版社，2019. 6

ISBN 978-7-03-061718-7

Ⅰ. ①水… Ⅱ. ①张… Ⅲ. ①水文地质参数-计算方法-研究 Ⅳ. ①P641

中国版本图书馆 CIP 数据核字（2019）第 121121 号

责任编辑：焦 健 柴良木／责任校对：张小霞

责任印制：赵 博／封面设计：北京图阅盛世

科学出版社出版

北京东黄城根北街 16 号

邮政编码：100717

http://www.sciencep.com

北京厚诚则铭印刷科技有限公司印刷

科学出版社发行 各地新华书店经销

*

2019 年 6 月第 一 版 开本：787×1092 1/16

2025 年 3 月第三次印刷 印张：21 3/4

字数：510 000

定价：198.00 元

（如有印装质量问题，我社负责调换）

前　言

抽水试验是获取含水层水文地质参数的主要方法，分为稳定流抽水试验和非稳定流抽水试验。稳定流抽水试验方法简单、快速，缺点是获得的水文地质参数较少，对一些重要的水文地质计算尚不能满足要求。要获得更多的水文地质参数就需要进行非稳定流抽水试验，但其水文地质参数的计算方法较为烦琐，一般是采用标准曲线配线法、直线图解法等来求解。根据抽水试验含水层类型、抽水井类型、边界条件的不同，需要绘制不同类型的标准曲线及相同模板的抽水试验观测数据曲线，将两条曲线进行配线拟合来计算水文地质参数。该计算方法烦琐，实际配线计算过程中极易出现人为配线误差，尤其对于一些井函数是曲线族的情况，更是无从下手，理论上曲线族的标准曲线有无限多条，人为配线误差会更大，有些情况下并不能求出其真实的水文地质参数。对于井函数为标准曲线族的情况，因条件所限，标准曲线模板上也不能绘制出所有的标准曲线供配线使用。因此，传统的配线方法使用起来比较麻烦、人工配线计算的误差很大，这些因素也限制了该方法的实际应用。

随着计算数学及计算机的快速发展，出现了很多智能优化理论，如蚁群算法、粒子群算法、模拟退火算法、人工神经网络、遗传算法、差分进化算法等。智能优化理论为抽水试验水文地质参数的人工智能计算提供了有力支撑，本书探讨了智能优化理论在非稳定流抽水试验中的相关应用，利用人工智能算法，完成水文地质参数的智能优化配线计算。具体思路是根据最小二乘法原理构造目标函数，用人工智能算法完成试验数据与标准曲线的智能优化配线，只要输入抽水试验数据，选择不同的试验方法、边界条件、试验井条件及智能优化方法，即可完成水文地质参数的智能优化配线计算，免除了人工绘图、配线计算的烦琐工作，避免了人工配线存在视觉误差的不足，提高了计算精度。

本书的重点一是构造各种标准井函数用于优化配线计算，由于非稳定流抽水试验涉及的井函数没有解析解，仅部分井函数有经验解，作者在书中给出了各种井函数的数值解及其MATLAB计算方法，方便大家学习运用；二是基于最小二乘法，构造出用于不同类型抽水试验配线计算的目标函数，给出了各种配线方法的目标函数计算公式；三是针对某些曲线族类井函数，如 $G\left(\lambda,\ \dfrac{r_w}{B}\right)$、$W\left(u,\ \dfrac{r}{B}\right)$、$H(u,\ \beta)$、$W\left(u_a,\ \dfrac{r}{D}\right)$、$W\left(u_y,\ \dfrac{r}{D}\right)$ 等，其构成的目标函数属于多维度函数，有较多的局部最优解，用传统的智能优化配线计算效果不太理想，收敛速度慢，计算精度不高，作者基于鸟群觅食的思路，提出了定点喂食粒子群算法，用于解决此类曲线族井函数的优化配线，加快了多维度目标函数的迭代计算速度及精度，该方法具有广泛的推广价值及进一步深入研究的价值。

作者利用 MATLAB 编制完成了智能优化配线水文地质参数计算软件，涵盖了 Theis 降深-时间配线法、Theis 降深-距离配线法、Theis 降深-时间距离配线法、Jacob 自动直线图解法、Hantush 越流补给配线法、潜水含水层的 Boulton 和 Neuman 配线法、微水试验

(slug test)、弥散试验配线法等水文地质参数的求解内容，形成了一套系统的非稳定流抽水试验智能优化配线计算理论，属于原创成果。书中用实例进行了智能优化配线与人工手动配线计算结果的对比分析，给出了部分相关优化配线计算程序源代码，方便相关专业技术人员推广使用。所有程序均在 MATLAB 2018 版上完成运行［台式计算机配置：Intel（R）Core（TM）i3-8100 CPU@3.6GHz，书中所有例题计算耗时均以此配置计算机运行时间为准］。

全书分为十章：第一章为基本概念、水文地质参数、抽水试验相关内容；第二章为智能算法简介；第三章主要介绍了承压完整井非稳定流抽水试验，包括无界承压含水层完整井流、相应的粒子群智能优化配线法、基于最小二乘法的雅各布智能优化直线图解法和水位恢复法、大直径井抽水试验优化配线、各向异性介质中的完整井流；第四章介绍了定降深承压完整井非稳定流抽水试验，包括无越流定降深单井非稳定流标准曲线配法、直线图解法、第一类越流系统中定降深非稳定流智能优化配线法；第五章介绍了直线隔水边界、补给边界附近的单井非稳定流优化配线方法和计算实例；第六章介绍了第一类越流系统非稳定流抽水试验标准曲线配线法和相关实例分析，提出了定点喂食粒子群优化算法，以及根据稳定状态抽水试验资料确定水文地质参数的智能优化配线法；第七章介绍了第二类越流系统非稳定流抽水试验的基本情况，以及根据短时间、长时间抽水试验资料求解水文地质参数的方法及程序实例；第八章介绍了潜水完整井非稳定流抽水试验的 Boulton 和 Neuman 模型，基于随机权重粒子群、定点喂食粒子群优化配线求解水文地质参数的方法及程序实例；第九章介绍了承压非完整井非稳定流抽水试验的配线方法和程序实例；第十章介绍了基于线性递减权重粒子群优化算法的承压含水层微水试验，以及基于标准曲线配线法、蚁群算法、基本粒子群算法、差分进化算法的弥散系数优化配线计算方法及程序实例分析。

本书由河北工程大学张勇、党承华、东栋、张广宇合作完成。由张勇提出优化思路，完成目标函数的求解证明、井函数数值解的计算，提出了求解特殊多维目标函数的定点喂食思路；党承华完成了第一章、第二章、第三章直线图解法的部分、第十章及附录的内容；东栋完成了软件的编程工作；张广宇完成了程序的优化及复杂井函数的设计编程；最后由张勇完成本书其他章节的编写、计算及定稿。

书中涉及学科交叉的相关理论，若有不妥之处，可联系作者（zhang_yong001@163.com）交流相关内容，敬请读者批评指正，如需引用，请注明出处。

本书编写过程中，引用了一些单位及个人的部分研究成果，在此表示衷心感谢！

作　者

2019 年 1 月

目　　录

第一章 基本概念与定义

第一节 基本概念

地下水的运动和聚集,必须具有一定的岩性和构造条件,空隙多而且能使水流通过的岩土层,称为透水层(permeable layer),贮存有地下水的透水岩土层,称为含水层(aquifer)。空隙少而小的致密岩土层是相对的不透水层(渗透系数 $K<0.001\text{m/d}$),称为隔水层(aquiclude),还有一种渗透性介于含水层与隔水层之间,称为弱透水层(aquitard)。含水层、隔水层和弱透水层的不同组合,构成不同类型的地下水。

(1)潜水含水层(unconfined aquifer)

潜水含水层指埋藏在地表以下第一个连续、稳定的隔水层以上具有自由水面的重力水,一般存在于第四系松散堆积物的孔隙中,形成孔隙潜水,也可以充填于基岩的裂隙和溶洞中,形成裂隙潜水和岩溶潜水,潜水的分布区与补给区是一致的,易受气象水文要素变化的影响,潜水的水质易受到污染,如图 1.1 的 b 处所示(刘朝安和张勇,2011)。

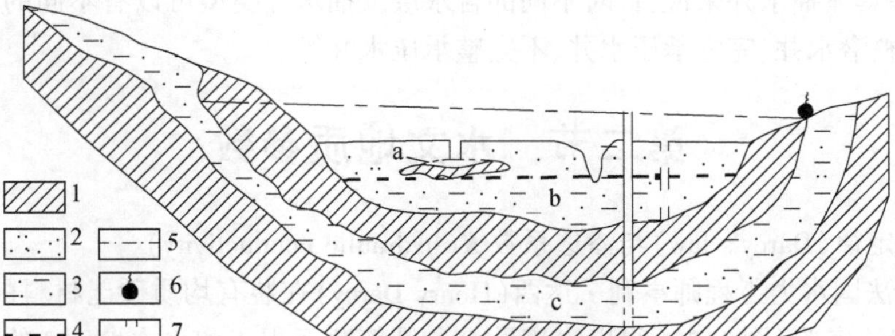

图 1.1 潜水、承压水及上层滞水示意图

1. 隔水层;2. 透水层;3. 含水层;4. 潜水位;5. 承压水测压水位;6. 泉(上升泉);7. 水井;
a. 上层滞水;b. 潜水;c. 承压水(自流水)

(2)承压含水层(confined aquifer)

承压水是指充满在两个隔水层之间的含水层中,具有承压性质的地下水,如图 1.1 的 c 处所示。

由于隔水顶板的存在,承压水能明显地分出补给区、承压区和排泄区三部分。补给区大多是含水层出露于地表的部分,比承压区和排泄区的位置要高;承压区是隔水顶板以下,被水充满的含水层部分;排泄区为承压水出露地表或流向潜水的地段。

承压水的动态比较稳定,受气候影响较小,水质不易受到地面污染。

(3)越流含水层(leaky aquifer)

在天然条件下,上、下含水层之间夹有半透水层,在水头差作用下,高水头含水层的水通过半透水层渗透越流进入水头低的含水层中,此时,弱透水层和含水层组成承压含水层系统,其含水层之间可通过越流发生联系,将弱透水层称为越流含水层或半承压含水层(semi-confined aquifer)。

(4)稳定流(steady flow)

在所要研究的渗流场区域内任意一点,地下水的各种运动要素(渗流量、渗流速度、压强、水头等)不随时间发生变化,它们在时间上始终保持为常数,仅是空间坐标的函数,这种渗流称为稳定流。

(5)非稳定流(unsteady flow)

在所要研究的渗流场区域内任意一点,地下水的各种运动要素(渗流量、渗流速度、压强、水头等)随时间而变化。在非稳定渗流情况下,各要素是时间和空间坐标的函数。

(6)完整井(fully penetrating well)

抽水井贯穿整个含水层,在全部含水层厚度上都安装有过滤器,并能全断面进水的井称为完整井。

(7)非完整井(partially penetrating well)

抽水井没有揭穿整个含水层,只有井底进水或进水段仅揭穿部分含水层的井称为非完整井。根据含水层的性质,可分为潜水非完整井和承压水非完整井。

对于某一具体抽水井来说,针对不同的含水层及抽水井类型可以有不同的命名,如完整潜水井、不完整潜水井、完整承压水井、不完整承压水井等。

第二节 水文地质参数

(1)达西定律(Darcy's law)与渗透系数 K(hydraulic conductivity)

1856 年,法国水力工程师亨利·达西(Henry Darcy)在装有均质砂土材料的圆柱形筒中做了大量的渗流实验(图 1.2),得出渗流量 Q 与圆筒断面积 A 和水力坡度 I 的乘积成正比,并和土壤的透水性能有关而得到渗流基本定律,后人称为达西定律。

$$Q=KA\left(\frac{H_1-H_2}{L}\right)=KAI \tag{1.1}$$

式中,Q 为渗透流量;A 为渗流断面面积;K 为渗透系数;H_1、H_2 为 1 和 2 断面上的测压水头值;L 为 1 和 2 两断面间过滤器的长度;I 为水力梯度,$I=(H_1-H_2)/L$。

渗透系数 K 是与土层或岩石透水性大小有关的指标,是反映岩土透水性的一个综合系数,其量纲为 LT^{-1},其数值取决于土层的渗透特性和水的特性。

(2)导水系数 T(transmissivity)

导水系数 T(m^2/d)表示岩土层通过地下水的能力,它是水力梯度等于 1 时,通过 1m 宽度含水层整个饱和厚度的地下水水量,数值上等于渗透系数 K 与含水层厚度 M 的乘积:

$$T=KM \tag{1.2}$$

式中,T 为导水系数,量纲为 L^2T^{-1};K 为渗透系数;M 为含水层厚度。

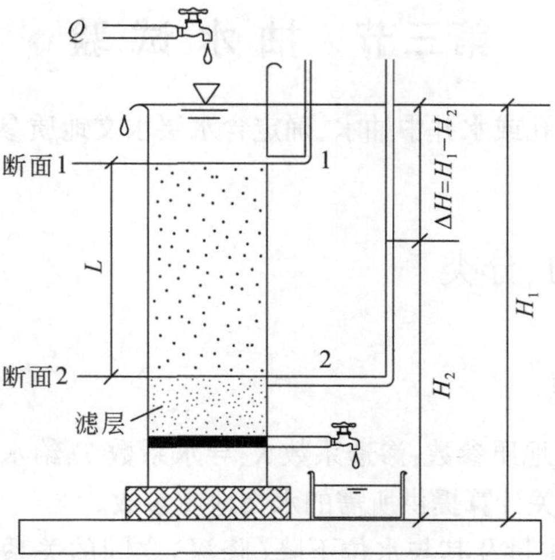

图 1.2　达西渗透试验

(3)贮水率 μ_s 与贮水系数 S(storage coefficient)

当水头下降或上升一个单位时,从单位体积含水层的储存量中释放或存储的水的体积称为贮水率或单位贮水系数,用 μ_s 来表示。

贮水系数 S 又称释水系数、弹性给水度(μ^*),表示水头变化 1m 时,从单位面积的整个含水层中释放或储存的水量,表示含水层的贮水性,无因次,贮水率与贮水系数的关系是:

$$S=\mu_s M \tag{1.3}$$

式中,S 为贮水系数,无量纲;μ_s 为贮水率;M 为含水层厚度。

(4)压力传导系数(导压系数)a(coefficient of pressure conductivity)

压力传导系数(导压系数)a 为导水系数与贮水系数之比。它表征在弹性动态条件下承压含水层中水头传递速度的参数。

$$a=\frac{T}{S} \tag{1.4}$$

式中,a 为压力传导系数(导压系数),量纲为 L^2T^{-1};T 为导水系数;S 为贮水系数。

(5)越流系数(leakage coefficient)$\frac{K'}{M'}$与越流因素/越流因数(leakage factor)B

越流系数$\frac{K'}{M'}$是当抽水含水层和供给越流的非抽水含水层之间的水头差为一个单位时,通过抽水含水层及弱透水层之间的单位面积界面上的水流量,量纲为 T^{-1}。

越流因素 B(或阻越系数、越流因数)为含水层导水系数和弱透水层越流系数倒数乘积的平方根。其表达式如下:

$$B=\sqrt{\frac{TM'}{K'}} \tag{1.5}$$

式中,B 为越流因素,量纲为 L;T 为抽水含水层导水系数;M'为弱透水层的厚度;K'为弱透水层的渗透系数。

第三节　抽 水 试 验

抽水试验是通过在钻孔或水井中抽水，确定含水层水文地质参数，了解水文地质条件的野外现场试验方法。

一、抽水试验的目的、分类

（一）抽水试验的目的

1）确定含水层的水文地质参数：渗透系数 K、导水系数 T、给水度 μ、贮水系数 S、导压系数 a、影响半径 R 等，为相关计算提供所需的水文地质参数。

2）通过测定井、孔涌水量及其与水位下降（降深）之间的关系，分析确定含水层的富水程度，评价井、孔的出水能力。

3）确定水位下降漏斗的形状、规模及其随时间的变化情况，评价地下水可开采量。

4）查明场地水文地质条件，如地下水、地表水的补排关系，隔水、透水边界的位置，断层带的透水性和阻水性等。

（二）抽水试验的分类

1. 根据抽水井数量进行分类

抽水试验主要分为单孔抽水试验、多孔抽水试验、群孔干扰抽水试验等。

（1）单孔抽水试验

该试验仅在一个试验孔中抽水，用以确定涌水量与水位降深之间的关系，概略取得含水层渗透系数 K。

（2）多孔抽水试验

该试验需在一个主孔内抽水，在其周围设置若干个观测孔观测地下水位。通过多孔抽水试验可以求得较为确切的水文地质参数和含水层不同方向的渗透性能及边界条件等。

（3）群孔干扰抽水试验

该试验为在影响半径范围内，两个或两个以上钻孔中同时进行的抽水试验；通过干扰抽水试验确定水位下降与总涌水量的关系，从而预测一定降深下的开采量或一定开采定额条件下的水位降深值，同时为确定合理的布井方案提供依据。

（4）试验性开采抽水试验

该试验是为模拟未来开采方案而进行的抽水试验。一般在地下水天然补给量不很充沛或补给量不易查清，或者勘察工作量有限而又缺乏地下水长期观测资料的水源地进行此类试验。

2. 根据地下水流运动状态

抽水试验根据地下水流运动状态分为稳定流抽水试验与非稳定流抽水试验。

（1）稳定流抽水试验

要求必须达到流量和水位降深相对稳定，应用稳定流理论分析抽水试验资料，用稳定流计算公式可计算如渗透系数 K、影响半径 R 等水文地质参数。

(2)非稳定流抽水试验

要求流量或水位其中之一保持常量,一般多采用定流量或阶梯定流量抽水。水文地质参数采用非稳定流公式来分析计算。非稳定流抽水试验可获得更多的水文地质参数,如导水系数 T、给水度 μ、贮水系数 S、压力传导系数 a 等。

两者组合可以形成多种综合性抽水试验类型,如稳定流单孔抽水试验和稳定流多孔干扰抽水试验,以及非稳定流单孔抽水试验和非稳定流多孔干扰抽水试验等。

二、抽水试验资料的整理及水文地质参数计算

抽水试验进行期间,应对现场原始的抽水试验资料进行整理,对抽水流量(Q)、水位降深(s)及抽水延续时间(t)进行现场检查与整理,绘制有关曲线图表,现场整理资料可以及时了解抽水试验是否正常进行,水位和流量的观测资料是否异常,分析异常产生的原因,采取补救措施,保证抽水试验顺利完成。同时,通过所绘制的各种水位、流量与时间关系曲线,判断实际抽水曲线是否达到水文地质参数计算的要求,并决定抽水试验是否需要缩短、延长时间或终止,为室内资料整理做好基础工作。

(一)稳定流抽水试验资料整理、计算

进行稳定流抽水试验时,应在现场绘制 Q-t 和 s-t 关系曲线及 Q-s 和 q-s 关系曲线(q 为单位降深涌水量)、水位恢复与时间关系曲线、抽水成果、水质化验成果、水文地质计算成果、井孔柱状图、钻孔平面位置图等。

1)Q-t 和 s-t 关系曲线可判断了解抽水试验进行得是否正常;

2)Q-s 和 q-s 关系曲线可判断曲线形态是否正确地反映了含水层的类型和边界性质,检验试验是否有人为错误;

3)根据相关公式、边界条件等计算水文地质参数。

(二)非稳定流抽水试验资料整理、计算

类似于稳定流抽水试验,对于定流量的非稳定流抽水试验,主要是绘制试验过程中的时间和降深的各类关系曲线,同样可以掌握抽水试验进行得是否正常,确定试验的延续、终止时间。

非稳定流抽水试验,主要是根据 s-$\lg t$ 曲线来计算水文地质参数,所以,试验进行阶段及水位恢复阶段都应绘制该曲线,需要现场绘制的曲线主要有:

1)绘制 s-$\lg t$ 或 $\lg s$-$\lg t$ 关系曲线。

2)观测孔较多时,尚需绘制 s-$\lg r$ 或 s-$\lg(t/r^2)$ 曲线(式中 r 为观测孔至抽水主孔距离)。

3)对于恢复水位观测资料,需绘出 s'-$\lg(1+t_p/t')$ 和 s^*-$\lg(t/t')$ 曲线(s' 为剩余水位降深;s^* 为水位回升高度;t_p 为抽水的持续时间;t' 为停抽后算起的水位恢复时间;t 为从抽水试验开始至水位恢复到某一高度的时间)。

4)利用非稳定流抽水试验资料采用配线法、直线图解法、试算法等求解水文地质参数。

第二章　智能算法简介

智能算法是人们受自然规律、生物群体社会性、人类智能的启迪,根据其原理,模仿求解问题的算法。人们发明了很多智能优化算法,如模仿自然界生物进化机制的遗传算法、通过群体个体间的合作与竞争来优化搜索的差分进化算法、模拟生物免疫系统学习和认知功能的免疫算法、模拟蚂蚁集体觅食的蚁群算法、模拟鸟群和鱼群群体行为的粒子群算法、源于固体物质退火过程的模拟退火算法、模拟人类智力记忆过程的禁忌搜索算法等。

第一节　粒子群优化算法

在计算机科学领域,粒子群优化(particle swarm optimization,PSO)算法也称鸟群觅食算法,是在1995年、1998年由美国学者Kennedy、Eberhart和Shi基于鸟群或鱼群觅食行为提出的一种新的优化计算方法,在PSO算法中,将潜在的解称为粒子。PSO算法是系统从初始化一组随机解出发,针对大量的候选解决方案,通过迭代寻优,粒子在解的空间追随最优的粒子进行搜索,不断改进候选解,用适应度来评价解的品质,通过追随当前搜索到的最优值来寻找全局最优解。

PSO算法具有计算简单、设置参数少、全局优化能力强等优点,通过改进算法,可变为压缩因子粒子群、权重改进粒子群、变学习因子粒子群、自适应惯性权重粒子群、混合粒子群等方法。

为了改变基本粒子群算法的收敛性能,Shi和Eberhart(1998)在粒子速度更新公式中增加惯性权重ω。若ω较大,则算法的全局搜索能力较强;若ω较小,则算法的局部搜索能力较强(Parsopoulos et al.,2001)。一般ω初始值设为0.9,并随迭代次数的增加将ω由0.9线性递减至0.4。Eberhart和Shi(2000)提出的带有惯性权重线性递减的改进粒子群算法,由于能够保证较好的收敛效果,所以被认为是标准的粒子群算法。

一、标准粒子群算法

设粒子群群体规模为N,在一个D维的目标搜索空间中,群体中的第i个粒子的位置可表示为一个D维向量:

$$X_i=(x_{i1},x_{i2},\cdots,x_{iD}),i=1,2,\cdots,N \tag{2.1}$$

第i个粒子的"飞行"速度也可表示为一个D维向量:

$$V_i=(v_{i1},v_{i2},\cdots,v_{iD}),i=1,2,\cdots,N \tag{2.2}$$

第i个粒子迄今为止搜索到的最优位置称为个体极值,记为

$$p_{\text{best}}=(p_{i1},p_{i2},\cdots,p_{iD}),i=1,2,\cdots,N \tag{2.3}$$

整个粒子群迄今为止搜索到的最优位置称为全局极值,记为

$$g_{best}=(g_1,g_2,\cdots,g_D) \tag{2.4}$$

粒子更新自己的速度和位置的公式如下：

$$v_{id}=\omega\times v_{id}+c_1r_1(p_{id}-x_{id})+c_2r_2(g_{id}-x_{id}) \tag{2.5}$$

$$x_{id}=x_{id}+v_{id} \tag{2.6}$$

式中，ω 为惯性权重；c_1,c_2为学习因子，也称加速常数；r_1,r_2为[0,1]内的均匀随机数。

二、标准粒子群算法流程

1）初始化，设置粒子群体规模 N，对每个粒子的随机位置 x_i和速度 v_i进行初始设定；

2）计算每个粒子的适应度值 Fit[i]；

3）对于每个粒子，将其适应度值 Fit[i]与所经历过的最好位置个体极值 p_{best}进行比较，若 Fit[i]>p_{best}，则将其作为当前最好位置，用 Fit[i]替换掉 p_{best}；

4）对于每个粒子，将其适应度值 Fit[i]与全局所经历过的最好位置，即全局极值 g_{best}进行比较，若 Fit[i]>g_{best}，则用 Fit[i]替换掉 g_{best}，将其作为当前的全局最好位置；

5）根据式(2.5)和式(2.6)对粒子的速度 v_i和位置 x_i进行迭代更新；

6）达到结束条件（误差足够好或达到最大循环次数）则执行步骤 7），否则返回步骤 2）；

7）输出最优化计算结果 g_{best}，结束计算。

三、参数设置

PSO 算法可调参数较少，但一些关键参数影响算法的性能和收敛性，包括群体规模 N、惯性权重 ω、学习因子 c_1和 c_2等，相关参数设置经验如下。

（1）群体规模 N

群体规模 N 即粒子种群数量，一般取 20～50，Carlisle 和 Dozier(2001)指出，用 5 个求最小值的基准函数计算数量不同的种群的平均适应度，得出结论：对大多数问题来说，种群数量保持在 30 个左右搜索效率较好。对一些计算难度较大的问题，粒子数目可取 100 或 200，种群数量越多，算法搜索的空间范围越大，可以保证粒子群算法得到较可靠的收敛结果，更容易发现全局最优解，但耗时较长。

（2）惯性权重 ω

惯性权重 ω 具有维护全局和局部搜索能力的平衡作用，可以使粒子保持惯性运动，使其有扩展搜索空间的趋势，有能力探索新的区域，取值范围一般为 0.2～1.2（Shi and Eberhart，1998），有些学者在研究指出 ω 的最佳值在 0.8 附近。当惯性权重 ω 值较大时，全局寻优能力较强，局部寻优能力较弱，当惯性权重 ω 值较小时，则相反。赋值方法可采用固定惯性权重和动态惯性权重，动态惯性权重可将进化过程中的 ω 设定为随着进化而线性减少，有利于获得更优越的寻优结果和更快的收敛速度。目前，常见的 PSO 算法中有自适应惯性权重法、随机权重法和线性递减权重法，采用较多的是 Eberhart 和 Shi(2000)建议的线性递减权重的计算方法，公式如下：

$$\omega=\omega_{\max}-\frac{(\omega_{\max}-\omega_{\min})t}{T_{\max}} \tag{2.7}$$

式中，$T_{\max}$为最大进化代数；$\omega_{\max}$、$\omega_{\min}$分别为最大和最小惯性权重；t 为当前迭代次数。大部的应用中，$\omega_{\max}$、$\omega_{\min}$分别取值为 0.9 和 0.4。

主要的权重改进方法有以下几种(Bansal et al.，2011；Amoshahy et al.，2016)。

1)随机惯性权重(random inertia weight)：

$$\omega=0.5+\frac{\text{Rand}(\ )}{2} \tag{2.8}$$

2)自适应惯性权重(adaptive inertia weight)：

$$\omega_i(t+1)=\omega(0)+[\omega(n_t)-\omega(0)]\frac{e^{m_i(t)}-1}{e^{m_i(t)}+1} \tag{2.9}$$

$$m_i(t)=\frac{g_{\text{best}}-\text{current}}{g_{\text{best}}+\text{current}} \tag{2.10}$$

式中，n_t 为最大迭代次数。

3)S 形增加惯性权重(sigmoid increasing inertia weight)：

$$\omega_k=\frac{(\omega_{\text{start}}-\omega_{\text{end}})}{(1+e^{u(k-n\times \text{gen})})}+\omega_{\text{end}} \tag{2.11}$$

$$u=10^{[\lg(\text{gen})-2]}$$

4)S 形减小惯性权重(sigmoid decreasing inertia weight)：

$$\omega_k=\frac{(\omega_{\text{start}}-\omega_{\text{end}})}{(1+e^{-u(k-n\times \text{gen})})}+\omega_{\text{end}} \tag{2.12}$$

$$u=10^{(\lg(\text{gen})-2)}$$

5)模拟退火惯性权重(simulated annealing inertia weight)：

$$\omega_k=\omega_{\min}+(\omega_{\max}-\omega_{\min})\times\lambda^{(k-1)},\lambda=0.95 \tag{2.13}$$

此外，还有混沌随机惯性权重(chaotic random inertia weight)、振荡惯性权重(oscillating inertia weight)、混沌惯性权重(the chaotic inertia weight)、自然指数惯性权重策略(natural exponent inertia weight strategy)1、自然指数惯性权重策略 2、对数递减惯性权重(logarithm decreasing inertia weight)、指数递减惯性权重(exponent decreasing inertia weight)等方法。

(3)学习因子 c_1 和 c_2

学习因子 c_1 和 c_2 代表粒子偏好的权值，c_1 代表对自身经验的偏好度，c_2 代表对群体经验的偏好度，分别调节 p_{best} 和 g_{best} 方向飞行的最大步长，表示粒子个体经验和群体经验对粒子运行轨迹的影响。

$c_1=0$，则为社会模型，粒子缺乏认知能力，只有群体经验，收敛速度快，但易陷入局部最优解；如果 $c_2=0$，则为认知模型，没有社会共享信息，个体之间没有信息交流，难以找到最优解。Kennedy(1998)认为，c_1 和 c_2 系数之和应为 4.0 左右，这时的搜索效果比较好，通常的做法是将它们都设为 2.05。其他实验还表明 c_1 和 c_2 之间存在 $c_2=4.1-c_1$ 这样的关系，搜索效率会较高(段晓东等，2007)。

第二节　蚁群算法

一、蚁群算法概述

蚁群算法(ant colony optimization,ACO),蚁群算法的灵感来源于蚂蚁的觅食行为。它是意大利学者 Dorigo 等于 1992 年从生物进化的机制中受到启发,通过模拟自然界蚂蚁觅食行为,而提出来的基于种群的启发式随机搜索算法。

蚂蚁在觅食过程中能够在其经过的路径上留下一种被称为信息素(或外激素)的物质,是以信息素作为媒介而间接进行信息交流,而且蚂蚁在运动过程中能够感知到信息素的存在及其强度,并以此选择自己的觅食方向,蚂蚁倾向于朝着信息素强度高的方向移动,因此大量蚂蚁组成的集体觅食就表现为一种对信息素的正反馈现象。某一条路径越短,路径上经过的蚂蚁越多,其信息素遗留得也就越多,信息素的浓度也就越大,蚂蚁选择这条路径的几率也就越大,蚂蚁个体之间就是通过这种信息的交流达到搜索食物的目的,由此构成的正反馈过程,从而逐渐地逼近,找到最优路径。

二、基本蚁群算法

蚁群算法最初用于解决旅行商问题(traveling salesman problem,TSP),基本蚁群算法可表述如下。初始时刻,将 m 只蚂蚁随机放置在 n 座城市中,各条路径上的信息素初始值相等,设信息素初始值 $\tau_{ij}(0)=c$,将每只蚂蚁的禁忌表 tabu 的第一个元素设置为当前所在的城市。每只蚂蚁根据路径上残留的信息素量和启发式信息(两城市之间的距离)独立选择下一个城市,则 t 时刻第 k 只蚂蚁选择从城市 i 转移到城市 j 的转移概率 $p_{ij}^k(t)$ 为

$$p_{ij}^k(t)=\begin{cases}\dfrac{[\tau_{ij}(t)]^\alpha\,[\eta_{ij}(t)]^\beta}{\sum\limits_{s\in J_k(i)}[\tau_{is}(t)]^\alpha\,[\eta_{is}(t)]^\beta}, & j\in J_k(i)\\ 0\end{cases}\tag{2.14}$$

式中,$J_k(i)$为第 k 只蚂蚁下一步允许访问的城市集合;η_{ij}为从城市 i 转移到城市 j 的启发因子(也叫能见度),通常取城市 i 到城市 j 之间距离的倒数;τ_{ij}为 ij 边上的信息素量;α 和 β 分别为信息素和启发函数因子。

在非线性函数极值寻优中,也需要利用概率矩阵 p_i来确定下一个可行解的选择方式。如果蚂蚁 i 所在位置的信息素离当前种群中信息素含量最高的位置近,则进行微调,否则进行大范围调整。

$$p_i=\frac{\max\limits_{s\in[1,m]}\tau_s(t)-\tau_i(t)}{\max\limits_{s\in[1,m]}\tau_s(t)}$$

为了满足问题的约束条件,在完成一次循环之前,不允许蚂蚁选择已经访问过的城市,该过程由蚂蚁的禁忌表 tabu 来控制。

当所有蚂蚁完成一次周游以后，各路径上的信息素根据式(2.15)更新：

$$\tau_{ij}(t+n)=(1-\rho)\tau_{ij}(t)+\Delta\tau_{ij} \tag{2.15}$$

$$\Delta\tau_{ij}=\sum_{k=1}^{m}\Delta\tau_{ij}^{k} \tag{2.16}$$

式中，$\rho(0<\rho<1)$为路径上信息素挥发因子，$1-\rho$ 为信息素残留因子；$\Delta\tau_{ij}$为本次迭代中 ij 边上信息素的增量；$\Delta\tau_{ij}^{k}$为第 k 只蚂蚁在本次循环中在 ij 边路径上释放的信息素量。

关于 $\Delta\tau_{ij}^{k}$的计算，Dorigo 给出了三种不同的计算模型，分别为 ant-cycle system，ant-density system，ant-quantity system。

在 ant-cycle system 模型中：

$$\Delta\tau_{ij}^{k}=\begin{cases}\dfrac{Q}{L_k}, & \text{当第 } k \text{ 只蚂蚁在本次周游中经过 } ij \text{ 边时}\\ 0, & \text{其他}\end{cases} \tag{2.17}$$

在 ant-quantity system 模型中：

$$\Delta\tau_{ij}^{k}=\begin{cases}\dfrac{Q}{d_{ij}}, & \text{当第 } k \text{ 只蚂蚁在 } t \text{ 和 } t+1 \text{ 时刻经过 } ij \text{ 边时}\\ 0, & \text{其他}\end{cases} \tag{2.18}$$

在 ant-density system 模型中：

$$\Delta\tau_{ij}^{k}=\begin{cases}Q, & \text{当第 } k \text{ 只蚂蚁在 } t \text{ 和 } t+1 \text{ 时刻经过 } ij \text{ 边时}\\ 0, & \text{其他}\end{cases} \tag{2.19}$$

式中，Q 为蚂蚁循环一周或一个过程在经过的路径上所释放的信息素总量，为一常量；L_k为第 k 只蚂蚁在本次循环中所选择路径的长度；d_{ij}为 i 与 j 之间的距离。

三、蚁群算法函数极值寻优实现步骤及流程

1）参数初始化。初始时刻，需要对相关的参数进行初始化，如设置最大迭代循环次数 G、蚁群规模（蚂蚁数量）m、确定信息素挥发因子 ρ、信息素释放总量 Q、转移概率常数 p_0等。

2）构建解空间。随机产生蚂蚁初始位置，计算适应度函数值，设为初始信息素，计算状态转移概率。

3）进行位置更新。当状态转移概率小于转移概率常数时，进行局部搜索，当状态转移概率大于转移概率常数时，进行全局搜索，产生新的蚂蚁位置，并利用边界吸收方式进行边界处理，将蚂蚁位置界定在取值范围内。

4）更新蚂蚁的位置和适应度值，判断蚂蚁是否移动，更新信息素；计算每个蚂蚁所在位置的信息素含量，根据信息素迭代公式对各个位置上的信息素浓度进行更新，记录当前迭代次数中的最优解。

5）判断终止准则。最大迭代次数是否满足停机准则，满足终止准则，结束计算，输出最优解；不满足则回到步骤 2）重复上述计算过程。

四、计算参数的选择

(1)信息素因子α

信息素因子α反映了蚂蚁在移动过程中所积累的信息量在指导蚁群搜索中的相对重要程度,α值越大蚂蚁选择之前走过的路径的可能性就越大,搜索路径的随机性就减弱;α值越小,蚁群搜索的范围就会减少,容易陷入局部最优。蚁群算法中α值的理想选择区间为[1,4],此时性能较好。

(2)启发函数因子β

启发函数因子β表示在搜索路径上的信息素对蚂蚁选择路径的指导性,β值越大,蚁群就越容易选择局部较短路径,这时算法的收敛速度加快,但是随机性减弱,容易得到局部相对最优。蚁群算法中β值的理想选择范围为[3,5],此时蚁群算法的综合求解性能较好。

(3)信息素挥发因子ρ

信息素挥发因子ρ表示信息素的消失水平,信息素挥发因子ρ的大小直接影响到整个蚁群算法收敛速度和全局搜索性能,试验发现,当ρ取值属于[0.2,0.5]时,综合性能较好。

(4)蚂蚁数目m

蚂蚁的数目m很重要,因为m过大时,会导致搜索过的路径上信息素变化趋于平均,这样就不会找出好的路径了;m过小时,易使未被搜索到的路径信息素减小到0,这样可能会出现早熟,没找到全局最优解。一般情况下,蚂蚁数目m设定为(10,50)。

(5)信息素释放总量Q

信息素释放总量Q为信息素强度,表示蚂蚁循环一周时释放在路径上的信息素总量,其作用是为了充分利用有向图上的全局信息反馈量,使算法在正反馈机制作用下以合理的演化速度搜索到全局最优解。Q值越大,蚂蚁在已遍历路径上的信息素积累越快,有助于快速收敛。试验发现,当Q取值属于[10,1000]时,综合性能较好(卓金武,2014)。

(6)最大迭代次数G

最大迭代次数G是表示蚁群算法运行结束的一个参数,最大迭代次数G值过小,可能导致算法还没收敛就已结束;过大则会导致资源浪费。一般最大迭代次数可以取100~500次。

第三节　模拟退火算法

一、模拟退火算法概述

模拟退火(simulated annealing,SA)算法是一种概率技术,用于逼近给定函数的全局最优解。最早出现在由美国物理学家 Metropolis 等于 1953 年发表研究复杂系统、计算其中能量分布的文章中,他们使用 Monte-Carlo 迭代求解策略计算多分子系统中分子的能量分布。

1983年,美国IBM公司物理学家Kirkpatrick等(1983)将模拟退火算法引入组合优化领域。它是基于Monte-Carlo迭代求解策略的一种随机寻优算法,其出发点是基于物理中固体物质的退火过程与一般组合优化问题之间的相似性。借鉴于固体的退火原理,当固体的温度很高的时候,内能比较大,固体的内部粒子处于快速无序运动,当温度慢慢降低的过程中,固体的内能减小,粒子慢慢趋于有序,当固体处于常温时,内能达到最小,此时,粒子最为稳定。模拟退火算法便是基于这样的原理设计而成。模拟退火算法的搜索过程引入了随机因素,以一定的概率来接受一个比当前解要差的解,因此有可能会跳出这个局部的最优解,达到全局最优解。

二、模拟退火算法原理

受到固体退火过程的启示,Kirkpatrick等(1983)认识到固体退火过程与组合最优化问题之间存在相似性。把固体退火过程的Metropolis准则引入优化过程中,得到一种以Metropolis算法为基础、模拟固体退火过程的最优化问题算法,称为模拟退火算法。

组合优化与物理退火的相似性如表2.1所示。

表2.1　相似性比较

组合优化问题	物理退火
解	粒子状态
最优解	能量最低状态
设定温度	溶解过程
Metropolis采样过程	等温过程
控制参数 T 下降	冷却
目标函数	能量

三、模拟退火算法的基本思想

模拟退火算法是将求极值的目标函数作为能量函数,解空间对应于状态空间,优化时从随机初始化解开始,在当前解邻域内随机搜索产生新解,并根据Metropolis准则接受更优解,如此反复更新迭代,从而找到全局最优解。

Metropolis准则是SA接受新解的概率,即以概率大小接受新状态,其算法为在温度 T 时,由当前状态 i 产生新状态 j,两者的能量分别为 E_i 和 E_j,若 $E_j<E_i$,则接受新状态 j 为当前状态;否则,计算概率 p:

$$p=\exp\left(-\frac{E_j-E_i}{kT}\right) \tag{2.20}$$

式中,k 为玻尔兹曼常数;T 为系统温度;若 p 大于[0,1]区间内的随机数,则仍旧接受新状态

j为当前状态;若不成立则保留 i 为当前状态。上述重要性采样过程通常称为 Metropolis 准则。

1)在高温下可接受与当前状态能量差较大的新状态。

2)在低温下基本只接受与当前能量差较小的新状态。

3)当温度趋于零时,就不能接受比当前状态能量高的新状态。

四、模拟退火算法流程

1)初始化退火温度 T_k(令 $k=0$),产生随机初始解 x_0,并计算相应的目标函数值 $E(x_0)$。

2)在温度 T_k下重复执行如下操作,直至达到温度 T_k的平衡状态:①在解 x 的领域中产生新的可行解 x';②计算 x'的目标函数 $f(x')$ 和 x 的目标函数 $f(x)$ 的差值 Δf;③依照概率 $\min\{1,\exp(-\Delta f/T_k)\}>$ random [0,1]接收 x',其中 random 是[0,1]的随机数。

3)退火操作:$T_{k+1}=\mathrm{CT}_k$,$k\leftarrow k+1$,其中 $\mathrm{C}\in(0,1)$。若满足收敛判据,则退火过程结束;否则,转至步骤2)。

其中退火温度控制着求解过程向最优值的优化方向进行,同时它又以概率 $\exp(-\Delta f/T_k)$来接收劣质解,因此算法可以跳出局部极值点,只要初始温度足够高,退火过程足够慢,算法就能收敛到全局最优解(余胜威,2014)。

五、计算参数的选择

(1)初始温度 T_0

一般要求 T_0的初始值要充分大,即一开始处于高温状态。初温越大,获得高质量解的概率越大,但同时花费的时间越长。有的问题可能当 $T_0=100$ 即可,有的甚至 $T_0=1000$ 还不行,需要根据具体问题确定。常用的方法有以下几种。

1)均匀抽样一组状态,以各状态目标值的方差作为初温。

2)随机产生一组状态,确定最大目标值差,然后根据差值利用一定函数确定初温,如 $t_0=-\Delta_{\max}/p_r$,其中,p_r为初始接受概率。

3)利用经验公式。

(2)温度的衰减函数

衰减函数用于控制温度的退火速度,一个常用的函数为 $T_{n+1}=KT_n$,其中 K 是一个非常接近于1的常数,一般 K 取0.5~0.99。

(3)搜索步长因子

(4)每个 T 值的迭代次数 L(马尔可夫链长度)

在衰减参数 T 的衰减函数已选定的前提下,L 的选择应在控制参数的每一个取值上都能恢复准平衡,即每一次随机游走过程,要迭代多少次,才能趋于一个准平衡分布,一个局部收敛解位置,一般 L 取100~1000。

(5)初始解状态

初始解状态是算法迭代的起点。

(6)结束条件

有很多种终止条件的选择,可以简单地设置温度阈值 T_f,当 $T=T_f$时,算法终止,也可设置迭代次数阈值,各种不同的条件对算法的性能和解的质量有很大影响,还可采用一个最新的最优解与另一个最优解之差小于某个容差,停止此次马尔可夫链的迭代。

第四节　遗 传 算 法

一、遗传算法概述

遗传算法(genetic algorithm,GA)是由美国的 Holland 教授在 1975 年受 Darwin 进化论的启发,借鉴生物进化过程而提出的一种启发式搜索算法。

遗传算法的基本思想借鉴了 Darwin 进化论和 Mendel 遗传学说。Darwin 进化论最重要的是适者生存,每一物种在发展中越来越适应环境。物种每个个体的基本特征由后代所继承,但后代又会产生一些异于父代的新变化。在环境变化时,只有那些能适应环境的个体特征才能保留下来。

二、遗传算法基本原理

遗传算法是基于 Darwin 进化论和 Mendel 遗传学说发展起来的,遗传算法把问题的解表示成染色体,在执行遗传算法之前,给出一群染色体,即假设解。然后,把这些假设解置于问题的环境中,并按适者生存的原则,不断计算各染色体的适应值,从中选择出较适应环境的染色体进行复制,通过交叉、变异,产生更适应环境的新一代染色体群。这样,通过进化选择最好的染色体就是问题的最优解。

遗传算法的基本运算包括以下三个方面(温正,2015)。

(1)选择

选择操作是建立在群体中个体的适应度评估基础上的,是从旧的种群中选择适应度高的染色体,放入匹配集中,为以后染色体的交换、变异、产生新的染色体做准备。选择的目的是把优化的个体直接遗传到下一代或通过配对交叉产生新的个体再遗传到下一代。选择是从群体中选择优胜的个体,淘汰劣质个体。

选择可基于适应度比例或适应度排序,选择的方法包括轮盘赌选择、随机遍历抽样、局部选择、截断选择、锦标赛选择。

(2)交叉

这是在选中用于繁殖下一代的个体中,对两个不同的个体的相同位置的基因进行交换,从而产生新的个体。遗传算法中起核心作用的是遗传操作的交叉算子。通过交叉,遗传算法的搜索能力得以飞跃提高。

根据编码表示方法的不同,可以有以下的算法:

1)实值重组,包括离散重组、中间重组、线性重组、扩展线性重组。

2)二进制交叉,包括单点交叉、多点交叉、均匀交叉、洗牌交叉、缩小代理交叉。

(3)变异

变异是对群体中的个体串的某些基因座上的基因值做变动。依据个体编码表示方法的不同,可以有实值变异和二进制变异两种方法。一般来说,变异算子操作的基本步骤如下:

1)对群体中所有个体以事先设定的变异概率判断是否进行变异。

2)对进行变异的个体随机选择变异位进行变异。

遗传算法引入变异的目的有两个,一是使遗传算法具有局部的随机搜索能力,当遗传算法通过交叉算子已接近最优解邻域时,利用变异算子的这种局部随机搜索能力可以加速向最优解收敛。显然,此种情况下的变异概率应取较小值,否则接近最优解的积木块会因变异而遭到破坏。二是使遗传算法可维持群体多样性,以防止出现未成熟收敛现象。此时收敛概率应取较大值(温正,2015)。

三、遗传算法计算流程

1)种群初始化:设置进化代数计数器 $t=0$,设置最大进化代数 T,随机生成 M 个体作为初始群体 $P(0)$。

2)个体评价:计算群体 $P(t)$ 中各个体的适应度函数。

适应度函数的构建直接影响到遗传算法的性能,适应度函数是用来区分群体中个体好坏的标准,是进行自然选择的唯一依据,适应度值越大,个体越优。适应度函数一般要求非负,目标函数是希望得到的优化结果,如函数最大值或者最小值,适应度函数是为了计算个体的适配值。如果目标函数本身是非负函数,对于求最大值的问题,可以直接使用目标函数作为适应度函数。对于求最小值的问题,则需要将目标函数处理一下,将目标函数的负值设计为适应度函数,即目标函数值越小,适应度越高,也可以将适应度函数设计为下式(史峰等,2011;余胜威,2015)。

$$F[f(x)]=\frac{1}{f(x)} \tag{2.21}$$

几种常见的适应度函数的界限构造方法如下。

目标函数为最大化问题:

$$F[f(x)]=\begin{cases} f(x)-c_{\min}, & f(x)>c_{\min} \\ 0,\text{其他} \end{cases} \tag{2.22}$$

目标函数为最小化问题:

$$F[f(x)]=\begin{cases} c_{\max}-f(x), & f(x)<c_{\max} \\ 0,\text{其他} \end{cases} \tag{2.23}$$

式中,$c_{\min}$、$c_{\max}$分别为$f(x)$的最小和最大估计值。

目标函数为最大化问题:

$$F[f(x)]=\frac{1}{1+c-f(x)},c\geqslant 0,c-f(x)\geqslant 0 \tag{2.24}$$

目标函数为最小化问题:

$$F[f(x)]=\frac{1}{1+c+f(x)},c\geqslant 0,c+f(x)\geqslant 0 \tag{2.25}$$

式中，c 为 $f(x)$ 的保守估计值。

3）选择运算：将选择算子作用于群体。选择的目的是把优化的个体直接遗传到下一代或通过配对交叉产生新的个体再遗传到下一代。选择操作是建立在群体中个体的适应度评估基础上的。

4）交叉运算：将交叉算子作用于群体。遗传算法中起核心作用的就是交叉算子，从群体中随机选择两个个体，通过两个染色体的交换组合，把父辈的优秀特征遗传给子辈，从而产生新的优秀个体。

5）变异运算：将变异算子作用于群体。对群体中的个体串的某些基因座上的基因值作变动，以产生更优秀的个体。

群体 $P(t)$ 经过选择、交叉、变异运算之后得到下一代群体 $P(t+1)$。

6）终止条件判断：若 $t=T$，则以进化过程中所得到的具有最大适应度个体作为最优解输出，终止计算。

四、计算参数的选择

（1）群体规模

当种群规模较小时，很明显会出现近亲繁殖，产生病态基因。种群规模太大，结果难以收敛且浪费资源，稳健性下降。种群的规模一般设置为 20～200。

（2）交叉概率

交叉概率是控制生成新种群的能力，交叉概率太小，不能有效更新种群；交叉概率太大，容易破坏已有的有利模式，随机性增大，容易错失最优个体，交叉概率一般取 0.4～0.99。

（3）变异概率

变异概率较小时，种群的多样性下降太快，容易导致有效基因的迅速丢失；变异概率太大时，尽管种群的多样性得到保证，但是高阶模式被破坏的概率也随之增大。变异概率一般取 0.0001～0.1。

（4）遗传终止进化代数

进化代数太小，算法不容易收敛，种群还没有成熟；进化代数太大，易造成种群过于早熟，不再收敛，继续进化没有意义。终止进化代数一般取 100～500。

第五节　差分进化算法

一、差分进化算法概述

差分进化（differential evolution，DE）算法是一种基于群体差异的启发式随机搜索算法，该方法是由 Storn 和 Price 于 1977 年，在遗传算法等进化思想的基础上，为求解 Chebyshev 多项式而提出的。DE 算法也属于启发式的优化算法。DE 算法基本原理简单，计算时输入的待定参数少，进行随机和并行的全局搜索，不易陷入局部最优，收敛速度快，已在很多领域得到了广泛应用。

差分进化算法与遗传算法相比，相同点都是通过随机生成初始种群，以种群中每个个体的适应度值为选择标准，不同之处在于遗传算法是根据适应度值来控制父代杂交，而差分进化算法变异向量是由父代差分向量生成，并与父代个体向量交叉生成新个体向量，直接与其父代个体进行选择。

二、差分进化算法原理

差分进化算法计算步骤与遗传算法基本一致，主要包括变异、交叉、选择三种操作。差分进化算法是从种群中随机选取两个个体的加权差向量加到第三个个体上，产生新的参数向量，该操作称为变异；将变异向量与某个预先决定的目标向量按一定规则进行参数混合，生成试验向量，这一过程称为交叉；如果试验向量的适应度值优于目标个体的适应度值，则在下一代中试验向量取代目标向量，否则目标向量仍保存下来，该操作称为选择。在每一代的进化过程中，种群中每一个成员必须作为目标向量按这样操作一次，算法通过不断地迭代计算，进化过程中对每一代都评价最佳参数向量，保留优良个体，淘汰劣质个体，引导搜索过程向全局最优解逼近。

三、差分进化算法流程

1）随机产生初始化种群：设置初始化代数 $G=1$。

2）变异：通过差分策略实现个体变异。变异后第 G 代种群产生一个新的中间种群。

3）交叉：用第 G 代种群与变异产生的中间种群进行个体间的交叉操作。

4）选择操作：采用贪婪策略，根据目标函数的大小选择进入新种群中的个体。

5）终止条件：如果迭代次数 G 超过最大迭代次数或者求解精度达到要求，则停止搜索，否则将对种群再次执行变异、交叉和选择等操作，直到满足条件为止。

四、计算参数的选择

（1）种群数量 N

根据经验，种群数量 N 的合理选择在［$5D$，$10D$］，D 为空间问题的维度或变量解的个数（余胜威，2015）。

在给定最大进化代数情况下，对低维度简单问题，种群规模在［15，35］较好；对高维度复杂问题，种群规模［30，50］时，优化效果较好。总之，在给定最大进化代数下，种群规模在［15，50］时，能很好地保持多样性和收敛速度的平衡（高岳林和刘军民，2009）。

（2）变异算子 F

变异算子 $F\in[0.5,1]$，是一个实常数因数，F 对算法的影响要比交叉算子 CR 大，主要影响算法的全局寻优能力。变异算子 F 越小,局部搜索能力较强;随着 F 值的增大,算法防止陷入局部最优的能力增强,但收敛速度会变慢;当 $F>1$ 时,算法的收敛性变差。

(3)交叉算子 CR

交叉算子 $CR\in[0.8,1]$,是一个实数,主要反映在交叉过程中子代与父代、中间变异体之间交换信息量的大小。CR 越大,发生交叉的可能性就越大;CR 越小,将会使种群的多样性快速减小,不利于全局寻优,也有研究认为 $CR=0.3$ 或 $CR=0.6$ 比较合理。

由于 DE 算法对控制参数的选取非常敏感,F 和 CR 的选取可按照下列经验范围选取(余胜威,2015)。

$$F\in\begin{cases}[0.2,0.6],D\leqslant 10\\[0.6,0.9],D>10\end{cases},CR\in\begin{cases}[0.1,0.5],P=1\\[0.6,0.9],P>1\end{cases}$$

(4)最大进化代数 G

最大进化代数 G 表示 DE 算法运行到指定的进化代数之后就停止运行,一般取值范围为 100~500。

第三章　承压完整井非稳定流抽水试验

含水层中地下水的运动只有当流量、水位随时间变化很小,并可忽略不计时,才能近似看做是稳定运动。受自然和人为因素的影响,地下水的运动要素(水位、流量等)随时间和空间不断变化,这样的运动称为非稳定运动,要了解地下水的流量、水位随着时间和空间的变化规律,就要应用非稳定运动理论描述地下水的运动规律。

第一节　无界承压含水层完整井流

一、泰斯(Theis)非稳定流

实际上自然界的含水层都存在边界,若含水层的边界距离抽水井很远,边界对研究区渗流场的变化没有明显影响时,可以把它作为无限含水层来处理。

定流量抽水时的 Theis 非稳定流公式如下。

Theis 非稳定流假定条件:①含水层均质各向同性、等厚,侧向无限延伸,产状水平;②抽水前天然状态下水力坡度为零;③完整井定流量抽水,井径无限小;④含水层中水流服从达西定律;⑤水头下降引起的地下水从贮存量中的释放是瞬时完成的。

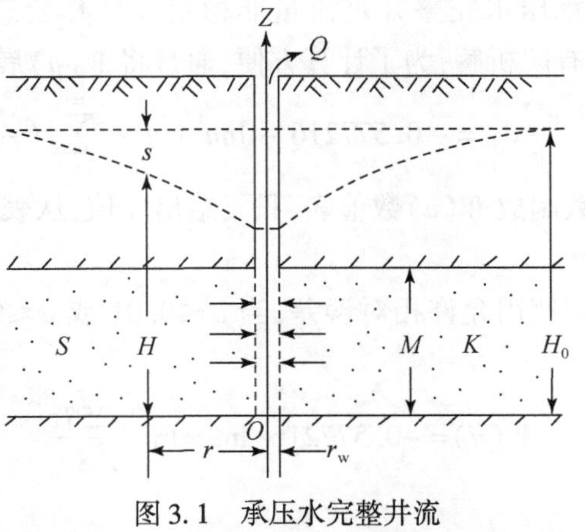

图 3.1　承压水完整井流

s 为水位降深;S 为贮水系数;H 为流场中距抽水井距为 r 处的水头;

M 为承压含水层厚度;H_0 为初始水头

根据上述假设条件,将坐标原点放在含水层底板抽水井的井轴处,以井轴为 Z 轴,如图 3.1 所示。单井定流量承压完整井非稳定流的数学模型为

$$\begin{cases}\dfrac{\partial^2 s}{\partial r^2}+\dfrac{1}{r}\dfrac{\partial s}{\partial r}=\dfrac{S}{T}\dfrac{\partial s}{\partial t}, & t>0,0<r<\infty \\ s(r,0)=0, & 0<r<\infty \\ s(\infty,t)=0,\left.\dfrac{\partial s}{\partial r}\right|_{r\to\infty}=0, & t>0 \\ \lim_{r\to 0} r\dfrac{\partial s}{\partial r}=-\dfrac{Q}{2\pi T} & \end{cases} \tag{3.1}$$

式中，$s=H_0-H$；T 为导水系数；t 为自抽水开始到计算时刻的时间；r 为计算点到抽水井的距离；S 为含水层的贮水系数。

经过数学推导、Hankel 变换，Theis 非稳定流解析解计算公式为

$$s=\frac{Q}{4\pi T}\int_u^\infty \frac{e^{-y}}{y}dy \tag{3.2}$$

$$u=\frac{r^2 S}{4Tt} \tag{3.3}$$

在地下水动力学中，采用井函数 $W(u)$ 代替式(3.2)：

$$W(u)=-E_i(-u)=\int_u^\infty \frac{e^{-y}}{y}dy \tag{3.4}$$

则式(3.2)可改写为

$$s=\frac{Q}{4\pi T}W(u) \tag{3.5}$$

式中，s 为抽水影响范围内，任一点任一时刻的水位降深；Q 为抽水井的流量；T 为导水系数；t 为自抽水开始到计算时刻的时间；r 为计算点到抽水井的距离；S 为含水层的贮水系数。

式(3.5)为无补给的承压水完整井定流量非稳定流计算公式，也就是著名的 Theis 公式。因为井函数 $W(u)$ 没有解析解，为了计算方便，通常将 $W(u)$ 展开成级数形式：

$$W(u)=\int_u^\infty \frac{e^{-y}}{y}dy=-0.577216-\ln u+u-\sum_{n=2}^{\infty}(-1)^n\frac{u^n}{nn!} \tag{3.6}$$

为方便使用，将井函数制成 $W(u)$ 数值表，只要给出 u 值，从表中就可查出相应的 $W(u)$ 值；反之亦然。

实际应用中，考虑生产使用允许相对误差，当 $u\leqslant 0.01$ 或 $u\leqslant 0.05$ 时，井函数可用该级数的前两项代替，即

$$W(u)=-0.577216-\ln u=\ln\frac{2.25Tt}{r^2 S}$$

则 Theis 公式简化为

$$s=\frac{Q}{4\pi T}W(u)=\frac{Q}{4\pi T}\ln\frac{2.25Tt}{r^2 S}=\frac{2.3Q}{4\pi T}\lg\frac{2.25Tt}{r^2 S}=\frac{0.183Q}{T}\lg\frac{2.25Tt}{r^2 S} \tag{3.7}$$

式(3.7)称为雅各布近似公式。

Theis 公式既可以用于水位预测，也可以用于求参数。当含水层水文地质参数已知时，可进行地下水位预测，也可预测在允许的降深条件下井的涌水量；反之，可根据抽水试验资料来确定含水层的水文地质参数。

二、井函数 $W(u)$ 的近似解

无界承压含水层,定流量抽水时的 Theis 非稳定流公式推导出的井函数 $W(u)$ 的级数展开表达式为式(3.6)。

井函数 $W(u)$ 没有解析解,大部分采用级数展开式的近似解,适用范围具有一定的局限性,为此,很多科学工作者对此展开了研究。

Swamee 和 Ojha(1990)提出了井函数 $W(u)$ 的全域解近似计算公式:

$$W(u)=\left(\left\{\ln\left[\left(\frac{0.56146}{u}+0.65\right)(1+u)\right]\right\}^{-7.7}+u^4\mathrm{e}^{7.7u}(2+u)^{3.7}\right)^{-0.13} \tag{3.8}$$

研究表明,与 $W(u)$ 表列值的比较发现,在整个参数值范围内,式(3.8)的计算精度可以控制在 1% 以内(Srivastava,1995)。

Barry 等(2000)也提出了井函数 $W(u)$ 的全域解近似计算公式:

$$W(u)=\frac{\mathrm{e}^{-u}\ln\left[1+\frac{0.5615}{u}-0.4385\left(1.0421u+\frac{1}{1+u^{1.5}}+\frac{1.0801}{1+2.35u^{-1.0919}}\right)^{-2}\right]}{0.5616+0.4385\mathrm{e}^{-2.2803u}} \tag{3.9}$$

研究表明,在 $0<u<100$ 实际范围内,式(3.9)的最大百分比误差分别是 0.07% 和 0.2%,公式足够精确,但较复杂(Vatankhah,2014)。

在确保精度的情况下,可以将式(3.9)简化,导出更为简单的近似解(Vatankhah,2014)。

$$W(u)=\left\{\frac{(1-0.19u^{0.7})^{-2}}{\left[\ln\left(\frac{0.565}{u}+4\right)\right]^2}+u^2\mathrm{e}^{2u}\left(\frac{u+1.384}{u+0.444}\right)^2\right\}^{-1/2} \tag{3.10}$$

式(3.10)可以应用于 $0.001<u<100$ 实际范围内,超出此范围,与精确的数值结果相比,误差分别是 0.2% 和 0.22%。

Allen (1954)和 Hastings (1955)提出了 $W(u)$ 的近似计算公式:

如果 $0<u\leqslant 1$

$$W(u)=-\ln u+a_0+a_1u+a_2u^2+a_3u^3+a_4u^4+a_5u^5+\varepsilon(u) \tag{3.11}$$

$$|\varepsilon(u)|<2\times10^{-7}$$

如果 $1\leqslant u<\infty$

$$W(u)=\frac{1}{u\mathrm{e}^u}\left[\frac{b_0+b_1u+b_2u^2+b_3u^3+u^4}{c_0+c_1u+c_2u^2+c_3u^3+u^4}\right]+\varepsilon(u) \tag{3.12}$$

$$|\varepsilon(u)|<2\times10^{-8}$$

式中,$a_0=-0.57721566$;$a_1=0.99999193$;$a_2=-0.24991055$;$a_3=0.05519968$;$a_4=-0.00976004$;$a_5=0.00107857$;$b_0=0.2677737343$;$b_1=8.6347608925$;$b_2=18.0590169730$;$b_3=8.5733287401$;$c_0=3.9584969228$;$c_1=21.0996530827$;$c_2=25.6329561486$;$c_3=9.5733223454$。

上述更精确的参数数据引自 Joseph 和 Gordon(1984)。

基于实际应用的目的,1% 的误差是可以接受的(Swamee and Ojha,1990),Srivastava 和 Guzman(1998)提出了误差接近 1% 的上述 $W(u)$ 井函数改进公式:

$$u\leqslant 1,\quad W(u)=\ln\left(\frac{C_1}{u}\right)+0.9713u-0.1742u^2 \tag{3.13}$$

$$u\geqslant 1,\quad W(u)=\frac{1}{u\mathrm{e}^{-u}}\frac{u+0.3637}{u+1.282} \tag{3.14}$$

进一步的近似公式又修改为

$$u\leqslant 1,\quad W(u)=\ln\left(\frac{C_1}{u}\right)+0.9653u-0.169u^2 \tag{3.15}$$

$$u\geqslant 1,\quad W(u)=\frac{1}{u\mathrm{e}^{-u}}\frac{u+0.3575}{u+1.28} \tag{3.16}$$

式中，$C_1=\exp(-\gamma)$，γ 为 Euler 常数，$\gamma=0.5772156649015328606$。

上述公式引自 Srivastava 和 Guzman(1998)的文章，原文公式出现错误，公式中误将 e^{-u} 写为 e^{u}，本书已做修正。

Barry 等(2000)年提出了一种估计 $W(u)$ 井函数的方法：

$$W(u)=\frac{\exp(-u)\ln\left(1+\dfrac{G}{u}-\dfrac{1-G}{(h+bu)^2}\right)}{G+(1-G)\exp\left(\dfrac{-u}{1-G}\right)} \tag{3.17}$$

式中，$G=\exp(-\gamma)$，γ 为 Euler 常数，$\gamma=0.5772156649015328606$；$b=\sqrt{\dfrac{2(1-G)}{G(2-G)}}$；$h=\dfrac{1}{1+u\sqrt{u}}+\dfrac{h_\infty q}{1+q}$，$h_\infty=\dfrac{(1-G)(G^2-6G+12)}{3G(2-G)^2b}$，$q=\dfrac{20}{47}u^{\sqrt{\frac{31}{26}}}$。

程先云等(2015)基于最小二乘法，得出了 $W(u)$ 井函数的替代公式：

$$W(u)=\begin{cases} b_1+b_2u^{b_3}+b_4\ln(u)+b_5\exp(b_6u), & u\leqslant 1 \\ p_1\exp(1+p_2u^{p_3}+p_4u^{p_5}+p_6\ln(u)+p_7\exp(up_8), & u>1 \end{cases} \tag{3.18}$$

式中，$b_1=0.645517319421736$；$b_2=0.220523369822589$；$b_3=0.99922210236199$；$b_4=-1.00000014554241$；$b_5=-1.22273508901879$；$b_6=-0.637030075359308$；$p_1=0.564514611673438$；$p_2=-0.189854016260644$；$p_3=1.29172191628888$；$p_4=-1.73604166880858$；$p_5=0.693543466102803$；$p_6=-0.234855517244515$；$p_7=-0.0336932239452858$；$p_8=-2.06712062991927$。

三、井函数 $W(u)$ 的数值解

(一)直接编程进行数值积分

井函数 $W(u)=\int_u^\infty\frac{\mathrm{e}^{-y}}{y}\mathrm{d}y$ 无解析解，只能通过数值积分求得其近似数值解，数值解的精度与采用的数值积分方法、小区间的划分数量、截断误差有较大关系。具体计算可采用复化 Simpson 数值积分、Romberg 数值积分等方法，结合积分变换完成井函数 $W(u)$ 的计算。本书采用复合 Simpson 数值积分得出井函数 $W(u)$ 的数值解，具体推导过程如下。

1)进行积分变换。

进行变量代换,令 $t=x^{-1}$,将广义积分 $\int_a^{\infty} f(x)\,\mathrm{d}x$ 转换为具有左端点奇点的积分:

$$\int_a^{\infty} f(x)\,\mathrm{d}x = \int_0^{1/a} t^{-2} f\left(\frac{1}{t}\right)\mathrm{d}t \tag{3.19}$$

2)根据上述积分变换原理,将式(3.4)的井函数 $W(u)$ 变换为下式:

$$W(u) = \int_u^{\infty} \frac{1}{y}\mathrm{e}^{-y}\mathrm{d}y = \int_0^{1/u} t^{-1}\mathrm{e}^{(-t^{-1})}\mathrm{d}t \tag{3.20}$$

3)利用复合 Simpson 数值积分方法,完成上述积分。

设 $f(x)$ 在区间 (a,b) 上有四阶连续导数,取 $2m+1$ 个等距节点:

$$x_k = a+kh,(k=0,1,\cdots,2m),h=\frac{b-a}{2m}$$

式中,h 为积分区间(a,b)划分的岛距子区间的宽度;$2m$ 为划分的子区间的个数。则复合 Simpson 求积公式为

$$\int_a^b f(x)\,\mathrm{d}x \approx \frac{h}{3}\left[f(a)+f(b)+4\sum_{i=1}^{m} f(x_{2i-1})+2\sum_{i=1}^{m-1} f(x_{2i})\right] \tag{3.21}$$

截断误差为

$$E(f) = -\frac{h^4}{180}(b-a)f^{(4)}(\eta),\eta\in[a,b] \tag{3.22}$$

4)令 $a=0,b=1/u$,为保证计算的精度,给定一个较大的 m 值,可将 h 值设得很小,代入复化 Simpson 求积公式,可求得井函数 $W(u)$ 的值。

$$W(u) \approx \frac{h}{3}\left[f(0)+f(1/u)+4\sum_{i=1}^{m} f(x_{2i-1})+2\sum_{i=1}^{m-1} f(x_{2i})\right] \tag{3.23}$$

其中

$$\sum_{i=1}^{m} f(x_{2i-1}) = \sum_{i=1}^{m}\left[(2i-1)h\right]^{-1}\exp\left[-\frac{1}{(2i-1)h}\right] \tag{3.24}$$

$$\sum_{i=1}^{m-1} f(x_{2i}) = \sum_{i=1}^{m-1}\left[(2i)h\right]^{-1}\exp\left[-\frac{1}{(2i)h}\right] \tag{3.25}$$

$$f(0)=0,f\left(\frac{1}{u}\right)=(1/u)^{-1}\exp\left[\frac{1}{(1/u)}\right]$$

(二)直接调用 MATLAB 内置数值积分函数

求解数值积分的方法多种多样,如简单的梯形法、辛普森(Simpson)法、牛顿-柯特斯(Newton-Cotes)法等都是常用的方法,MATLAB 内置了很多数值积分函数,计算人员编程中可直接调用。

1)辛普森(Simpson)法。

quad( )函数采用自适应变步长是 Simpson 求积法,其格式为

I=quad(fun,a,b,tol,trace,p1,p2…)

参数 fun 为被积函数 $f(x)$;a,b 分别为变量 x 的积分下限和上限;tol 为积分精度要求,默认为 1×10^{-6};trace 控制是否展现积分过程。

2)牛顿–柯特斯(Newton-Cotes)法。

quad8 ():使用 8 阶 Newton-Cotes 算法,精度和速度均优于 quad(),目前版本已被取消。

3)Gauss-Lobatto 算法。

quadl ():采用自适应的 Gauss-Lobatto 公式计算,精度和速度均较好,建议全部使用该函数,在以后的版本中将会删除 quadl(可改用 integral),其格式为

I= quadl(fun,a,b,tol,trace,p1,p2…)

4)基于 MATLAB 的 Gauss-Lobatto 算法的井函数 $W(u)$ 计算。

利用式(3.4)对 $W(u)$ 井函数进行积分变换, $W(u)=\int_0^{1/u} t^{-1}e^{(-t^{-1})}dt$,则 $f(t)=t^{-1}e^{(-t^{-1})}$,编制的 $W(u)$ 井函数的 fun. m 文件如下。

```
        %%%%%%%%%%%%%%%%%%%%%%%        井函数 W(u)        %%%%%%%%%%%%%%%%%%%%%%%
clear
close all
format long
u=0.015;
y=@(t)t.^(-1).*exp(-(t.^(-1)));
integral(y,0,1/u)
        %%%%%%%%%%%%%%%%%%%%%%%           End            %%%%%%%%%%%%%%%%%%%%%%%
```

输入 $u=0.015$($1/u=66.66666666666$),计算结果为

```
命令窗口
>>fun
ans=3.637433349952846
```

$W(u)$ 井函数表中 $u=0.015$ 对应的 $W(u)$ 井函数值为 3.6374,可见计算精度远高于原来 $W(u)$ 表格中的数值。

5)MATLAB2018 版内置了井函数 $W(u)$ 的计算公式:

$$W(u)=-Ei(-u)=\int_u^{\infty}\frac{1}{y}e^{-y}dy$$

可利用 mfun 函数调用 MATLAB 中的 Maple 函数库,调用格式如下:

$$W(u)=\mathrm{mfun}('Ei',1,u)$$

第二节　Theis 降深–时间配线法

一、Theis 降深–时间配线法求解水文地质参数

(一)配线法原理

对式(3.3)和式(3.5)两端取对数得

$$\lg s=\lg W(u)+\lg \frac{Q}{4\pi T} \tag{3.26}$$

$$\lg t=\lg \frac{1}{u}+\lg \frac{r^2 S}{4T} \tag{3.27}$$

式(3.26)和式(3.27)右端的第二项在同一次抽水试验中为常数。因此,对于定流量抽水试验,在同一双对数坐标系中,s-t 曲线与标准曲线 $W(u)$-$1/u$ 在形状上应是一样的,只是坐标在纵横方向上产生了$\frac{Q}{4\pi T}$和$\frac{r^2S}{4T}$位移。将两曲线平移重合(图3.2),任取一匹配点,记下匹配点在各自坐标系中的对应坐标值,代入式(3.26)和式(3.27)即可确定水文地质参数,该方法称为降深-时间配线法。

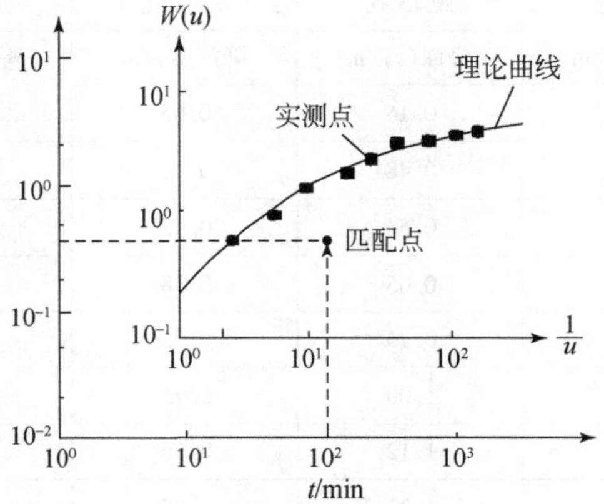

图3.2　降深-时间配线法

(二)计算步骤

1)在双对数纸上分别绘制 Theis 标准曲线 $W(u)$-$1/u$ 和实测的 s-t 曲线;

2)保持两曲线坐标轴平行,将实测曲线与标准曲线进行最佳重合,保证重合段至少有两个对数周期;

3)在 s-t 曲线上任意找一点,记下相应坐标系下的 $[s]$ 和 $[t]$,以及 $[W(u)]$ 和 $[1/u]$ 坐标值;

4)利用式(3.28)~式(3.31)计算水文地质参数。

$$T=\frac{Q}{4\pi[s]}[W(u)] \tag{3.28}$$

$$S=\frac{4T[t]}{r^2[1/u]} \tag{3.29}$$

$$\alpha=\frac{T}{S} \tag{3.30}$$

$$K=\frac{T}{M} \tag{3.31}$$

式中,T 为导水系数;S 为贮水系数;α 为压力传导系数;M 为含水层厚度;K 为渗透系数;r 为抽水井半径或观测孔至抽水井的距离。

二、计算例题3.1

有承压含水层进行抽水试验，含水层的顶、底板绝对隔水，抽水时侧向边界尚无影响，抽水井稳定流量为60m³/h，14号井为完整抽水井，观2孔、观15孔、观16孔、观10孔及观9孔为观测孔，其观测资料如表3.1所示，试用观15孔抽水试验观测资料，利用降深-时间配线法求解含水层水文地质参数（李俊亭和王愈吉，1987）。

表3.1　抽水试验观测资料

累计观测时间(t)/min	观2孔	观15孔	观16孔	观10孔	观9孔
	降深(s)/m	降深(s)/m	降深(s)/m	降深(s)/m	降深(s)/m
10	0.73	0.16	0.05	0.04	0
20	1.28	0.48	0.18	—	—
30	1.53	0.54	0.28	—	—
40	1.72	0.65	0.38	0.06	—
60	1.96	0.75	0.52	0.2	—
80	2.14	1.00	0.75	—	0.04
100	2.28	1.12	0.76	—	—
120	2.39	1.22	0.85	0.21	0.08
150	2.54	1.36	0.96	0.24	0.09
210	2.77	1.55	1.14	—	0.16
270	2.99	1.70	1.25	0.53	0.25
330	3.10	1.83	1.42	0.63	0.34
400	3.20	1.89	1.45	0.68	0.42
450	3.26	1.98	1.50	0.73	0.50
645	3.47	2.17	1.67	0.98	0.71
870	3.68	2.38	1.89	1.14	0.87
990	3.77	2.46	1.98	1.24	0.96
1185	3.85	2.54	2.09	1.35	1.06

注：观2孔、观15孔、观16孔、观10孔、观9孔距抽水井距离r分别为43m、125m、140m、510m、780m。其中，多本教材上观15孔、观16孔距抽水井距离数据有误，将两者混淆，本书已做更改。

解：首先根据实测的不同时间的降深值，在透明双对数坐标纸上绘制s-t曲线；然后将它与$W(u)$-$1/u$标准曲线拟合，如图3.3所示。

取匹配点的坐标值如下：

$$[W(u)]=1, [1/u]=10, [s]=0.58\text{m}, [t]=85\text{min}$$

代入式(3.28)和式(3.29)计算：

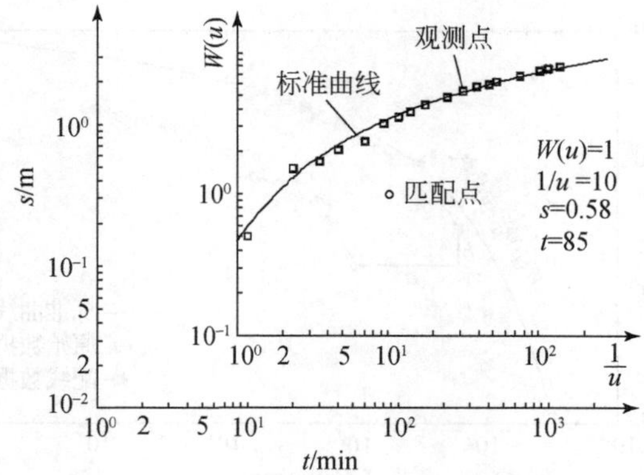

图 3.3　观 15 孔降深(s)-时间(t)配线法

$$T=\frac{Q}{4\pi[s]}[W(u)]=\frac{60\times24}{4\times3.14\times0.58}\times1=197.67\mathrm{m}^2/\mathrm{d}$$

$$S=\frac{4T[t]}{r^2[1/u]}=\frac{4\times197.67\times85}{10\times125^2\times1440}=2.987\times10^{-4}$$

配线法的主要优点是,能充分利用实测数据,减少观测误差的影响。尤其当实测的降深曲线偏离 Theis 公式而服从其他公式时,可在图上直观地看出来。不足之处是,当实测的降深值变化不大时,会给配线带来很大的随意性,影响计算结果的精度(李俊亭和王愈吉,1987)。

三、标准粒子群优化配线求解水文地质参数

粒子群优化算法依靠粒子快速移动完成搜索,并把迭代进化中的最优粒子信息传递给其他粒子,需要调整的参数较少,结构简单,使用方便。

利用粒子群优化算法进行水文地质参数的配线计算,其关键点是构造井函数 $W(u)$,应用最小二乘法,建立抽水试验数据 s-t 与 $W(u)$ -$1/u$ 井函数配线离差平方和最小值目标函数,利用 PSO 算法求目标函数最小值,模拟人工配线计算水文地质参数。

(一)目标函数的建立

人工智能配线是采用人工智能算法,模拟人工配线求取水文地质参数,构建目标函数,用人工智能算法求解目标函数最小值是本方法的重要步骤。

配线法的实质是在双对数坐标系中,以 $W(u)$-$1/u$ 标准曲线作为标准值,以抽水试验(t_i,s_i)观测值作为原始数据,移动抽水试验观测点(t_i,s_i)向 $W(u)$-$1/u$ 标准曲线靠拢,使得观测点(t_i,s_i)与 $W(u)$-$1/u$ 标准曲线做最优拟合,观测点(t_i,s_i)沿着横轴移动距离为 10^a,沿着纵轴移动距离为 10^b,当拟合的离差平方和为最小时,观测点与标准曲线达到最优拟合(图 3.4)。为此,可以根据最小二乘法的原理,构建配线离差平方和最小值目标函数 $f_v=\min F(a,b)$。

设有无限承压含水层,进行定流量非稳定流抽水试验,获得 n 组观测数据为(t_i,s_i),$i=1,2,3,\cdots,n$。井函数 $W(u)$可由式(3.6)或式(3.8)~式(3.18),或者调用 MATLAB 积分函数

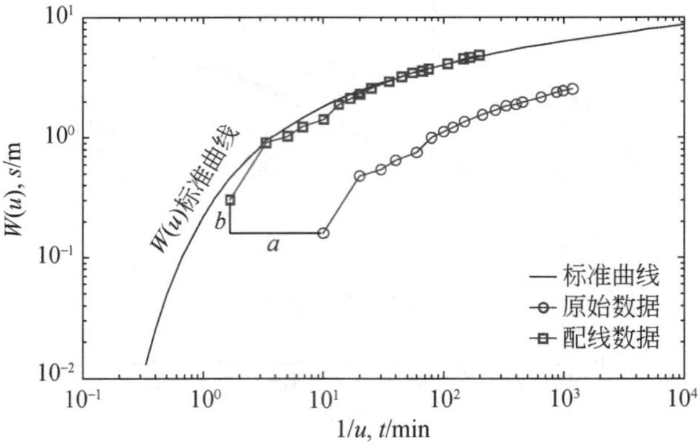

图 3.4　优化配线示意图

直接计算获得，根据最小二乘法原理，参照图 3.4，当抽水试验观测值(t_i,s_i)与 $W(u)$-$1/u$ 标准曲线最优配线拟合时，可以构建配线离差平方和最小值目标函数：

$$\min F(a,b)=f_{\text{v}}=\sum_{i=1}^{n}\left[W\left(\frac{1}{10^{(\lg t_i+\lg a)}}\right)-10^{(\lg s_i+\lg b)}\right]^2 \tag{3.32}$$

式中，a 为观测点(t_i,s_i)沿着横轴移动的距离；b 为观测点(t_i,s_i)沿着纵轴移动的距离($a\geqslant 0$,$b\geqslant 0$)；t_i为第 i 次观测的时间；s_i为第 i 次观测到的降深。

(二)标准 PSO 算法优化配线实现步骤

PSO 优化配线法计算步骤如下。

1)设置粒子数目 N、学习因子 c_1和 c_2、惯性权重 ω、最大迭代次数 M、问题的维数 D；

2)随机初始化种群中各粒子的位置和速度，计算井函数 $W(u)$及适应度值；

3)评价每个粒子的适应度，将当前各粒子的位置和适应度值存储于 p_{best}(个体最优位置)中，将所有个体中适应度值最优个体的位置和适应度值存储于 g_{best}(群体最优)中；

4)更新粒子的速度和位移：

$$v_{id}=\omega\times v_{id}+c_1r_1(p_{id}-x_{id})+c_2r_2(g_{id}-x_{id})$$

$$x_{id}=x_{id}+v_{id}$$

5)限定粒子移动范围，对每个粒子，将其适应度值与其经历过的最好位置作比较，如果较好，则将其作为当前的最好位置；

6)比较当前所有个体 p_{best}和 g_{best}值，更新 g_{best}；

7)若满足停止条件(通常为预设的运算精度或迭代次数)，搜索停止，选取匹配点，输出配线纵横 a、b 移动值、目标函数最小离差平方和f_{v}，绘制原始曲线图、配线过程图、最终优化配线图，输出导水系数 T 和贮水系数 S，否则返回步骤 4)继续搜索。

(三)限定粒子搜索范围

编程计算过程中，发现如果不对粒子的搜索范围加以限制，随机计算过程中会出现无解或计算结果为局部最优的现象，为加快粒子搜索速度、减少局部最优解的出现，需要限定粒子搜索范围,将粒子的移动搜索范围限定在标准曲线附近,$W(u)$-$1/u$ 标准曲线限制范围坐标点分别为标准曲线的左下角点和右上角点。角点坐标限制值推导如下。

$W(u)$-$1/u$ 标准曲线左下角点坐标为$(10^{-3},10^{-2})$,右上角点坐标为$(10^{5},10^{1})$。

假定原始数据要移动配线,原始曲线的左下角第一个点要移动到标准曲线的左下角点。移动配线完成后左下新的角点坐标如下:

角点 x 向坐标　　　　角点 y 向坐标

$$10^{\lg T+\lg a}=0.3 \qquad 10^{\lg s+\lg b}=0.01$$

限定移动值 a、b 值的推导过程如下:

$$10^{\lg(Ta)}=0.3 \qquad 10^{\lg(sb)}=0.01$$

$$Ta=0.3 \qquad sb=0.01$$

$$a=\frac{0.3}{T} \qquad b=\frac{0.01}{s}$$

原始曲线的右上角第一个点要移动到标准曲线的右上角点。移动配线完成后右上角点坐标如下:

角点 x 向坐标　　　　角点 y 向坐标

$$10^{\lg T+\lg a}=100000 \qquad 10^{\lg s+\lg b}=10.1$$

限定移动值 a、b 值的推导过程如下:

$$10^{\lg(Ta)}=100000 \qquad 10^{\lg(sb)}=10.1$$

$$Ta=100000 \qquad sb=10.1$$

$$a=\frac{100000}{T} \qquad b=\frac{10.1}{s}$$

式中,对于降深-时间配线法,T 为第一次的观测时间 t_1(左下角)或最后一次的观测时间 t_n(右上角);对于降深-时间距离配线法,T 为第一次观测时间计算出的 t/r^2 值(左下角)或最后一次观测时间计算出的 t_n/r^2 值(右上角);s 为对应时间点的降深值;a、b 为配线横向、纵向移动值(图 3.4)。

四、基于标准 PSO 算法的降深-时间优化配线法计算实例

为方便对比分析,计算例题采用例题 3.1 观 15 孔的数据。

(1)标准 PSO 算法输入的参数

粒子数目 $N=50$、学习因子 $c_1=c_2=2.05$、惯性权重 $\omega=0.6$、最大迭代次数 $M=200$、问题的维数 $D=2$。

(2)构建目标函数

降深-时间配线法目标函数采用式(3.32):

$$\min F(a,b)=f_{\mathrm{v}}=\sum_{i=1}^{n}\left[W\left(\frac{1}{10^{(\lg t_i+\lg a)}}\right)-10^{(\lg s_i+\lg b)}\right]^2$$

(3)设计编程

1)打开 MATLAB 程序,设定降深-时间配线法标准粒子群计算目录路径。

2）构建抽水试验观测数据文件 data01. mat，形成两行（t_i，s_i）、m 列数据文件。

3）编制目标函数计算程序 fitness03. m，对 a、b 进行初始赋值。井函数 $W(u)$ 的计算可采用式（3.6）或式（3.8）~式（3.18）计算。如果采用的 $W(u)$ 不是全域解计算公式，对于分段的 $W(u)$ 计算公式，应注意 $u<1$ 和 $u\geq1$ 时公式的不同。不同的 $W(u)$ 井函数近似公式对计算结果的精度影响较大，推荐使用 Swamee 和 Ojha（1990）提出的 $W(u)$ 全域解近似计算公式［式（3.8）］，更精确的结果可调用 MATLAB 积分函数，用式（3.4）直接计算。

4）编制标准粒子群算法计算主程序 PSO. m。

5）编制执行程序 run0827. m。

程序代码见附录 1。

（4）优化计算过程

为直观了解 PSO 算法优化配线过程，设置最大迭代次数 $M=2$、10、50、150、200，图 3.5 为 $W(u)$ 标准曲线及抽水试验 s-t 观测数据曲线，图 3.6 ~ 图 3.9 为部分曲线配线过程及适应度函数变化曲线，很清楚地反映出 PSO 算法快速迭代配线过程。$M=2$，迭代计算一开始，试验曲线即快速靠近标准曲线，一般情况下，经过十几次迭代计算后，基本接近最优迭代计算结果；$M=50$，计算出的配线离差平方和最小值 $f_v=0.081280548055673$ ~ 0.081281080754397，对最终的 T、S 计算结果的影响已不是很大；设置最大迭代次数 $M=150$，多次随机计算的目标函数离差平方和最小值均为 $f_v=0.081280545098884$，迭代计算收敛速度很快，计算结果稳定。

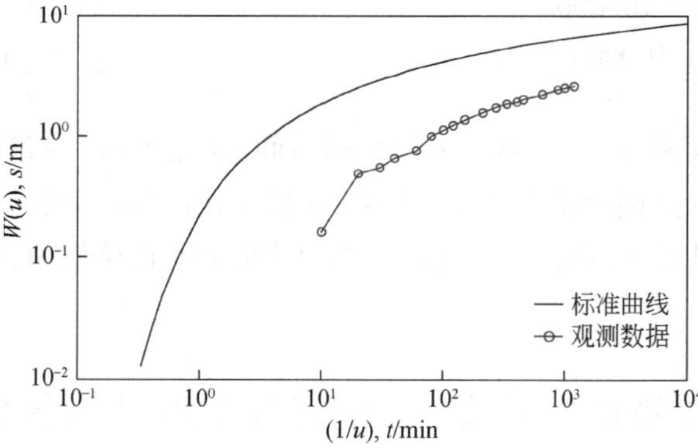

图 3.5 $W(u)$ 标准曲线及 s-t 观测数据曲线

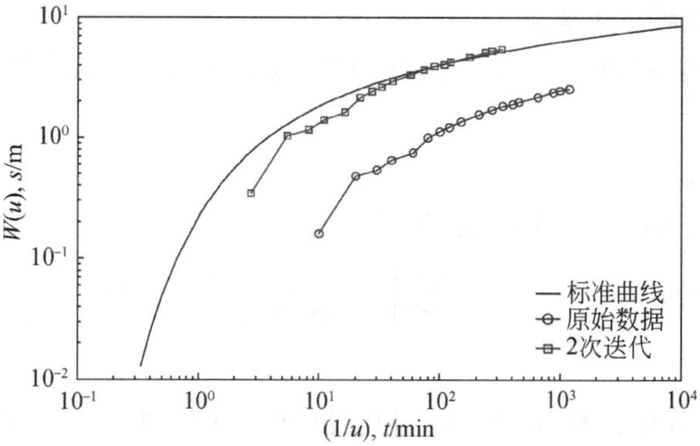

图 3.6 优化迭代 2 次

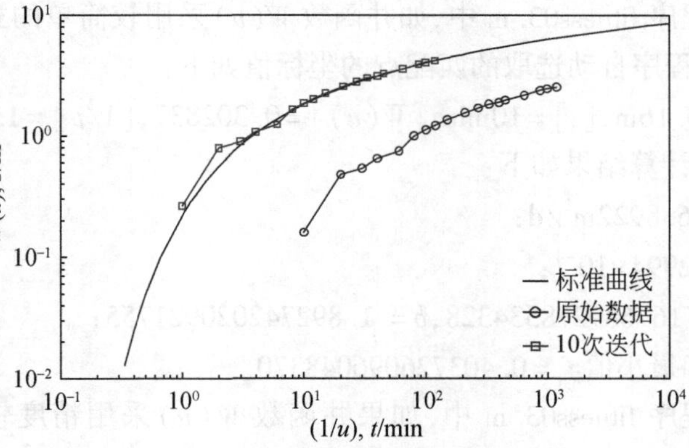

图 3.7　优化迭代 10 次

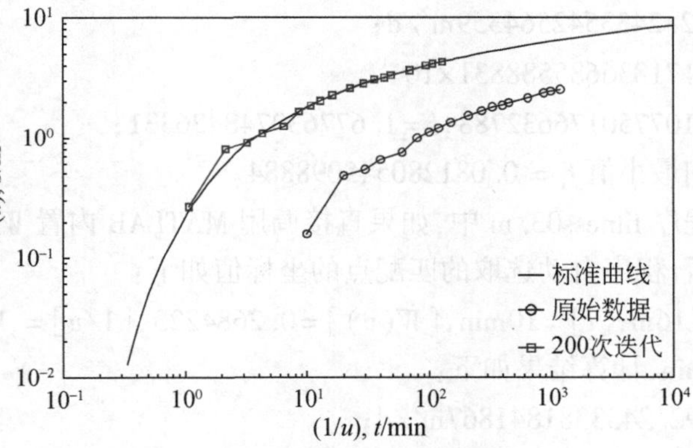

图 3.8　优化迭代 200 次

图 3.9　适应度函数变化曲线

(5)计算结果

目标函数计算程序 fitness03. m 中,如井函数 $W(u)$ 采用较简单的式(3. 6),标准 PSO 算法优化配线完成后,程序自动选取的匹配点的坐标值如下:

$$[s]=0.16\text{m},[t]=10\text{min},[W(u)]=0.302837,[1/u]=1.676860$$

计算耗时 0. 6s,计算结果如下:

导水系数 $T=216.8922\text{m}^2/\text{d}$;

贮水系数 $S=2.2994\times10^{-4}$;

配线参数 $a=$ 0. 167689278534328,$b=$ 1. 892742020921755;

配线离差平方和最小值 $f_v=0.403726096048370$。

目标函数计算程序 fitness03. m 中,如果井函数 $W(u)$ 采用精度较高的式(3. 11)和式(3. 12),标准 PSO 优化配线完成后,程序自动选取的匹配点的坐标值如下:

$$[s]=0.16\text{m},[t]=10\text{min},[W(u)]=0.2684224,[1/u]=1.077502$$

计算耗时 0. 888 ~ 1. 06s,计算结果如下:

导水系数 $T=192.2433542564359\text{m}^2/\text{d}$;

贮水系数 $S=3.171836685588831\times10^{-4}$;

配线参数 $a=0.107750176632788$,$b=1.677639748426331$;

配线离差平方和最小值 $f_v=$ 0. 081280545098884。

目标函数计算程序 fitness03. m 中,如果直接调用 MATLAB 内置 $W(u)$ 井函数,标准 PSO 算法优化配线完成后,程序自动选取的匹配点的坐标值如下:

$$[s]=0.16\text{m},[t]=10\text{min},[W(u)]=0.2684223,[1/u]=1.077501$$

计算耗时 4. 26min,计算结果如下:

导水系数 $T=$ 192. 2433381841867m^2/d;

贮水系数 $S=3.171838816739958\times10^{-4}$;

配线参数 $a=0.107750095227391$,$b=$ 1. 677639608169498;

配线离差平方和最小值 $f_v=0.081280505009869$。

分析上述计算结果,采用式(3. 11)和式(3. 12)计算井函数 $W(u)$,计算出的配线离差平方和最小值 $f_v=$ 0. 081280545098884,调用 MATLAB 内置 $W(u)$ 井函数,计算出的配线离差平方和最小值 $f_v=0.081280505009869$,远远小于采用简单井函数 $W(u)$ 情况下产生的配线离差平方和最小值 $f_v=$ 0. 403726。显然,采用高精度井函数 $W(u)$ 进行配线计算,计算结果精度更高,但直接调用内置井函数 $W(u)$ 或进行数值积分计算 $W(u)$ 将耗用较多时间。实际上,精度较高的 $W(u)$ 井函数经验公式足以满足水文地质参数计算的要求,而且计算更加快捷。

例题 3. 1 人工配线的计算结果为

$$T=\frac{Q}{4\pi[s]}[W(u)]=\frac{60\times24}{4\times3.14\times0.58}\times1=197.67\text{m}^2/\text{d}$$

$$S=\frac{4T[t]}{r^2[1/u]}=\frac{4\times197.67\times85}{10\times125^2\times1440}=2.987\times10^{-4}$$

对比人工配线的计算结果,PSO 优化配线计算结果精度更高、计算更加快速便利。

五、PSO算法参数取值影响分析

PSO算法的最大优点就是没有过多的可调节参数，但算法中的一些关键参数值直接影响到算法的性能和收敛性，PSO算法参数包括群体规模N、惯性权重ω、学习因子c_1和c_2等，在软件调试运行中相关参数设置经验如下。

（1）群体规模N

群体规模N即粒子种群数量，一般取20～50，粒子数目小于10，会对离差平方和最小值f_v的计算值产生很大影响，只有一个粒子的情况下，没有粒子间的交流，只有局部最优，没有群体最优，随机计算10次，配线离差平方和最小值的平均值$\bar{f}_v=402.178081375681$，计算误差极大，计算结果不稳定。粒子数目过少，计算的配线离差平方和最小值平均值$\bar{f}_v$呈现跳跃性现象（图3.10）。例题3.1中，在其他参数相同的情况下，$N=11$，随机计算10次，配线离差平方和最小值平均值即可稳定在$\bar{f}_v=0.081280545098884$。此后，随着群体规模$N$增大到200，多次随机计算的配线离差平方和最小值的平均值均为$\bar{f}_v=0.081280545098884$。种群数量越多，可以保证粒子群算法得到更可靠、精度更高的收敛结果，更容易发现全局最优解，但耗时较长。实际应用中，对于此类配线计算，建议种群数量设置为$N=50\sim100$，这样既不影响计算速度，也足以保证计算精度，对于较复杂问题，可增加粒子种群数量。

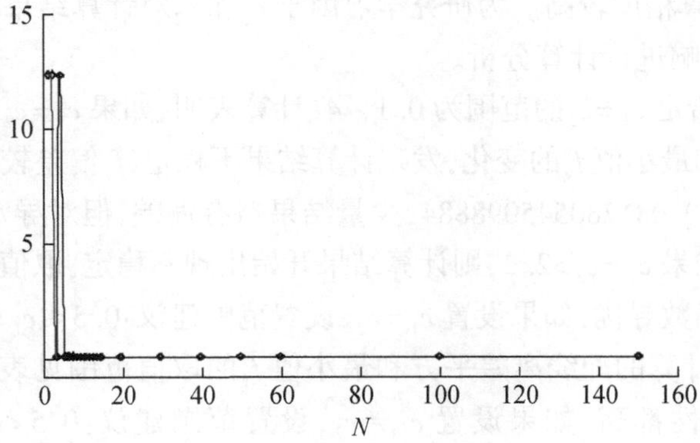

图3.10　POS算法N-$\bar{f}_v$关系曲线

（2）惯性权重ω

惯性权重ω，它具有维护全局和局部搜索能力的平衡作用，可以使粒子保持惯性运动，使其有扩展搜索空间的趋势，有能力探索新的区域，取值范围一般为0.2～1.2（温正，2015），有些学者指出ω的最佳值在0.8附近。例题3.1中，采用$\omega=0.1\sim0.6$，计算的目标函数配线离差平方和最小值较稳定，目标函数收敛速度较快，如果$\omega>0.7$，计算结果出现不稳定，目标函数配线离差平方和最小值f_v跳动较大（图3.11），因此建议采用$\omega=0.4\sim0.6$。

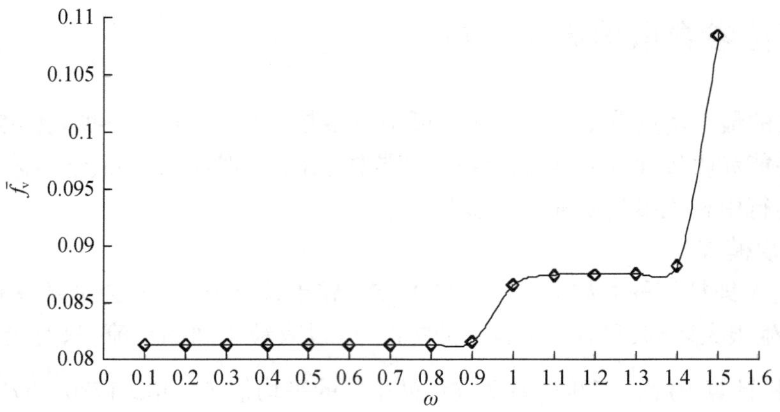

图 3.11　POS 算法 ω-$\bar{f}_v$ 关系曲线

(3)学习因子 c_1 和 c_2

学习因子 c_1 和 c_2 代表粒子偏好的权值,c_1 代表对自身经验的偏好度,c_2 代表对群体经验的偏好度,分别调节 p_{best} 和 g_{best} 方向飞行的最大步长,表示粒子个体经验和群体经验对粒子运行轨迹的影响。

有人认为 c_1 和 c_2 系数之和应为 4.0 左右,这时的搜索效果比较好。c_1 和 c_2 也可用 $c_2=4.1-c_1$ 这样的关系,但 c_1 和 c_2 大于 2.5 后将影响计算的精度及稳定性,因此将 c_1 和 c_2 都设为 2.05 或都设为 2,计算精度较高。为研究学习因子 c_1 和 c_2 对计算结果的影响,利用本书例题 3.1 数据对其设置影响进行计算分析。

1)设置 $c_1=c_2$,给定 $c_1=c_2$ 的范围为 0.1 ~4,计算表明,如果 $c_1=c_2<0.3$,随机计算 50 次,查看配线离差平方和最小值 f_v 的变化,发现计算结果不稳定,f_v 偏差较大。如果 $c_1=c_2=0.4$,最优计算结果为 $f_v=0.081280545098884$,少量结果略有偏差,但对导水系数 T 和贮水系数 S 的计算影响不大。如果 $c_1=c_2>2.2$,则计算结果开始出现不稳定,取值越大,离差越大。建议对于较简单的二元函数寻优,如果设置 $c_1=c_2$,设置范围建议:$0.5\leqslant c_1=c_2\leqslant 2.2$。

2)设置 $c_1\neq c_2$,计算的配线离差平方和最小值 f_v 的取值范围见表 3.2,在取值范围内取值,计算精度及稳定性都高,如果设置 $c_1\neq c_2$,设置范围建议:$0.5<c_1<2.5$、$0.4<c_2<3$,且 $c_1+c_2<4.4$。

表 3.2　学习因子 $c_1\neq c_2$ 设置计算影响范围

学习因子设置	对应取值									
c_1	2.5	2.4	2.3	2.2	2.1	1.9	1.8	1.7	1.6	1.5
c_2(f_v稳定值下限)	0.3	0.3	0.3	0.3	0.4	0.4	0.4	0.4	0.4	0.4
c_2(f_v稳定值上限)	2.0	2.0	2.0	2.0	2.3	2.5	2.6	2.7	2.8	2.9
c_1	1.4	1.3	1.2	1.1	1.0	0.9	0.8	0.7	0.6	0.5
c_2(f_v稳定值下限)	0.4	0.4	0.4	0.4	0.4	0.4	0.4	0.4	0.4	0.4
c_2(f_v稳定值上限)	2.9	3	3	3.1	3.2	3.2	3.2	3.3	3.3	3.3

(4)最大迭代次数 M

在不改变其他参数的情况下,改变迭代计算次数 M,随机计算 10 次,M 与离差平方和最小值平均值 $\bar{f}_v$ 的对应关系如图 3.12 所示,从计算精度来看,设置 $M=40$,$\bar{f}_v=0.0812819863028488$,虽然计算结果还不是十分稳定,但是计算出的导水系数 T 的误差仅在小数点后 2 位,精度满足计算要求;设置 $M=150$,计算结果已经趋于稳定,计算时间也比较快(图 3.12)。一般计算,设置 $M=200$ 即可,过少的迭代次数会影响计算结果的精度,过多的迭代次数又会影响计算速度。建议 M 取值范围 $300>M\geqslant200$,这样既不影响计算速度,结果又精确,对于较复杂、观测数据较多的问题可增加迭代计算次数。

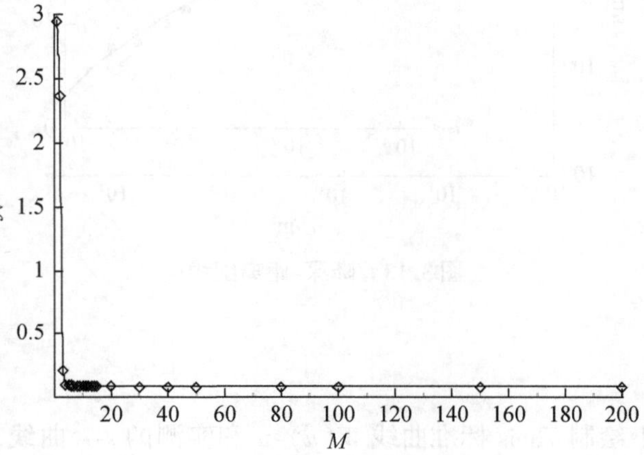

图 3.12　POS 算法 M-$\bar{f}_v$ 关系曲线

第三节　Theis 降深-距离配线法

一、Theis 降深-距离配线法求解水文地质参数

(一)配线法原理

降深-距离(s-r^2)配线法是利用 3 个以上的观测孔,取任意观测时刻 t 为定值,利用所有观测孔 t 时刻的降深值进行配线计算求解水文地质参数,该方法称为降深-距离配线法。

对式(3.3)和式(3.5)两端取对数得

$$\lg s=\lg W(u)+\lg\frac{Q}{4\pi T} \tag{3.33}$$

$$\lg r^2=\lg u+\lg\frac{4Tt}{S} \tag{3.34}$$

式(3.33)和式(3.34)右端的第二项在同一次抽水试验中为常数。因此,对于定流量抽水,在同一双对数坐标系中,s-r^2 曲线与标准曲线 $W(u)$-u 在形状上应是一样的,只是坐标在纵横方向上产生了$\frac{Q}{4\pi T}$和$\frac{4Tt}{S}$的位移。只要将两曲线平移重合(图 3.13),任取一个匹配点,并记下匹配点在各自坐标系中对应的坐标值,代入式(3.35)和式(3.36)计算水文地质参数。

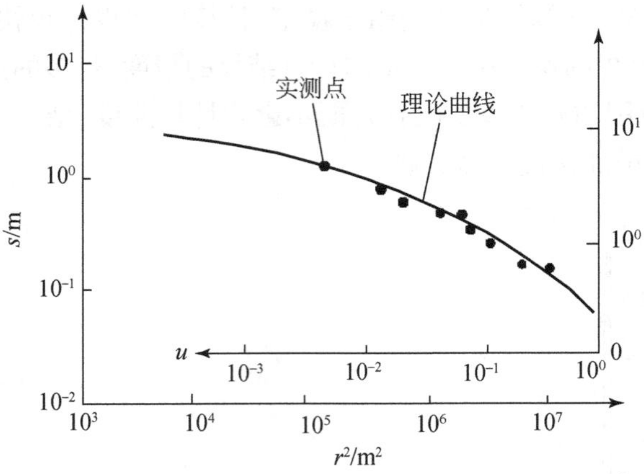

图 3.13　降深-距离配线法

(二)计算步骤

1)在双对数纸上绘制 Theis 标准曲线 $W(u)$-u 和实测的 s-r^2 曲线,r 为观测孔至抽水孔的距离,s 为对应观测孔的水位降深,各孔应为相同时间的降深;

2)保持两曲线坐标轴平行,将实测曲线与标准曲线进行最佳重合、配线;

3)在曲线内选取任意一个匹配点,记下相应坐标系下的$[s]$和$[r^2]$,以及$[W(u)]$和$[u]$坐标值;

4)利用式(3.35)和式(3.36)计算计算水文地质参数。

$$T=\frac{Q}{4\pi[s]}[W(u)] \tag{3.35}$$

$$S=\frac{4Tt[u]}{[r^2]} \tag{3.36}$$

二、计算例题 3.2

计算采用例题 3.1 的数据(李俊亭和王愈吉,1987;李义昌等,1995),由于有 5 个观测孔,可用降深(s)-距离(r^2)配线法确定水文地质参数。计算时采用观测时间 $t=400$min 时各观测井的水位降深值,试验数据见表 3.3,在透明双对数坐标纸上绘制 s-r^2 曲线,用该曲线与 $W(u)$-u 标准曲线配线拟合,如图 3.14 所示(与原教材图中观 15 孔和观 16 孔数据点的计算值略有差异)所示。

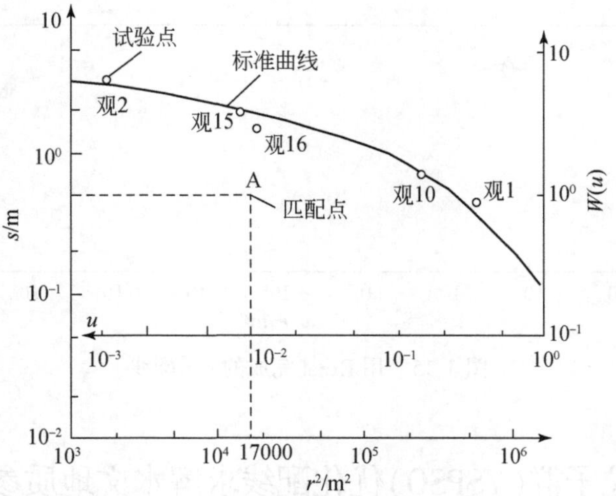

图 3.14　降深(s)-距离(r^2)配线法

表 3.3　抽水试验观测资料

参数	14 号井	观 2 孔	观 15 孔	观 16 孔	观 10 孔	观 1(观 9)孔
距抽水井距离 r/m	0	43	125	140	510	780
r^2/m^2	0	1849	15625	19600	260100	608400
流量或降深	流量/(m^3/h)	降深/m	降深/m	降深/m	降深/m	降深/m
(t=400min)	60	3.20	1.89	1.45	0.68	0.42

解：选取的匹配点 A 的坐标值如下：

$$[W(u)]=1,[u]=0.01,[s]=0.5\text{m},[r^2]=17000\text{m}^2$$

代入式(3.35)和式(3.36)计算，结果为

$$T=\frac{Q}{4\pi[s]}[W(u)]=\frac{60\times 24}{4\times 3.14\times 0.5}\times 1=229.30\text{m}^2/\text{d}$$

$$S=\frac{4Tt[u]}{[r^2]}=\frac{4\times 229.3\times 400\times 0.01}{17000\times 1440}=1.50\times 10^{-4}$$

上述结果为李俊亭和王愈吉(1987)的计算结果，查看其降深-距离配线图，似乎观 15 孔和观 16 孔的计算参数有误。作者基于最小二乘法，利用 Excel 配线完成的计算结果如下(图 3.15)。

观测时间 t=400min 时，观 16 孔的观测数据作为匹配点，参数如下：

$$[W(u)]=2.6448,[u]=0.02156,[s]=1.45\text{m},[r^2]=19600\text{m}^2$$

代入式(3.35)和式(3.36)计算，结果为

$$T=\frac{Q}{4\pi[s]}[W(u)]=\frac{60\times 24}{4\times 3.14159\times 1.45}\times 2.6448=209.0151802\text{m}^2/\text{d}$$

$$S=\frac{4Tt[u]}{[r^2]}=\frac{4\times 209.0151802\times 400\times 0.02156}{19600\times 1440}=2.55463\times 10^{-4}$$

作者用 Excel 进行配线计算，计算出的配线最小离差平方和 f_v=0.68016。

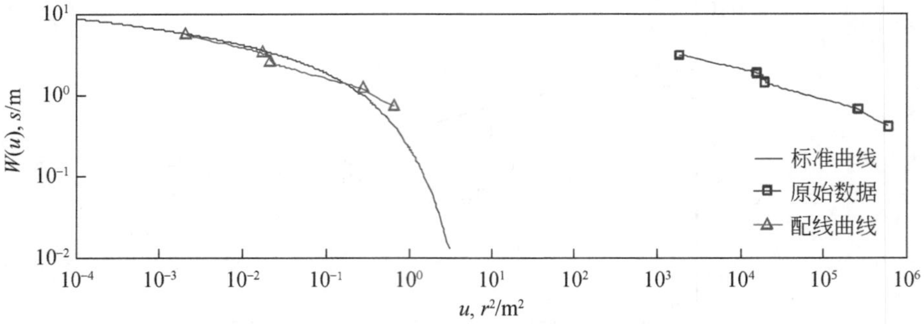

图 3.15　用 Excel 完成的 s-r^2 配线

三、带压缩因子粒子群(YSPSO)优化配线求解水文地质参数

采用改进的带有压缩因子的粒子群优化算法,实现降深-距离优化配线。

YSPSO 算法优化配线法计算步骤如下。

1)设置粒子数目 N、学习因子 c_1 和 c_2、最大迭代次数 $maxgen$、粒子的维数 D;

2)随机初始化种群中各粒子的位置和速度,计算井函数 $W(u)$ 及适应度值;

3)评价每个粒子的适应度,将当前各粒子的位置和适应度值存储在 p_{best}(个体最优位置)中,将所有 p_{best} 中适应度值最优个体的位置和适应度值存储于 g_{best}(群体最优)中;

4)用下式更新粒子的速度和位移:

$$v_{id}=\varphi\times v_{id}+c_1r_1(p_{id}-x_{id})+c_2r_2(g_{id}-x_{id})$$

$$x_{id}=x_{id}+v_{id}$$

其中:

$$\varphi=\frac{2}{2-C-\sqrt{C^2-4C}},\quad C=c_1+c_2$$

5)对每个粒子,将其适应度值与其经历过的最好位置作比较,如果较好,则将其作为当前的最好位置;

6)比较当前所有 p_{best} 和 g_{best} 的值,更新 g_{best};

7)若满足停止条件(通常为预设的运算精度或迭代次数),搜索停止,选取匹配点,输出配线纵横 a、b 移动值、目标函数配线离差平方和最小值 f_v,绘制原始曲线图、配线过程图、最终优化配线图,输出导水系数 T 和贮水系数 S,否则返回步骤4)继续搜索。

要求:c_1+c_2 必须大于 4,典型的取法有 $c_1=c_2=2.05$,$c_1=2.8$、$c_2=1.3$(龚纯和王正林,2009)。

四、基于 YSPSO 算法的降深-距离优化配线法计算实例

为方便对比分析,采用例题 3.2 的数据计算。

(1)YSPSO 算法输入的参数

粒子数目 $N=50$、学习因子 $c_1=c_2=2.05$、最大迭代次数 $maxgen=200$、粒子的维数 $D=2$。

(2)构建目标函数

降深-距离配线法目标函数为

$$\min F(a,b)=f_v=\sum_{i=1}^{n}\left[W(10^{(\lg r_i^2+\lg a)})-10^{(\lg s_i+\lg b)}\right]^2 \tag{3.37}$$

(3)设计编程

1)打开 MATLAB 程序,设定 YSPSO 计算目录路径。

2)构建多观测孔抽水试验,观 1 孔、观 2 孔、观 10 孔、观 15 孔、观 16 孔(5 个观测孔是为配合本书中例题)r^2、s 观测数据文件 S1R2. mat,形成两行(r_i^2,s_i)、m(观测孔个数)列的数据文件。

3)编制目标函数计算程序 fit. m,对 a、b 进行初始赋值。目标函数计算中,井函数 $W(u)$ 采用 Allen (1954) 和 Hastings (1955)提出的近似计算公式或采用 Swamee 和 Ojha(1990)提出的全域解近似计算公式,计算时可根据需要修改注释语句。

4)编制带压缩因子粒子群优化算法计算程序 YSPSO. m。

程序代码见附录 2。

(4)优化计算过程

为直观了解 YSPSO 算法优化配线计算过程,运行 MATLAB 程序,在当前路径窗口,选取降深-距离配线法计算路径,在当前文件夹窗口,找到带压缩因子粒子群优化算法计算程序 YSPSO. m,右键打开 YSPSO. m,可在编辑器中查看、修改程序中的输入参数。

计算中修改了最大迭代次数 *maxgen*,以了解 YSPSO 算法优化配线收敛情况,设置 *maxgen*=1、10、200,其他参数不作调整。迭代计算一开始,*maxgen*=1,计算显示原始数据曲线已开始向标准曲线靠拢(图 3. 16 和图 3. 17),但每次计算给出的配线离差平方和最小值 f_v 值都不同,f_v=0. 7023 ~ 0. 9512,变化较大,计算不稳定。图 3. 18 ~ 图 3. 20 为优化配线过程曲线及适应度函数变化曲线,图中很清楚反映出 YSPSO 算法快速迭代配线的过程。一般情况下,经过 20 次迭代计算,配线离差平方和最小值平均值 $\bar{f}_v$=0. 672484411,接近最优迭代结果;经过 50 次迭代计算后,计算结果与最优结果基本一致;*maxgen*=200,配线离差平方和最小值 f_v=0. 672221092,计算耗时仅为 4. 85s,反映出该方法迭代计算速度较快。

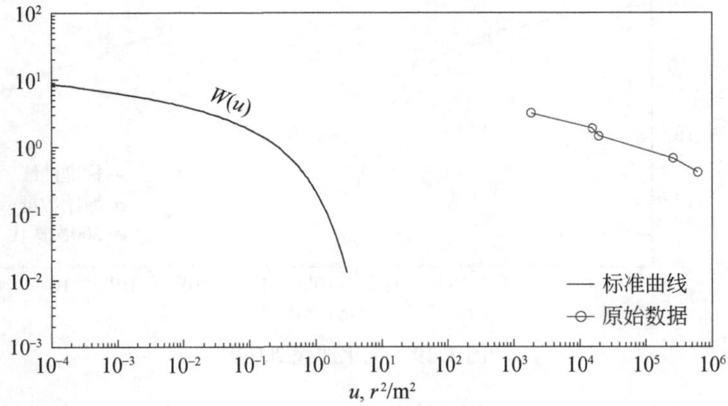

图 3. 16　$W(u)$标准曲线及原始试验曲线

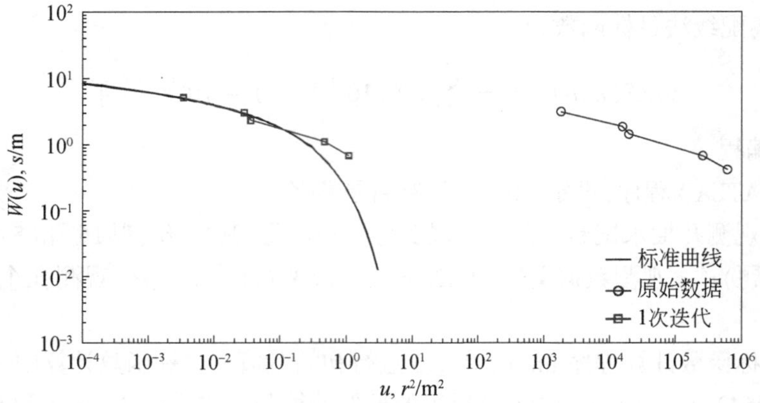

图 3.17　优化迭代 1 次

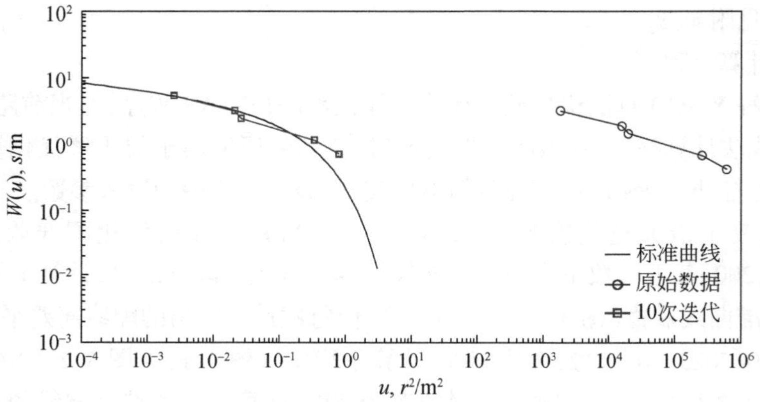

图 3.18　优化迭代 10 次

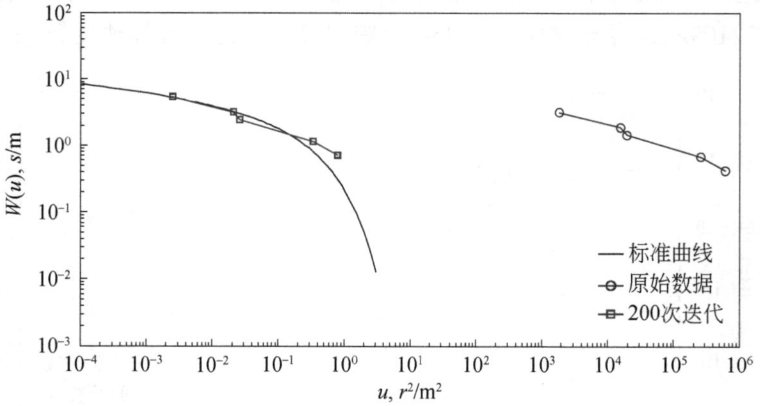

图 3.19　优化迭代 200 次

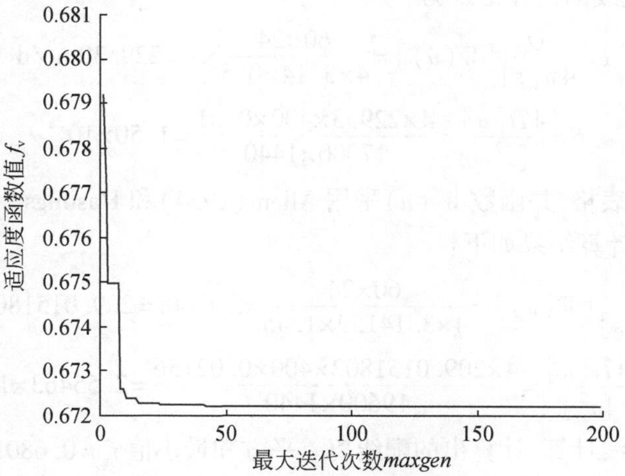

图 3.20　适应度函数变化曲线

(5)计算结果

井函数 $W(u)$采用 Allen (1954)和 Hastings (1955)提出的近似计算公式,经 YSPSO 优化配线计算完成后,选取表 3.3 观 16 孔的数据点作为匹配点,坐标值如下:

$$[W(u)]=1.1966,[u]=0.3311858,[s]=0.68\text{m},[r^2]=260100\text{m}^2$$

经 200 次迭代计算,耗时 4.85s,计算结果如下:

导水系数 $T=2.016475221258115\times10^2\text{m}^2/\text{d}$;

贮水系数 $S=2.852868573005112\times10^{-4}$;

配线离差平方和最小值 $f_v=0.672221091754008$。

如果井函数 $W(u)$采用 Swamee 和 Ojha(1990)提出的全域解近似计算公式,经 YSPSO 优化配线计算完成后,选取表 3.3 观 16 孔的数据点作为匹配点,坐标值如下:

$$[W(u)]=1.199132,[u]=0.3323183,[s]=0.68\text{m},[r^2]=260100\text{m}^2$$

经 200 次迭代计算,耗时 6s,计算结果如下:

导水系数 $T=2.020741465108999\times10^2\text{m}^2/\text{d}$;

贮水系数 $S=2.868680523819332\times10^{-4}$;

配线离差平方和最小值 $f_v=0.685194051234331$。

如果直接调用 MATLAB 内置 $W(u)$井函数,经 YSPSO 优化配线计算完成后,选取表 3.3 观 16 孔的数据点作为匹配点,坐标值如下:

$$[W(u)]=1.19966,[u]=0.331186,[s]=0.68\text{m},[r^2]=260100\text{m}^2$$

经 200 次迭代计算,耗时 9.17min,计算结果如下:

导水系数 $T=2.016475096162063\times10^2\text{m}^2/\text{d}$;

贮水系数 $S=2.852870316966008\times10^{-4}$;

配线离差平方和最小值 $f_v=0.672221145729224$。

$W(u)$采用 Allen (1954)和 Hastings (1955)提出的近似计算公式或 Swamee 和 Ojha (1990)提出的全域解近似计算公式,其优化迭代计算的结果、精度相差不大,而采用直接调用 MATLAB 内置 $W(u)$井函数,计算精度明显提高,但耗时相当长,达到 9min 之多。

例题 3.2 人工配线的计算结果为

$$T=\frac{Q}{4\pi[s]}[W(u)]=\frac{60\times 24}{4\times 3.14\times 0.5}\times 1=229.30\mathrm{m}^2/\mathrm{d}$$

$$S=\frac{4Tt[u]}{[r^2]}=\frac{4\times 229.3\times 400\times 0.01}{17000\times 1440}=1.50\times 10^{-4}$$

作者利用 Excel 表格,并函数 $W(u)$ 采用 Allen (1954) 和 Hastings (1955) 提出的近似计算公式,完成的配线计算结果如下:

$$T=\frac{Q}{4\pi[s]}[W(u)]=\frac{60\times 24}{4\times 3.14159\times 1.45}\times 2.6448=209.0151802\mathrm{m}^2/\mathrm{d}$$

$$S=\frac{4Tt[u]}{[r^2]}=\frac{4\times 209.0151802\times 400\times 0.02156}{19600\times 1440}=2.55463\times 10^{-4}$$

用 Excel 进行配线计算,计算出的配线离差平方和最小值 $f_v=0.68016$。

虽然 Excel 配线精度也较高,但需要手动反复调整配线纵横 a、b 移动值,费时、费力,精度还是低于 YSPSO 优化配线的精度。对比例题 3.2 人工配线的计算结果,YSPSO 优化配线计算结果符合实际情况,计算精度更高,更加便利。

五、YSPSO 算法参数取值影响分析

YSPSO 算法与 PSO 算法一样,没有过多的可调节参数,YSPSO 算法参数包括群体规模 N、学习因子 c_1 和 c_2、最大迭代次数 $maxgen$,在软件调试运行中相关参数设置经验如下。

(1) 群体规模 N

YSPSO 算法与 PSO 算法类似,粒子种群数量 N 一般取 30～50。$N<10$,粒子数量会对配线离差平方和最小值 f_v 的计算产生影响,粒子数目过少,会影响适应度函数的快速收敛,对大多数问题来说,种群数量保持在 50 个左右搜索效率较好。例题 3.2 中,在其他参数相同的情况下,随机计算 10 次,取 $N=20$,配线离差平方和最小值的平均值 $\bar{f}_v=0.672221091754118$,随机计算误差主要出现在小数点后第 11 位,已接近最优计算结果;$N=30$,配线离差平方和最小值的平均值 $\bar{f}_v=0.67222109175400800$;$N=50$,$\bar{f}_v=0.67222109175400800$。可见,相同的观测数据个数,设置群体规模 $N=30～50$ 可以满足快速稳定、计算精度高的要求(图 3.21)。

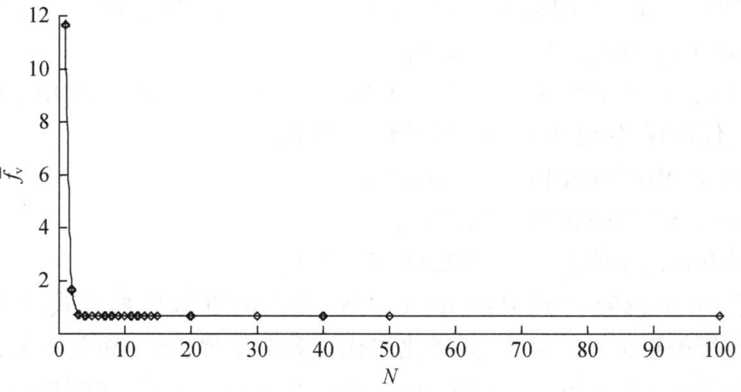

图 3.21　YSPSO 算法 N-$\bar{f}_v$ 相关曲线

(2)迭代次数 *maxgen*

其他参数相同的情况下,迭代次数 *maxgen* 很显然会影响到计算的精度,取随机 10 次计算的配线离差平方和最小值平均值 $\bar{f}_v$,绘出迭代次数 *maxgen*-$\bar{f}_v$ 关系曲线(图 3.22)。迭代计算次数小于 10 时,计算稳定性较差;迭代次数 *maxgen*=50～100 时,计算精度接近于最优计算结果;迭代次数 *maxgen*>200 时,迭代计算才满足快速、稳定、精确的计算要求。

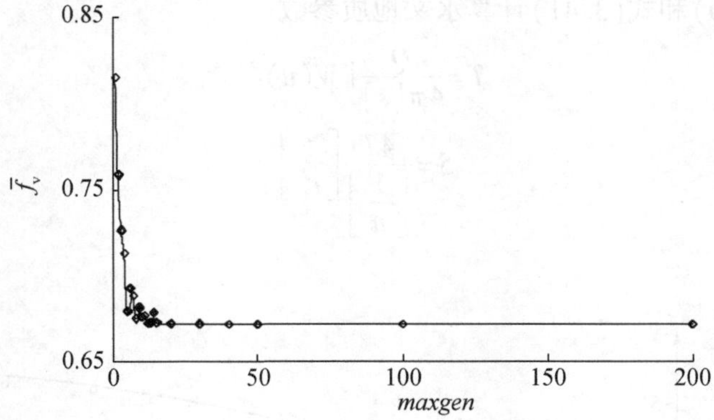

图 3.22　YSPSO 算法 *maxgen*-$\bar{f}_v$ 相关曲线

第四节　Theis 降深-时间距离配线法

一、Theis 降深-时间距离配线法求解水文地质参数

(一)配线法原理

对式(3.3)和式(3.5)两端取对数得

$$\lg s=\lg W(u)+\lg\frac{Q}{4\pi T} \tag{3.38}$$

$$\lg\frac{t}{r^2}=\lg\frac{1}{u}+\lg\frac{S}{4T} \tag{3.39}$$

式(3.38)和式(3.39)右端的第二项在同一次抽水试验中为常数。因此,对于定流量抽水,在同一双对数坐标系中,不同时间、不同距离观测孔的 s-t/r^2 曲线与 $W(u)$-$1/u$ 标准曲线在形状上应是相同的,只是坐标在纵横方向上产生了$\frac{Q}{4\pi T}$和$\frac{S}{4T}$位移。只要将两曲线平移重合,任取一匹配点,并记下匹配点在各自坐标系中的对应坐标值,代入式(3.40)和式(3.41)即可计算水文地质参数。这种方法称为降深-时间距离配线法。

(二)计算步骤

1)在双对数纸上绘制 Theis 标准曲线 $W(u)$-$1/u$ 和实测的 s-t/r^2 曲线(不同观测孔、不同时间、不同降深);

2)保持两曲线坐标轴平行,将实测曲线与标准曲线进行最佳重合、配线(图 3.23);

3)选取任意一个匹配点,记下相应坐标系下的[s]和[t/r^2],以及[$W(u)$]和[$1/u$]坐标值;

4)利用式(3.40)和式(3.41)计算水文地质参数。

$$T=\frac{Q}{4\pi[s]}[W(u)] \tag{3.40}$$

$$S=\frac{4T}{\left[\frac{1}{u}\right]}\left[\frac{t}{r^2}\right] \tag{3.41}$$

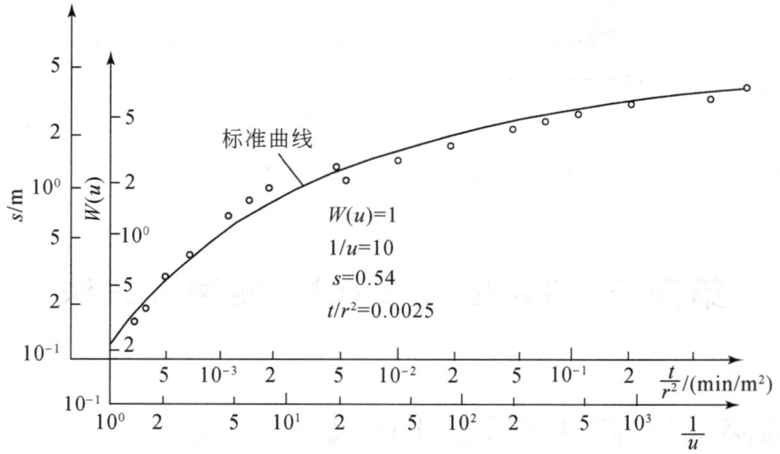

图 3.23　降深(s)-时间距离(t/r^2)配线法

二、计算例题 3.3

计算采用例题 3.1 的数据,利用降深–时间距离(s-t/r^2)配线法求参。根据表 3.1 中的观测资料计算出 s 和 t/r^2 的值(表 3.4),并在同模数的透明双对数坐标纸上绘出 s-t/r^2 曲线,在保持坐标轴彼此平行的条件下,将 s-t/r^2 曲线与 $W(u)$-$1/u$ 标准曲线进行配线拟合(图 3.24)。

表 3.4　抽水试验观测资料

观测时间/min	观 2 孔 $r^2=1849$		观 15 孔 $r^2=15625$		观 16 孔 $r^2=19600$		观 10 孔 $r^2=260100$		观 1(观 9)孔 $r^2=608400$	
	s/m	(t/r^2)/(min/m²)	s/m	(t/r^2)/(min/m²)	s/m	(t/r^2)/(min/m²)	s/m	(t/r^2)/(min/m²)	s/m	(t/r^2)/(min/m²)
10	0.73	0.00541	0.16	0.00064	0.05	0.0005102	0.04	0.000384468	—	—

续表

观测时间/min	观2孔 $r^2=1849$		观15孔 $r^2=15625$		观16孔 $r^2=19600$		观10孔 $r^2=260100$		观1(观9)孔 $r^2=608400$	
	s/m	(t/r^2)/(min/m²)	s/m	(t/r^2)/(min/m²)	s/m	(t/r^2)/(min/m²)	s/m	(t/r^2)/(min/m²)	s/m	(t/r^2)/(min/m²)
20	1.28	0.01082	0.48	0.00128	0.18	0.00102041	—	—	—	—
30	1.53	0.01622	0.54	0.00192	0.28	0.00153061	—	—	—	—
40	1.72	0.02163	0.65	0.00256	0.38	0.00204082	0.06	0.000153787	—	—
60	1.96	0.03245	0.75	0.00384	0.52	0.00306122	0.2	0.000230681	—	—
80	2.14	0.04327	1.00	0.00512	0.75	0.00408163	—	—	0.04	0.000131492
100	2.28	0.05408	1.12	0.0064	0.76	0.00510204	—	—	—	—
120	2.39	0.0649	1.22	0.00768	0.85	0.00612245	0.21	0.000461361	0.08	0.000197239
150	2.54	0.08112	1.36	0.0096	0.96	0.00765306	0.24	0.000576701	0.09	0.000246548
210	2.77	0.11357	1.55	0.01344	1.14	0.01071429	—	—	0.16	0.000345168
270	2.99	0.14602	1.70	0.01728	1.25	0.01377551	0.53	0.001038062	0.25	0.000443787
330	3.1	0.17847	1.83	0.02112	1.42	0.01683673	0.63	0.001268743	0.34	0.000542406
400	3.2	0.21633	1.89	0.0256	1.45	0.02040816	0.68	0.00153787	0.42	0.000657462
450	3.26	0.24337	1.98	0.0288	1.50	0.02295918	0.73	0.001730104	0.5	0.000739645
645	3.47	0.34884	2.17	0.04128	1.67	0.03290816	0.98	0.002479815	0.71	0.001060158
870	3.68	0.47052	2.38	0.05568	1.89	0.04438776	1.14	0.003344867	0.87	0.00142998
990	3.77	0.53542	2.46	0.06336	1.98	0.0505102	1.24	0.003806228	0.96	0.001627219
1185	3.85	0.64089	2.54	0.07584	2.09	0.06045918	1.35	0.00455594	1.06	0.001947732

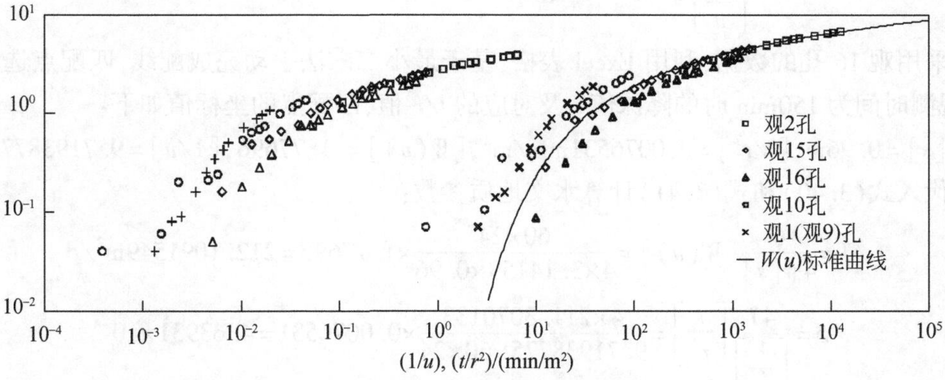

图 3.24　降深(s)-时间距离(t/r^2)配线法

作者利用 Excel 表格，井函数 $W(u)$ 采用 Swamee 和 Ojha(1990)提出的全域解近似计算公式[式(3.8)]，对上述抽水试验数据，分不同情况进行了手动配线计算，计算结果如下：

采用表 3.4 中的全部 5 个观测孔的数据，基于最小二乘法手动完成配线，匹配点选取观 15 孔、观测时间为 645min 的降深值 s 及对应的 t/r^2 值，匹配点的坐标值如下：

$[s]=2.17\text{m}, [t/r^2]=0.04128\text{min. m}^{-2}, [W(u)]=3.6456, [1/u]=66.8736$

代入式(3.40)和式(3.41)计算水文地质参数：

$$T=\frac{Q}{4\pi[s]}[W(u)]=\frac{60\times24}{4\times3.14159\times2.17}\times3.6456=192.51398\text{m}^2/\text{d}$$

$$S=\frac{4T}{\left[\frac{1}{u}\right]}\left[\frac{t}{r^2}\right]=\frac{4\times192.51398}{66.8736\times60\times24}\times0.04128=3.30099\times10^{-4}$$

采用观2孔的数据，利用 Excel 表格，基于最小二乘法手动完成配线，匹配点选取观2孔、观测时间为120min 的降深值 s 及对应的 t/r^2 值，匹配点的坐标值如下：

$[s]=2.39\text{m}, [t/r^2]=0.064899946\text{min/m}^2, [W(u)]=3.6089, [1/u]=65.22444565$

代入式(3.40)和式(3.41)计算水文地质参数：

$$T=\frac{Q}{4\pi[s]}[W(u)]=\frac{60\times24}{4\times3.14159\times2.39}\times3.6089=173.0334\text{m}^2/\text{d}$$

$$S=\frac{4T}{\left[\frac{1}{u}\right]}\left[\frac{t}{r^2}\right]=\frac{4\times173.0334}{65.22444565\times60\times24}\times0.064899946=4.78257\times10^{-4}$$

采用观15孔的数据，利用 Excel 表格，基于最小二乘法手动完成配线，匹配点选取观16孔、观测时间为20min 的降深值 s 及对应的 t/r^2 值，匹配点的坐标值如下：

$[s]=0.48\text{m}, [t/r^2]=0.00128\text{min/m}^2, [W(u)]=0.8496, [1/u]=2.5216$

代入式(3.40)和式(3.41)计算水文地质参数：

$$T=\frac{Q}{4\pi[s]}[W(u)]=\frac{60\times24}{4\times3.14159\times0.48}\times0.8496=202.8272\text{m}^2/\text{d}$$

$$S=\frac{4T}{\left[\frac{1}{u}\right]}\left[\frac{t}{r^2}\right]=\frac{4\times202.8272}{2.5216\times60\times24}\times0.00128=2.85994\times10^{-4}$$

采用观16孔的数据，利用 Excel 表格，基于最小二乘法手动完成配线，匹配点选取观16孔、观测时间为150min 时的降深值 s 及对应的 t/r^2 值，匹配点的坐标值如下：

$[s]=0.96\text{m}, [t/r^2]=0.0076531\text{min/m}^2, [W(u)]= 1.77696, [1/u]=9.719387755$

代入式(3.40)和式(3.41)计算水文地质参数：

$$T=\frac{Q}{4\pi[s]}[W(u)]=\frac{60\times24}{4\times3.14159\times0.96}\times1.77696=212.1091549\text{m}^2/\text{d}$$

$$S=\frac{4T}{\left[\frac{1}{u}\right]}\left[\frac{t}{r^2}\right]=\frac{4\times211.3070133}{9.71938775\times60\times24}\times0.0076531=4.63931\times10^{-4}$$

采用观10孔的数据，利用 Excel 表格，基于最小二乘法手动完成配线，匹配点选取观10孔、观测时间为645min 时的降深值 s 及对应的 t/r^2 值，匹配点的坐标值如下：

$[s]=0.98\text{m}, [t/r^2]=0.0024789\text{min/m}^2, [W(u)]= 1.4553, [1/u]=6.497116494$

代入式(3.40)和式(3.41)计算水文地质参数：

$$T=\frac{Q}{4\pi[s]}[W(u)]=\frac{60\times24}{4\times3.14159\times0.98}\times1.4553=170.1686089\text{m}^2/\text{d}$$

$$S=\frac{4T}{\left[\frac{1}{u}\right]}\left[\frac{t}{r^2}\right]=\frac{4\times170.1686089}{6.497116494\times60\times24}\times0.0024789=1.80416\times10^{-4}$$

采用观1孔的数据，利用Excel表格，基于最小二乘法手动完成配线，匹配点选取观10孔、观测时间为400min时的降深值s及对应的t/r^2值，匹配点的坐标值如下：

$[s]=0.42\text{m}$，$[t/r^2]=0.0006575\text{min/m}^2$，$[W(u)]=0.504$，$[1/u]=1.8343195$

代入式(3.40)和式(3.41)计算水文地质参数：

$$T=\frac{Q}{4\pi[s]}[W(u)]=\frac{60\times24}{4\times3.14159\times0.42}\times0.504=137.509987\text{m}^2/\text{d}$$

$$S=\frac{4T}{\left[\frac{1}{u}\right]}\left[\frac{t}{r^2}\right]=\frac{4\times137.509987}{1.8343195\times60\times24}\times0.0006575=1.36908\times10^{-4}$$

由前面的计算结果可以看出，用同样的抽水试验资料，采用不同的配线方法求得的水文地质参数值是有所差异的。就是对于同一种配线法，如果采用传统的标准对数坐标纸进行配线，不同的人员所配线计算的参数也是有差别的，例题3.3的求解是作者利用Excel表格，基于最小二乘法调整纵横坐标移动值完成的配线，配线过程中根据最小二乘法离差平方和的大小调整纵横坐标a、b移动值的大小，配线精确度远远高于传统手动配线结果。

上述全部计算结果对比情况见表3.5，通过上述结果分析，可以看出不同的求配线计算方法，计算精度是不同的。理论上讲，观测数据较多，降深(s)-时间距离(t/r^2)配线法精度应该较高，但由于过多的观测孔，观测数据的精确程度差异较大，如果利用全体观测数据，会引起配线的数据点离差较大(图3.24)。作者认为，如果利用降深(s)-时间距离(t/r^2)配线法，单独对每一个观测孔的数据进行配线计算，最终采用平均值也是一种可行的方法(表3.5)。

表3.5　例题3.3配线结果对比表

计算值	采用全部观测数据	观测孔单独配线计算结果					单孔配线平均值
		观2孔	观15孔	观16孔	观10孔	观1(观9)孔	
$T/(\text{m}^2/\text{d})$	192.51398	173.03340	202.82723	212.10915	170.16861	137.51	179.12968
S	0.000330099	0.0004783	0.0002860	0.0004639	0.0001804	0.0001369	0.0003091
f_v	10.05807318	0.0664346	0.1221422	0.0595104	0.0660951	0.0042458	—

三、线性递减权重粒子群(LinWPSO)优化配线求解水文地质参数

采用改进的线性递减权重粒子群优化算法，实现降深-时间距离优化配线。

LinWPSO算法优化配线法计算步骤如下。

1)设置粒子数目N、学习因子c_1和c_2、最大权重ω_{max}、最小权重ω_{min}、最大迭代次数M、问题的维数D。

2)随机初始化种群中各粒子的位置和速度，计算井函数$W(u)$及适应度值。

3)评价每个粒子的适应度,将当前各粒子的位置和适应度值存储在各粒子的 p_{best}(个体最优位置)中,将所有 p_{best} 中适应度值最优个体的位置和适应度值存储于 g_{best} 中。

4)用下式更新粒子的速度和位移:

$$v_{id}=\omega\times v_{id}+c_1r_1(p_{id}-x_{id})+c_2r_2(g_{id}-x_{id})$$
$$x_{id}=x_{id}+v_{id}$$

5)更新权重:

$$\omega=\omega_{max}-\frac{t\times(\omega_{max}-\omega_{min})}{t_{max}}$$

式中,t 为当前迭代步数;t_{max} 为最大迭代步数;通常 $\omega_{max}=0.9$,$\omega_{min}=0.4$。

6)对每个粒子,将其适应度值与其经历过的最好位置作比较,如果较好,则将其作为当前的最好位置。

7)比较当前所有 p_{best} 和 g_{best} 的值,更新 g_{best}。

8)若满足停止条件(通常为预设的运算精度或迭代次数),搜索停止,选取匹配点,输出配线纵横 a、b 移动值、目标函数最小离差平方和 f_v,绘制原始曲线图、配线过程图、最终优化配线图,输出导水系数 T 和贮水系数 S,否则返回步骤4)继续搜索。

四、LinWPSO 算法降深–时间距离优化配线法计算实例

为对比分析,计算例题采用例题3.3 的数据。

(1)LinWPSO 算法输入的参数

粒子数目 $N=50$、学习因子 $c_1=c_2=2$、最大权重 $\omega_{max}=0.9$、最小权重 $\omega_{min}=0.4$、最大迭代次数 $M=200$、问题的维数 $D=2$。

(2)目标函数

降深–时间距离配线法的目标函数采用式(3.42)。

$$\min F(a,b)=f_v=\sum_{i=1}^{n}\left(W\left\{\frac{1}{10^{(\lg(t/r^2)_i+\lg a)}}\right\}-10^{(\lg s_i+\lg b)}\right)^2 \tag{3.42}$$

(3)设计编程

1)打开 MATLAB 程序,设定线性递减权重粒子群计算目录路径。

2)构建观测孔抽水试验观测数据文件 data01. mat,形成两行$[s_i,(t/r^2)_i]$、m 列(不同观测时间、不同抽水试验观测孔或全部观测孔)的数据文件,r 为观测孔至抽水孔的距离,s 为对应观测孔的水位降深,t 为观测时间。

3)编制目标函数计算程序 fitness03. m,对 a、b 进行初始赋值。目标函数计算中井函数 $W(u)$采用 Allen (1954)和 Hastings (1955)提出的近似计算公式或采用 Swamee 和 Ojha (1990)提出的全域解近似计算公式,也可直接调用 MATLAB 内置的 $W(u)$井函数,计算时可根据需要修改注释语句。

4)编制线性递减权重粒子群算法主程序 LinWPSO. m。

5)编制执行程序 Run. m。

程序代码见附录3(以观15孔观测数据为例)。

(4)优化计算过程

为直观了解LinWPSO算法优化配线计算过程,运行MATLAB程序,在当前路径窗口选取降深-时间距离配线法计算路径,在当前文件夹窗口,找到带压缩因子粒子群优化算法计算程序Run.m,右键打开Run.m文件,可在编辑器中查看、修改程序中的输入数据。

输入的参数为粒子数目$N=50$、学习因子$c_1=c_2=2$、最大权重$\omega_{max}=0.9$、最小权重$\omega_{min}=0.4$、最大迭代次数$M=200$、问题的维数$D=2$。

以观15孔观测数据为例,分析LinWPSO算法优化配线计算过程,计算中设置最大迭代次数$M=3$、10、200,其他参数不作调整。设置$M=3$,迭代计算一开始,观测数据曲线即快速靠近标准曲线(图3.25和图3.26),但计算不稳定,配线离差平方和最小值$f_v=0.1926419$ ~ 8.77629967,变化较大。图3.27 ~ 图3.29为迭代配线过程配线曲线及适应度函数变化曲线,一般情况下,经$M=20$次迭代计算,配线离差平方和最小值$f_v=$ 0.081 ~ 1.845,接近最优迭代计算结果;$M=100$,$f_v=0.081280545$,极个别f_v值离差较大,但计算精度已可以满足实际要求;$M=200$,$f_v=0.081280545098884$,计算结果稳定,耗时0.972s,反映出该方法迭代计算收敛速度很快。

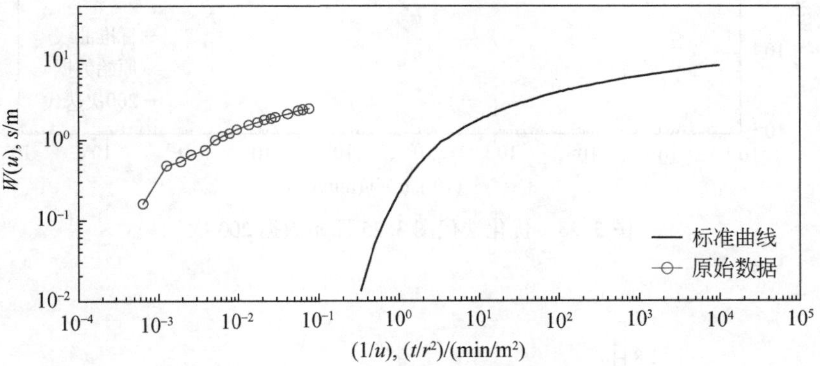

图3.25　$W(u)$标准曲线及原始试验曲线

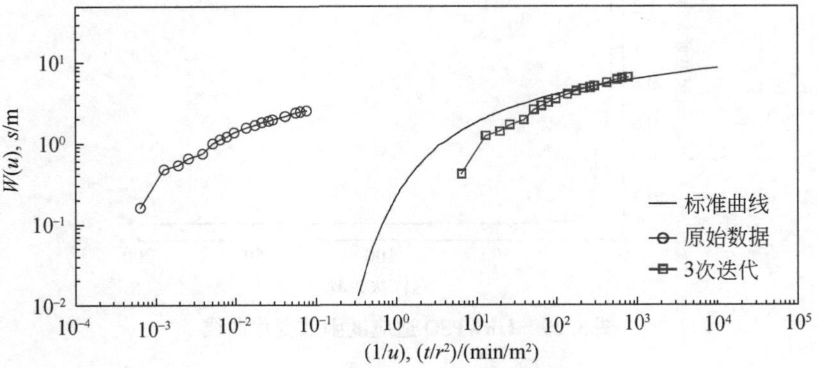

图3.26　优化迭代图3.25原始数据3次

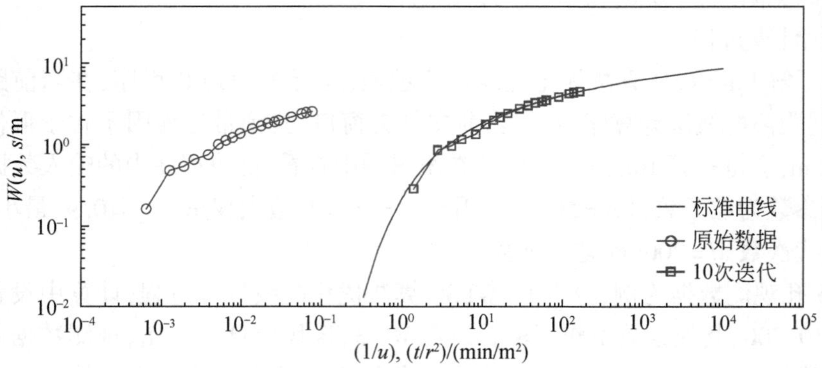

图 3.27　优化迭代图 3.25 原始数据 10 次

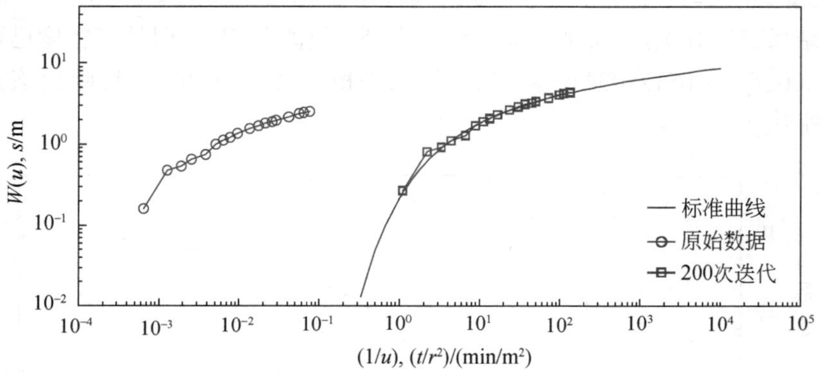

图 3.28　优化迭代图 3.25 原始数据 200 次

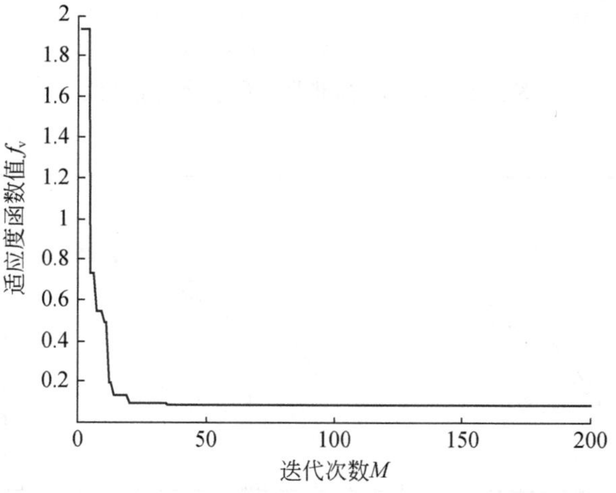

图 3.29　LinWPSO 适应度函数变化曲线

(5)计算结果

井函数 $W(u)$采用 Swamee 和 Ojha(1990)提出的全域解近似计算公式,构建抽水试验

观测数据文件 data01. mat,为跟手动配线结果分析对比,作者也参照前面的形式,选取了几种不同的计算方式:

1)data01. mat 数据文件中的数据采用观 2 孔、观 15 孔、观 16 孔、观 10 孔、观 1 孔所有孔的数据;

2)data01. mat 数据文件单独采用观 2 孔数据;

3)data01. mat 数据文件单独采用观 15 孔数据;

4)data01. mat 数据文件单独采用观 16 孔数据;

5)data01. mat 数据文件单独采用观 10 孔数据;

6)data01. mat 数据文件单独采用观 1 孔数据。

根据上述 data01. mat 数据文件,采用 LinWPSO 算法计算完成后结果如下。

1)data01. mat 数据文件选取全部观测孔数据,经 LinWPSO 算法优化配线计算,选取观测时间为 645min、全部观测孔的数据作为匹配点,坐标值如下:

$[s]=2.17\text{m}$, $[t/r^2]=4.128000\times10^{-2}\text{min/m}^2$, $[W(u)]=3.582091$, $[1/u]=62.83213$

经 200 次迭代计算,耗时 3. 31s,计算结果如下:

导水系数 $T=1.891600666989473\times10^2\text{m}^2/\text{d}$;

贮水系数 $S=3.452111935170973\times10^{-4}$;

配线离差平方和最小值 $f_v=10.031445235202121$。

全部观测数据优化配线图如图 3. 30 所示。

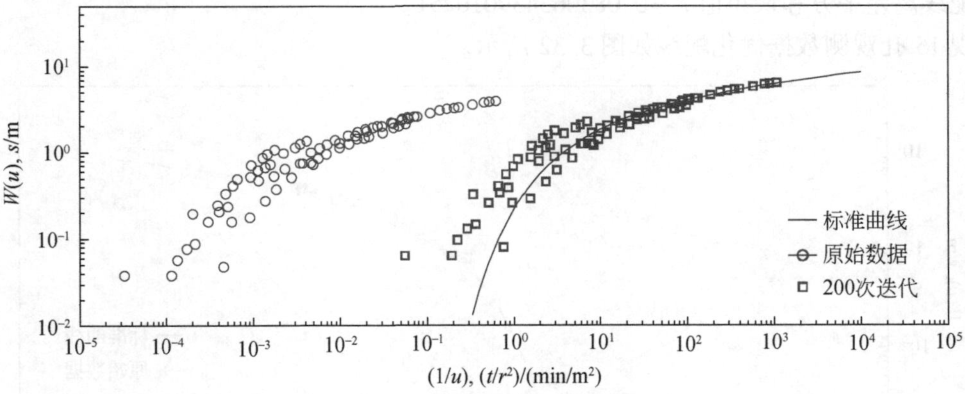

图 3. 30　全部观测孔数据优化配线

2)data01. mat 数据文件选取观 2 孔数据,经 LinWPSO 算法优化配线计算,选取观测时间为 645min 的匹配点,坐标值如下:

$[s]=3.47\text{m}$, $[t/r^2]=0.34884\text{min/m}^2$, $[W(u)]=5.233951$, $[1/u]=345.0810$

经 200 次迭代计算,耗时 1. 008s,计算结果如下:

导水系数 $T=1.728434014971264\times10^2\text{m}^2/\text{d}$;

贮水系数 $S=4.853505375334416\times10^{-4}$;

配线离差平方和最小值 $f_v=0.064312036739676$。

观 2 孔观测数据优化配线如图 3. 31 所示。

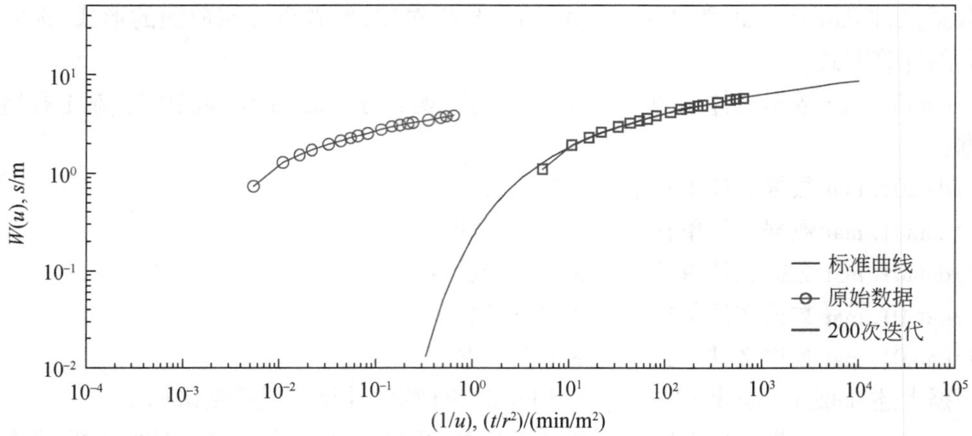

图 3.31　观 2 孔数据优化配线

3) data01. mat 数据文件选取观 15 孔数据，经 LinWPSO 算法优化配线计算，选取观测时间为 20min 的匹配点，坐标值如下：

$[s]=0.48\text{m}$，$[t/r^2]=1.28\times10^{-3}\text{min/m}^2$，$[W(u)]=0.8089694$，$[1/u]=2.161705$

经 200 次迭代计算，耗时 0.972s，计算结果如下：

导水系数 $T=1.931272186883879\times10^2\text{m}^2/\text{d}$；

贮水系数 $S=3.176541711483268\times10^{-4}$；

配线离差平方和最小值 $f_v=0.083063439010251$。

观 15 孔观测数据优化配线如图 3.32 所示。

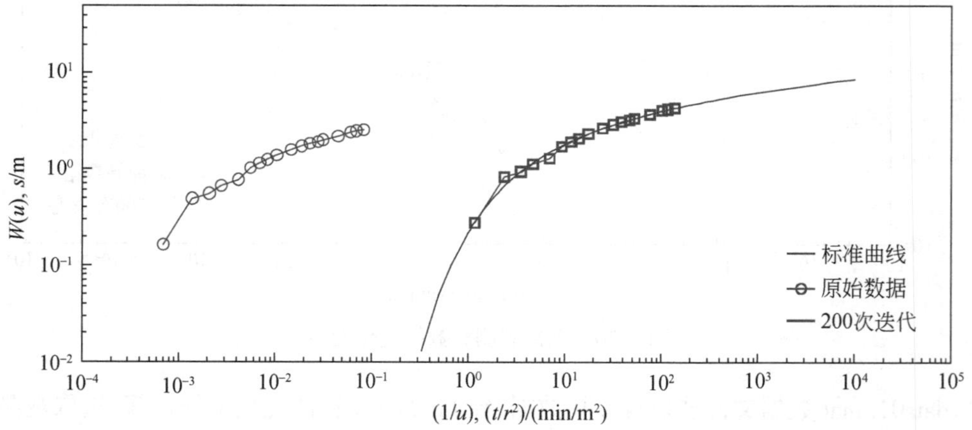

图 3.32　观 15 孔数据优化配线

4) data01. mat 数据文件选取观 16 孔数据，经 LinWPSO 算法优化配线计算，选取观测时间为 645min 的匹配点，坐标值如下：

$[s]=1.67\text{m}$，$[t/r^2]=3.290816\times10^{-2}\text{min/m}^2$，$[W(u)]=3.036389$，$[1/u]=39.75821$

经 200 次迭代计算，耗时 1.019s，计算结果如下：

导水系数 $T=2.083500337183281\times10^2\text{m}^2/\text{d}$；

贮水系数 $S=4.790356114560947\times10^{-4}$；

配线离差平方和最小值f_v= 0.055878179475254。

观 16 孔观测数据优化配线如图 3.33 所示。

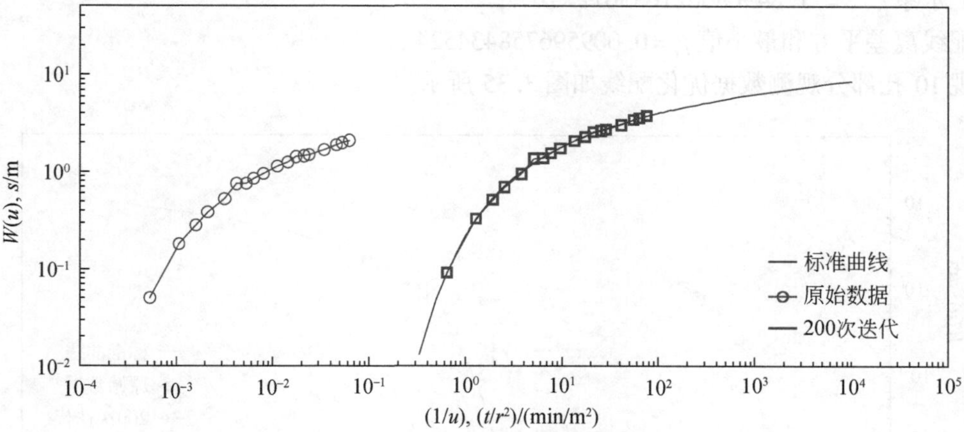

图 3.33　观 16 孔数据优化配线

5)观 10 孔的试验数据有些特殊,由于前三个观测数据偏差明显较大(图 3.34 原始数据),data01. mat 数据文件选取观 10 孔全部 13 对数据,经 LinWPSO 算法优化配线计算(图 3.34),选取观测时间为 645min 的匹配点,坐标值如下:

$[s]$=0.98m,$[t/r^2]$ = 2.479815×10^{-3}min/m^{-2},$[W(u)]$=1.405317,$[1/u]$= 6.146429

经 200 次迭代计算,耗时 0.88s,计算结果如下:

导水系数 T=1.643240004836939×10^2 m^2/d;

贮水系数 S=1.841598354117931×10^{-4};

配线离差平方和最小值f_v= 0.064994584177904。

观 10 孔全部观测数据优化配线如图 3.34 所示。

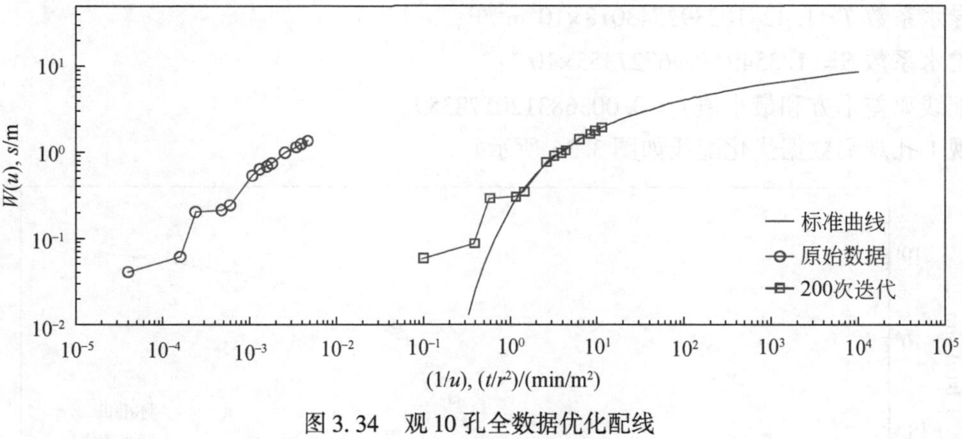

图 3.34　观 10 孔全数据优化配线

data01. mat 数据文件选取观 10 孔数据(去掉前 3 个偏差比较大的数据,剩 10 对),经 LinWPSO 算法优化配线(图 3.35),选取观测时间为 645min 的匹配点,坐标值如下:

$[s]$=0.98m,$[t/r^2]$ = 2.479815×10^{-3}min/m^2,$[W(u)]$= 1.413225,$[1/u]$=6.156002

计算耗时 0. 798s,计算结果如下:

导水系数 $T=$ 1. 652486238778221m^2/d;

贮水系数 $S=$ 1. 849080621633612$\times10^{-4}$;

配线离差平方和最小值 f_v =0. 009596758434524。

观 10 孔部分观测数据优化配线如图 3. 35 所示。

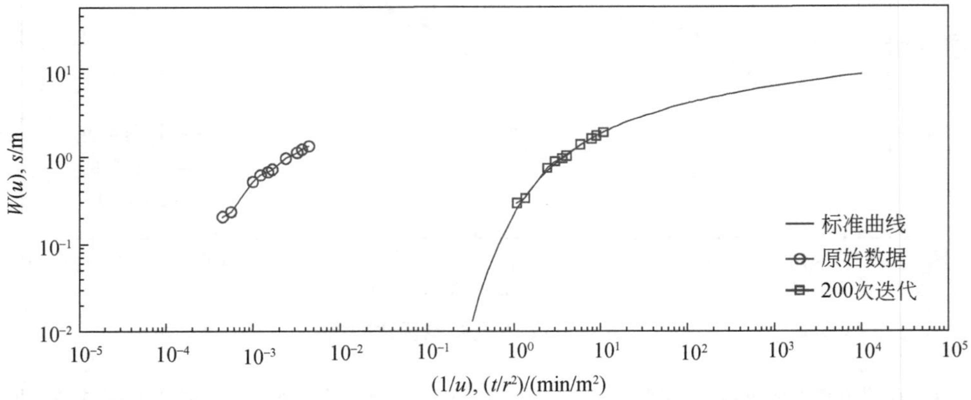

图 3. 35　观 10 孔部分数据优化配线

对比观 10 孔前后两次计算结果,去掉观测误差比较大的数据后,配线离差平方和最小值 f_v 精确度更高,计算结果明显更加准确,因此,对抽水试验原始数据的整理分析很有必要,对一些出现观测误差的数据应当舍弃,这样的计算结果才能更加符合实际情况。

6) data01. mat 数据文件选取观 1 孔数据,经 LinWPSO 算法优化配线计算,选取观测时间为 870min 的匹配点,坐标值如下:

$[s]=0.87m$, $[t/r^2]=$ 1. 429980$\times10^{-3}$ min/m^2, $[W(u)]=1.081205$, $[1/u]=4.17491$

经 200 次迭代计算,耗时 0. 732s,计算结果如下:

导水系数 $T=1.424102892543018\times10^2 m^2/d$;

贮水系数 $S=$ 1. 354944996727355$\times10^{-4}$;

配线离差平方和最小值 f_v =0. 003683120578359。

观 1 孔观测数据优化配线如图 3. 36 所示。

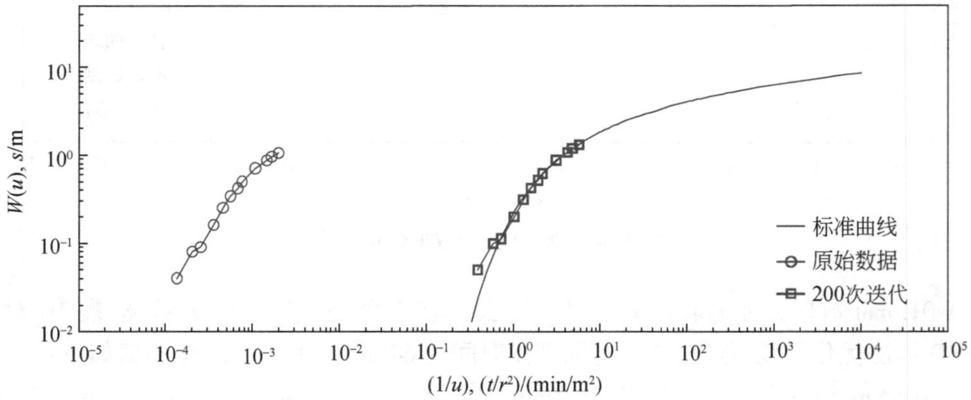

图 3. 36　观 1 孔数据优化配线

总结上述计算结果列入表3.6，与手动计算结果相比，人工智能优化配线计算精度明显高于手动配线计算结果，虽然作者提出的基于最小二乘法的Excel配线也可以进行精度较高的配线计算，但是需要一定时间观察最小离差平方和f_v值的变化，调整配线移动值a、b才能达到要求，但寻找到最优值相当困难，因此，采用人工智能配线是最优解决方案。

同样，上述各孔均也采用了直接调用MATLAB内置$W(u)$井函数的计算方法，见表3.6。计算精度比全域解的$W(u)$井函数经验公式高，但计算耗时较长，建议采用$W(u)$井函数经验公式计算。

表3.6　例题3.3优化配线与手动配线计算结果对比表

计算参数		采用全部观测孔的观测数据	观测孔单独配线计算结果					
			观2孔	观15孔	观16孔	观10孔	观1(观9)孔	采用井函数
优化配线	$T/(m^2/d)$	189.1600667	172.84340	193.12722	208.35003	164.32400	142.41028	Swamee和Ojha(1990)的$W(u)$井函数全域解
	S	0.000345211	0.0004854	0.0003176	0.0004790	0.0001842	0.0001349	
	f_v	10.03144524	0.0643120	0.0830634	0.0558782	0.0649946	0.0036831	
	计算耗时/s	3.31	1.008	0.972	1.019	0.88	0.732	
	$T/(m^2/d)$	188.5688759	172.63374	192.27191	207.40965	163.75486	139.70983	直接调用MATLAB内置$W(u)$井函数
	S	0.000344331	0.0004814	0.0003171	0.0004778	0.0001836	0.0001355	
	f_v	9.921085258	0.0648649	0.0812811	0.0552213	0.0636732	0.0039099	
	计算耗时/min	5.24	4.09	1.07	4.78	3.98	4.02	
手动配线计算	$T/(m^2/d)$	192.51398	173.03340	202.82723	212.10915	170.16861	137.51	Swamee和Ojha(1990)的$W(u)$井函数全域解
	S	0.000330099	0.0004783	0.0002860	0.0004639	0.0001804	0.0001369	
	f_v	10.05807318	0.0664346	0.1221422	0.0595104	0.0660951	0.0042458	

五、LinWPSO算法参数取值影响分析

LinWPSO算法没有过多的可调节参数，算法参数包括群体规模N、学习因子c_1和c_2、最大迭代次数M、最大权重ω_{max}、最小权重ω_{min}。在软件调试运行中相关参数设置经验如下。

(1)群体规模N

本次计算以观15孔为例，在其他参数相同的情况下，随机计算10次，粒子数目$N<15$，会对配线离差平方和最小值f_v的计算产生影响，粒子数目过少，会影响适应度函数的快速收敛，$N=20$，配线离差平方和最小值的平均值为$\bar{f}_v=0.083063439010251$，$N\geq30$，离差平方和最小值可稳定在$\bar{f}_v=0.083063439010251$，为最优解，可见$N=30\sim50$可以满足快速稳定、计算精度高的要求(图3.37)。对大多数问题来说，种群数量保持在$N=50$个左右时，搜索效率较好。当然，种群数量越多，会更容易发现全局最优解。

(2)迭代次数M

取10次随机计算结果f_v的平均值，绘出迭代次数M-$\bar{f}_v$关系曲线(图3.38)，迭代计算次

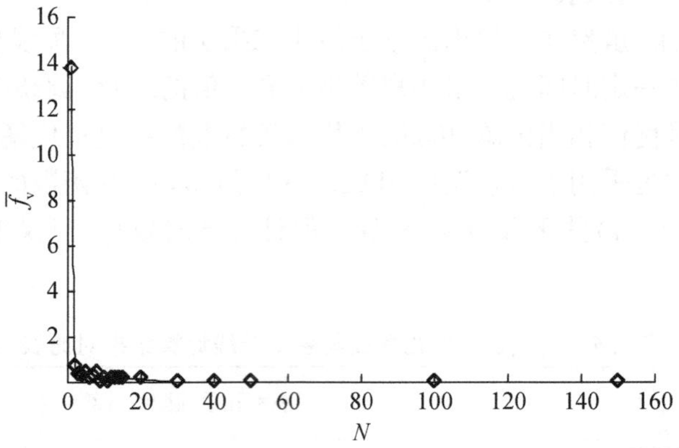

图 3.37　N-$\bar{f}_v$ 相关曲线

数小于 10 时，计算稳定性较差；迭代次数 M 为 50～100 时，计算精度接近于最优计算结果。从 T、S 计算结果实际精度要求来看，$M=100$，计算结果已符合要求。迭代次数 $M \geqslant 200$ 时，迭代计算的离差平方和最小值 f_v 稳定不变（以观 15 孔为例），$f_v=0.083063439010251$，满足快速、稳定、精确的计算要求。

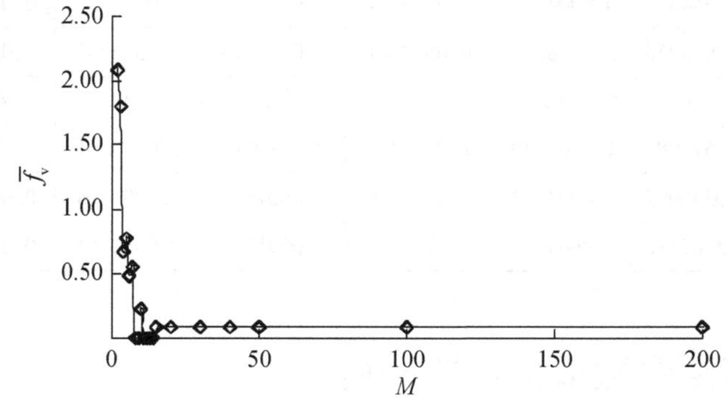

图 3.38　M-$\bar{f}_v$ 相关曲线

（3）最大权重 ω_{max}、最小权重 ω_{min}

LinWPSO 算法中权重的变化是随迭代次数发生变化的，计算中需要首先输入最大权重 ω_{max}、最小权重 ω_{min} 值，作者利用观 15 孔抽水试验观测数据进行优化计算，设置不同的权重值，以随机 10 次计算结果（为分析问题，有的计算超过 50 次），查看目标函数离差平方和最小值平均值 $\bar{f}_v$ 的变化情况，得出下列组合关系（表 3.7）。

表 3.7　最大权重 ω_{max}、最小权重 ω_{min} 取值范围表

权重	取值											
ω_{max}	1.4	1.3	1.2	1.1	1	0.9	0.8	0.7	0.6	0.5	0.4	0.3
出现不稳定 $\bar{f}_v$ 时的 ω_{min}	0.2	0.3	0.4	0.5	0.5	0.6	0.7	0.8	0.9	1	1.2	1.5

最大权重 ω_{max}、最小权重 ω_{min} 值的选取，以计算的目标函数离差平方和最小值 f_v 处于稳定状态为标准，即随着最大权重 ω_{max}、最小权重 ω_{min} 值的变化，计算结果的目标函数离差平方和最小值 f_v 不发生变化，说明计算结果稳定。

表 3.7 中如果 $\omega_{max}=0.9$，只要 $\omega_{min}<0.6$，则计算的配线离差平方和最小值 f_v 均为最优计算结果的值，$f_v=0.083063439010251$；如果 $\omega_{min}\geqslant 0.6$，则计算结果会出现略微的不稳定，所以 $\omega_{max}+\omega_{min}<1.5$ 是最优选择，例题 3.3 计算中采用的是 $\omega_{max}+\omega_{min}=0.9+0.4=1.3$，符合上述要求。

第五节 Theis 降深–距离时间配线法

一、Theis 降深–距离时间配线法求解水文地质参数

(一) 配线法原理

根据式(3.3)，贮水系数 S 可表示为

$$S=\frac{4Tu}{r^2/t} \tag{3.43}$$

上式可改写为

$$\frac{r^2}{t}=\frac{4T}{S}u \tag{3.44}$$

对式(3.5)两边求导：

$$\lg s=\lg W(u)+\lg\frac{Q}{4\pi T} \tag{3.45}$$

对式(3.44)两边求导：

$$\lg\frac{r^2}{t}=\lg\frac{4T}{S}+\lg u \tag{3.46}$$

式(3.45)和式(3.46)右端的第二项在同一次抽水试验中为常数。因此，对于定流量抽水，在同一双对数坐标系中，不同时间不同距离观测孔的 s-r^2/t 曲线与 $W(u)$-u 标准曲线在形状上应是相同的，只是坐标在纵横方向上产生了 $\frac{Q}{4\pi T}$ 和 $\frac{4T}{S}$ 的位移。只要将两曲线平移重合(图 3.39)，任取一匹配点，并记下匹配点各自坐标系中的对应坐标值，代入公式即可计算确定水文地质参数。这种方法称为降深–距离时间配线法。

(二) 计算步骤

1) 在双对数纸上绘制 Theis 标准曲线 $W(u)$-u 和实测的 s-r^2/t 曲线(不同观测孔、不同时间、不同降深)；

2) 保持两曲线坐标轴平行，将实测曲线与标准曲线进行最佳重合、配线；

3) 选取任意一个匹配点，记下相应坐标系下的 [s] 和 [r^2/t]，以及 [$W(u)$] 和 [u] 坐标值；

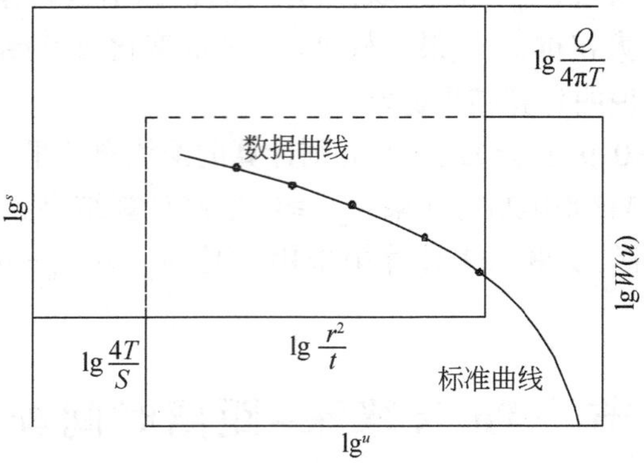

图 3.39　降深-距离时间配线法

4）利用式（3.47）和式（3.48）计算水文地质参数。

$$T=\frac{Q}{4\pi[s]}[W(u)] \tag{3.47}$$

$$S=\frac{4T}{\left[\frac{r^2}{t}\right]}[u] \tag{3.48}$$

二、计算例题 3.4

在某承压含水层进行抽水试验，抽水时侧向边界无影响，抽水井稳定流量为 96000ft^3/d（1ft=0.3048m），三个观测孔 N-1、N-2、N-3 距抽水井的距离 r 分别为 200ft、400ft 和 800ft，表 3.8 给出了三个观测孔在不同时间的水位降深值及对应的 r^2/t 值（对英制单位进行了换算），用降深-距离时间配线法求取水文地质参数（Lonhman，1972）。

表 3.8　N-1、N-2、N-3 孔抽水试验观测数据

累计观测时间（t）/min	N-1，（r=200ft=60.96m）		N-2，（r=400ft=121.92m）		N-3，（r=800ft=243.84m）	
	降深（s）/m	（r^2/t）/（m^2/d）	降深（s）/m	（r^2/t）/（m^2/d）	降深（s）/m	（r^2/t）/（m^2/d）
1.0	0.201168	5351215.104	0.048768	21404860.42	0.00140208	85619441.66
1.5	0.265176	3567476.736	0.082296	14269906.94	0.006096	57079627.78
2.0	0.301752	2675607.552	0.115824	10702430.21	0.012192	42809720.83
2.5	0.338328	2140486.042	0.140208	8561944.166	0.021336	34247776.67
3.0	0.368808	1783738.368	0.161544	7134953.472	0.027432	28539813.89
4	0.414528	1337803.776	0.204216	5351215.104	0.048768	21404860.42
5	0.454152	1070243.021	0.234696	4280972.083	0.067056	17123888.33
6	0.484632	891869.184	0.265176	3567476.736	0.082296	14269906.94
8	0.5334	668901.888	0.301752	2675607.552	0.112776	10702430.21
10	0.566928	535121.5104	0.341376	2140486.042	0.140208	8561944.166

续表

累计观测时间(t)/min	N-1,(r=200ft=60.96m)		N-2,(r=400ft=121.92m)		N-3,(r=800ft=243.84m)	
	降深(s)/m	(r^2/t)/(m²/d)	降深(s)/m	(r^2/t)/(m²/d)	降深(s)/m	(r^2/t)/(m²/d)
12	0.600456	445934.592	0.368808	1783738.368	0.161544	7134953.472
14	0.633984	382229.6503	0.384048	1528918.601	0.179832	6115674.405
18	0.67056	297289.728	0.435864	1189158.912	0.219456	4756635.648
24	0.719328	222967.296	0.481584	891869.184	0.265176	3567476.736
30	0.758952	178373.8368	0.51816	713495.3472	0.28956	2853981.389
40	0.80772	133780.3776	0.573024	535121.5104	0.341376	2140486.042
50	0.847344	107024.3021	0.6096	428097.2083	0.374904	1712388.833
60	0.877824	89186.9184	0.643128	356747.6736	0.402336	1426990.694
80	0.926592	66890.1888	0.682752	267560.7552	0.454152	1070243.021
100	0.963168	53512.15104	0.725424	214048.6042	0.493776	856194.4166
120	0.999744	44593.4592	0.758952	178373.8368	0.51816	713495.3472
150	1.042416	35674.76736	0.798576	142699.0694	0.557784	570796.2778
180	1.069848	29728.9728	0.829056	118915.8912	0.591312	475663.5648
210	1.100328	25481.97669	0.856488	101927.9067	0.618744	407711.627
240	1.118616	22296.7296	0.877824	89186.9184	0.643128	356747.6736

解:根据表3.8的数据,在双对数坐标系中绘制了s-r^2/t曲线(图3.40),将s-r^2/t曲线与$W(u)$-u标准曲线进行配线拟合,配线完成后选取的坐标点如下:

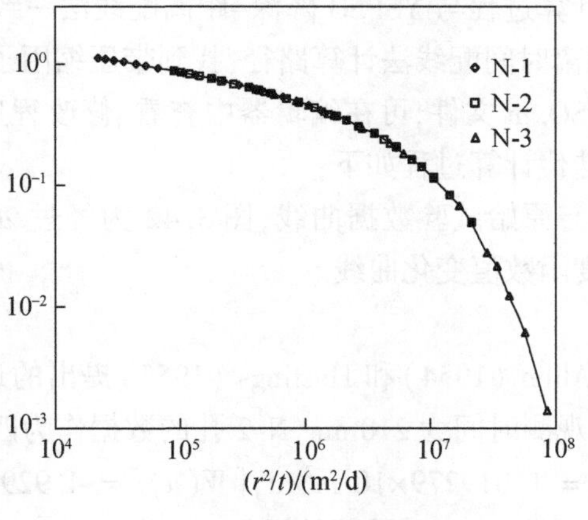

图3.40　s-(r^2/t)曲线

$$[s]=0.56\text{ft},[r^2/t]=2.75\times10^7\text{ft}^2/\text{d},[W(u)]=1.0,[u]=10^{-1}$$

$$T=\frac{Q}{4\pi[s]}[W(u)]=\frac{96000}{4\pi\times0.56}\times1.0=1361.85\text{ft}^2/\text{d}=1267.328\text{m}^2/\text{d}$$

$$S=\frac{4T}{\left[\frac{r^2}{t}\right]}[u]=\frac{4\times1361.85}{2.75\times10^7}\times0.1=1.9809\times10^{-4}$$

三、带压缩因子的粒子群(YSPSO)算法实现降深-距离时间优化配线

降深-距离时间配线法计算步骤与降深-距离配线法一致,同样采用改进的带有压缩因子的粒子群优化算法,实现计算例题3.4的降深-距离时间优化配线。

(1)YSPSO算法输入的参数

粒子数目 $N=100$、学习因子 $c_1=2.05$、学习因子 $c_2=2.05$、最大迭代次数 $maxgen=200$、粒子的维数 $D=2$。

(2)构建目标函数

降深-距离时间优化配线法的目标函数采用式(3.49):

$$\min F(a,b)=\sum_{i=1}^{n}W\,10^{\lg\left(\frac{r^2}{t_i}\right)+\lg a}-10^{(\lg s_i+\lg b)\,2} \tag{3.49}$$

(3)设计编程

1)打开MATLAB程序,设定降深-距离时间优化配线YSPSO计算目录路径。

2)建立抽水试验N-1、N-2、N-3所有观测孔的 s、r^2/t 观测数据文件data01. mat。

3)编制目标函数计算程序fit. m,对 a、b 进行初始赋值。目标函数fit. m中,可采用Allen (1954) 和Hastings (1955),以及Swamee和Ojha(1990)提出的井函数 $W(u)$ 近似计算公式,或直接调用MATLAB内置 $W(u)$ 井函数,计算时可根据需要修改注释语句。

4)编制带压缩因子粒子群优化算法计算程序YSPSO. m。

程序代码见附录4。

(4)优化计算过程

本方法的优化迭代计算过程与YSPSO降深-距离配线法一致,运行MATLAB程序,在当前路径窗口选取降深-距离时间配线法计算路径,找到带压缩因子粒子群优化算法计算程序YSPSO. m,右键打开YSPSO. m文件,可在编辑器中查看、修改程序中的输入参数,详细的分析过程不再重复叙述。迭代计算过程如下:

图3.41为标准曲线与原始试验数据曲线,图3.42为经过200次迭代计算完成后的配线状态,图3.43为适应度函数值变化曲线。

(5)计算结果

井函数 $W(u)$ 采用Allen (1954)和Hastings (1955)提出的近似计算公式,采用YSPSO优化配线,选取表3.8中观测时间为210min、N-2孔的数据作为匹配点,坐标值如下:

$[s]=0.856488\text{m}$,$[r^2/t]=1.019279\times10^5\text{m}^2/\text{d}$,$[W(u)]=4.929317$,$[u]=4.149649\times10^{-3}$

经200次迭代计算,耗时14.16s,计算结果如下:

导水系数 $T=1.245004752823787\times10^3\text{m}^2/\text{d}$;

贮水系数 $S=2.027446049525436\times10^{-4}$;

配线离差平方和最小值 $f_v=0.017408636422392$。

如直接调用MATLAB内置 $W(u)$ 井函数,采用相同计算参数,经YSPSO优化配线,选取表3.8中观测时间为210min、N-2孔的数据作为匹配点,坐标值如下:

$[s]=0.856488\text{m}$,$[r^2/t]=1.019279\times10^5\text{m}^2/\text{d}$,$[W(u)]=4.920436$,$[u]=4.132647\times10^{-3}$

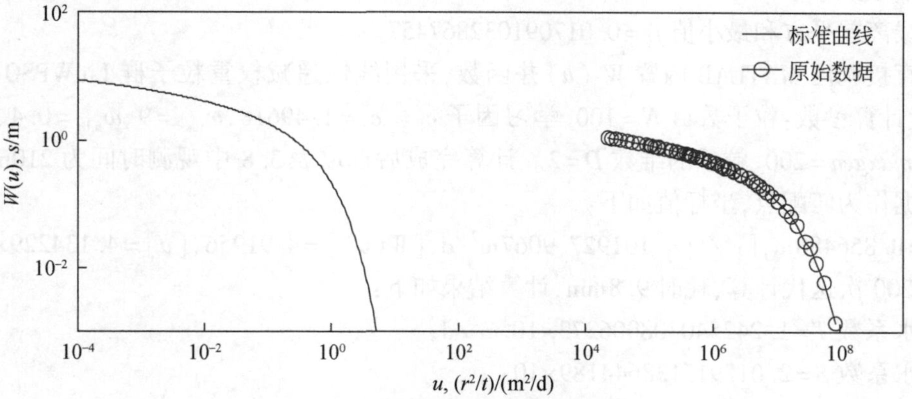

图 3.41　标准曲线与原始数据曲线

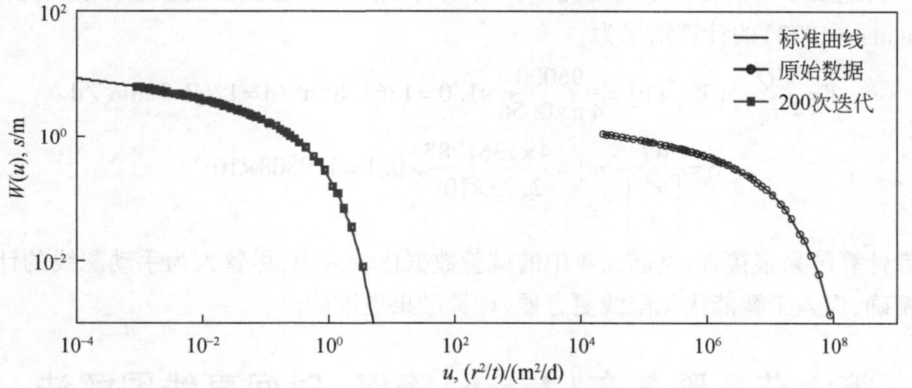

图 3.42　对图 3.41 原始数据迭代 200 次

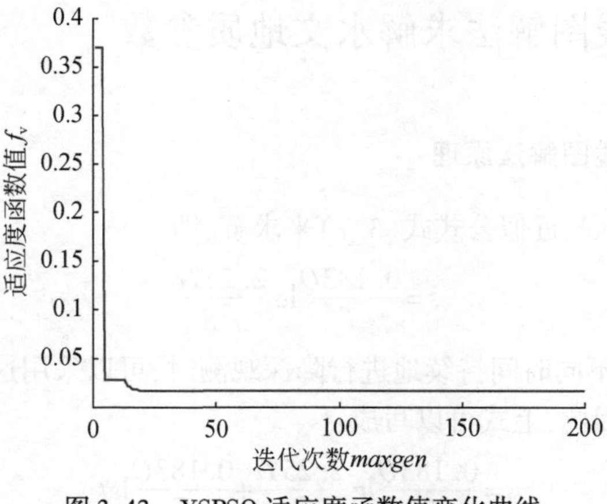

图 3.43　YSPSO 适应度函数值变化曲线

经 200 次迭代计算，耗时 9.8min，计算结果如下：

导水系数 $T=1.242761688622864\times10^3\,m^2/d$；

贮水系数 $S=2.015501024864227\times10^{-4}$；

配线离差平方和最小值 $f_v=0.017091032867457$。

如直接调用 MATLAB 内置 $W(u)$ 井函数，采用线性递减权重粒子群 LinWPSO 优化配线，设置计算参数：粒子数目 $N=100$、学习因子 $c_1=c_2=1.49618$、$\omega_{max}=9$、$\omega_{min}=0.4$、最大迭代次数 $maxgen=200$、粒子的维数 $D=2$。计算完成后选取表 3.8 中观测时间为 210min、N-2 孔的数据作为匹配点，坐标值如下：

$[s]=0.856488\text{m}$，$[r^2/t]=101927.9067\text{m}^2/\text{d}$，$[W(u)]=4.91956$，$[u]=4.134229\times10^{-3}$

经 200 次迭代计算，耗时 9.8min，计算结果如下：

导水系数 $T=1.242540408006273\times10^3\text{m}^2/\text{d}$；

贮水系数 $S=2.015915138644189\times10^{-4}$；

配线离差平方和最小值 $f_v=0.017084450183973$。

直接调用 MATLAB 内置 $W(u)$ 井函数，计算结果的精度有所提高，但计算耗时过长，在不影响水文地质参数精度要求的情况下，$W(u)$ 井函数采用经验公式还是有很大优势的。

Lonhman(1972)的计算结果为

$$T=\frac{Q}{4\pi[s]}[W(u)]=\frac{96000}{4\pi\times0.56}\times1.0=1361.85\text{ft}^2/\text{d}=1267.328\text{m}^2/\text{d}$$

$$S=\frac{4T}{\left[\frac{r^2}{t}\right]}[u]=\frac{4\times1361.85}{2.75\times10^7}\times0.1=1.9808\times10^{-4}$$

两者计算结果很接近，例题 3.4 中的试验数据比较理想，尽管人为手动配线的计算结果也比较精确，但人工智能优化配线更方便、计算结果更准确。

第六节　雅各布(Jacob)降深–时间直线图解法

一、降深–时间直线图解法求解水文地质参数

(一)降深–时间直线图解法原理

本方法主要依据 Jacob 近似公式式(3.7)来求解，即

$$s=\frac{0.183Q}{T}\lg\frac{2.25Tt}{r^2S}$$

在同一个观测孔中不同时间持续地进行降深观测时，可以采用这种方法。此时式(3.7)的右端仅仅 t 是变量。因此，上式可以写成：

$$s=\frac{0.183Q}{T}\lg\frac{2.25Tt}{r^2S}+\frac{0.183Q}{T}\lg t \tag{3.50}$$

式(3.50)为单对数纸上 s 和 $\lg t$ 的直线方程式。直线的斜率为 $i=\frac{0.183Q}{T}$，如图 3.44 所示。根据该直线，可采用直线图解法求解水文地质参数。

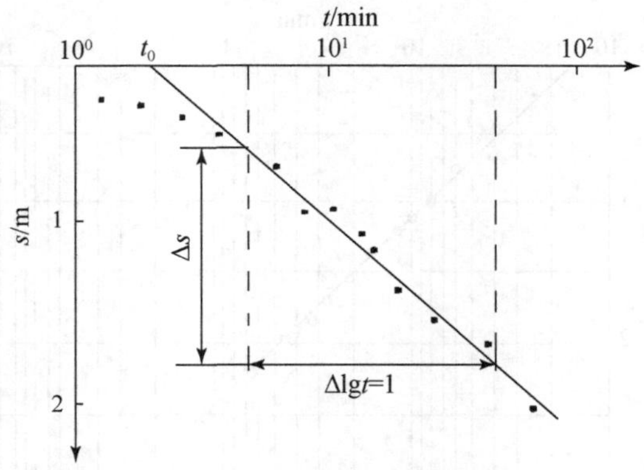

图 3.44　Jacob 降深-时间直线图解法

(二)计算步骤

1)绘制同一观测井 s-lg$t$ 曲线(同一抽水孔或观测孔,不同时间降深);

2)将实测的 s-lg$t$ 曲线的直线部分延长,在 lg$t$ 轴上得截距 t_0;

3)求直线斜率 i,取一个与对数周期相对应的降深 s_2 和 s_1,$\Delta s=s_2-s_1$,则 $i=\Delta s$;

4)利用式(3.51)~式(3.54)计算水文地质参数,如果无观测孔,r 取抽水井半径 r_w:

$$T=\frac{2.30Q}{4\pi i}=0.18\frac{Q}{i} \tag{3.51}$$

$$S=\frac{2.25Tt_0}{r^2} \tag{3.52}$$

$$\alpha=\frac{T}{S} \tag{3.53}$$

$$K=\frac{T}{M} \tag{3.54}$$

二、计算例题 3.5

计算采用例题 3.1 的数据,从例题 3.1 可知,该抽水试验满足 Jacob 公式的使用条件 $u\leqslant 0.01$ 的要求,因此可采用直线图解法确定含水层的水文地质参数。

1)根据例题 3.1 中观 15 孔的观测资料,绘制 s-lg$t$ 曲线(图 3.45)。

2)将 s-lg$t$ 曲线的直线部分延长,在 t 轴(零降深线)上的截距为 $t_0=18\text{min}$。

3)求直线斜率 i,取和一个与时间周期相对应的降深 Δs,就是斜率,由此得 $i=\Delta s=1.4$。

4)代入式(3.51)~式(3.54)计算水文地质参数:

$$T=\frac{2.30Q}{4\pi i}=0.183\times\frac{Q}{i}=0.183\times\frac{60\times24}{1.4}=188.229\text{m}^2/\text{d}$$

$$S=\frac{2.25Tt_0}{r^2}=\frac{2.25\times(188.229/1440)\times18}{140^2}=2.70\times10^{-4}$$

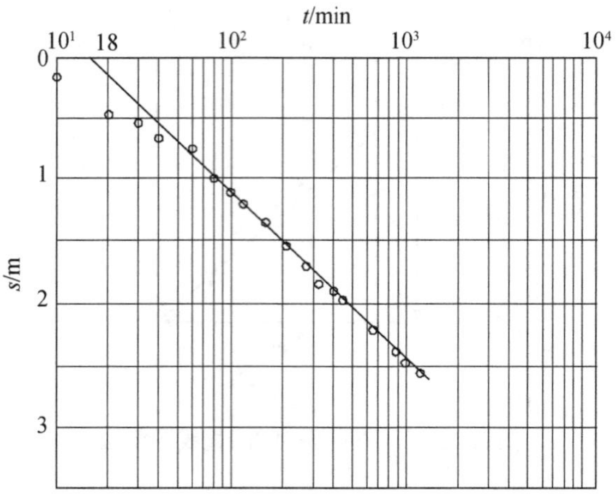

图 3.45　s-lgt 曲线

三、基于最小二乘法的自动优化 Jacob 降深–时间直线图解法

本小节采用最小二乘法对试验数据进行曲线拟合。由于是半对数坐标，试验初期的观测点是偏离拟合直线的，采用去点法实现对原始数据直线拟合的自动优化。

基于最小二乘法的自动优化 Jacob 降深–时间直线图解法计算步骤如下：

1）输入原始 s-t 观测数据，绘制 s-lg$t$ 曲线；

2）根据最小二乘法计算拟合曲线斜率，按照时间顺序开始依次去掉偏离拟合曲线的试验点，该试验点不再参与曲线拟合计算；

3）比较去点前后曲线的斜率及拟合曲线与试验点相应的最小离差平方和，选取最优的最小离差平方和拟合直线的斜率变化容许值 k，并保留试验点最多为判断条件；

斜率变化容许值 k 的含义：去掉相邻点后的拟合直线的斜率变化百分值，斜率变化大于此值，则去掉前一个点，小于此值，则保留前一个点。

4）满足上述条件，输出拟合直线的斜率 i 及时间轴上的截距 t_0，计算导水系数 T、贮水系数 S、目标函数离差平方和最小值 f_v，绘制原始曲线图、最优拟合直线。

四、基于最小二乘法的自动优化 Jacob 降深–时间直线图解法计算实例

为对比分析，计算采用例题 3.1 中观 15 孔的观测资料数据。

（1）编程设计

1）打开 MATLAB 程序，设定 Jacob 降深–时间直线图解法计算目录路径；

2）构建抽水试验观测数据文件 data. mat，形成两行（t_i，s_i）、m（抽水试验观测个数）列的数据文件。

3）调用 MATLAB 最小二乘法线性拟合函数，编制直线拟合计算程序 fitline. m。

程序代码见附录 5。

(2)优化计算过程

图3.46～图3.49显示出基于最小二乘法拟合直线的过程，参与拟合的数据点中，要去掉不符合直线配线法要求的短时间的观测点，本次计算设置斜率变化率容许值 $k=0.02$，共去掉3个点。

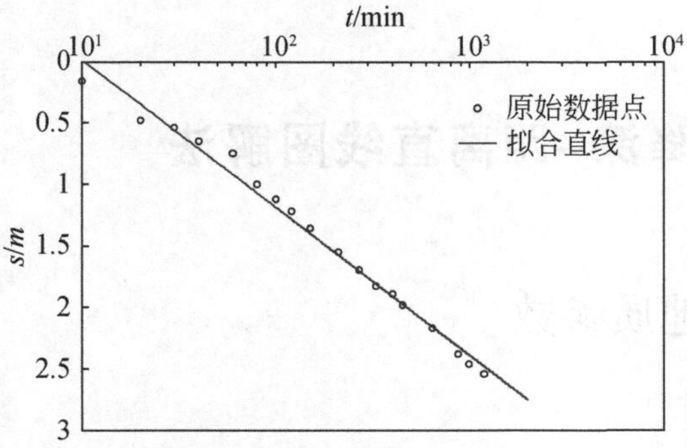

图3.46　原始试验点 s-lg$t$ 曲线

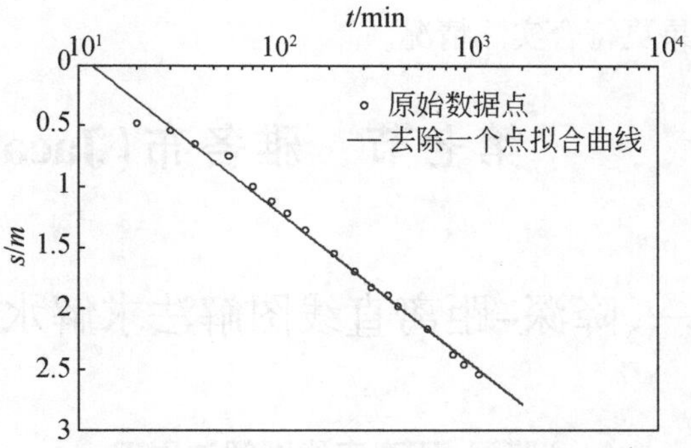

图3.47　去一个点优化 s-lg$t$ 曲线

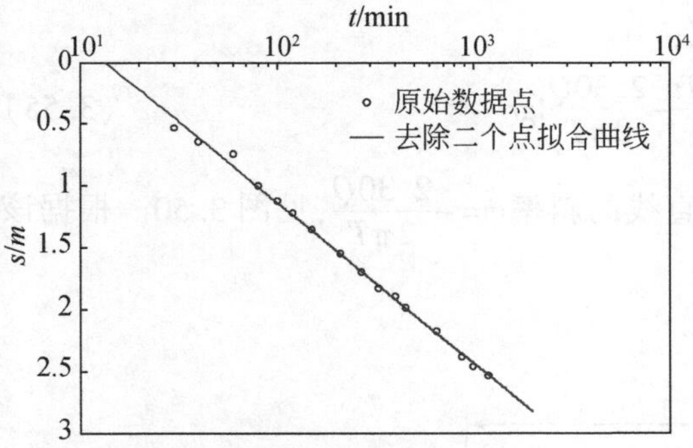

图3.48　去两个点优化 s-lg$t$ 曲线

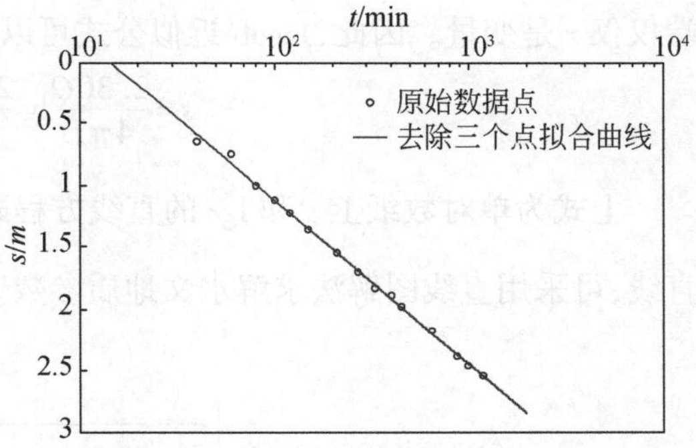

图3.49　去三个点优化 s-lg$t$ 曲线

全数据拟合，离差平方和最小值 $f_v=0.111332979065657$；去除一个点，离差平方和最小值 $f_v=0.068890559161081$；去除两个点，离差平方和最小值 $f_v=0.021335321031657$；去除三个点，离差平方和最小值 $f_v=0.011789293196743$；去除四个点，离差平方和最小值 $f_v=0.007174424698754$。显然，去除四个点的拟合精度高于去掉三个点的拟合精度，考虑到直线斜率变化率 k 值只要满足 $k=0.02$，以参与拟合的点数最多为优，因此选择去掉三个点的拟合直线为最优直线。

(3)计算结果

采用最小二乘法优化计算，去掉观测时间较短的三个观测点后，给出的优化直线如图3.49所示，直线斜率为 $i=1.325918490935182$，截距 $t_0=14.302543345281451$min，计算结果如下：

导水系数 $T=1.987452485213755\times10^2\text{m}^2/\text{d}$；

贮水系数 $S=2.266073446783887\times10^{-4}$；

配线离差平方和最小值 $f_v=0.011789293196743$。

手动直线图解法的计算结果中，截距为 $t_0=18$min，斜率 $i=\Delta s=1.4$。

$$T=\frac{2.30Q}{4\pi i}=0.183\times\frac{Q}{i}=0.183\times\frac{60\times24}{1.4}=188.229\mathrm{m}^2/\mathrm{d}$$

$$S=\frac{2.25Tt_0}{r^2}=\frac{2.25\times(188.229/1440)\times18}{140^2}=2.70\times10^{-4}$$

两者计算结果对比差别不大，但自动优化的拟合直线计算的斜率及截距更精确，计算结果更符合实际情况。

第七节　雅各布(Jacob)降深–距离直线图解法

一、降深–距离直线图解法求解水文地质参数

(一)降深–距离直线图解法原理

在同一时间不同的观测孔中进行水位降深观测，可以采用这种方法。此时式(3.7)的右端仅仅 r 是变量。因此，Jacob 近似公式可以写成：

$$s=\frac{2.30Q}{4\pi T}\lg\frac{2.25Tt}{S}-\frac{2.30Q}{2\pi T}\lg r \tag{3.55}$$

上式为单对数纸上 s 和 $\lg r$ 的直线方程式。直线的斜率 $i=-\frac{2.30Q}{2\pi T}$，见图 3.50。根据该直线，可采用直线图解法求解水文地质参数。

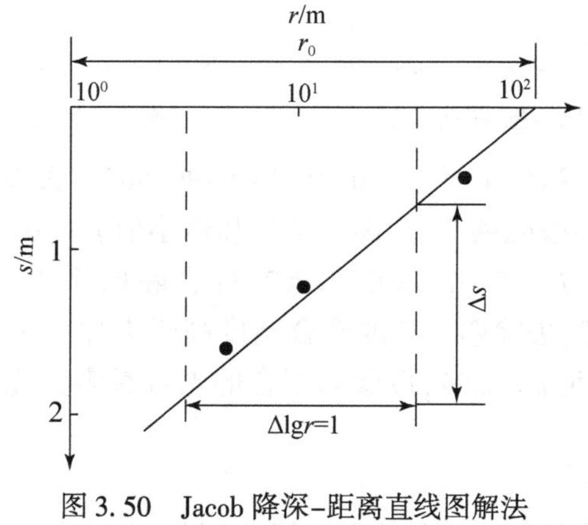

图 3.50　Jacob 降深–距离直线图解法

(二)计算步骤

1)绘制同时间的 s-$\lg r$ 曲线(同一时间，不同观测孔)；

2)将实测的 s-$\lg r$ 曲线的直线部分延长，在 $\lg r$ 轴上得截距 r_0；

3)求直线斜率 i，求和一个与周期相对应的降深 s_2 和 s_1，$\Delta s=s_2-s_1$，则 $i=-\Delta s$；

4)利用式(3.56)和式(3.57)计算水文地质参数：

$$T=-\frac{0.366Q}{i} \tag{3.56}$$

$$S=\frac{2.25Tt}{r_0^2} \tag{3.57}$$

其他公式参见式(3.53)和式(3.54)。

二、计算例题 3.6

一口水井以 1907m^3/d 的流量抽水,在抽水 2h(8.33×10^{-2}d)后,从附近的几个观测孔中测得的水位见表 3.9,试求 T 和 S(薛禹群和朱学愚,1979)。

表 3.9　抽水试验观测数据

井号	1	2	3	4	5	6	7	8
距抽水井距离(r)/m	8.8	10.7	13.4	18.3	25.9	30.5	38.1	49.7
降深(s)/m	4.54	4.21	3.87	3.57	3.08	2.93	2.62	2.13

解:根据上表资料,作 s-lg$r$ 关系曲线,见图 3.51。从图上量得 $\Delta s=2.94$m,再从图上求得横轴上的截距 $r_0=315$m,代入式(3.56)和式(3.57)求出水文地质参数。

$$T=-\frac{0.366Q}{i}=\frac{0.366\times1907}{2.94}=237.4\text{m}^2/\text{d}$$

$$S=\frac{2.25Tt}{r_0^2}=\frac{2.25\times237.4\times8.33\times10^{-2}}{315^2}=4.484\times10^{-4}$$

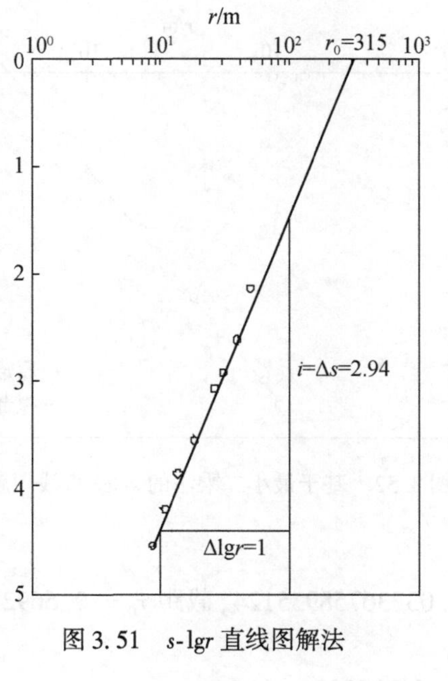

图 3.51　s-lg$r$ 直线图解法

三、基于最小二乘法曲线拟合的降深-距离直线图解法

本小节采用最小二乘法对试验数据进行曲线拟合。

基于最小二乘法的自动优化 Jacob 降深-距离直线图解法计算步骤如下：

1）输入原始 s-r 观测数据，绘制 s-lg$r$ 曲线；

2）调用 MATLAB 最小二乘法进行曲线拟合；

3）计算拟合直线的斜率 i 及时间轴上的截距 r_0，绘制原始试验点及拟合直线；

4）计算导水系数 T、贮水系数 S。

四、基于最小二乘法曲线拟合的降深-距离直线图解法计算实例

为对比分析，计算采用本节例题 3.6 的数据。

（1）编程设计

1）打开 MATLAB 程序，设定 Jacob 降深-距离直线图解法计算目录路径。

2）构建抽水试验观测数据文件 data. mat，形成两行（r_i，s_i）、m（抽水试验观测个数）列的数据文件。

3）编制目标函数计算程序 fitline. m。

程序代码见附录 6。

（2）优化计算过程

图 3.52 为调用 MATLAB 最小二乘法函数拟合的 s-lg$r$ 直线，计算过程比较简单。

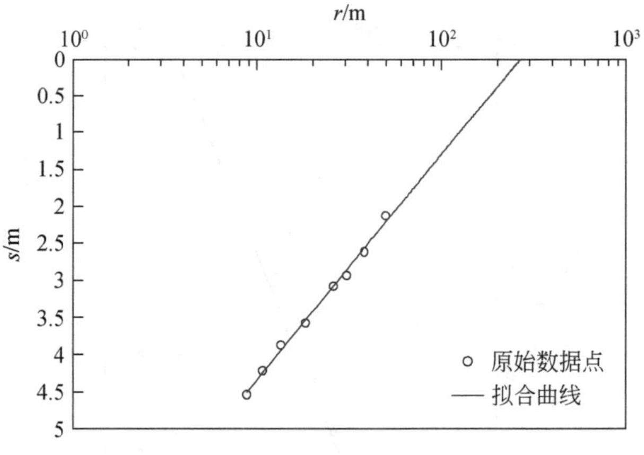

图 3.52　基于最小二乘法的 s-lg$r$ 直线图解法

（3）计算结果

计算出直线斜率 i = 3.03736758935124，截距 r_0 = 2.66925312051794×10^2 m，计算结果如下：

导水系数 T=229.7917454729539m^2/d；

贮水系数 S=6.044806807014581×10^{-4}；

配线离差平方和最小值 $f_v=0.024703079621704$。

例题3.6手动计算结果为 $\Delta s=i=2.94\text{m}$，横轴上的截距 $r_0=315\text{m}$。计算的水文地质参数为

$$T=-\frac{0.366Q}{i}=\frac{0.366\times1907}{2.94}=237.4\text{m}^2/\text{d}$$

$$S=\frac{2.25Tt}{r_0^2}=\frac{2.25\times237.4\times8.33\times10^{-2}}{315^2}=4.484\times10^{-4}$$

对比优化计算结果和手动计算结果，可以发现手动直线图解法的操作误差还是比较大的。

第八节　雅各布(Jacob)降深-时间距离直线图解法

一、降深-时间距离直线图解法求解水文地质参数

(一)降深-时间距离直线图解法原理

如果获得不同时间在几个不同的观测孔中的水位降深观测的资料，则可采取这种方法求解水文地质参数。此时Jacob近似公式可以写成：

$$s=\frac{2.30Q}{4\pi T}\lg\frac{2.25T}{S}+\frac{2.30Q}{4\pi T}\lg\frac{t}{r^2}\tag{3.58}$$

或者

$$s=\frac{2.30Q}{4\pi T}\lg\frac{2.25T}{S}-\frac{2.30Q}{4\pi T}\lg\frac{r^2}{t}\tag{3.59}$$

对几个不同的观测孔算出不同的降深所对应的 $\frac{t}{r^2}$ 或 $\frac{r^2}{t}$，在单对数纸上做 s 与 $\frac{t}{r^2}$ 或 s 与 $\frac{r^2}{t}$ 的关系图，其应为一条直线(图3.53)。直线的斜率 $i=\frac{2.30Q}{4\pi T}$，直线在横轴上的截距为($t/$

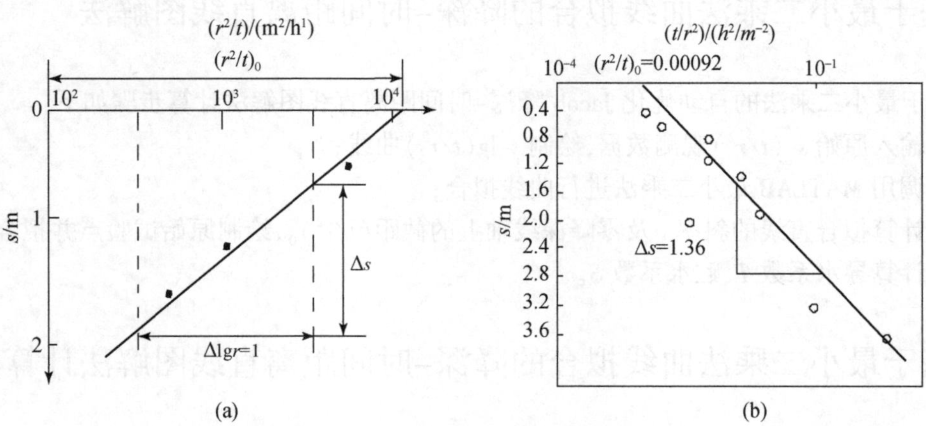

图3.53　降深-时间距离直线图解法

$r^2)_0$或$(r^2/t)_0$。根据该直线,可采用直线图解法求解水文地质参数。

(二)计算步骤[以式(3.58)为例]

1)绘制不同时间的s-lg(t/r^2)曲线(不同时间,不同观测孔水位降深);
2)将实测的s-lg(t/r^2)曲线的直线部分延长,在(t/r^2)轴上得截距$(t/r^2)_0$;
3)求直线斜率i,求和一个与对数周期相对应的降深s_2和s_1,$\Delta s=s_2-s_1$,则$i=\Delta s$;
4)利用式(3.60)和式(3.61)计算水文地质参数。

$$T=\frac{0.183Q}{i} \tag{3.60}$$

$$S=2.25T\left(\frac{t}{r^2}\right)_0 \tag{3.61}$$

二、计算例题3.7

计算采用例题3.2的数据,从例题3.1可知,该抽水试验场地有观2孔、观15孔、观16孔、观10孔及观9孔共计5个观测孔,该抽水试验观测时间较长,可以满足雅各布公式的使用条件$u\leqslant0.01$,因此可采用直线图解法确定含水层的水文地质参数(薛禹群等,1997)。

1)根据例题3.1的资料,绘制s-lg(t/r^2)曲线[图3.53(b)]。
2)将s-lg(t/r^2)曲线的直线部分延长,在零降深线上的截距为$(t/r^2)_0=0.00092$。
3)求直线的斜率i,选取一个与对数周期相对应的降深$\Delta s=s_2-s_1$,得斜率$i=\Delta s=1.36$。
4)代入式(3.60)和式(3.61),求得水文地质参数如下:

$$T=\frac{0.183Q}{i}=\frac{0.183\times60\times24}{1.36}=193.76\text{m}^2/\text{d}$$

$$S=2.25T\left(\frac{t}{r^2}\right)_0=2.25\times193.76\times\frac{0.00092}{1440}=2.785\times10^{-4}$$

三、基于最小二乘法曲线拟合的降深-时间距离直线图解法

基于最小二乘法的自动优化Jacob降深-时间距离直线图解法计算步骤如下:
1)输入原始s-(t/r^2)观测数据,绘制s-lg(t/r^2)曲线;
2)调用MATLAB最小二乘法进行曲线拟合;
3)计算拟合直线的斜率i及零降深线轴上的截距$(t/r^2)_0$,绘制原始试验点并拟合直线;
4)计算导水系数T、贮水系数S。

四、基于最小二乘法曲线拟合的降深-时间距离直线图解法计算实例

为对比分析,计算采用例题3.7的数据。

(1)编程设计

1)打开 MATLAB 程序,设定 Jacob 降深-时间距离直线图解法计算目录路径;

2)构建抽水试验观测数据文件 data. mat,形成两行(t_i/r^2,s_i)、m 列的数据文件。

需注意的是,该抽水试验场地有观 2 孔、观 15 孔、观 16 孔、观 10 孔及观 9 孔共计 5 个观测孔,并不是所有的观测数据均可利用,为满足 Jacob 降深-时间距离直线图解法的使用条件,要求观测时间应该足够长,短时间的观测数据需要技术人员判定剔除。

3)编制直线拟合计算程序 fitline. m。

程序代码见附录 7。

(2)优化计算过程

图 3.54 为调用 MATLAB 最小二乘法函数拟合的 s-lg(t/r^2)直线,计算过程简单。

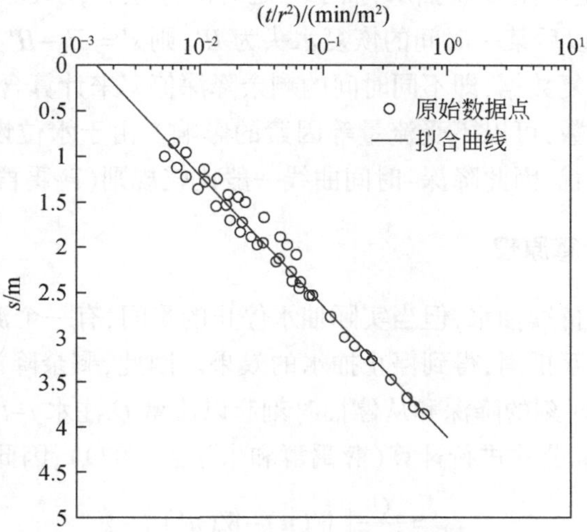

图 3.54　基于最小二乘法的 s-lg(t/r^2)直线图解法

(3)计算结果

计算出直线斜率 $i=1.444842$,截距 $(t/r^2)_0=1.435477\times10^{-3}$,计算结果如下:

导水系数 $T=182.3867447291699\text{m}^2/\text{d}$;

贮水系数 $S=4.090812547294922\times10^{-4}$;

配线离差平方和最小值 $f_v=0.715248853693815$。

计算例题 3.7 采用手动拟合直线,计算结果为 $\Delta s=i=1.36$,横轴上的截距 $(t/r^2)_0=0.00092$。计算的水文地质参数为

$$T=\frac{0.183Q}{i}=\frac{0.183\times60\times24}{1.36}=193.76\text{m}^2/\text{d}$$

$$S=2.25T\left(\frac{t}{r^2}\right)_0=2.25\times193.76\times\frac{0.00092}{1440}=2.785\times10^{-4}$$

对比分析两者的计算结果,基于最小二乘法的直线图解法可以更加准确地确定直线的斜率 i 及直线在横轴的截距 $(t/r^2)_0$,计算精度远高于人为识别的直线图解法。

第九节 水位恢复法

一、水位恢复法求解水文地质参数

抽水试验井、注水井和长期开采井等都可利用停抽、停注和停采后井中的水位恢复资料来识别含水层参数。水位恢复的过程可排除抽水过程中一些因素的干扰，如抽水试验在许多情况下要求固定流量，在现场由于种种原因这点不易做到，从而常引起 s-lg$t$ 曲线的跳动，因此，根据水位恢复试验确定含水层参数是一种经常使用并有效的方法。

一口抽水井，以固定的流量 Q 抽水，抽了一定时间停止后，水位开始恢复。如果抽水前的水头为 H_0，抽水停止以后某一时间的恢复水头为 H'，则 $s'=H_0-H'$为剩余降深。可以根据抽水停止以后的水位恢复数据，即不同时间的剩余降深值 s'来计算含水层的水文地质参数。用水位恢复数据计算参数，可以不受流量等因素的影响。由于水位恢复的过程排除了抽水过程中的一些因素的干扰，因此降深–时间曲线一般比较规则(薛禹群和朱学愚，1979)。

(一)水位恢复法计算原理

假设抽水井一直在持续抽水，但当实际抽水停止的瞬间，有一个流量为 Q 的注水井开始工作，这样，正负流量相互抵消，得到停止抽水的效果。因此，剩余降深 s'可以理解为流量 Q 继续抽水一直延续到 t 时刻的降深和从停抽时刻起以流量 Q 注水 $t-t_p$ 时间的水位抬升的叠加。两者可分别用 Theis 公式进行计算(薛禹群和朱学愚，1979)，因此有

$$s'=\frac{Q}{4\pi T}[W(u)-W(u')] \tag{3.62}$$

$$u=\frac{r^2S}{4Tt},u'=\frac{r^2S}{4Tt'}$$

式中，t 为从抽水开始以后算起的时间；t_p 为抽水延续时间；t'为从抽水停止以后算起的水位恢复时间。

当 u 与 u'足够小时($\leqslant 0.01$)，Jacob 的直线图解方法仍然是有效的。式(3.62)可改写为

$$s'=\frac{Q}{4\pi \mathrm{T}}\left[\ln\frac{2.25Tt}{r^2S}-\ln\frac{2.25Tt'}{r^2S}\right]=\frac{2.3Q}{4\pi T}\lg\frac{t}{t'} \tag{3.63}$$

为了便于计算，设抽水的持续时间为 t_p，则 $t=t_p+t'$，式(3.63)可改写为

$$s'=\frac{0.183Q}{T}\lg\left(1+\frac{t_p}{t'}\right) \tag{3.64}$$

式(3.63)和式(3.64)表明，s'与 $\lg\left(\frac{t}{t'}\right)$ 在单对数坐标系上呈线性关系，直线斜率 $i=\frac{2.3Q}{4\pi T}=\frac{0.183Q}{T}$，如图 3.55 所示。

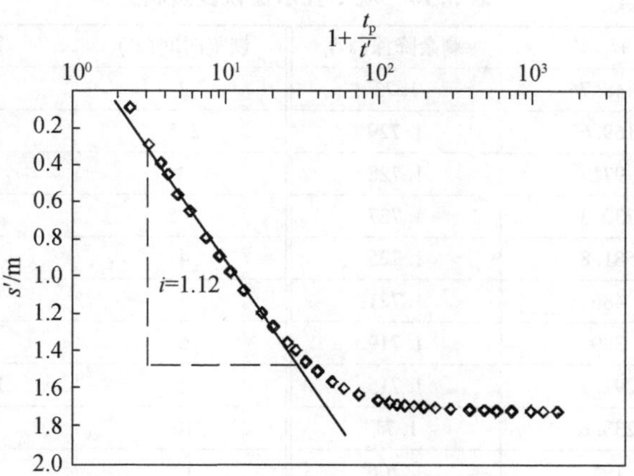

图 3.55　水位恢复的直线图解法

(二)计算步骤

1)绘制观测井实测 s'-lg(t/t')曲线,$t=t_p+t'$,t_p为抽水时的延续时间;t'为水位恢复延续时间;s'为剩余降深;s_p为停抽后的水位降深。

2)求直线斜率 i,$i=\dfrac{2.3Q}{4\pi T}=\dfrac{0.183Q}{T}$,求和一个与周期相对应的剩余降深 Δs,则 $i=\Delta s$。

3)用式(3.65)~式(3.68)计算水文地质参数:

$$T=\frac{2.30Q}{4\pi i}=0.183\frac{Q}{i} \tag{3.65}$$

$$\alpha=0.44\left(\frac{r^2}{t_p}\right)10^{\frac{s_p}{i}} \tag{3.66}$$

$$S=\frac{T}{\alpha} \tag{3.67}$$

$$K=\frac{T}{M} \tag{3.68}$$

式中,T为导水系数;S为贮水系数;α为压力传导系数;M为含水层厚度;K为渗透系数;s_p为停抽后的水位降深;i为 s'-lg(t/t')直线斜率;t_p为抽水时的延续时间;r为观测孔到抽水孔的距离。

一般说来水位恢复试验不能确定贮水系数 S 值,但当抽水持续的时间 t_p很长而恢复的时间较短,即当 $t_p{}'\gg t'$时,也可近似地确定 S 值(薛禹群和朱学愚,1979)。

二、计算例题 3.8

江苏省丰县曹楼村的一口机井进行非稳定流抽水试验,抽水持续 97h,抽水井流量为 22.6m³/h,停抽后,观 1 孔的水位降深为 1.73m,该孔水位恢复资料列于表 3.10 中,观 1 孔距抽水井的距离为 117.85m,计算含水层水文地质参数(薛禹群和朱学愚,1979)。

表 3.10　观 1 孔水位恢复资料

恢复时间(t')	$1+t_p/t'$	剩余降深(s')	恢复时间(t')	$1+t_p/t'$	剩余降深(s')
0.067	1448.76	1.73	2	49.5	1.57
0.083	1169.67	1.729	2.5	39.8	1.515
0.1	971	1.728	3	33.3	1.465
0.133	730.3	1.727	3.5	28.7	1.4
0.167	581.8	1.725	4	25.25	1.36
0.2	486	1.721	5	20.4	1.273
0.25	389	1.719	6	17.17	1.2
0.333	292.3	1.715	8	13.125	1.08
0.417	233.6	1.71	10	10.7	0.98
0.5	195	1.706	12	9.08	0.895
0.583	167.5	1.702	15	7.47	0.794
0.667	146.4	1.698	20	5.85	0.65
0.75	130.3	1.692	25	4.88	0.56
0.833	117.4	1.685	30	4.23	0.452
1.0	98	1.67	35	3.77	0.39
1.333	73.8	1.64	45	3.16	0.29
1.667	59.2	1.605	70.333	2.38	0.09

解：根据上表所列资料，在单对数纸上作 s' 与 $\left(1+\dfrac{t_p}{t'}\right)$ 关系图，如图 3.55 所示。在横坐标 $\lg\left(1+\dfrac{t_p}{t'}\right)$ 上截取的对数周期的降深差即为直线的斜率 i。

由图 3.13 量得 $i=1.12$，代入式(3.65)～式(3.67)，求得含水层水文地质参数如下：

$$T=0.183\times\frac{Q}{i}=0.183\times\frac{22.6}{1.12}=3.69\text{m}^2/\text{h} = 88.56\text{m}^2/\text{d}$$

$$\alpha=0.44\times\left(\frac{r^2}{t_p}\right)10^{\frac{s_p}{i}}=0.44\times\frac{117.85^2}{97}\times10^{1.545}=2209.73\text{m}^2/\text{d}$$

$$S=\frac{T}{\alpha}=\frac{3.69\times24}{2209.73}=0.04008$$

三、基于最小二乘法的水位恢复直线图解法

本小节采用最小二乘法对水位恢复试验数据进行直线拟合。由于是半对数坐标，试验后期的观测点是偏离拟合直线的，同样采用去点法实现对原始数据直线拟合的自动优化。

基于最小二乘法的水位恢复直线图解法计算步骤如下：

1）输入 s' 与 $\left(1+\dfrac{t_p}{t'}\right)$ 抽水试验数据，绘制 $s'\text{-}\lg\left(1+\dfrac{t_p}{t'}\right)$ 曲线；

2）根据最小二乘法计算拟合曲线斜率，按照时间逆顺序依次去掉偏离拟合曲线的试验点，该试验点不再参与曲线拟合计算；

3）比较去点前后曲线的斜率及拟合曲线与试验点相应的最小离差平方和，选取最优的最小离差平方和拟合直线的斜率变化容许值 k，并保留试验点最多为判断条件；

斜率变化容许值 k 的含义：去掉相邻的点后拟合直线的斜率变化百分值，大于此值，则去掉前一个点，小于此值，则保留前一个点。

4）满足上述条件，输出拟合直线的斜率 i 及时间轴上的截距 t_0，计算导水系数 T、贮水系数 S，目标函数差平方和最小值 f_v，绘制原始曲线图、最优拟合直线。

四、基于最小二乘法的水位恢复直线图解法计算实例

为对比分析，采用计算例题 3.8 的数据。

（1）编程设计

1）打开 MATLAB 程序，设定水位恢复直线图解法计算目录路径；

2）构建抽水试验观测数据文件 data.mat，形成两行[s'，$(1+t_p/t')$]、m（抽水试验观测个数）列的数据文件；

3）调用 MATLAB 最小二乘法线性拟合函数，编制直线拟合计算程序 fitline.m；

程序代码见附录 8。

（2）优化计算过程

图 3.56 为采用逆序去点的最小二乘法拟合的水位恢复直线，图中标出了去掉的离差较大的点共计 17 个，具体优化过程与本章第六节 Jacob 降深-时间直线图解法类似。

（3）计算结果

采用最小二乘法优化计算去掉逆序观测时间离差较大的 17 个观测点后，给出的优化直线如图 3.56 所示，计算出直线斜率为 $i=1.126549359183470$，计算结果如下：

导水系数 $T=88.10906\text{m}^2/\text{d}$；

压力传导系数 $\alpha=2.162733\times10^3$；

贮水系数 $S=4.073968\times10^{-2}$；

配线离差平方和最小值 $f_v=4.082926\times10^{-2}$。

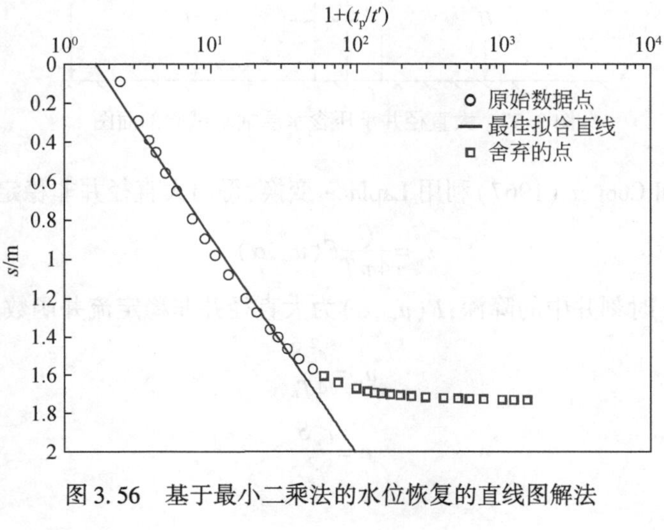

图 3.56　基于最小二乘法的水位恢复的直线图解法

例题 3.8 人工拟合直线的计算结果如下：

$$T=0.183\times\frac{Q}{i}=0.183\times\frac{22.6}{1.12}=3.69\mathrm{m}^2/\mathrm{h}\ =\ 88.56\mathrm{m}^2/\mathrm{d}$$

$$\alpha=0.44\times\left(\frac{r^2}{t_{\mathrm{p}}}\right)10^{\frac{s_{\mathrm{p}}}{i}}=0.44\times\frac{117.85^2}{97}\times10^{1.545}=2209.73\mathrm{m}^2/\mathrm{d}$$

$$S=\frac{T}{\alpha}=\frac{3.69\times24}{2209.73}=0.04007$$

相对于人工观察拟合的直线，基于最小二乘法拟合的精度要更高一些，结果更准确。

第十节　大直径井抽水试验优化配线

一、Papadopulos 和 Cooper 的大直径井非稳定流基本理论

对于利用大直径井进行的抽水试验，井径无限小的 Theis 基本假定条件是不满足的，因此不能用 Theis 的理论来求解水文地质参数。Papadopulos 和 Cooper(1967)提出了大直径井抽水试验的分析方法(图 3.57)，分析中考虑了大直径井的贮水体积对抽水试验的影响，基本假定条件是：①含水层均质各向同性、等厚，侧向无限延伸，产状水平；②抽水前天然状态下水力坡度为零；③完整井定流量抽水；④含水层中水流服从达西定律；⑤水头下降引起的地下水从贮存量中的释放是瞬时完成的，大直径井中的贮水不能忽略。

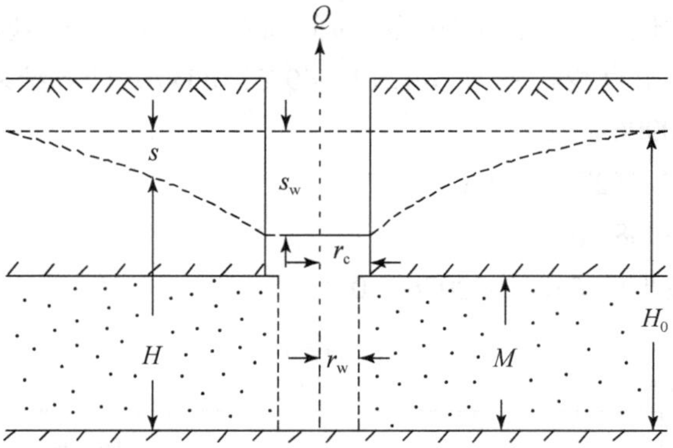

图 3.57　大直径井承压含水层抽水试验剖面图

Papadopulos 和 Cooper (1967)利用 Laplace 变换，得出大直径井非稳定流计算公式为

$$s_{\mathrm{w}}=\frac{Q}{4\pi T}F(u_{\mathrm{w}},\alpha) \tag{3.69}$$

式中，s_{w}为在时间 t 时刻井中的降深；$F(u_{\mathrm{w}},\alpha)$为大直径井非稳定流井函数。

$$u_{\mathrm{w}}=\frac{r_{\mathrm{w}}^2S}{4Tt} \tag{3.70}$$

$$\alpha=\frac{r_{\mathrm{w}}^2S}{r_{\mathrm{c}}^2} \tag{3.71}$$

$$F(u_w,\alpha)=\frac{32\alpha^2}{\pi^2}\int_0^\infty\frac{(1-e^{-\beta^2/4u_w})}{\beta^3\Delta(\beta)}d\beta \tag{3.72}$$

$$\Delta(\beta)=[\beta J_0(\beta)-2\alpha J_1(\beta)]^2+[\beta Y_0(\beta)-2\alpha Y_1(\beta)]^2$$

式中，r_w为进水段有效滤管半径；r_c为大直径井半径；J_0 和 J_1 为零阶和一阶第一类贝塞尔函数；Y_0 和 Y_1 为零阶和一阶第二类贝塞尔函数；T 为导水系数；S 为贮水系数；Q 为恒定井流量。

Papadopulos 和 Cooper (1967)认为，只有满足下列条件：

$$u_w/\alpha<10^{-3}\text{或}\ t>2.5\frac{10^2r_c^2}{T}$$

大直径井函数 $F(u_w,\alpha)$才能与 Theis 井函数 $W(u)$趋于一致。

Papadopulos 和 Cooper (1967)给出了大直径井井函数 $F(u_w,\alpha)$的数值表(表 3.11)。

表 3.11　$F(u_w,\alpha)$的数值计算表

u_w	$\alpha=10^{-1}$	$\alpha=10^{-2}$	$\alpha=10^{-3}$	$\alpha=10^{-4}$	$\alpha=10^{-5}$
10	9.755×10^{-3}	9.976×10^{-4}	9.998×10^{-5}	1.000×10^{-5}	1.000×10^{-6}
1	9.192×10^{-2}	9.914×10^{-3}	9.991×10^{-4}	1.000×10^{-4}	1.000×10^{-5}
5×10^{-1}	1.767×10^{-1}	1.974×10^{-2}	1.997×10^{-3}	2.000×10^{-4}	2.000×10^{-5}
2×10^{-1}	4.062×10^{-1}	4.890×10^{-2}	4.989×10^{-3}	4.999×10^{-4}	5.000×10^{-5}
1×10^{-1}	7.336×10^{-1}	9.665×10^{-2}	9.966×10^{-3}	9.997×10^{-4}	1.000×10^{-4}
5×10^{-2}	1.260×10^{0}	1.896×10^{-1}	1.989×10^{-2}	1.999×10^{-3}	2.000×10^{-4}
2×10^{-2}	2.303×10^{0}	4.529×10^{-1}	4.949×10^{-2}	4.995×10^{-3}	5.000×10^{-4}
1×10^{-2}	3.276×10^{0}	8.520×10^{-1}	9.834×10^{-2}	9.984×10^{-3}	1.000×10^{-3}
5×10^{-3}	4.255×10^{0}	1.540×10^{0}	1.945×10^{-1}	1.994×10^{-2}	2.000×10^{-3}
2×10^{-3}	5.420×10^{0}	3.043×10^{0}	4.725×10^{-1}	4.972×10^{-2}	4.998×10^{-3}
1×10^{-3}	6.212×10^{0}	4.545×10^{0}	9.069×10^{-1}	9.901×10^{-2}	9.992×10^{-3}
5×10^{-4}	6.960×10^{0}	6.031×10^{0}	1.688×10^{0}	1.965×10^{-1}	1.997×10^{-2}
2×10^{-4}	7.866×10^{0}	7.557×10^{0}	3.523×10^{0}	4.814×10^{-1}	4.982×10^{-2}
1×10^{-4}	8.572×10^{0}	8.443×10^{0}	5.526×10^{0}	9.340×10^{-1}	9.932×10^{-2}
5×10^{-5}	9.318×10^{0}	9.229×10^{0}	7.631×10^{0}	1.768×10^{0}	1.975×10^{-1}
2×10^{-5}	1.024×10^{1}	1.020×10^{1}	9.676×10^{0}	3.828×10^{0}	4.861×10^{-1}
1×10^{-5}	1.093×10^{1}	1.087×10^{1}	1.068×10^{1}	6.245×10^{0}	9.493×10^{-1}
5×10^{-6}	1.163×10^{1}	1.162×10^{1}	1.150×10^{1}	8.991×10^{0}	1.817×10^{0}
2×10^{-6}	1.255×10^{1}	1.254×10^{1}	1.249×10^{1}	1.174×10^{1}	4.033×10^{0}
1×10^{-6}	1.324×10^{1}	1.324×10^{1}	1.321×10^{1}	1.291×10^{1}	6.779×10^{0}
5×10^{-7}	1.393×10^{1}	1.393×10^{1}	1.392×10^{1}	1.378×10^{1}	1.013×10^{1}
2×10^{-7}	1.485×10^{1}	1.485×10^{1}	1.484×10^{1}	1.479×10^{1}	1.371×10^{1}
1×10^{-7}	1.554×10^{1}	1.554×10^{1}	1.554×10^{1}	1.551×10^{1}	1.513×10^{1}

续表

u_w	$\alpha=10^{-1}$	$\alpha=10^{-2}$	$\alpha=10^{-3}$	$\alpha=10^{-4}$	$\alpha=10^{-5}$
5×10^{-8}	1.623×10^{1}	1.623×10^{1}	1.623×10^{1}	1.622×10^{1}	1.605×10^{1}
2×10^{-8}	1.705×10^{1}	1.705×10^{1}	1.705×10^{1}	1.714×10^{1}	1.708×10^{1}
1×10^{-8}	1.784×10^{1}	1.784×10^{1}	1.784×10^{1}	1.784×10^{1}	1.781×10^{1}
5×10^{-9}	1.854×10^{1}	1.854×10^{1}	1.854×10^{1}	1.854×10^{1}	1.851×10^{1}
2×10^{-9}	1.945×10^{1}	1.945×10^{1}	1.945×10^{1}	1.945×10^{1}	1.940×10^{1}
1×10^{-9}	2.015×10^{1}	2.015×10^{1}	2.015×10^{1}	2.015×10^{1}	2.015×10^{1}

二、Papadopulos 和 Cooper(1967)大直径井配线法求解水文地质参数

1)在双对数纸上绘制不同 α 值的 $F(u_w,\alpha)$-$(1/u_w)$标准曲线族(图 3.58);

2)在同比例的另一张双对数纸上绘制 s_w-t 观测资料曲线;

3)把观测资料曲线重合在标准曲线上,保持两坐标轴平行,调整观测资料曲线,直到找出一个位置能使观测资料的大多数标绘点落在某标准曲线的上为止;

4)在重叠的纸上选取任意点 A,记录 A 点在两个坐标系中的坐标值:$[F(u_w,\alpha)]$、$[1/u_w]$、$[s_w]$、$[t]$,同时记录该标准曲线的配线参变量 α 值;

5)将记录的 $F(u_w,\alpha)$,s_w 值和流量 Q 值代入式(3.69)计算导水系数 T;

6)把 r_w,$1/u_w$,t 和计算的导水系数 T 代入式(3.70)或式(3.71)中计算贮水系数 S,两公式的计算结果应该接近一致。

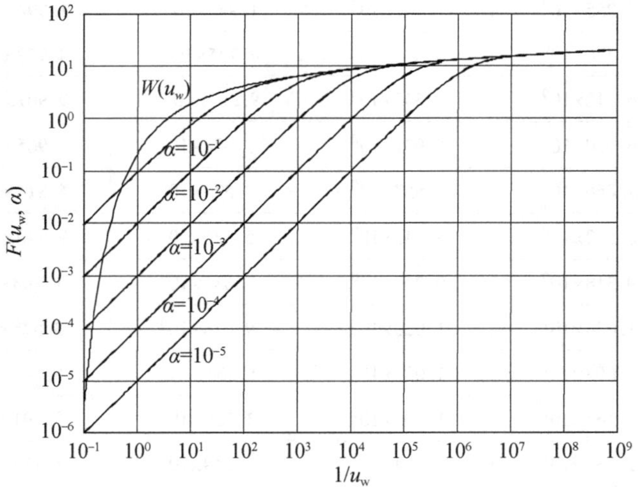

图 3.58　$F(u_w,\alpha)$-$1/u_w$标准曲线族

三、计算例题 3.9

Wikramaratna(1985) 利用 Papadopulos-Cooper 井函数,给出了一组理想数据作为大口井抽水试验的观测资料,井径 $r_w=r_c=0.2\text{m}$,$Q=432\text{m}^3/\text{d}$,井中降深随时间的变化情况见表 3.12(Wikramaratna,1985;江思珉等,2010)。

表 3.12　大口井抽水试验数据

时间(t)/min	降深(s_w)/m	时间(t)/min	降深(s_w)/m
0.166667	0.34	30	3.63
0.5	0.84	40	3.75
1	1.36	50	3.85
1.5	1.71	60	3.92
2	1.97	90	4.09
3	2.32	120	4.21
5	2.69	150	4.30
10	3.11	180	4.37
15	3.31	240	4.49
20	3.44	300	4.58

针对上述大直径井观测数据,Wikramaratna(1985)给出的配线参变量 $\alpha=0.01$,计算的导水系数 T 和贮水系数 S 的值如下:

$$T=86.4\text{m}^2/\text{d},S=1.0\times10^{-2}$$

四、改进的 SAPSO 算法大口井优化配线求解水文地质参数

(一)SAPSO 算法优化配线实现步骤

SAPSO 算法优化配线法计算步骤如下。

1)设置粒子数目 N、学习因子 c_1 和 c_2、最大权重 $\omega_{\max}$、最小权重 $\omega_{\min}$、最大迭代次数 G、问题的维数 D。

2)随机初始化种群中各粒子的位置和速度,计算井函数 $F(u_w,\alpha)$ 及适应度值。

3)评价每个粒子的适应度,将当前各粒子的位置和适应度值存储在各粒子的 p_{best}(个体最优位置)中,将所有 p_{best} 中适应度值最优个体的位置和适应度值存储于 g_{best}(群体最优)中。

4)更新权重。

为了平衡 SAPSO 算法的全局搜索能力和局部改良能力,采用经过改进的自适应惯性权重系数公式,其表达式如下(赵志刚和常成,2011):

$$\omega=(\omega_{max}-\omega_{min})\times\exp(-30\times(j/maxgen))^2$$

5)用下式更新粒子的速度和位移：

$$v_{id}=\omega\times v_{id}+c_1r_1(p_{id}-x_{id})+c_2r_2(g_{id}-x_{id})$$

$$x_{id}=x_{id}+v_{id}$$

6)对每个粒子，将其适应度值与其经历过的最好位置作比较，如果较好，则将其作为当前的最好位置；比较当前所有 p_{best} 和 g_{best} 的值，更新 g_{best}。

7)若满足停止条件(通常为预设的运算精度或迭代次数)，搜索停止，输出配线纵横 a、b 移动值及配线参变量 α、导水系数 T、贮水系数 S、目标函数离差平方和最小值 f_v，绘制原始曲线图、最终优化配线图，否则返回步骤 3)继续搜索。

(二)改进的自适应惯性权重粒子群(SAPSO)算法优化配线法计算实例

为对比分析，计算采用例题 3.9 的数据。

(1)SAPSO 算法输入的参数：

粒子数目 $N=80$、学习因子 $c_1=c_2=1.49618$、最大权重 $\omega_{max}=0.9$、最小权重 $\omega_{min}=0.4$、最大迭代次数 $G=200$、问题的维数 $D=3$，用于配线的观测点序号为 3。

(2)目标函数

大直径井优化配线目标函数采用下式：

$$\min F(a,b,\alpha)=\sum_{i=1}^{n}\left[F\left(\frac{1}{10^{(\lg t_i+\lg a)}},\alpha\right)-10^{(\lg s_i+\lg b)}\right]^2 \tag{3.73}$$

(3)设计编程

1)打开 MATLAB 程序，设定 SAPSO 算法大直径井优化配线计算目录路径。

2)构建观测孔抽水试验观测数据文件 S1R2. mat，形成两行(t_i，s_i)、m 列(不同观测时间，不同流量)的数据文件，t_i为观测时间，s_i为对应观测时间的降深。

3)编制目标函数计算程序 fit. m，对 a、b 进行初始赋值。目标函数计算中井函数 $F(u_w,\alpha)$ 可利用式(3.72)，调用 MATLAB 内置积分函数求解。

4)编制大直径井自适应惯性权重粒子群优化配线算法主程序 SAPSO. m。

(4)优化计算过程

为分析 SAPSO 算法优化配线迭代计算过程，计算中修改了最大迭代次数 G，以了解 SAPSO 算法解迭代配线计算收敛情况，图 3.59 为 $F(u_w,\alpha)$-$(1/u_w)$ 标准曲线及原始数据，设置 $G=10$、100、200、300，其他参数不作调整。迭代计算开始，$G=10$，试验曲线即开始靠近标准曲线(图 3.60)，但计算不稳定，随机计算出的离差平方和最小值 f_v = 0.005156366369940 ~ 1.281823449248811，变化较大。图 3.60 ~ 图 3.63 为部分不同次数优化迭代计算配线过程及适应度函数变化曲线，图中很清楚反映出 SAPSO 算法快速迭代配线的过程。一般情况下，经 $G=50$ 次迭代计算，计算的配线离差平方和最小值 f_v = $9.705390144844570\times10^{-4}$ ~ 0.302305011408732，大分结果已接近最优迭代结果。设置最大迭代次数 $G=100$，$f_v=9.705390144844608\times10^{-4}$，多次随机计算 f_v 值差别不大，计算精度可以满足实际要求。设置 $G=200$，$f_v=9.705390144844117\times10^{-4}$，误差出现在小数点后 11 位以后，计算耗时 3.2min，计算的导水系数 T= 86.5079 左右，贮水系数 $S=0.0098835$ 左右。$G=300$，计算耗时略长，达到 8.3min

左右，但精度并未提高多少 。

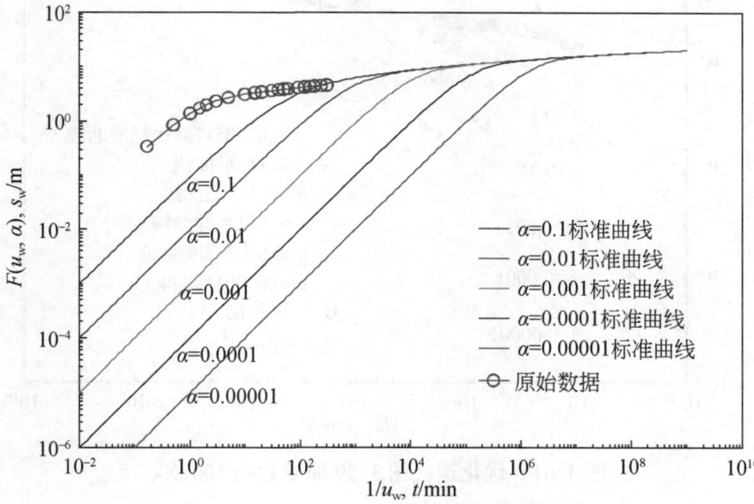

图 3.59　$F(u_w,\alpha)$-$1/u_w$标准曲线及原始数据

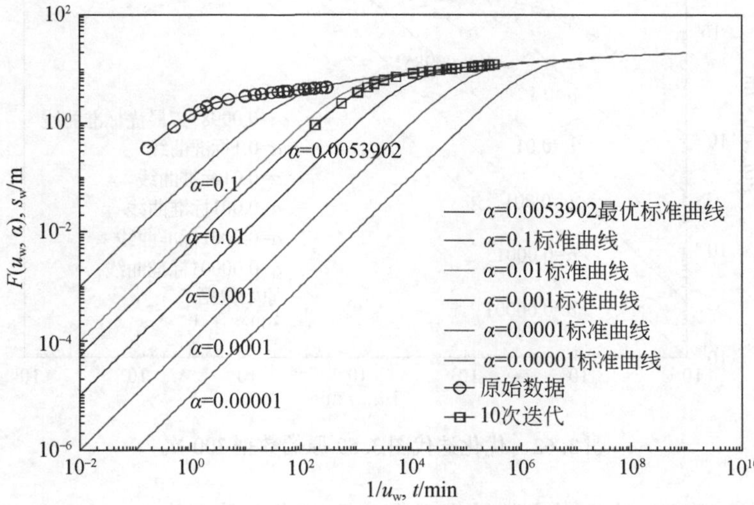

图 3.60　优化迭代图 3.59 原始数据 10 次

(5)计算结果

经 $G=300$ 次迭代计算，SAPSO 算法优化配线计算完成后，选取匹配点的坐标值如下：

$$[s]=1.3600\text{m},[t]=1\text{min},[1/u_w]=6.07831\times10^2,[F(u_w,\alpha)]=3.422323$$

300 次迭代计算完成后，计算耗时 8.4min，计算结果如下：

导水系数 $T=86.5079\text{m}^2/\text{d}$；

贮水系数 $S=9.8835\times10^{-3}$；

标准曲线匹配参数 $\alpha=9.8517\times10^{-3}$；

配线离差平方和最小值 $f_v=9.705390144843884\times10^{-4}$。

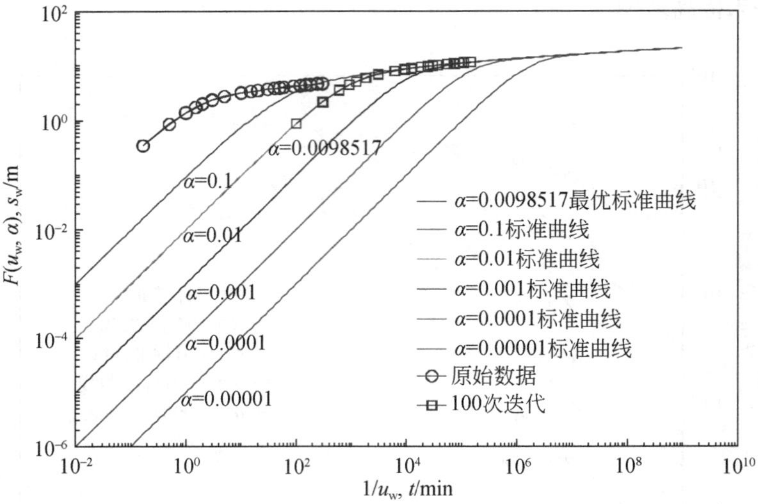

图 3.61　优化迭代图 3.59 原始数据 100 次

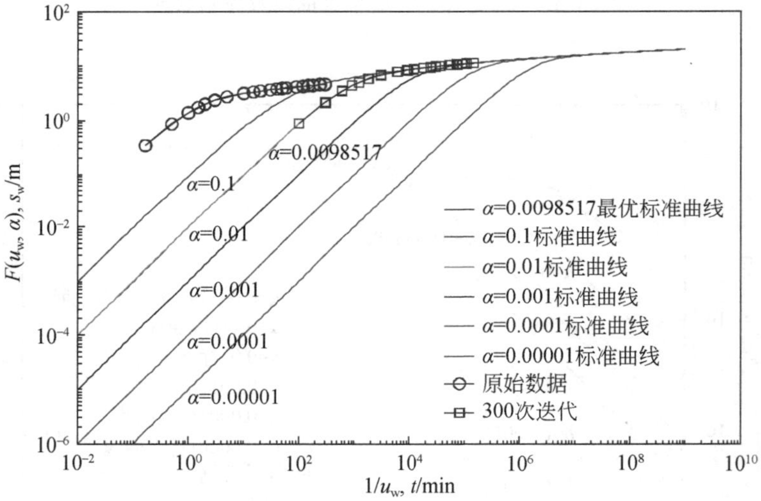

图 3.62　优化迭代图 3.59 原始数据 300 次

Wikramaratna(1985)给出对应的导水系数 T 和贮水系数 S 为

$$T=86.4\text{m}^2/\text{d}, S=1.0\times10^{-2}$$

江思珉等(2010)仿照 Theis 配线法的数学处理手段,通过对数变换,将标准曲线处理成仅与配线参变量 α 值有关的单峰曲线,通过迭代计算求出 α 值,江思珉等(2010)给出上述例题 3.9 的迭代近似解为

$$T=84.57\text{m}^2/\text{d}, S=1.25\times10^{-2}$$

对比上述计算结果,很明显看到,人工智能优化配线解决了人工配线的视觉误差、主观性强、随意性大的问题,计算结果更为精确,使得一些复杂的多维函数的配线问题迎刃而解。

大直径井抽水试验,开始时段抽取的水量是大口井存储的水量,相当长时间以后,才能满足 Theis 非稳定流的条件,因此,观测时间太短的抽水试验资料基本位于 $F(u_w,\alpha)$-$1/u_w$ 标

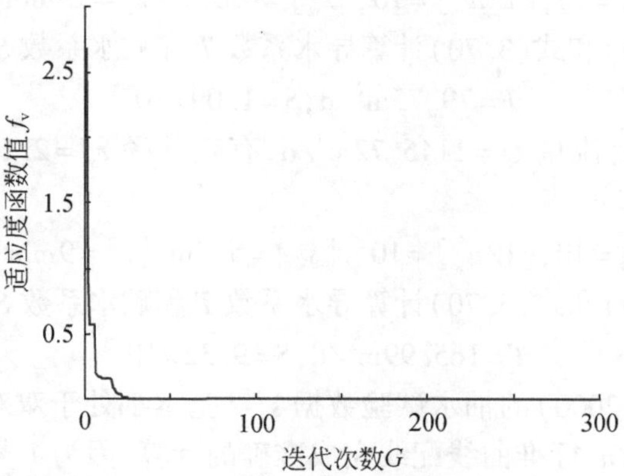

图 3.63　SAPSO 适应度函数变化曲线

准曲线的直线段,这样的数据是不能用于配线计算的。观测时间应适当延长,使得 s_w-t 观测数据在双对数坐标系下出现弯曲段,才能更好完成配线计算。

印度学者 Richariya 和 Mishra(2000)介绍了在印度 Tewar、Hinota 和 Umaria 地区进行的大口井抽水试验,分析方法采用的是 Papadopulos 和 Cooper(1967)配线法。试验数据见表 3.13。

表 3.13　大口井抽水试验数据

时间(t)/min	1 号井降深(s_w)/m	2 号井降深(s_w)/m	3 号井降深(s_w)/m
0	0.00	0.00	0.00
15	0.6	0.80	0.70
30	0.9	1.50	1.30
45	1.30	2.10	1.50
60	1.60	2.90	1.90
75	1.95	3.35	2.35
90	2.20	3.90	2.60
105	2.50	4.30	2.80
120	2.80	4.80	2.90
135	3	5.20	3.05
150	3.3	—	3.10

配线完成后,各试验点选取的匹配点计算参数及计算结果如下:

1 号井,位于 Tewar:井流量 $Q=1032\text{m}^3/\text{d}$,有效井径 $r_w=2.95\text{m}$,配线参数匹配点坐标为

$$[F(u_w,\alpha)]=10,[1/u_w]=10^2,[s_w]=8.3\text{m},[t]=23\text{min},[\alpha]=10^{-2}$$

将上述参数代入式(3.69)和式(3.70)计算导水系数 T 和贮水系数 S 如下:

$$T=98.99\text{m}^2/\text{d},S=0.726\times10^{-2}$$

2 号井,位于 Hinota:井流量 $Q=691.2\text{m}^3/\text{d}$,有效井径 $r_w=1.62\text{m}$,配线参数匹配点坐标为

$$[F(u_w,\alpha)]=10,[1/u_w]=10,[s_w]=6.9\text{m},[t]=13\text{min},[\alpha]=10^{-5}$$

将上述参数代入式(3.69)和式(3.70)计算导水系数 T 和贮水系数 S 如下：

$$T=79.75\text{m}^2/\text{d},S=1.09\times10^{-5}$$

3 号井，位于 Umaria：流量 $Q=1146.72\text{m}^3/\text{d}$，有效井径 $r_w=2.11\text{m}$，配线参数匹配点坐标为

$$[F(u_w,\alpha)]=10,[1/u_w]=10^2,[s_w]=5.5\text{m},[t]=9\text{min},[\alpha]=10^{-2}$$

将上述参数代入式(3.69)和式(3.70)计算导水系数 T 和贮水系数 S 如下：

$$T=165.99\text{m}^2/\text{d},S=9.32\times10^{-3}$$

Richariya 和 Mishra(2000)的抽水试验数据 s_w-t 基本都处于双对数坐标系下的直线段，不可能采用 $F(u_w,\alpha)$-$1/u_w$标准曲线配线完成准确的计算，因为 1 号井、2 号井、3 号井的抽水试验进行的时间较短，试验数据在双对数坐标中基本都是直线，用这些数据拟合 $F(u_w,\alpha)$-$1/u_w$标准曲线几乎是不可能的，配线参变量 α 的取值范围在 $10^{-1}\sim10^{-5}$均可完成配线，所以 Richariya 和 Mishra(2000)给出的计算结果有些牵强。

第十一节　各向异性介质中的完整井流

一、Papadopulos 模型解

Papadopulos(1965)研究了均质各向异性含水层中的完整井流，基本假定条件与 Theis 井流理论类似，但含水层是各向异性和等厚的。

在各向异性含水层中，速度矢量和水力梯度矢量通常不是平行的。比例常数 K 是第二阶的对称张量，通常称为渗透率张量，它将水力梯度的分量转化为速度的分量。速度和水力梯度仅沿三个正交轴中的一个方向相同，称为渗透率张量的主轴。含水层的各向异性可以用主轴的方向和沿主轴的渗透率分量的大小来定义。

对于二维流问题，导水系数张量可表示为

$$\boldsymbol{T}=\begin{bmatrix}T_{xx} & T_{xy}\\ T_{yx} & T_{yy}\end{bmatrix}$$

其中，x 和 y 是任意一组正交轴。对于主轴 ξ 和 η，上述方程可简化为

$$\boldsymbol{T}=\begin{bmatrix}T_{\xi\xi} & 0\\ 0 & T_{\eta\eta}\end{bmatrix}$$

$T_{\xi\xi}$和 $T_{\eta\eta}$分别是最大和最小导水系数。

假定坐标原点位于井点上，以定流量 Q 抽取地下水，则上述问题的微分方程为

$$T_{xx}\frac{\partial^2 s}{\partial x^2}+2T_{xy}\frac{\partial^2 s}{\partial x\partial y}+T_{yy}\frac{\partial^2 s}{\partial y^2}+Q\delta(x)\delta(y)=S\frac{\partial s}{\partial t} \tag{3.74}$$

$$-\infty<x,y<+\infty,\quad t>0$$

$$s(x,y,0)=0$$

$$s(\pm\infty,y,t)=0$$

$$s(x,\pm\infty,t)=0$$

式中,s 为水头降深;T_{xx}、T_{yy} 和 T_{xy} 为导水系数张量的分量;S 为贮水系数;Q 为井的流量;$\delta(x)$、$\delta(y)$ 为δ 函数;x 和 y 为任意一组正交轴在井口处的坐标;t 为抽水开始以来的时间。

通过 Laplace 变换、傅里叶变换,Papadopulos(1965)给出了上述问题的解如下:

$$s=\frac{Q}{4\pi\,(T_{xx}T_{yy}-T_{xy}^2)^{1/2}}W(u_{xy}) \tag{3.75}$$

其中:

$$u_{xy}=\frac{S}{4t}\left(\frac{T_{xy}y^2+T_{yy}x^2-2T_{xy}xy}{T_{xx}T_{yy}-T_{xy}^2}\right) \tag{3.76}$$

如果坐标轴方向与主渗透方向一致(x 轴对应最大主渗透方向,y 轴对应最小主渗透方向),式(3.75)可简化为

$$s=\frac{Q}{4\pi\,(T_{\xi\xi}T_{\eta\eta})^{1/2}}W(u_{\xi\eta}) \tag{3.77}$$

$$u_{\xi\eta}=\frac{S}{4t}\left(\frac{T_{\xi\xi}\eta^2+T_{\eta\eta}\xi^2}{T_{\xi\xi}T_{\eta\eta}}\right) \tag{3.78}$$

与 Theis 井流情况类似,当 $u<0.02$ 时,井函数可近似表示为

$$W(u_{xy})\approx-0.577216-\ln u_{xy}=2.303\lg\frac{2.25}{4u_{xy}}$$

代入式(3.75),可得到 Papadopulos 各向异性井流公式近似表达式为

$$s=\frac{2.303Q}{4\pi\,(T_{xx}T_{yy}-T_{xy}^2)^{1/2}}\lg\left[\frac{2.25t}{S}\left(\frac{T_{xx}T_{yy}-T_{xy}^2}{T_{xx}y^2+T_{yy}x^2-2T_{xy}xy}\right)\right] \tag{3.79}$$

当坐标轴与主渗透方向一致时,Papadopulos 近似表达式为

$$s=\frac{2.303Q}{4\pi\,(T_{\xi\xi}T_{\eta\eta})^{1/2}}\lg\left[\frac{2.25t}{S}\left(\frac{T_{\xi\xi}T_{\eta\eta}}{T_{\xi\xi}y^2+T_{\eta\eta}x^2}\right)\right] \tag{3.80}$$

各向异性介质中的渗透系数是二阶张量,在二维流条件下具有三个相互独立的分量,如果不知道主渗透方向,则至少需要三个观测孔的抽水试验资料才能确定相应的参数。

二、Papadopulos 模型配线法求解水文地质参数

Papadopulos(1965)给出了求解水文地质参数的直线图解法、配线法,配线法可采用本章讲的降深-时间配线法、降深-距离配线法等方法来求解。

1)选择一个以抽水井为坐标原点的直角坐标系,确定三个观测孔的坐标。

2)在双对数纸上绘制 $W(u_{xy})$-$1/u_{xy}$ 标准曲线(Theis 标准曲线)。

3)在同模数双对数纸上绘制各观测孔实测的 s-t 曲线。

4)保持两曲线坐标轴平行,将实测曲线与标准曲线进行配线,为每个观测孔选择一个匹配点,记录各孔配线完成后匹配点的坐标。

5)将各匹配点的值代入式(3.75),计算 $T_{xx}T_{yy}-T_{xy}^2$,三个钻孔的计算值应该大致相等,如有差异,可采用平均值。

$$T_{xx}T_{yy}-T_{xy}^2=\left[\frac{Q}{4\pi s}W(u_{xy})\right]^2 \tag{3.81}$$

6)将式(3.81)的计算结果代入式(3.76),得

$$S(T_{xx}y^2+T_{yy}x^2-2T_{xy}xy)=4t(T_{xx}T_{yy}-T_{xy}^2)u_{xy} \tag{3.82}$$

7)将各观测孔的位置坐标和匹配点坐标代入式(3.81),解联立方程,求得 ST_{xx}、ST_{yy}、ST_{xy}。

8)将计算出的 T_{xx}、T_{yy}、T_{xy}(内含 S)代入式(3.81),计算贮水系数 S。

9)将求出的贮水系数 S 重新代入第6)步求出的 ST_{xx}、ST_{yy}、ST_{xy},算出 T_{xx}、T_{yy}、T_{xy}的值。

10)算出 T_{xx}、T_{yy}、T_{xy}后,可以求出 $T_{\xi\xi}$、$T_{\eta\eta}$、导水系数主值和主轴方向 θ:

$$T_{\xi\xi}=\frac{T_{xx}+T_{yy}}{2}+\left[\left(\frac{T_{xx}-T_{yy}}{2}\right)^2+T_{xy}^2\right]^{1/2} \tag{3.83}$$

$$T_{\eta\eta}=\frac{T_{xx}+T_{yy}}{2}-\left[\left(\frac{T_{xx}-T_{yy}}{2}\right)^2+T_{xy}^2\right]^{1/2} \tag{3.84}$$

$$\theta=\arctan\left(\frac{T_{\xi\xi}-T_{xx}}{T_{xy}}\right) \tag{3.85}$$

式中,θ 为 x 与 ξ 轴之间的夹角,与 x 轴成逆时针方向为正,θ 限制在 $0\leqslant\theta<\pi$。

三、计算例题 3.10

某地为了确定各向异性含水层的水力特性,进行了12小时的抽水试验。抽水井PW以12.57L/s(1086.048m^3/d)的速度进行抽水。图3.64为抽水试验的抽水井PW和三口观测井OW-1、OW-2和OW-3的位置图,各孔降深观测数据见表3.14(Papadopulos,1965),计算各向异性含水层的水文地质参数。

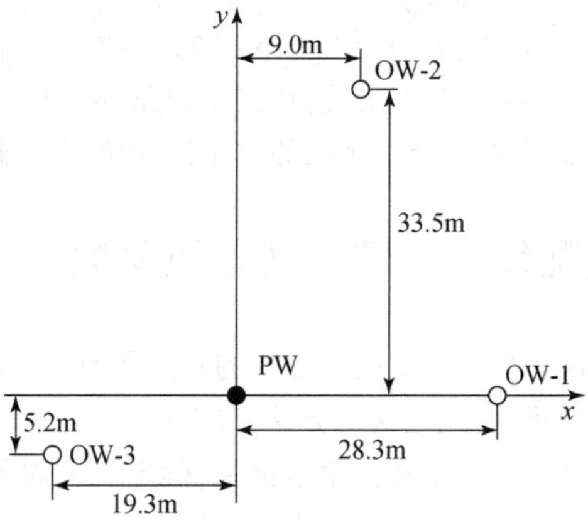

图 3.64　Papadopulos 抽水试验抽水井和观测井位置图

表 3.14　观测孔抽水试验观测数据

抽水持续时间(t)/min	降深(s)/m		
	OW-1	OW-2	OW-3
0.5	0.335	0.153	0.492
1	0.591	0.343	0.762

续表

抽水持续时间(t)/min	降深(s)/m		
	OW-1	OW-2	OW-3
2	0.911	0.611	1.089
3	1.082	0.762	1.284
4	1.215	0.911	1.419
6	1.405	1.089	1.609
8	1.549	1.225	1.757
10	1.653	1.329	1.853
15	1.853	1.531	2.071
20	2.019	1.677	2.210
30	2.203	1.853	2.416
40	2.344	2.019	2.555
50	2.450	2.123	2.670
60	2.541	2.210	2.750
90	2.750	2.416	2.963
120	2.901	2.555	3.118
150	2.998	2.670	3.218
180	3.075	2.750	3.310
240	3.235	2.901	3.455
300	3.351	2.998	3.565
360	3.438	3.118	3.649
480	3.587	3.247	3.802
720	3.784	3.455	3.996

解：参照 Papadopulos(1965)和王洪涛(2008)对上述例题采用配线法进行的水文地质参数计算(王洪涛原计算数据有误，本书进行了修改，增加了计算内容)，过程如下。

1)取抽水井为坐标原点建立坐标系统，确定 3 个观测孔的坐标如下：OW-1(28.3,0)、OW-2(9,33.5)和 OW-3(−19.3,−5.2)。

2)3 组曲线配线完成后，选取的匹配点坐标如下：

OW-1　$[1/u_{xy}]_1=88,[W(u_{xy})]_1=2,[t]_1=20\text{min}=0.013889\text{d},[s]_1=1.0\text{m}$

OW-2　$[1/u_{xy}]_2=48,[W(u_{xy})]_2=2,[t]_2=20\text{min}=0.013889\text{d},[s]_2=1.0\text{m}$

OW-3　$[1/u_{xy}]_3=135,[W(u_{xy})]_3=2,[t]_3=20\text{min}=0.013889\text{d},[s]_3=1.0\text{m}$

3)将匹配点的值代入式(3.81)：

$$T_{xx}T_{yy}-T_{xy}^2=\left[\frac{Q}{4\pi s}W(u_{xy})\right]^2=\left[\frac{1086.048\times 2.0}{4\pi\times 1.0}\right]^2=29877.09057\text{m}^4/\text{d}^2$$

由于三组数据选取的 $W(u_{xy})$、s 值相同，所以计算结果也相同。

4)将上述结果及观测孔坐标代入式(3.82)，得三组含有 ST_{xx}、ST_{yy}、ST_{xy} 未知量的方程：

$$S(T_{xx}y^2+T_{yy}x^2-2T_{xy}xy)=4t(T_{xx}T_{yy}-T_{xy}^2)u_{xy}=119508.36228tu_{xy}$$

$$\begin{cases} ST_{yy}=\left[\dfrac{119508.36228\,[t]_1}{[1/u_{xy}]_1 x_1^2}\right]=\dfrac{119508.36228\times 0.013889}{88\times 28.3^2}=0.02355124\text{m}^4/\text{d} \\ 33.5^2ST_{xx}+9.0^2ST_{yy}-2\times 9.0\times 33.5ST_{xy}=34.5802\text{m}^4/\text{d} \\ (-5.2)^2ST_{xx}+(-19.3)^2ST_{yy}-2\times(-19.3)(-5.2)ST_{xy}=12.2952\text{m}^4/\text{d} \end{cases}$$

联立求解方程组得

$$T_{xx}=\frac{0.02122}{S}\text{m}^2/\text{d}$$

$$T_{yy}=\frac{0.02355}{S}\text{m}^2/\text{d}$$

$$T_{xy}=-\frac{0.01469}{S}\text{m}^2/\text{d}$$

5)求贮水系数 S,将 T_{xx}、T_{yy}、T_{xy} 代入步骤 3)的方程中得

$$\frac{0.02122\times 0.02355-0.01469^2}{S^2}=29877.09057\text{m}^4/\text{d}^2$$

求得贮水系数 $S=\sqrt{\dfrac{0.02122\times 0.02355-0.01469^2}{29877.09057}}=9.74855\times 10^{-5}$

6)求导水系数 T_{xx}、T_{yy}、T_{xy},将求得的 S 值代入步骤 4)中的 T_{xx}、T_{yy}、T_{xy} 表达式得

$$T_{xx}=217.67\text{m}^2/\text{d}$$

$$T_{yy}=241.57\text{m}^2/\text{d}$$

$$T_{xy}=-150.69\text{m}^2/\text{d}$$

7)求导水系数主值和方向:

$$T_{\xi\xi}=\frac{217.67+241.57}{2}+\left[\left(\frac{217.67-241.57}{2}\right)^2+(-150.69)^2\right]^{1/2}=380.7831\text{m}^2/\text{d}$$

$$T_{\eta\eta}=\frac{217.67+241.57}{2}-\left[\left(\frac{217.67-241.57}{2}\right)^2+(-150.69)^2\right]^{1/2}=78.4569\text{m}^2/\text{d}$$

$$\theta=\arctan\left(\frac{T_{\xi\xi}-T_{xx}}{T_{xy}}\right)=\arctan\left[\frac{380.7831-217.67}{-150.69}\right]=\arctan(-1.0824)=132.73°$$

四、标准粒子群优化(PSO)配线求解各向异性介质含水层水文地质参数

(一)目标函数及标准优化算法 PSO 配线实现步骤

因为各向异性含水层井函数 $W(u_{xy})$ 与 Theis 井函数 $W(u)$ 一致,标准曲线及配线方法相同,因此,井函数 $W(u_{xy})$ 的计算方法及目标函数计算公式可参照本章第一、第二节相关内容。

(二)各向异性含水层优化算法 PSO 配线实现步骤

1)设置粒子数目 N、学习因子 c_1 和 c_2、惯性权重 ω、最大迭代次数 M、问题的维数 D,抽水

试验各观测孔坐标值,选定各孔配合点;

2)随机初始化种群中各粒子的位置和速度,计算井函数 $W(u_{xy})$ 及适应度值;

3)评价每个粒子的适应度,将当前各粒子的位置和适应度值存储于 p_{best}(个体最优位置)中,将所有个体中适应度值最优个体的位置和适应度值存储于 g_{best}(群体最优)中;

4)更新粒子的速度和位移:

$$v_{id}=\omega\times v_{id}+c_1r_1(p_{id}-x_{id})+c_2r_2(g_{id}-x_{id})$$

$$x_{id}=x_{id}+v_{id}$$

5)限定粒子移动范围,对每个粒子,将其适应度值与其经历过的最好位置作比较,如果较好,则将其作为当前的最好位置;

6)比较当前所有个体 p_{best} 和 g_{best} 值,更新 g_{best};

7)若满足停止条件(通常为预设的运算精度或迭代次数),搜索停止,选取匹配点,输出配线纵横 a、b 移动值、目标函数最小离差平方和 f_v,绘制原始曲线图、配线过程图、最终优化配线图,输出 $T_r=T_{xx}T_{yy}-T_{xy}^2$ 否则返回步骤4)继续搜索;

8)对三个观测孔重复上述操作,输出 T_{r1}、T_{r2}、T_{r3},计算平均值 $T_r=(T_{r1}+T_{r2}+T_{r3})/3$;

9)根据式(3.82),代入观测孔坐标,建立 ST_{xx}、ST_{yy}、ST_{xy} 为未知量的联立方程,解联立方程,计算 ST_{xx}、ST_{yy}、ST_{xy} 的值;

10)计算贮水系数 S,以及 T_{xx}、T_{yy}、T_{xy} 的值;

11)计算 $T_{\xi\xi}$、$T_{\eta\eta}$、导水系数主值和主轴方向 θ。

(三)基于标准 PSO 算法的降深-时间优化配线法计算实例

为方便对比分析,计算采用例题3.10的数据。

(1)标准 PSO 算法输入的参数

观测孔 OW-1、OW-2、OW-3 均需要采用降深-时间优化配线法进行计算,三个观测孔给定的 PSO 算法计算参数一致,均采用下面数据。

粒子数目 $N=50$、学习因子 $c_1=c_2=2.05$、惯性权重 $\omega=0.6$、最大迭代次数 $M=100$、问题的维数 $D=2$,三个观测孔坐标为 OW-1(28.3,0)、OW-2(9,33.5)和 OW-3(-19.3,-5.2),各孔均选用观测时间为20min 的第10个观测点作为匹配点。

(2)构建目标函数

降深-时间配线法目标函数采用式(3.32)。

$$\min F(a,b)=f_v=\sum_{i=1}^{n}\left[W\left(\frac{1}{10^{(\lg t_i+\lg a)}}\right)-10^{(\lg s_i+\lg b)}\right]^2$$

(3)设计编程

1)打开 MATLAB 程序,设定各向异性含水层降深-时间配线法标准粒子群计算目录路径。

2)构建抽水试验3个观测孔 OW-1、OW-2、OW-3 的观测数据文件 data01.mat、data02.mat、data03.mat,形成两行(t_i,s_i)数据文件。

3)编制目标函数计算程序 fitness01.m、fitness02.m、fitness03.m,对 a_1、b_1,a_2、b_2,a_3、b_3 进行初始赋值。井函数 $W(u_{xy})$ 的计算可采用式(3.6)或式(3.8)~式(3.18)计算。如果采用

的 $W(u)$ 不是全域系列计算公式，对于分段计算的 $W(u)$ 计算公式，应注意 u 小于 1 和大于等于 1 时公式的不同。不同的井函数近似计算公式对计算结果的精度影响较大，推荐使用 Swamee 和 Ojha(1990) 提出的井函数 $W(u)$ 的全域解近似计算公式[式(3.8)]，更精确的结果可调用 MATLAB 积分函数，用式(3.4)直接计算。

4) 编制 3 个观测孔 OW-1、OW-2、OW-3 标准粒子群算法计算主程序 PSO1. m、PSO2. m、PSO3. m。

5) 编制执行程序 Run. m。

(4) 优化计算过程

PSO 算法迭代计算收敛速度较快，这里不再叙述优化配线过程，图 3.65 ~ 图 3.70 为三个观测孔原始观测数据和 100 次优化迭代配线曲线及适应度函数变化曲线。

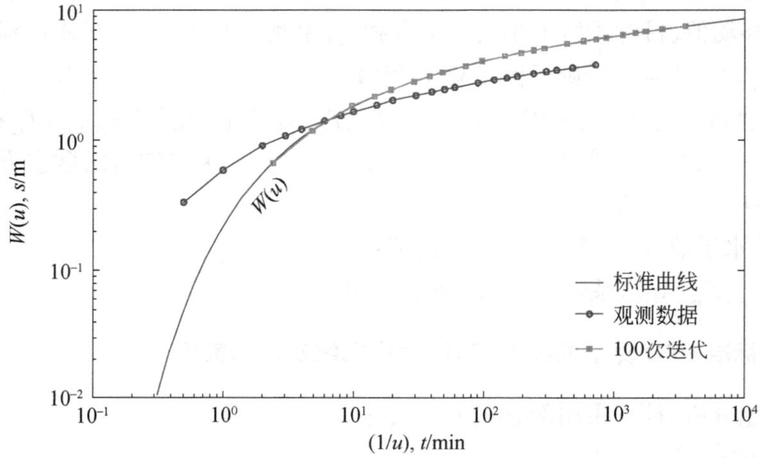

图 3.65　OW-1 观测孔 $W(u)$ 标准曲线、s-t 观测数据曲线及 100 次迭代配线

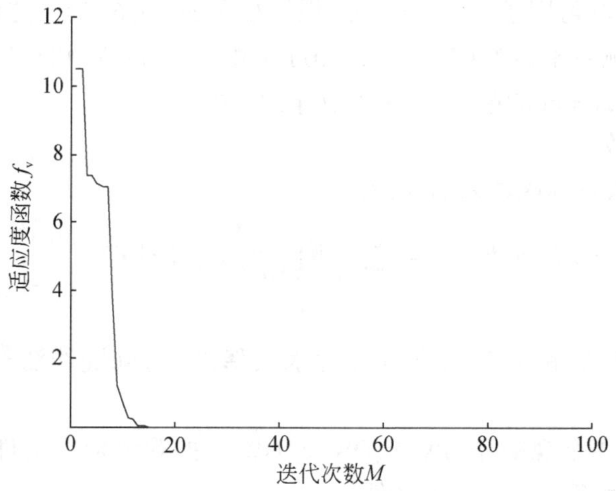

图 3.66　OW-1 观测孔 100 次迭代适应度函数变化曲线

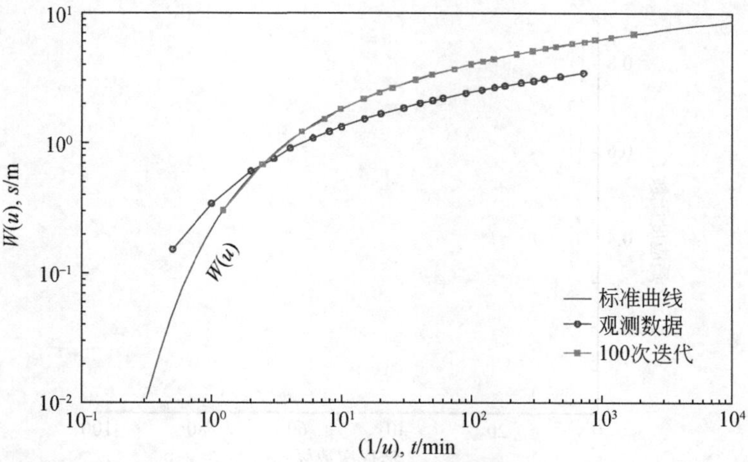

图 3.67　OW-2 观测孔 $W(u)$ 标准曲线、s-t 观测数据曲线及 100 次迭代配线

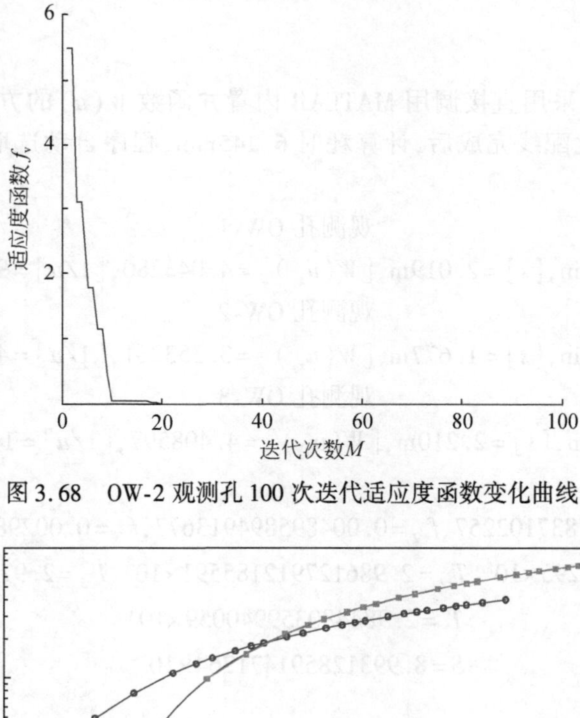

图 3.68　OW-2 观测孔 100 次迭代适应度函数变化曲线

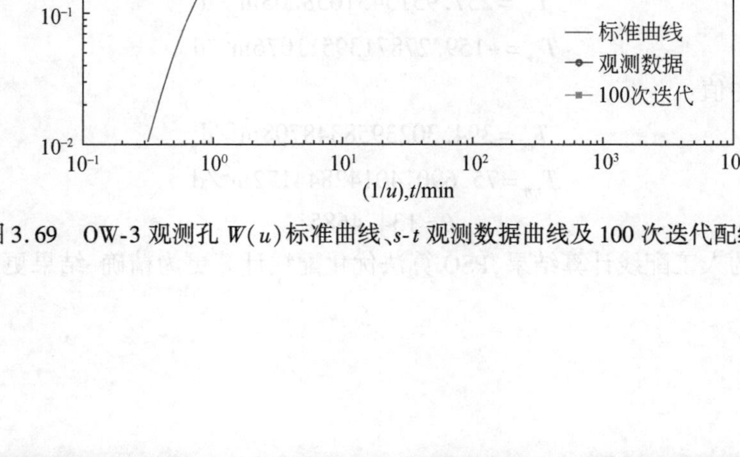

图 3.69　OW-3 观测孔 $W(u)$ 标准曲线、s-t 观测数据曲线及 100 次迭代配线

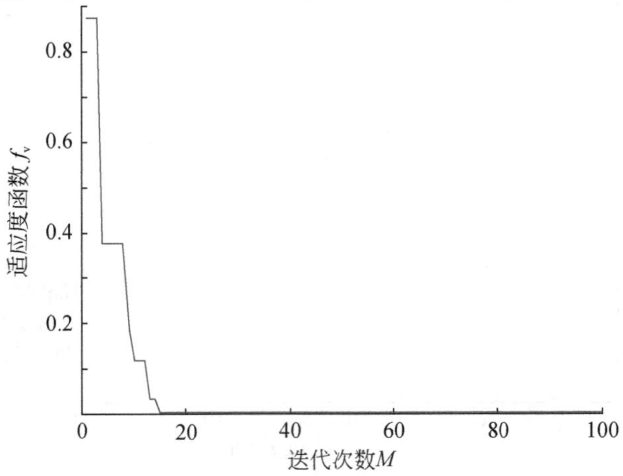

图 3.70　OW-3 观测孔 100 次迭代适应度函数变化曲线

(5)计算结果

目标函数计算中,采用直接调用 MATLAB 内置井函数 $W(u)$ 的方法,经 100 次迭代计算,标准 PSO 算法优化配线完成后,计算耗时 6.145min,程序自动选取的匹配点的坐标值如下:

观测孔 OW-1

$$[t]=20\text{min},[s]=2.019\text{m},[W(u_{xy})]=4.043280,[1/u]=96.74400$$

观测孔 OW-2

$$[t]=20\text{min},[s]=1.677\text{m},[W(u_{xy})]=3.353261,[1/u]=49.06964$$

观测孔 OW-3

$$[t]=20\text{min},[s]=2.210\text{m},[W(u_{xy})]=4.408597,[1/u]=145.30960$$

计算结果如下:

$$f_{v1}=0.005167837102257, f_{v2}=0.004895894913677, f_{v3}=0.002981720566198$$

$$T_{r1}=2.995262966357295\times10^4, T_{r2}=2.986127912185591\times10^4, T_{r3}=2.972050201277290\times10^4$$

平均值:　　$T_r=2.984480359940059\times10^4$

贮水系数:　　$S=8.993128591471264\times10^{-5}$

导水系数:

$$T_{xx}=232.0409928118948\text{m}^2/\text{d}$$

$$T_{yy}=237.9515431658203\text{m}^2/\text{d}$$

$$T_{xy}=-159.2787139511076\text{m}^2/\text{d}$$

导水系数主值:

$$T_{\xi\xi}=394.3023958348708\text{m}^2/\text{d}$$

$$T_{\eta\eta}=75.690140142844172\text{m}^2/\text{d}$$

主轴方向:　　$\theta=134.4685°$

对比前面的人工配线计算结果,PSO 算法优化配线计算更为精确,结果更合理。

由于是调用 MATLAB 内置 $W(u)$ 井函数，相比单一观测孔的优化配线，多观测孔的各向异性含水层水文地质参数的计算耗时相对多一点，井函数 $W(u)$ 如果改用经验公式，计算时间会缩短。

五、SA+PSO 混合算法求解各向异性介质含水层水文地质参数

（一）各向异性含水层模拟退火粒子群优化配线实现步骤

1）设置粒子数目 N、学习因子 c_1 和 c_2、惯性权重 ω、最大迭代次数 M、问题的维数 D、降温系数 lamda、抽水试验各观测孔坐标值，选定各孔配线计算匹配点；

2）随机初始化种群中各粒子的位置和速度，计算井函数 $W(u_{xy})$ 及适应度值；

3）评价每个粒子的适应度，将当前各粒子的位置和适应度值存储于 p_{best}（个体最优位置）中，将所有个体中适应度值最优个体的位置和适应度值存储于 g_{best}（群体最优）中；

4）对微粒的 p_{best} 进行 SA 邻域搜索（即利用模拟退火算法中的思想更新个体值），借助 SA 算法运行机制，首先评价每个粒子的个体适应度值，后使用公式 $\exp[-\text{fit}(p_{\text{best}}-g_{\text{best}})/t]$ 计算温度为 t 时的 p_{best} 相对 g_{best} 的突跳概率，根据此概率使用 p_{best} 代替 g_{best} 产生新的最优值 g'_{id} 进行下一步的位置更新和速度更新（余胜威，2014）；

5）根据上一步的计算，使用新的 g'_{id} 更新粒子的速度和位移；

$$v_{id}=\omega v_{id}+c_1 r_1(p_{id}-x_{id})+c_2 r_2(g'_{id}-x_{id})$$

$$x_{id}=x_{id}+v_{id}$$

6）限定粒子移动范围，对每个粒子，将其适应度值与其经历过的最好位置作比较，如果较好，则将其作为当前的最好位置；

7）比较当前所有个体 p_{best} 和 g_{best} 值，更新 g_{best}；

8）若满足停止条件（通常为预设的运算精度或迭代次数），搜索停止，选取匹配点，输出配线纵横 a、b 移动值、目标函数最小离差平方和 f_v，绘制原始曲线图、配线过程图、最终优化配线图，输出 $T_r=T_{xx}T_{yy}-T_{xy}^2$，否则返回步骤 4）继续搜索；

9）对三个观测孔重复上述操作，输出 T_{r1}、T_{r2}、T_{r3}，计算平均值 $T_r=(T_{r1}+T_{r2}+T_{r3})/3$；

10）根据式（3.82），代入观测孔坐标，建立 ST_{xx}、ST_{yy}、ST_{xy} 为未知量的联立方程，解联立方程，计算 ST_{xx}、ST_{yy}、ST_{xy} 的值；

11）计算贮水系数 S，以及 T_{xx}、T_{yy}、T_{xy} 的值；

12）计算 $T_{\xi\xi}$、$T_{\eta\eta}$、导水系数主值和主轴方向 θ。

（二）各向异性含水层模拟退火粒子群优化配线计算例题

计算同样采用例题 3.10 的数据。

（1）模拟退火粒子群算法输入的参数

观测孔 OW-1、OW-2、OW-3 均需要采用降深–时间优化配线法进行计算，三个观测孔给定的模拟退火粒子群算法计算参数一致，均采用下面数据。

粒子数目 $N=50$、学习因子 $c_1=c_2=2.05$、惯性权重 $\omega=0.6$、最大迭代次数 $M=100$、问题

的维数 $D=2$、降温系数 lamda=0.8，三个观测孔坐标为 OW-1(28.3,0)、OW-2(9,33.5)和 OW-3(−19.3,−5.2)，各孔均选用观测时间为20min 的第 10 个观测点作为匹配点。

目标函数计算中，采用 Swamee 和 Ojha(1990)提出的井函数 $W(u)$ 全域解近似计算公式。

(2)计算结果

经 100 次迭代计算，模拟退火粒子群优化配线完成后，计算耗时 1.632min，程序自动选取的匹配点的坐标值如下：

观测孔 OW-1

$$[t]=20\text{min},[s]=2.019\text{m},[W(u_{xy})]=4.049445,[1/u]=96.22927$$

观测孔 OW-2

$$[t]=20\text{min},[s]=1.677\text{m},[W(u_{xy})]=3.357965,[1/u]=48.80881$$

观测孔 OW-3

$$[t]=20\text{min},[s]=2.21\text{m},[W(u_{xy})]=4.415391,[1/u]=144.6821$$

计算结果如下：

$$f_{v1}=0.005435220816519,f_{v2}=0.004932756998354,f_{v3}=0.003263186876510$$

$$T_{r1}=3.004404464783332\times10^4,T_{r2}=2.994511953300926\times10^4,T_{r3}=2.981217367452857\times10^4$$

平均值： $T_r=2.993377928512372\times10^4$

贮水系数： $S=9.100865960988575\times10^{-5}$

导水系数：

$$T_{xx}=231.5730534557641\text{m}^2/\text{d}$$

$$T_{yy}=237.0971046575644\text{m}^2/\text{d}$$

$$T_{xy}=-158.0237994921947\text{m}^2/\text{d}$$

导水系数主值：

$$T_{\xi\xi}=392.3830147956968\text{m}^2/\text{d}$$

$$T_{\eta\eta}=76.287143317631688\text{m}^2/\text{d}$$

主轴方向： $\theta=134.4993°$

对比标准粒子群算法，计算结果相差不多。

六、不同优化方法分析对比

各向异性含水层标准粒子群算法和模拟退火粒子群混合算法采用相同参数，粒子数目 $N=50$、学习因子 $c_1=c_2=2.05$、惯性权重 $\omega=0.6$、最大迭代次数 $M=100$、降温系数 lamda=0.8、问题的维数 $D=2$。

表 3.15 为各向异性含水层采用标准粒子群算法和模拟退火粒子群混合算法优化配线的计算结果。

采用标准粒子群算法，直接调用 MATLAB 内置积分计算井函数 $W(u)$，计算耗时 6.145min，采用 Swamee 和 Ojha(1990)提出的井函数 $W(u)$ 的全域解近似计算公式，计算耗时 0.028min。

采用模拟退火粒子群混合算法，直接调用 MATLAB 内置积分计算井函数 $W(u)$，计算耗时约 564min，采用 Swamee 和 Ojha(1990)提出的井函数 $W(u)$ 的全域解近似计算公式，计算耗时 1.632min。

标准粒子群算法计算迭代速度要快于模拟退火粒子群混合算法，计算精度相差不多，与前文的分析类似；采用直接调用 MATLAB 内置积分计算井函数 $W(u)$，计算精度会有所提高，但耗时明显增加；采用 Swamee 和 Ojha(1990)提出的井函数 $W(u)$ 的全域解近似计算公式会加快迭代计算速度，同时，对计算精度的影响可以忽略。

表 3.15　计算结果对比分析

计算参数	标准粒子群算法		模拟退火粒子群混合算法	
	直接调用 MATLAB 内置积分计算 $W(u)$	Swamee 和 Ojha(1990) 井函数 $W(u)$ 全域解近似解	直接调用 MATLAB 内置积分计算 $W(u)$	Swamee 和 Ojha(1990) 井函数 $W(u)$ 全域解近似解
贮水系数 S	$8.99312859147\times10^{-5}$	$9.00478740670\times10^{-5}$	$8.95323293726\times10^{-5}$	$9.10086596099\times10^{-5}$
$T_{xx}/(\mathrm{m}^2/\mathrm{d})$	232.0409928118948	233.0185896721881	232.6643060387418	231.5730534557641
$T_{yy}/(\mathrm{m}^2/\mathrm{d})$	237.9515431658203	239.8520157509831	239.1084862633868	237.0971046575644
$T_{xy}/(\mathrm{m}^2/\mathrm{d})$	-159.2787139511076	-161.1709404590614	-160.6054289765920	-158.0237994921947
导水系数主值 $T_{\xi\xi}/(\mathrm{m}^2/\mathrm{d})$	394.3023958348708	397.6424550853309	396.5241429027137	392.3830147956968
导水系数主值 $T_{\eta\eta}/(\mathrm{m}^2/\mathrm{d})$	75.69014014284417	75.22815033784039	75.24864939941486	76.28714331763169
主轴方向 $\theta/(°)$	134.4685	134.3928	134.4253	134.4993
离差平方和最小值 f_{v1}	0.005167837102257	0.005417618205323	0.005169151400796	0.005435220816519
离差平方和最小值 f_{v2}	0.004895894913677	0.004932756998086	0.004895895615688	0.004932756998354
离差平方和最小值 f_{v3}	0.002981720566198	0.003232672053027	0.002986749775945	0.003263186876510
计算耗时/min	6.145	0.028	563.6	1.632

第四章　定降深承压完整井非稳定流抽水试验

Jacob 和 Lohman(1952)从定降深抽水试验中推导出了导水系数 T 和贮水系数 S 的计算公式,当在承压含水层中自然流动的井被关闭足够长的时间使水头恢复,然后井被打开,允许流动 2～4h,在此期间,对下降的流量进行定时测量。在这些试验中,降深是恒定的,流量随时间而变化。该方程基于含水层是均匀的、各向同性的、横向扩展的,且 T 和 S 在任何时候和任何位置上都是常数的假设,是由等效热系统中类似的热条件发展而来的(Lohman,1972)。

第一节　无越流定降深单井非稳定流 $G(\lambda)$-λ 标准曲线配线法

一、$G(\lambda)$-λ 标准曲线配线法求解水文地质参数

(一)配线法原理

上述试验是假定在侧向无限延伸的承压含水层中抽水,在抽水过程中始终保持井中水头或降深不变,抽水量随着时间的延续而逐渐减小,这属于定降深、变流量问题(图 4.1)。假定条件同推导 Theis 公式一样,该定解问题的数学模型为

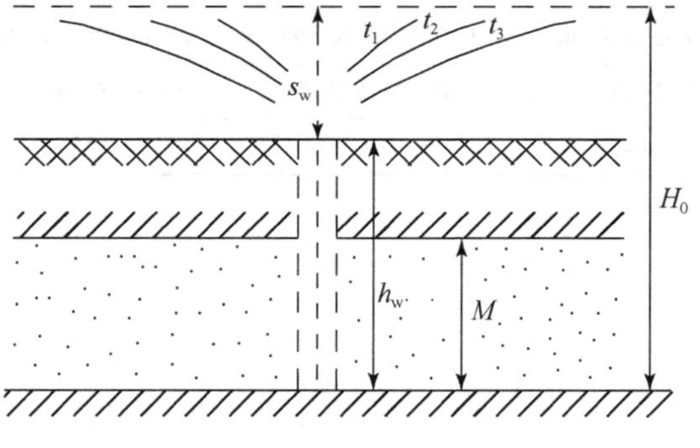

图 4.1　承压含水层定降深井流

$$
\begin{cases}
\dfrac{1}{r}\dfrac{\partial}{\partial r}\left(r\dfrac{\partial s}{\partial r}\right)=\dfrac{S}{T}\dfrac{\partial s}{\partial t}, & t>0,0<r<\infty \quad (4.1)\\
s(r,0)=0, & t>0,0<r<\infty \quad (4.2)\\
s(\infty,t)=0, & t>0 \quad (4.3)\\
s(0,t)=s_w, & t>0 \quad (4.4)
\end{cases}
$$

通过 Laplace 变换,上述方程的解为

$$Q=2\pi Ts_{\mathrm{w}}\frac{4\lambda}{\pi}\int_0^{\infty}x\mathrm{e}^{-\lambda x^2}\left[\frac{\pi}{2}+\tan^{-1}\frac{Y_0(x)}{J_0(x)}\right]\mathrm{d}x \tag{4.5}$$

$$\lambda=\frac{Tt}{Sr_{\mathrm{w}}^2} \tag{4.6}$$

式中，s_{w}为井中水位降深；r_{w}为井的半径，$J_0(x)$为第一类零阶贝塞尔函数；$Y_0(x)$为第二类零阶贝塞尔函数；λ 为无量纲时间。

令 $G(\lambda)$表示为承压含水层定降深、变流量抽水试验井函数，即

$$G(\lambda)=\frac{4\lambda}{\pi}\int_0^{\infty}x\mathrm{e}^{-\lambda x^2}\left[\frac{\pi}{2}+\tan^{-1}\frac{Y_0(x)}{J_0(x)}\right]\mathrm{d}x \tag{4.7}$$

则式(4.5)变为

$$Q=2\pi Ts_{\mathrm{w}}G(\lambda) \tag{4.8}$$

对式(4.6)和式(4.8)两边取对数，有

$$\lg t=\lg\lambda+\lg\frac{r_{\mathrm{w}}^2S}{T}$$

$$\lg Q=\lg G(\lambda)+\lg 2\pi Ts_{\mathrm{w}}$$

可见，在双对数坐标纸上，Q-t 曲线与 $G(\lambda)$-λ 曲线形状相同，可以采用配线法确定水文地质参数。

(二)计算步骤

对于定降深(抽)放水试验，使用配线法求解含水层参数时，配线法的操作步骤与前述配线方法一致。

1)首先在双对数坐标纸上绘制出 $G(\lambda)$-λ 理论标准曲线(图4.2)；

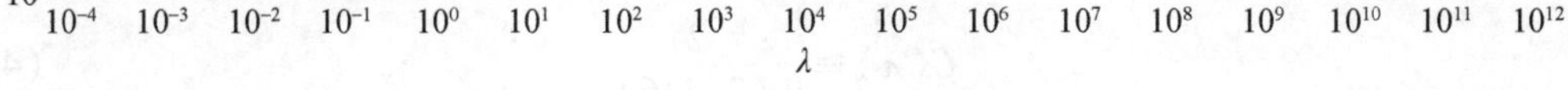

图4.2　承压含水层定降深井流试验 $G(\lambda)$-λ 标准曲线

2)在另一张与其模数相同的透明双对数坐标纸上绘制实测 Q-t 数据；

3)在保持坐标轴相互平行的情况下，用 Q-t 流量历时曲线与 $G(\lambda)$-λ 理论标准曲线进行最优拟合配线，配线完成后，任选一个匹配点，读出匹配点的 $G(\lambda)$、λ、Q 和 t 的四个坐标；

4)按式(4.9)和式(4.10)计算导水系数 T 和贮水系数 S。

$$T=\frac{Q}{2\pi s_{\mathrm{w}}G(\lambda)} \tag{4.9}$$

$$S=\frac{Tt}{\lambda r_w^2} \tag{4.10}$$

二、井函数 $G(\lambda)$ 的近似解

Jacob 和 Lohman(1952)给出了 $G(\lambda)$ 井函数渐近关系式：

$$\begin{cases}G(\lambda)=(\pi\lambda)^{-0.5}, & \lambda \text{ 值很小时}\\ G(\lambda)=2[\ln(4e^{-0.577216}\lambda)]^{-1}, & \lambda \text{ 值很大时}\end{cases} \tag{4.11}$$

印度学者 Swamee 等(2000)根据 Jacob 和 Lohman(1952)的 $G(\lambda)$ 井函数差值表格，拟合出了井函数 $G(\lambda)$ 的数值表达式：

$$G(\lambda)\cong\frac{1}{\sqrt{\pi\lambda}}+2\{\ln[(1+4e^{-0.577216}\lambda)(1+30\lambda^{-0.45})]\}^{-1} \tag{4.12}$$

在 $\lambda=0.03$ 时，方程中涉及的最大误差为 2.32%，平均绝对误差约为 0.66%（Swamee et al.,2000）。

印度学者 Ojha(2004)也提出了函数 $G(\lambda)$ 的近似计算方法：

$$\begin{cases}G(\lambda)\cong\dfrac{1}{\sqrt{\pi\lambda}}+2\{\ln[(k_1+4e^{-0.577216}\lambda)(1+28\lambda^{-0.425})]\}^{-1}\\ k_1=0.5+1.5\left[\dfrac{\lambda}{\lambda+1}\right]^{0.5}\end{cases} \tag{4.13}$$

运用该式，其平均绝对误差降到 0.5% 以下，最大误差也减少到 1.45%。

Perrochet(2005)经过推导计算，提出了井函数 $G(\lambda)$ 的近似估算方法：

$$G(\lambda)\cong\frac{1}{\ln(1+\sqrt{\pi\lambda})} \tag{4.14}$$

Perrochet 给出了在相当大的范围内（$10^{-4}<\lambda<10^{20}$），两个函数曲线匹配相当好，在 $10^1<\lambda<10^2$ 范围内，误差值大约为 5×10^{-3}。

印度学者 Singh 和 Sushil(2007)，也提出了井函数 $G(\lambda)$ 的近似估算方法：

$$G(\lambda)\cong\frac{2}{\ln(2.246\lambda)}\left[1+\left(\frac{11}{40000\lambda}\right)^{2/5}\right]^{-12} \tag{4.15}$$

对于 $10^2\leqslant\lambda\leqslant10^{12}$，上式的最大误差为 0.75%。如果 $\lambda>10^5$，式(4.15)可简化为

$$G(\lambda)\cong\frac{2}{\ln(2.246\lambda)} \tag{4.16}$$

上式的最大截断误差为 0.9%。

三、传统 $G(\lambda)$-λ 标准曲线配线法计算实例

(1)计算例题 4.1

1971 年 10 月 1 日，山东省地质矿产勘查开发局第一地质队在西尚庄地区 ZK7 孔做了一次定降深放水试验，试验层位为奥陶系马家沟组灰岩承压含水层，厚度 86.00m，放水孔进水段半径 $r_w=0.055$m，放水之前水位高出地面 7.43m，放水历时 8h，放水孔平均降深为 $s_w=$

6.51m,观测数据列于表4.1中(陈崇希,1983)。

表4.1　山东省西尚庄地区ZK7孔定降深放水试验观测数据表

观测时刻	累计时间/min	流量 Q/(L/s)	$(1/Q)$/(s/L)	降深 s_w/m
8:30	0	—	—	0
9:00	30	15.84	0.0631	6.47
9:30	60	15.37	0.0651	6.48
10:30	120	14.91	0.0671	6.50
11:00	150	14.68	0.0681	6.51
11:30	180	14.68	0.0681	6.51
14:00	330	14.25	0.0702	6.54
14:30	360	14.25	0.0702	6.54

根据上述配线计算步骤,作者利用Excel表格,结合最小二乘法,在双对数坐标纸上绘制$G(\lambda)$-λ理论标准曲线和实测Q-t数据曲线,保持坐标轴相互平行的情况下,用Q-t流量历时曲线与$G(\lambda)$-λ理论标准曲线进行最优拟合配线(图4.3),配线完成后,选取累计时间为150min的观测点为匹配点,读出匹配点的四个坐标分别为

$$[G(\lambda)]=0.09565488,[\lambda]=375000000,[Q]=14.68\text{L/S}=52.848\text{m}^3/\text{h},[t]=150\text{min}$$

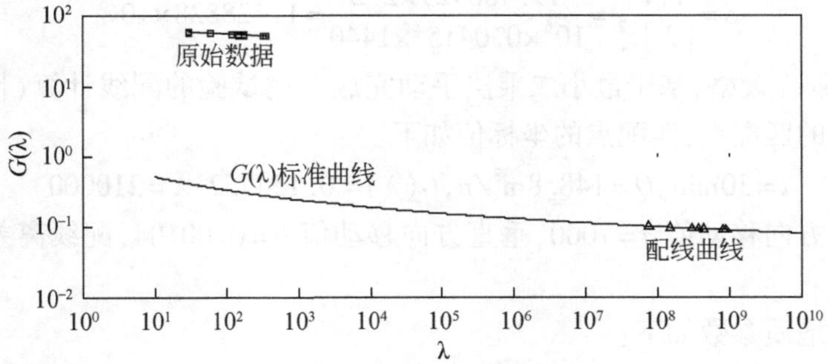

图4.3　ZK7孔定降深井流试验配线法

放水孔平均降深为$s_w=6.51$m,放水孔进水段半径$r_w=0.055$m,将上述数据代入式(4.9)和式(4.10),计算出导水系数T和贮水系数S分别为

$$T=\frac{[Q]}{2\pi s_w[G(\lambda)]}=\frac{52.848}{2\times\pi\times6.51\times0.09565488}=324.1692508\text{m}^2/\text{d}$$

$$S=\frac{T[t]}{[\lambda]r_w^2}=\frac{324.1692508\times150}{3.7\times10^8\times0.055^2\times1440}=2.97676\times10^{-5}$$

计算的配线离差平方和最小值$f_v=0.00000130315802$。

由于$G(\lambda)$-λ理论标准曲线趋于平缓,人工手动拟合配线要达到较小的配线离差平方和最小值f_v相当费时间,需多次调整纵横a、b移动值,不易做到。

(2)计算例题4.2

河北省邯郸市峰峰矿区某煤矿利用2709孔做了一次定降深井流试验,实测数据如

表4.2所示。2709孔原为井下-250水平的一个疏干放水孔，该孔打入上石炭系太原统大青组灰岩裂隙含水层，根据过去的水文地质资料，大青组灰岩含水层在试验区分布稳定，层厚约5m。试验前一星期关闭了2709孔周围的所有打入大青组灰岩含水层的放水孔，使水位恢复至“静止水位”后开始进行试验，2709孔径 $r_w=0.0415$m，水位降深 $s_w=274$m（煤炭部地质勘探研究所水文地质室邯邢课题组和武汉地质学院水文地质系邯邢科研组，1977）。

表4.2　邯郸峰峰矿区2709孔定降深井流试验实测数据

试验累计时间/min	2	6	10	14	18	22	26	30	35
涌水量/(m^3/h)	187.2	178.2	169.8	165.6	157.8	153.6	151.2	148.8	145.8
试验累计时间/min	40	45	50	55	60	65	70	80	90
涌水量/(m^3/h)	143.4	141.6	140.4	139.2	137.4	137.4	135.6	133.8	132

煤炭部地质勘探研究所水文地质室邯邢课题组和武汉地质学院水文地质系邯邢科研组（1977）利用配线法对试验结果进行了分析计算，选择的匹配点的四个坐标为

$$[G(\lambda)]=0.1,[\lambda]=10^6,[Q]=139.8\text{m}^3/\text{h},[t]=2.2\text{min}$$

计算的水文地质参数如下：

$$T=\frac{[Q]}{2\pi s_w[G(\lambda)]}=\frac{139.8\times24}{2\times\pi\times274\times0.1}=19.488929\text{m}^2/\text{d}$$

$$S=\frac{T[t]}{[\lambda]r_w^2}=\frac{19.488929\times2.2}{10^6\times0.0415^2\times1440}=1.728828\times10^{-5}$$

作者利用Excel表格，基于最小二乘法手动完成上述试验的配线计算（图4.4），选取观测时间为30min的匹配点，匹配点的坐标值如下：

$$t=30\text{min},Q=148.8\text{m}^3/\text{h},G(\lambda)=0.154752,\lambda=210000$$

配线参数为水平方向移动值 $a=7000$，垂直方向移动值 $b=0.00104$，配线离差平方和最小值 $f_v=0.00095$。

计算的水文地质参数如下：

$$T=\frac{Q}{2\pi s_w G(\lambda)}=\frac{148.8\times24}{2\times\pi\times274\times0.154752}=13.40440307\text{m}^2/\text{d}$$

$$S=\frac{Tt}{\lambda r_w^2}=\frac{13.40440307\times30}{210000\times0.0415^2\times1440}=0.000772131$$

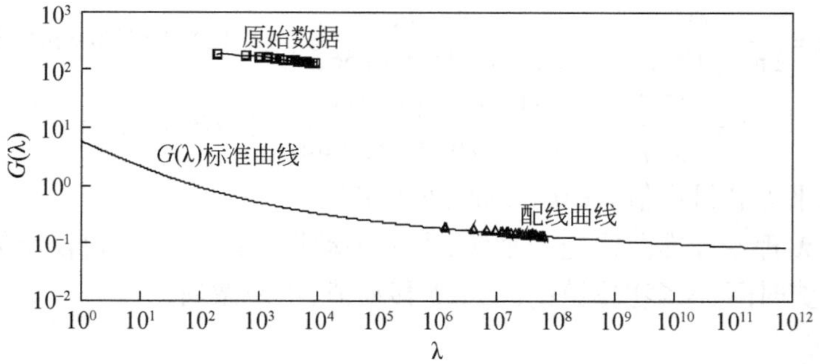

图4.4　2709孔定降深井流试验配线法

四、自适应惯性权重粒子群(SAPSO)定降深抽水试验优化配线法

(一)定降深抽水试验配线法操作步骤及目标函数的建立

人工智能配线是采用人工智能算法,模拟人工配线求取水文地质参数,构建目标函数,用人工智能算法求解目标函数最小值,配线法的基本操作步骤如下。

1)在双对数纸上分别绘制 $G(\lambda)$-λ 理论标准曲线和实测的 Q-t 曲线。

2)保持坐标轴相互平行的情况下,用 Q-t 流量历时曲线与 $G(\lambda)$-λ 理论标准曲线进行最优拟合配线,配线完成后,任选一个匹配点,读出匹配点的 $G(\lambda)$、λ、Q 和 t 的四个坐标读数,计算水文地质参数(图4.5)。

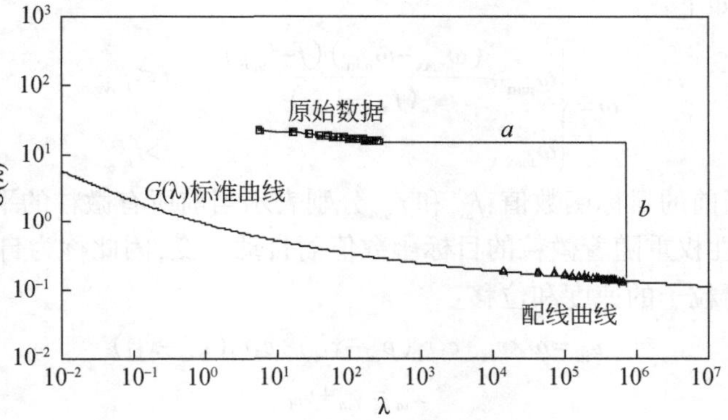

图4.5　优化配线示意图

配线法的实质是在双对数坐标系中,以 $G(\lambda)$-λ 标准曲线作为真实值,以抽水试验观测值 (t_i, Q_i) 作为配线值,在双对数坐标系中移动抽水试验观测点 (t_i, Q_i) 向 $G(\lambda)$-λ 标准曲线靠拢,使得观测点 (t_i, Q_i) 与 $G(\lambda)$-λ 标准曲线做最优拟合,观测点 (t_i, Q_i) 沿着横轴移动距离为 a,沿着纵轴移动距离为 b,观测点与标准曲线达到最优时,其离差平方和为最小。为此,可以根据最小二乘法的原理,构建目标函数 $F(a,b)$,使得目标函数的离差平方和达到最小。

设有无限承压含水层,进行定降深非稳定流抽水试验,获得 n 组观测数据为 (t_i, Q_i),$i=1,2,3,\cdots,n$。标准曲线 $G(\lambda)$-λ 可由式(4.7)或式(4.11)~式(4.16)计算获得,根据最小二乘法,可以构建目标函数如下:

$$\min F(a,b)=f_v=\sum_{i=1}^{n}\left[G\left(10^{(\lg t_i+\lg a)}\right)-10^{(\lg Q_i+\lg b)}\right]^2 \tag{4.17}$$

式中,a 为观测点 (t_i, Q_i) 沿着横轴移动距离;b 为观测点 (t_i, Q_i) 沿着纵轴移动距离($a\geqslant 0$,$b\geqslant 0$);t_i 为第 i 次观测的时间;Q_i 为第 i 次观测到的流量。

(二)自适应惯性权重粒子群算法优化配线实现步骤

自适应惯性权重粒子群算法是当各微粒的目标值趋于一致或者趋于局部最优时,将使惯性权重增加,而各微粒的目标值比较分散时,将使惯性权重减小;同时对于目标函数值优

于平均目标值的微粒,其对应的惯性权重因子较小,从而保护了该微粒,反之对于目标函数值差于平均目标值的微粒,其对应的惯性权重因子较大,使得该微粒向较好的搜索区域靠拢(龚纯和王正林,2009)。

SAPSO 算法优化配线法计算步骤如下:

1)设置粒子数目 N、学习因子 c_1 和 c_2、最大权重 $\omega_{\max}$、最小权重 $\omega_{\min}$、最大迭代次数 M、问题的维数 D。

2)随机初始化种群中各粒子的位置和速度,计算井函数 $G(\lambda)$ 及适应度值。

3)评价每个粒子的适应度,将当前各粒子的位置和适应度值存储于 p_{best}(个体最优位置)中,将所有 p_{best} 中适应度值最优个体的位置和适应度值存储于 g_{best}(群体最优)中。

4)更新权重。

为了平衡 PSO 算法的全局搜索能力和局部改良能力,可采用非线性的动态惯性权重系数公式,其表达式如下:

$$\omega=\begin{cases}\omega_{\min}+\dfrac{(\omega_{\max}-\omega_{\min})(f-f_{\min})}{(f_{\text{avg}}-f_{\min})}, & f\leqslant f_{\text{avg}}\\ \omega_{\max}, & f>f_{\text{avg}}\end{cases}$$

式中,f 表示粒子当前的目标函数值;f_{avg} 和 $f_{\min}$ 分别表示当前所有微粒的平均目标值和最小目标值。上式中,惯性权重随着微粒的目标函数值而自动改变,因此称为自适应惯性权重。

5)用下式更新粒子的速度和位移:

$$v_{id}=\omega\times v_{id}+c_1r_1(p_{id}-x_{id})+c_2r_2(g_{id}-x_{id})$$

$$x_{id}=x_{id}+v_{id}$$

6)对每个粒子,将其适应度值与其经历过的最好位置作比较,如果较好,则将其作为当前的最好位置;比较当前所有 p_{best} 和 g_{best} 的值,更新 g_{best}。

7)若满足停止条件(通常为预设的运算精度或迭代次数),搜索停止,输出配线纵横 a、b 移动值、导水系数 T、贮水系数 S、目标函数离差平方和最小值 f_{v},绘制原始曲线图、配线过程图、最终优化配线图等,否则返回步骤 4)继续搜索。

五、自适应惯性权重粒子群算法优化配线法计算实例一

为对比分析,计算采用例题 4.1 的数据(表 4.1)。

(1)自适应惯性权重粒子群算法输入的参数

粒子数目 $N=50$、学习因子 $c_1=c_2=2$、最大权重 $\omega_{\max}=0.9$、最小权重 $\omega_{\min}=0.4$、最大迭代次数 $M=200$、问题的维数 $D=2$。

(2)目标函数

定降深抽水试验优化配线目标函数采用式(4.17)。

$$\min F(a,b)=f_{\text{v}}=\sum_{i=1}^{n}\left[G(10^{(\lg t_i+\lg a)})-10^{(\lg Q_i+\lg b)}\right]^2$$

(3)设计编程

1)打开 MATLAB 程序,设定定降深自适应惯性权重粒子群算法计算目录路径。

2）构建观测孔抽水试验观测数据文件 data01. mat，形成两行（t_i，Q_i）、m 列（不同观测时间，不同流量）的数据文件，t 为观测时间，Q 为对应观测时间的井流量。

3）编制目标函数计算程序 fitness03. m，对 a、b 进行初始赋值。目标函数计算中井函数 $G(\lambda)$ 可根据式（4.11）~式（4.16）选择使用，推荐使用 Perrochet（2005）年提出的公式。

4）编制定降深、变流量优化配线自适应惯性权重粒子群算法主程序 SAPSO. m。

5）编制执行程序 run0827. m。

程序代码见附录 9。

（4）优化计算过程

为直观了解自适应惯性权重粒子群算法优化配线计算过程，运行 MATLAB 程序，在当前路径窗口选取定降深、变流量配线法计算路径，在当前文件夹窗口，找到自适应惯性权重粒子群优化算法执行程序 run0827. m，可在编辑器中查看、修改程序中的输入数据。

为分析 SAPSO 算法优化配线迭代计算过程，计算中设置 M=5、20、50、100、200，以了解 SAPSO 算法迭代计算收敛情况，其他参数不作调整。图 4.6 为 $G(\lambda)$-λ 标准曲线及观测数据曲线。迭代计算开始，M=5，试验曲线即开始靠近标准曲线（图 4.7），但计算不稳定，迭代计算次数 M=5，随机计算出的配线离差平方和最小值 f_v=0.1926419 ~ 8.77629967，变化较大。图 4.6 ~ 图 4.12 为迭代计算配线过程曲线及适应度函数变化曲线，反映出 SAPSO 算法快速迭代配线的过程，经 M=50 次迭代计算，配线离差平方和最小值 f_v=8.297134068941953×10^{-7} ~ 1.915883955248656×10^{-6}，未接近最优迭代计算结果。设置最大迭代次数 M=100，计算出的配线离差平方和最小值 f_v=2.94721×10^{-7}，多次随机计算 f_v 值差别不大，计算精度已经满足实际要求。设置 M=200，计算的配线离差平方和最小值可稳定在 f_v=2.9472133604158×10^{-7}。相比第三章的优化配线计算，放水试验优化配线收敛速度略微慢一点，计算耗时略长。

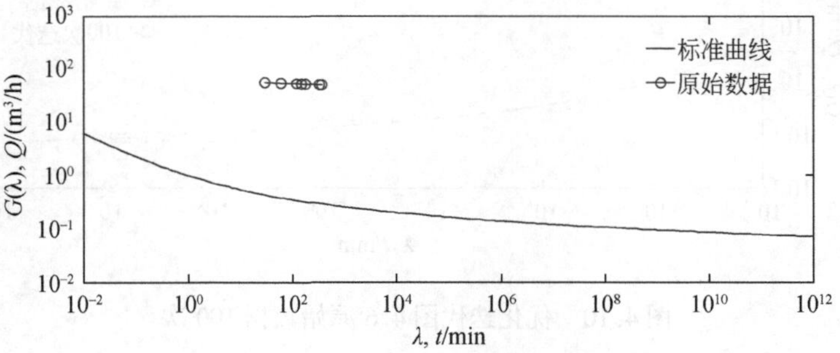

图 4.6　$G(\lambda)$-λ 标准曲线及观测数据曲线

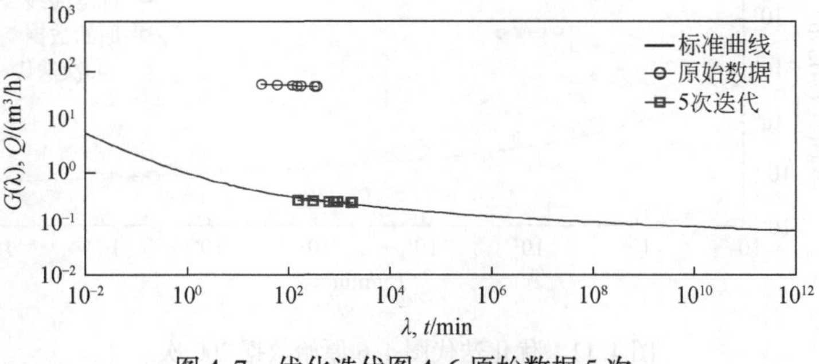

图 4.7　优化迭代图 4.6 原始数据 5 次

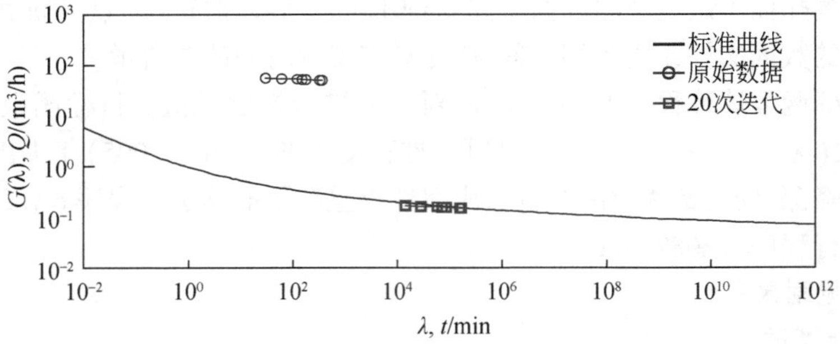

图 4.8　优化迭代图 4.6 原始数据 20 次

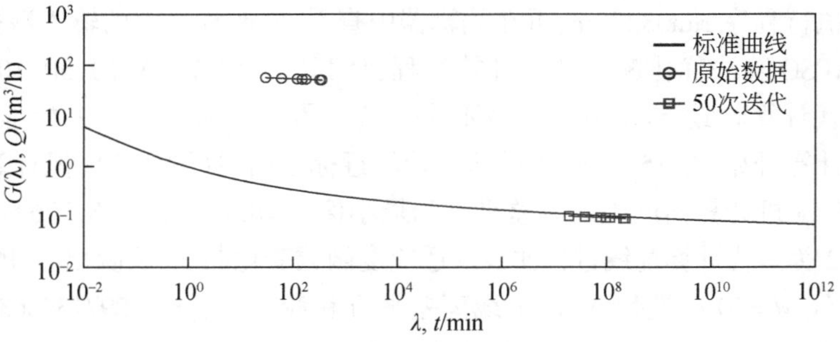

图 4.9　优化迭代图 4.6 原始数据 50 次

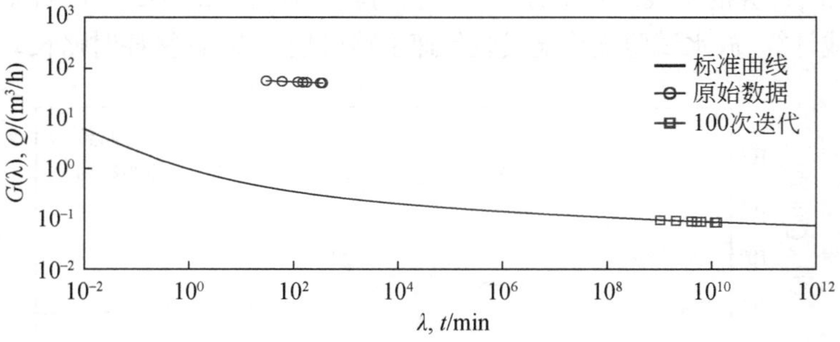

图 4.10　优化迭代图 4.6 原始数据 100 次

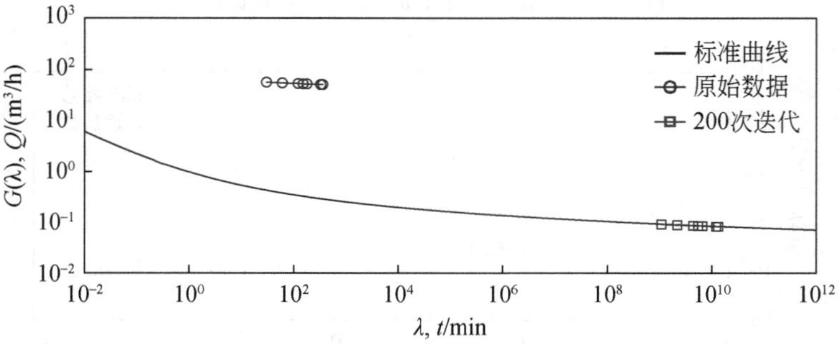

图 4.11　优化迭代图 4.6 原始数据 200 次

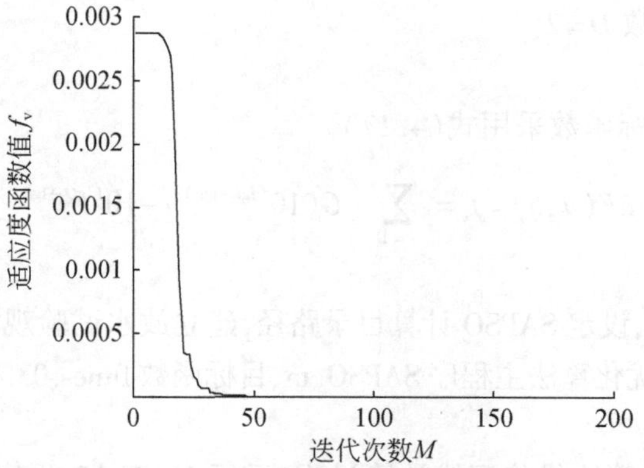

图 4.12　SAPSO 计算实例一的适应度函数变化曲线

(5)计算结果

井函数 $G(\lambda)$ 采用 Perrochet(2005)推导的近似估算公式,经 SAPSO 算法 200 次迭代计算完成后,选取观测时间为 150min 的数据点作为匹配点,坐标值如下:

$$[G(\lambda)]=8.465196\times10^{-2},[\lambda]=5.152064\times10^{9},[Q]=52.848\text{m}^3/\text{h},[t]=150\text{min}$$

计算耗时 0.8928s,计算结果为:

导水系数 $T=3.663042155455352\times10^{2}\text{m}^2/\text{d}$;

贮水系数 $S=2.448296936263885\times10^{-6}$;

配线移动值 $a=3.434709066594073\times10^{7}$, $b=0.001601800659339$;

配线离差平方和最小值 $f_v=2.947213360415910\times10^{-7}$。

例题 4.1 人工配线的计算结果如下(陈崇希,1983)。

选取累计时间为 150min 的观测点为匹配点,读出匹配点的四个坐标读数分别为:

$$[G(\lambda)]=0.09565488,[\lambda]=375000000,[Q]=52.848\text{m}^3/\text{h},[t]=150\text{min}$$

计算出导水系数 T 和贮水系数 S 分别为

$$T=\frac{[Q]}{2\pi s_w[G(\lambda)]}=\frac{52.848}{2\times\pi\times6.51\times0.09565488}=324.1692508\text{m}^2/\text{d}$$

$$S=\frac{T[t]}{[\lambda]r_w^2}=\frac{324.1692508\times150}{3.7\times10^{8}\times0.055^{2}\times1440}=2.97676\times10^{-5}$$

作者利用 Excel 表格完成配线,计算的标准离差平方和最小值 $f_v=1.30315802\times10^{-6}$。

对比例题 4.1 人工配线的计算结果,自适应惯性权重粒子群 SAPSO 优化配线计算结果精度更高、更加符合实际情况,计算便利。Excel 的人工配线虽然也是基于最小二乘法,但靠手动调节配线,目标函数离差平方和最小值 f_v 要达到如此高的计算精度是很困难的。

六、自适应惯性权重粒子群算法优化配线法计算实例二

计算采用例题 4.2 的数据(表 4.1)。

(1)自适应惯性权重粒子群算法输入的参数

粒子数目 $N=50$、学习因子 $c_1=c_2=2$、最大权重 $\omega_{\max}=0.9$、最小权重 $\omega_{\min}=0.4$、最大迭代

次数 $M=200$、问题的维数 $D=2$。

(2)目标函数

定降深优化配线目标函数采用式(4.17)。

$$\min F(a,b)=f_v=\sum_{i=1}^{n}\left[G\left(10^{(\lg t_i+\lg a)}\right)-10^{(\lg Q_i+\lg b)}\right]^2$$

(3)设计编程

打开 MATLAB 程序,设定 SAPSO 计算目录路径,建立放水试验观测数据文件 data01.mat、自适应惯性权重粒子群优化算法主程序 SAPSO.m、目标函数 fitness03.m、执行程序 run0827.m。

(4)优化计算过程

为直观了解 SAPSO 算法优化配线计算过程,运行 MATLAB 程序,在当前路径窗口选取降深-距离配线法计算路径,在当前文件夹窗口,找到自适应惯性权重粒子群优化配线计算程序 run0827.m,右键打开 run0827.m 文件,可在编辑器中查看、修改程序中的输入数据。

为分析 SAPSO 算法优化配线计算过程,计算中修改了最大迭代次数 M,以了解 SAPSO 算法计算收敛情况,设置 $M=5$、20、50、100、200,其他参数不作调整。图 4.13 为 $G(\lambda)$标准曲线及观测数据曲线。迭代计算一开始,$M=5$,试验曲线即开始靠近标准曲线(图 4.13),但计算不稳定,随机计算出的配线离差平方和最小值 f_v 值变化较大。图 4.14 ~ 图 4.19 为迭代配线过程曲线及适应度函数变化曲线,图中反映出 SAPSO 算法快速迭代配线的过程,一般情况下,经 $M=20$ 次迭代计算,已接近最优迭代计算结果,但如果设定 $M=20$,计算结果不稳定或未能完成优化配线。设置迭代次数 $M=50$,计算的 $f_v=3.349767860\times10^{-4}$ 左右,f_v 一般可精确到小数点后 9 位,多次随机计算 f_v 值差别不大,计算精度足以满足实际参数计算要求。$M=100$,$f_v=3.34976786064\times10^{-4}$ 左右,基本稳定小数点后 11 位。$M=200$,$f_v=3.34976786064599\times10^{-4}$ 左右,此后再增加迭代次数 M 值,即使迭代次数达到 $M=1000$,计算精度也不再提高,f_v 精度基本稳定在小数点后 14 位。与上一例题一样,反映出放水试验标准曲线的低曲率的特点,迭代计算收敛速度略慢一点,计算耗时略长。

(5)计算结果

井函数 $G(\lambda)$ 采用 Perrochet(2005)推导的近似估算公式,经 SAPSO 算法 200 次优化配线计算完成后,选取观测时间为 30min 的数据点作为匹配点,坐标值如下:

$$[G(\lambda)]=0.1533091,[\lambda]=1.448122\times10^5,[Q]=148.8\mathrm{m^3/h},[t]=30\mathrm{min}$$

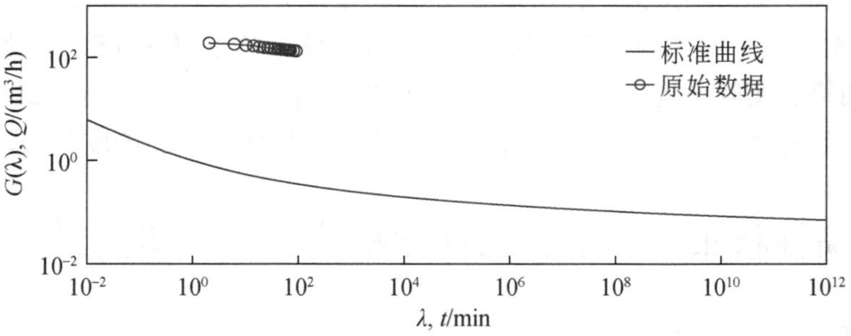

图 4.13　$G(\lambda)$标准曲线及观测数据曲线

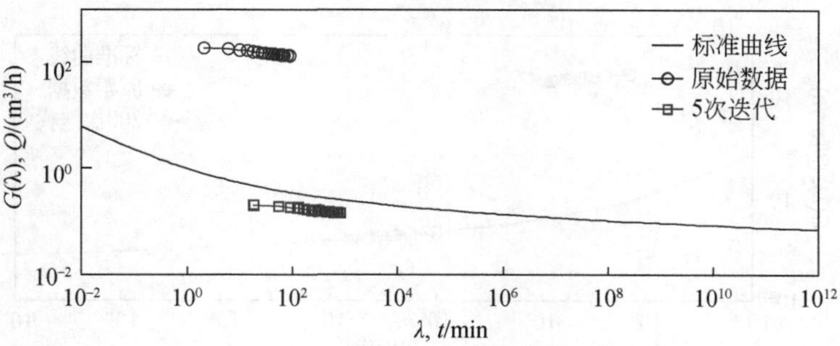

图 4.14 优化迭代图 4.13 原始数据 5 次

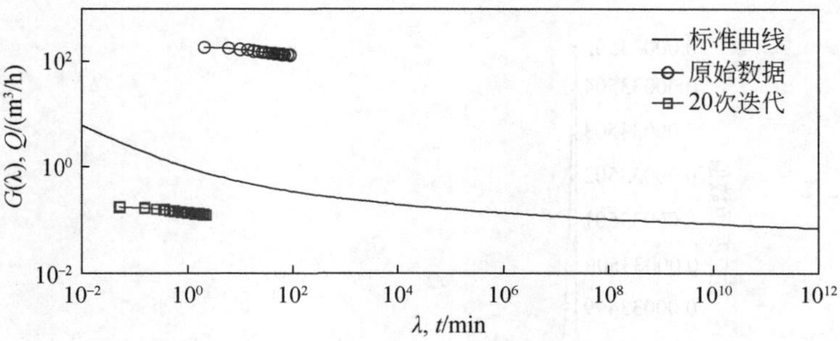

图 4.15 优化迭代图 4.13 原始数据 20 次

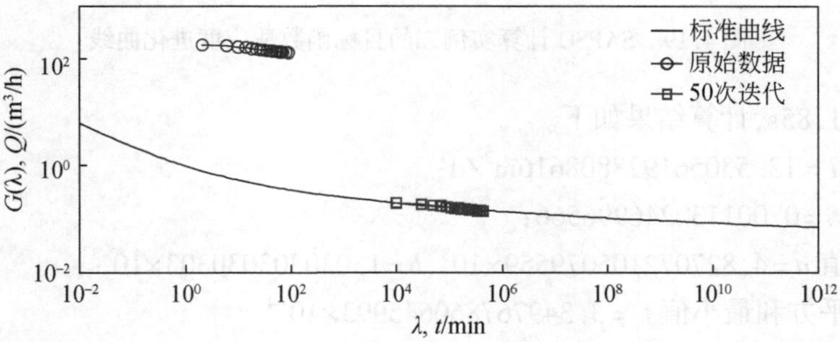

图 4.16 优化迭代图 4.13 原始数据 50 次

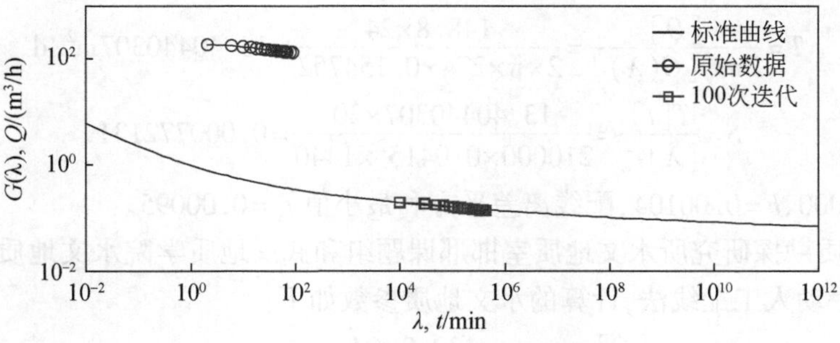

图 4.17 优化迭代图 4.13 原始数据 100 次

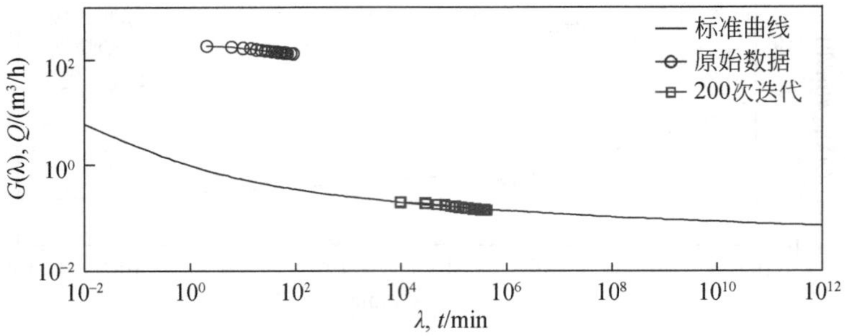

图 4.18　优化迭代图 4.13 原始数据 200 次

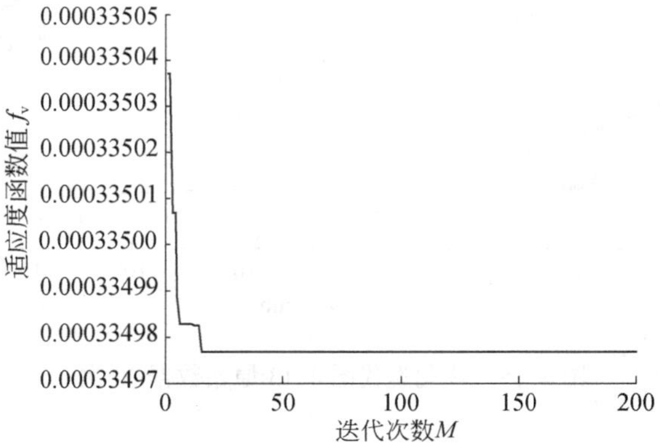

图 4.19　SAPSO 计算实例二的目标函数适应度进化曲线

计算耗时 1.85s，计算结果如下。

导水系数 $T=13.530561928808616\mathrm{m^2/d}$；

贮水系数 $S=0.001130246996566$；

配线移动值 $a=4.827072105079559\times10^3$，$b=1.030303030303\times10^{-3}$；

配线离差平方和最小值 $f_v=3.349767860645993\times10^{-4}$。

作者用 Excel 进行了手动配线计算，匹配点的坐标值为

$$[t]=30\mathrm{min},[Q]=148.8\mathrm{m^3/h},[G(\lambda)]=0.154752,[\lambda]=210000$$

计算的水文地质参数如下：

$$T=\frac{[Q]}{2\pi s_w[G(\lambda)]}=\frac{148.8\times24}{2\times\pi\times274\times0.154752}=13.40440307\mathrm{m^2/d}$$

$$S=\frac{T[t]}{[\lambda]r_w^2}=\frac{13.40440307\times30}{210000\times0.0415^2\times1440}=0.000772131$$

配线参数 $a=7000$，$b=0.00104$，配线离差平方和最小值 $f_v=0.00095$。

煤炭部地质勘探研究所水文地质室邯邢课题组和武汉地质学院水文地质系邯邢科研组（1977），采用手动人工配线法，计算的水文地质参数如下：

$$T=\frac{[Q]}{2\pi s_w[G(\lambda)]}=\frac{139.8\times24}{2\times\pi\times274\times0.1}=19.488929\mathrm{m^2/d}$$

$$S=\frac{T[t]}{[\lambda]r_w^2}=\frac{19.488929\times2.2}{10^6\times0.0415^2\times1440}=1.728829\times10^{-5}$$

显然,对于放水试验,由于标准曲线较为平缓的特点,用较少的观测数据进行配线十分不易,虽然作者基于最小二乘法可以手动完成配线计算,但要达到最优结果是很困难的,原始手动配线误差更大,相对于一般的手动配线方法,人工智能配线更显示出计算准确的优越性。

第二节　直线图解法

一、直线图解法求解水文地质参数

(一)直线图解法原理

$\lambda=\frac{Tt}{Sr_w^2}$为无量纲时间,当$\lambda>5000$,即放水时间$t$足够大时,定降深井函数$G(\lambda)$有如下近似关系式:

$$G(\lambda)=\frac{2}{\ln\frac{2.25Tt}{Sr_w^2}} \tag{4.18}$$

则定降深井流的流量公式可近似写为

$$Q=\frac{4\pi Ts_w}{\ln\frac{2.25Tt}{Sr_w^2}} \tag{4.19}$$

对上式进行对数变换,将自然对数化为常用对数,移项整理后得

$$\frac{1}{Q}=\frac{2.30}{4\pi Ts_w}\lg\frac{2.25Tt}{Sr_w^2} \tag{4.20}$$

或

$$\frac{1}{Q}=\frac{0.183}{Ts_w}\lg\frac{2.25T}{Sr_w^2}+\frac{0.183}{Ts_w}\lg t \tag{4.21}$$

由式(4.20)和式(4.21)可见,$1/Q$与$\lg t$为线性关系,可用直线图解法求出水文地质参数。

(二)计算步骤

1)将$1/Q$-$\lg t$数据点绘制在单对数坐标纸上(时间t取对数尺度),为直线段;

2)计算$1/Q$-$\lg t$直线段的斜率i,$i=\frac{0.183}{Ts_w}$,可得导水系数T的计算公式为

$$T=\frac{0.183}{is_w} \tag{4.22}$$

3)将$1/Q$-$\lg t$直线段外推延伸至$1/Q=0$处,计算直线与横轴相交处的t_0值,由式(4.23)确定贮水系数S,由于实际操作过程中$1/Q=0$处的t_0获得较麻烦,也可采用式(4.20)求解计

算，确定 t 时 $1/Q$ 的截距即可。

$$S=\frac{2.25Tt_0}{r_w^2} \tag{4.23}$$

（三）计算例题 4.3

采用例题4.1 的数据，山东省地质矿产勘查开发局第一地质队在西尚庄地区 ZK7 孔做的定降深放水试验，放水孔进水段半径 $r_w=0.055$m，放水孔水位平均降深 $s_w=6.51$m，计算步骤如下：

1）在单对数坐标纸上绘制 $1/Q$-$\lg t$ 关系曲线，如图 4.20 所示；

2）作实测 $1/Q$-$\lg t$ 数据点的直线，求得直线段斜率 i，$i=0.00656$min/L（7.59×10^{-5}d/m^3）；

3）由于将 $1/Q$-$\lg t$ 直线段外推延伸至 $1/Q=0$ 处，计算直线与横轴相交处的 t_0 值较麻烦，可采用 t 时的 $[1/Q]$ 值，代入式（4.20）计算贮水系数 S；

为方便计算，本例题选取 $t=1$min，$[1/Q]=0.0534$min/L（0.000618d/m^3）；

4）根据式（4.20）和式（4.22）计算导水系数 T 和贮水系数 S（陈崇希，1983）。

$$T=\frac{0.183}{is_w}=\frac{0.183}{7.59\times10^{-5}\times6.51}=370.4\text{m}^2/\text{d}$$

$$\left[\frac{1}{Q}\right]=\frac{0.183}{Ts_w}\lg\frac{2.25Tt}{Sr_w^2}=i\times\left(\lg\frac{2.25Tt}{Sr_w^2}\right)$$

$$S=\frac{2.25\times Tt}{r_w^2\times10^{\frac{[\frac{1}{Q}]}{i}}}=\frac{2.25\times370.4\times1}{1440\times0.055^2\times10^{\frac{6.18\times10^{-4}}{7.59\times10^{-5}}}}=1.38\times10^{-6}$$

上述贮水系数 S 的计算中，为计算方便，注意选取的时间 $t=1$min，计算中要注意单位换算，单位在公式中要除以 1440，将时间 min 换算成 d。

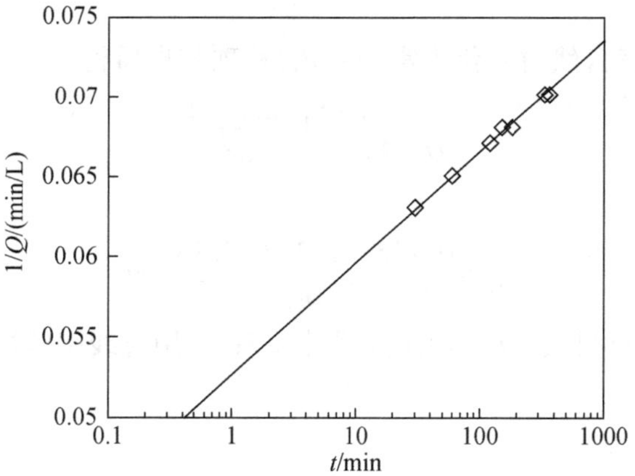

图 4.20　ZK7 孔定降深井流试验直线图解法求参数

二、基于最小二乘法曲线拟合的直线图解法

本小节采用最小二乘法对试验数据进行曲线拟合。

基于最小二乘法的定降深、变流量直线图解法计算步骤如下：

1）输入原始 $1/Q$、t 观测数据，绘制 $(1/Q)$-$\lg t$ 关系曲线；

2）调用 MATLAB 最小二乘法进行曲线拟合；

3）计算拟合直线的斜率 i 及时间 $t=1\text{min}$ 时的 $1/Q$ 值，绘制原始试验点及拟合直线；

4）计算导水系数 T、贮水系数 S。

三、计算实例

为对比分析，计算采用例题 4.3 的数据。

（1）编程设计

1）打开 MATLAB 程序，设定定降深、变流量直线图解法计算目录路径；

2）构建抽水试验观测数据文件 data. mat，形成两行（$1/Q_i$，t_i）、m（抽水试验观测个数）列的数据文件；

3）编制目标函数计算程序 fitline. m。

程序代码见附录 10。

（2）优化计算过程

图 4.21 为基于最小二乘法拟合的最优直线，直接调用 MATLAB 最小二乘法函数完成数据拟合，计算过程简单。

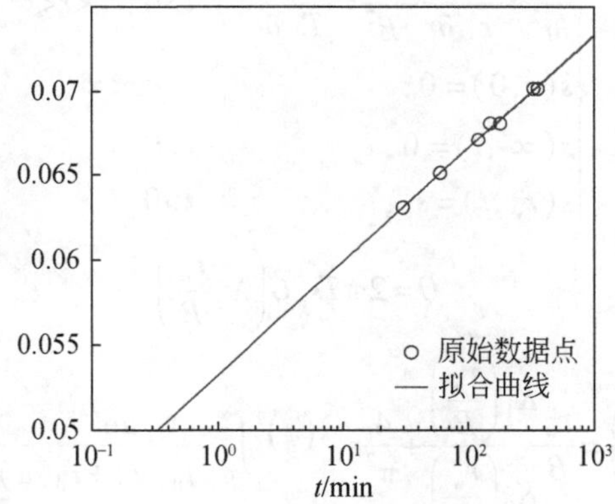

图 4.21　ZK7 孔定降深、变流量直线图解法

（3）计算结果

计算耗时 0.14s，计算结果如下：

匹配点坐标 $t=1\text{min}$ 时的 $[1/Q]=5.323793\times10^{-2}\text{min/L}$；

直线斜率为 $i=0.006686674105916\text{min/L}$；

导水系数 $T=363.3473587404898\text{m}^2/\text{d}$；

贮水系数 $S=2.049374229192694\times10^{-6}$；

配线离差平方和最小值 $f_v=1.791205970861451\times10^{-7}$。

例题 4.3 手动计算结果（陈崇希，1983）：

$i=0.00656\text{min/L}(7.59\times10^{-5}\text{d/m}^3)$，$t=1\text{min}$ 时，$[1/Q]=0.0534\text{min/L}(0.000618\text{d/m}^3)$

$$T=\frac{0.183}{is_{\text{w}}}=\frac{0.183}{7.59\times10^{-5}\times6.51}=370.4\text{m}^2/\text{d}$$

$$S=\frac{2.25\times Tt}{r_{\text{w}}^2\times10^{\frac{[\frac{1}{Q}]}{i}}}=\frac{2.25\times370.4\times1}{1440\times0.055^2\times10^{\frac{6.18\times10^{-4}}{7.59\times10^{-5}}}}=1.38\times10^{-6}$$

对比优化和手动计算结果，可以发现手动直线图解法计算的斜率 i 及 $t=1\text{min}$ 时的$[1/Q]$值不是十分准确，直接导致了计算的贮水系数 S 出现较大的误差。

第三节　第一类越流系统定降深非稳定流标准曲线配线法

一、$G\left(\lambda,\frac{r_{\text{w}}}{B}\right)$-$\lambda$ 标准曲线配线法基本原理

（一）配线法原理

对于第一类越流系统中的定降深井流，Hantush（1959）给出了其定解问题，并导出了相应的解。

$$\begin{cases}\dfrac{\partial^2 s}{\partial r^2}+\dfrac{1}{r}\dfrac{\partial s}{\partial r}-\dfrac{s}{B^2}=\dfrac{S}{T}\dfrac{\partial s}{\partial t}, & t>0, r_{\text{w}}<r<\infty \quad (4.24)\\ s(r,0)=0, & r_{\text{w}}<r<\infty \quad (4.25)\\ s(\infty,t)=0, & t>0 \quad (4.26)\\ s(r_{\text{w}},t)=s_{\text{w}}, & t>0 \quad (4.27)\end{cases}$$

方程的解为

$$Q=2\pi Ts_{\text{w}}G\left(\lambda,\frac{r_{\text{w}}}{B}\right) \tag{4.28}$$

$$G\left(\lambda,\frac{r_{\text{w}}}{B}\right)=\frac{r_{\text{w}}}{B}\frac{K_1\left(\frac{r_{\text{w}}}{B}\right)}{K_0\left(\frac{r_{\text{w}}}{B}\right)}+\frac{4}{\pi^2}\text{e}^{-\lambda\left(\frac{r_{\text{w}}}{B}\right)^2}\int_0^{\infty}\frac{u\text{e}^{-\lambda u^2}}{J_0^2(u)+Y_0^2(u)}\frac{\text{d}u}{u^2+\left(\frac{r_{\text{w}}}{B}\right)^2} \tag{4.29}$$

$$\lambda=S\frac{Tt}{r_{\text{w}}^2} \tag{4.30}$$

$$B=\sqrt{\frac{TM'}{K'}} \tag{4.31}$$

式中，s_{w}为井中水位降深；r_{w}为井的半径；λ 为无因次时间；$K_0\left(\frac{r_{\text{w}}}{B}\right)$、$K_1\left(\frac{r_{\text{w}}}{B}\right)$为虚宗量第二类零阶和一阶贝塞尔函数；$J_0$和 Y_0为第二类零阶贝塞尔函数；K'和 M'分别为越流层渗透系数及厚度。

$G\left(\lambda,\frac{r_{\text{w}}}{B}\right)$为第一类越流系统定降深井流量函数，为曲线族，可查表使用（Hantush，1959）。

(二)配线计算步骤

配线法的原理同前,基本操作如下:

1)根据式(4.29),在双对数坐标纸上绘制 $G\left(\lambda,\frac{r_w}{B}\right)$-$\lambda$ 确标准曲线(图4.22)。

2)在另一张与标准曲线同模数的透明双对数坐标纸上,绘制实测数据 Q-t 曲线。

3)在保持坐标轴彼此平行的前提下,相对移动两坐标纸。在一组 r_w/B 标准曲线中寻找最优拟合曲线并确定其吻合位置。任意选一个匹配点(尽量取整数,便于计算),记下 r_w/B、$G\left(\lambda,\frac{r_w}{B}\right)$、$\lambda$ 和对应的 Q 及 t。

4)根据式(4.28)、式(4.30)、式(4.31)计算导水系数 T、贮水系数 S、压力传导系数 α、越流因素 B 等。

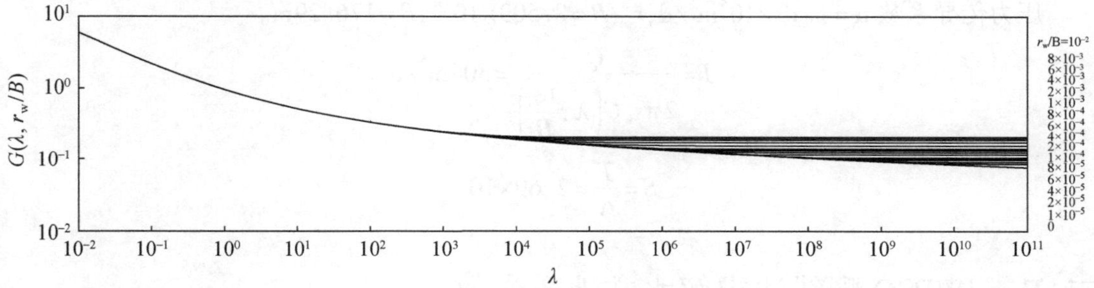

图4.22　第一类越流系统定降深井流试验标准曲线

(三)计算例题4.4

某地水源井进行抽水试验,已知该井孔位于冲积平原上,$r_w=0.15$m。承压水为砂砾石含水层,厚度 $M=23$m。该层上部为亚砂土夹少量砾石的弱透水层,厚度 $M'=22$m。在这两层之上、下部分别为潜水含水层及红黏土隔水层。抽水时,承压含水层得到弱透水层中地下水的渗流补给。试验井的出水量用阀门压缩控制,用安装在出水口的流量计读取水泵单位时间的抽取水量。已知开泵0.5h后,当水泵出水量为120m³/h时,井中的水位降深 s_w 为9.46m,利用阀门压缩水泵出水量,控制降水深度为定值,分别读取不同抽水历时 t 所对应的水泵流量 Q,有关试验数据见表4.3,试计算越流含水层的水文地质参数(王建成和滕凯,2016)。

表4.3　某地水源井定降深抽水试验观测数据

观测时刻	累计时间/min	观测数据	
		流量 $Q/(m^3/h)$	降深 s_w/m
9:30	0	—	—
10:00	30	120	9.46

续表

观测时刻	累计时间/min	观测数据	
		流量 $Q/(m^3/h)$	降深 s_w/m
10:30	60	115.64	9.46
11:30	120	111.14	9.46
12:00	150	109.67	9.46
12:30	180	108.58	9.46
14:00	270	107.06	9.46
14:30	300	106.84	9.46
15:30	360	106.34	9.46

王建成和滕凯(2016)采用标准曲线拟合的方法,计算的水文地质参数如下:

压力传导系数 $\alpha=1.13\times10^5\text{m}^2/\text{d}$,$r_w/B=8.509\times10^{-4}$,$B=176.29\text{m}$。

$$T=\frac{Q}{2\pi s_w G\left(\lambda,\frac{r_w}{B}\right)}=304\text{m}^2/\text{d}$$

$$S=\frac{T}{\alpha}=2.69\times10^{-3}$$

二、RandWPSO 配线法求解水文地质参数

例题 4.4 采用随机权重粒子群优化配线算法,实现第一类越流系统定降深井流试验标准曲线 $G\left(\lambda,\frac{r_w}{B}\right)$-$\lambda$ 与实测 Q-t 曲线的优化配线。

RandWPSO 算法优化配线计算步骤如下。

1)设置粒子数目 N、学习因子 c_1 和 c_2、随机权重平均值的最大值 *mean_max*、随机权重平均值的最小值 *mean_min*、随机权重的方差 *sigma*、最大迭代次数 *maxgen*、粒子的维数 D。

2)随机初始化种群中各粒子的位置和速度,计算井函数 $G\left(\lambda,\frac{r_w}{B}\right)$ 及适应度值。

3)评价每个粒子的适应度,将当前各粒子的位置和适应度值存储在各粒子的 p_{best}(个体最优位置)中,将所有 p_{best} 中适应度值最优个体的位置和适应度值存储于 g_{best}(群体最优)中。

4)更新权重。

$$\begin{cases}\mu=mean\_min+(mean\_max-mean\_min)\times rand(0,1)\\ \omega=\mu+\sigma\times N(0,1)\end{cases}$$

式中,*mean_max*、*mean_min* 为随机权重平均值的最大值和最小值;$N(0,1)$ 表示标准正态分布的随机数;$rand(0,1)$ 表示 0 到 1 之间的随机数;*sigma* 为随机权重的方差;ω 为惯性权重。

5）用下式更新粒子的速度和位移：

$$v_{id}=\omega\times v_{id}+c_1r_1(p_{id}-x_{id})+c_2r_2(g_{id}-x_{id})$$

$$x_{id}=x_{id}+v_{id}$$

6）对每个粒子，将其适应度值与其经历过的最好位置作比较，如果较好，则将其作为当前的最好位置。

7）比较当前所有 p_{best} 和 g_{best} 的值，更新 g_{best}。

8）若满足停止条件（通常为预设的运算精度或迭代次数），搜索停止，选取匹配点，输出配线纵横 a、b 移动值、配线参数 r_w/B、目标函数最小离差平方和 f_v，绘制原始曲线图、配线过程图、最终优化配线图，输出导水系数 T 和贮水系数 S、越流因素等，否则返回步骤 4）继续搜索。

三、随机权重粒子群 $G\left(\lambda,\dfrac{r_w}{B}\right)$-$\lambda$，$Q$-$t$ 优化配线法计算实例

为对比分析，计算采用例题 4.4 的数据。

（1）RandWPSO 算法输入的参数

粒子数目 $N=100$、学习因子 $c_1=c_2=2$、随机权重平均值的最大值 $mean\_max=0.8$、随机权重平均值的最小值 $mean\_min=0.5$、随机权重的方差 $sigma=0.2$、最大迭代次数 $maxgen=1000$、粒子的维数 $D=3$。

（2）构建目标函数

设 $c=r/B$，$G\left(\lambda,\dfrac{r_w}{B}\right)$-$\lambda$ 与实测 Q-t 曲线配线法的目标函数采用式(4.32)。

$$\min F(a,b,c)=\sum_{i=1}^{n}\left[G(10^{(\lg t_i+\lg a)},c)-10^{(\lg Q_i+\lg b)}\right]^2 \tag{4.32}$$

$G\left(\lambda,\dfrac{r_w}{B}\right)$ 可采用式(4.29)，直接调用 MATLAB 内置积分函数求解计算。

```
%%%%%%%%%%%%%%%  第一类越流系统定降深井函数  %%%%%%%%%%%%%%%
functionF=G(lamda,rb)                  %井函数 G(λ,r_w/B)
clear all
clc
lamda=1000000;                         %井函数无因此时间 λ
rb=0.0001;                             %配线参变量 r_w/B
func=@(u)((u.*exp(-lamda.*u.^2))./(((besselj(0,u)).^2+(bessely(0,u)).^2).*(u.^2+rb.^2)));
F=(rb.*besselk(1,rb)./besselk(0,rb))+(4./((pi).^2).*exp(-lamda.*rb.^2).*integral
(func,0,inf));
              %%%%%%%%%%%%%%%%%%%%%%  End  %%%%%%%%%%%%%%%%%%%%%%
```

（3）设计编程

1）打开 MATLAB 程序，设定越流系统定降深随机权重粒子群计算目录路径；

2）构建观测孔抽水试验观测数据文件 S1R2.mat，形成两行（Q_i，t_i）、m 列（不同观测时间的流量值）的数据文件，Q_i 为抽水井的 t_i 时刻流量，t_i 为观测时间；

3）编制目标函数计算程序 fit. m，对 a、b、r_w/B 进行初始赋值；

4）编制随机权重粒子群优化配线计算主程序 RandWPSO. m。

（4）优化计算过程

为直观了解 RandWPSO 算法优化配线计算过程，运行 MATLAB 程序，在当前路径窗口选取 $G\left(\lambda,\frac{r_w}{B}\right)$-$\lambda$ 与实测 Q-t 曲线配线法计算路径，在当前文件夹窗口，找到随机权重粒子群优化算法计算程序 RandWPSO. m，右键打开 RandWPSO. m 文件，可在编辑器中查看、修改程序中的输入数据。

为分析 RandWPSO 算法、越流系统定降深优化配线迭代计算过程，计算中修改了最大迭代次数 *maxgen*，以了解粒子群 RandWPSO 算法迭代计算收敛情况，设置 *maxgen* = 10、100、500、1000，其他参数不作调整。*maxgen* = 10，原始数据曲线快速靠近标准曲线（图 4. 23 和图 4. 24），但计算不稳定，每次计算给出的配线离差平方和最小值 f_v 都不同，图 4. 24 ~ 图 4. 28 为不同迭代次数下的配线状态曲线及适应度函数变化曲线，图中反映出 RandWPSO 算法迭代配线的过程。表 4. 4 和表 4. 5 分别为最大迭代计算次数 *maxgen* = 10、100、500、1000 随机计算 10 次的计算结果。一般情况下，经过 *maxgen* = 100 次迭代计算后，计算结果与最终优化结果已基本接近一致；*maxgen* = 500，配线离差平方和最小值基本稳定在 f_v = 5. 758×10^{-5} 左右；*maxgen* = 1000，导水系数 T 和贮水系数 S 等基本稳定在 280. 7m^2/d 和 1. 28×10^{-4} 左右，误差满足实际计算要求。

表 4. 4　最大迭代计算次数 *maxgen* = 10、100 的计算结果

maxgen = 10				*maxgen* = 100			
f_v/(×10^{-5})	T/(m^2/d)	S/(×10^{-4})	(r_w/B)/(×10^{-4})	f_v/(×10^{-5})	T/(m^2/d)	S/(×10^{-4})	(r_w/B)/(×10^{-4})
7. 872107	280. 821	1. 27870	7. 64	6. 956577	281. 903	1. 30836	8. 54
6. 577202	280. 366	1. 36262	9. 35	6. 587302	278. 700	1. 38658	9. 50
8. 929659	278. 731	1. 31092	8. 06	7. 310880	278. 194	1. 43340	9. 08
6. 088085	279. 938	1. 32085	9. 50	6. 744504	281. 578	1. 26563	8. 35
9. 332928	278. 225	1. 52047	7. 30	7. 342973	277. 918	1. 46954	9. 22
7. 775417	276. 700	1. 51486	9. 25	6. 184201	280. 544	1. 25149	9. 13
12. 36367	283. 012	1. 44473	1. 54	5. 825790	280. 420	1. 33216	9. 99
8. 381720	282. 852	1. 35294	9. 38	5. 675635	280. 272	1. 30519	9. 82
10. 01260	279. 399	1. 43081	6. 10	6. 063141	280. 800	1. 31169	9. 47
10. 04944	279. 732	1. 33148	6. 40	7. 197140	281. 733	1. 28806	7. 97

表 4. 5　最大迭代计算次数 *maxgen* = 500、1000 的计算结果

maxgen = 500				*maxgen* = 1000			
f_v/(×10^{-5})	T/(m^2/d)	S/(×10^{-4})	(r_w/B)/(×10^{-4})	f_v/(×10^{-5})	T/(m^2/d)	S/(×10^{-4})	(r_w/B)/(×10^{-4})
5. 758028	279. 685	1. 27381	9. 78	5. 774958	281. 961	1. 25725	9. 45

续表

$maxgen=500$				$maxgen=1000$			
$f_v/(\times10^{-5})$	$T/(m^2/d)$	$S/(\times10^{-4})$	$(r_w/B)/(\times10^{-4})$	$f_v/(\times10^{-5})$	$T/(m^2/d)$	$S/(\times10^{-4})$	$(r_w/B)/(\times10^{-4})$
5.611632	280.547	1.29707	9.84	5.521580	280.359	1.25430	9.74
5.988216	280.681	1.30055	9.44	5.825790	280.420	1.33216	9.99
5.552080	280.728	1.26330	9.66	5.774958	281.961	1.25725	9.45
6.217505	280.418	1.26272	9.14	5.989545	280.515	1.31452	9.55
6.050474	279.821	1.33053	9.61	5.269412	280.435	1.24996	9.94
5.986517	281.133	1.31542	9.83	5.736462	281.217	1.29053	9.77
5.890979	280.708	1.29253	9.48	5.521580	280.359	1.25430	9.74
5.521580	280.359	1.25430	9.74	5.600515	279.461	1.28557	9.99
6.214523	280.181	1.27418	9.23	5.544088	281.115	1.26990	9.71

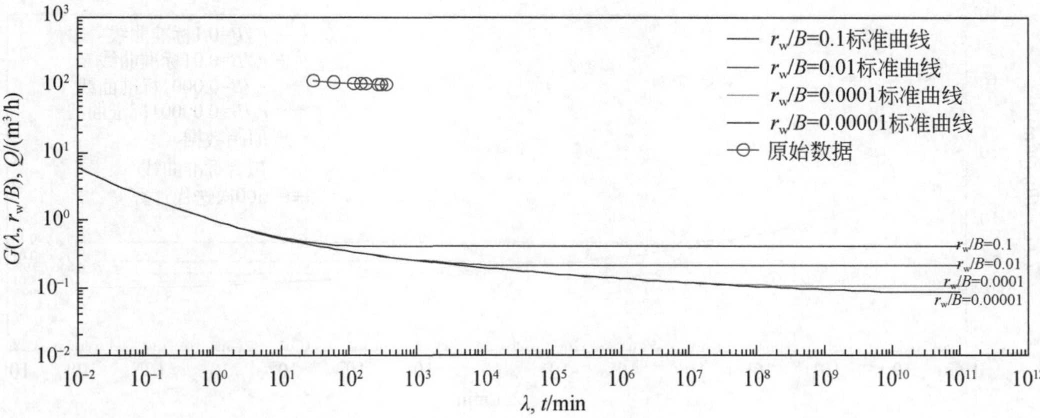

图 4.23　第一类越流系统定降深井流试验标准曲线与 Q-t 实测曲线

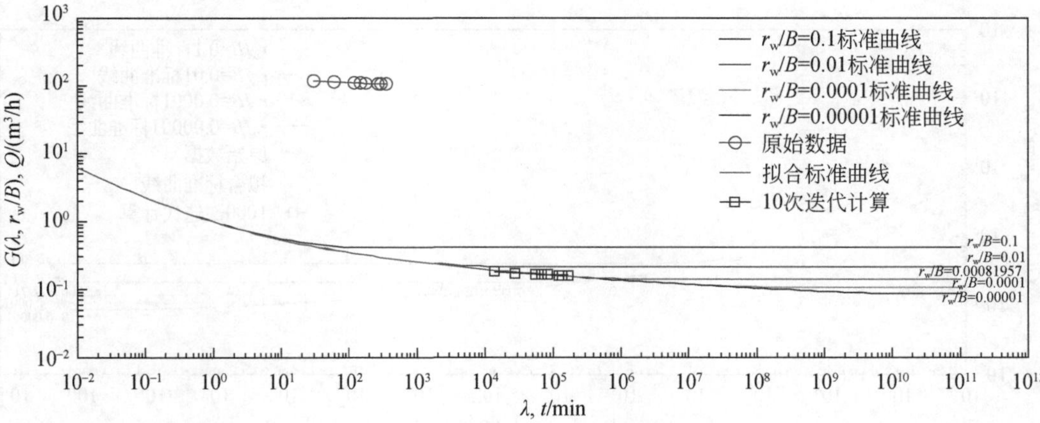

图 4.24　优化迭代图 4.23 原始数据 10 次

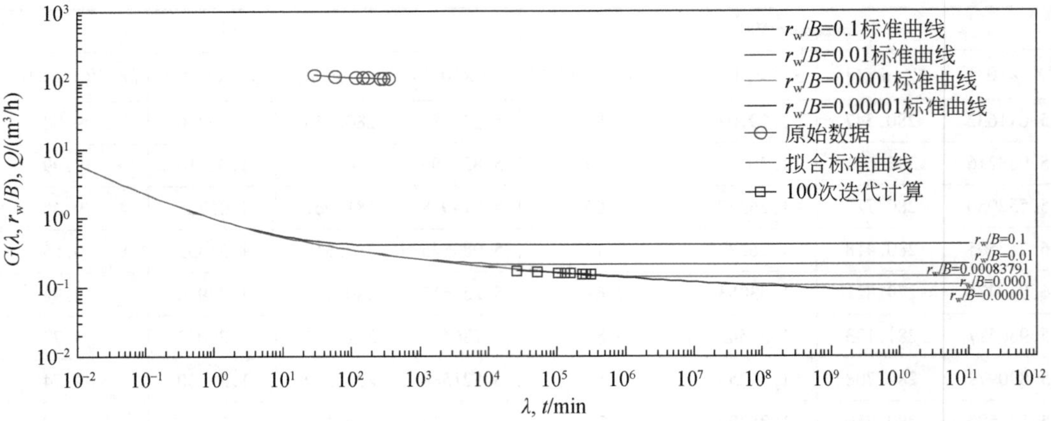

图 4.25　优化迭代图 4.23 原始数据 100 次

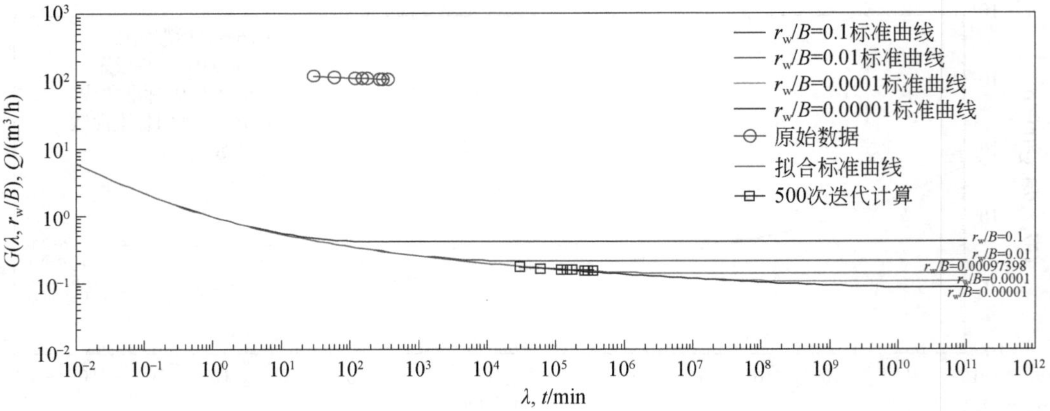

图 4.26　优化迭代图 4.23 原始数据 500 次

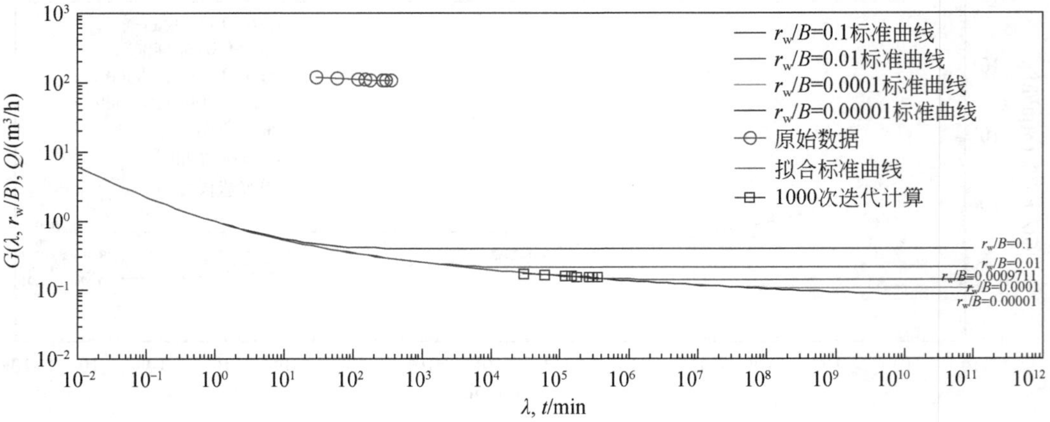

图 4.27　优化迭代图 4.23 原始数据 1000 次

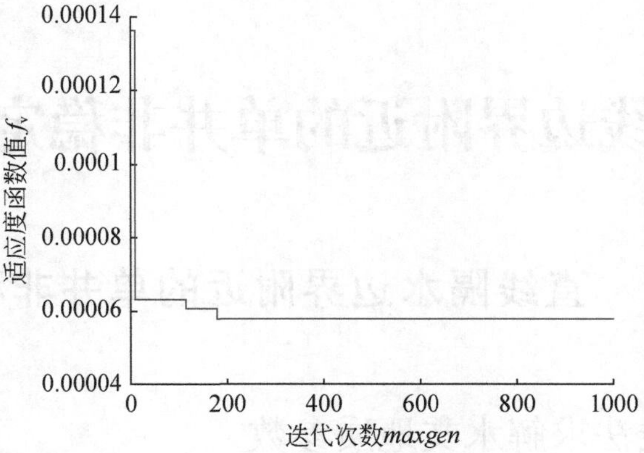

图 4.28　RandWPSO 适应度函数变化曲线

(5)计算结果

经 *maxgen*=1000 次迭代计算,采用 RandWPSO 算法优化配线计算完成后,选取匹配点的坐标值如下:

$$[Q]=115.6400\text{m}^3/\text{h},[t]=60\text{min},[\lambda]=5.999711\times10^4,\left[G\left(\lambda,\frac{r_w}{B}\right)\right]=0.1658727$$

计算耗时 10.2min,计算结果如下:

导水系数 $T=281.4968\text{m}^2/\text{d}$;

贮水系数 $S=1.2512\times10^{-4}$;

压力传导系数 $\alpha=2.2499\times10^6\text{m}^2/\text{d}$;

标准曲线匹配参数 $r_w/B=9.9584\times10^{-4}$;

配线离差平方和最小值 $f_v=5.24537\times10^{-5}$。

例题 4.4 的人工配线计算结果为(王建成和滕凯,2016):

压力传导系数 $\alpha=1.13\times10^5\text{m}^2/\text{d}$,$r_w/B=8.509\times10^{-4}$,$B=176.29\text{m}$。

$$T=\frac{Q}{2\pi s_w G\left(\lambda,\frac{r_w}{B}\right)}=304\text{m}^2/\text{d}$$

$$S=\frac{T}{\alpha}=2.69\times10^{-3}$$

由表 4.5 人工智能优化配线的计算结果来看,由于是多变量高维度寻优计算,尽管粒子数目达到 $N=100$,迭代计算次数达到了 *maxgen*=1000,但还是存在大量局部最优解的情况,因此,单一粒子群算法求到全局最优解还是比较困难,但导水系数 T、贮水系数 S 的计算结果已经基本稳定,远比人工手动配线的精度高,可以满足实际计算要求。

第五章　直线边界附近的单井非稳定流抽水试验

第一节　直线隔水边界附近的单井非稳定流

一、标准曲线配线法求解水文地质参数

（一）标准曲线配线法原理

抽水井位于直线隔水边界附近时，观测孔降深应等于抽水量为 $+Q$ 的实际抽水井和边界相对称的另一侧，具有同样流量 $+Q$ 的虚井共同影响的叠加。根据叠加原理，观测孔的降深 s 是实井引起的降深 s_1 和虚井引起的降深 s_2 之和，如图 5.1 所示（薛禹群等，1997）。

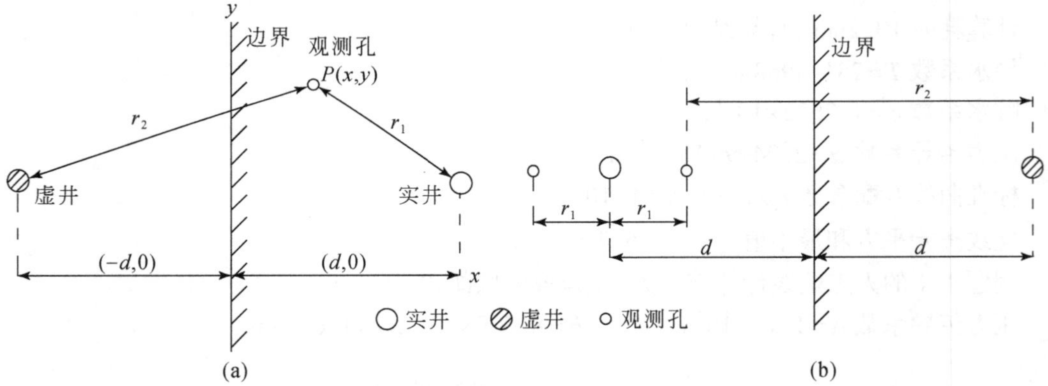

图 5.1　隔水边界映射理论示意图

$$s=s_1+s_2=\frac{Q}{4\pi T}[W(u_1)+W(u_2)] \tag{5.1}$$

$$u_1=\frac{r_1^2}{4at}=\frac{r_1^2 S}{4Tt},\quad u_2=\frac{r_2^2}{4at}=\frac{r_2^2 S}{4Tt}$$

式中，r_1 为观测孔至实井的距离；r_2 为观测孔至虚井的距离；d 为抽水井至隔水边界的距离。

$$r_1=\sqrt{(x-d)^2+y^2},\quad r_2=\sqrt{(x+d)^2+y^2}$$

$$\frac{u_2}{u_1}=\frac{r_2^2}{r_1^2}=\frac{(x+d)^2+y^2}{(x-d)^2+y^2},\quad u_2=\frac{(x+d)^2+y^2}{(x-d)^2+y^2}\times u_1$$

令 $\beta=\frac{r_2}{r_1}$ 为距离比，记 $r=r_1$，$u=u_1$，则 $\beta=\sqrt{\frac{(x+d)^2+y^2}{(x-d)^2+y^2}}$，则 $u_2=\beta^2\times u$

式(5.1)可改写为

$$s=s_1+s_2=\frac{Q}{4\pi T}[W(u)+W(\beta^2 u)]$$

构建井函数 $\Phi(u,\beta)$

$$\Phi(u,\beta)=[W(u)+W(u_2)]=W(u)+W(\beta^2 u)$$

式(5.1)可改写为

$$s=s_1+s_2=\frac{Q}{4\pi T}\Phi(u,\beta)$$

类似于 Theis 标准曲线的情况，给定不同的 β 值，可以绘制出 $\Phi(u,\beta)$-$(1/u)$ 标准曲线。

当观测孔位于抽水井和边界相垂直的轴线上时（图 5.1b），若观测孔至实井的距离 $r_1=r$，则 $r_2=2d\pm r$，±号根据观测孔的位置确定，则：

$$u_2=u_1\left(\frac{2d}{r}\pm 1\right)^2$$

由此可知式(5.1)的方括号内的数值为 u_1 和 r/d 的函数。这样，只要已知 u_1 和 r/d 的值，即可计算出 u_2，通过查井函数表（薛禹群和朱学愚，1979）即可得到 $W(u_2)$ 的值，因而可计算出 $W(u_1)+W(u_2)$ 的值，如果用引进一个新的井函数 $\Phi\left(u_1,\frac{r}{d}\right)$，则式(5.1)可改写为式(5.2)。

$$\Phi\left(u_1,\frac{r}{d}\right)=[W(u_1)+W(u_2)]=W(u_1)+W\left[u_1\left(\frac{2d}{r}\pm 1\right)^2\right]$$

$$s=\frac{0.08Q}{T}\Phi\left(u_1,\frac{r}{d}\right) \tag{5.2}$$

(二)计算步骤

与常用的配线法类似，在透明双对数坐标纸上作降深-时间(s-t)实际资料曲线，与 $\frac{1}{u_1}$ 和 $\Phi\left(u_1,\frac{r}{d}\right)$ 标准曲线进行配线拟合，读出两张坐标纸上匹配点的坐标值 $[s]$、$[t]$、$\left[\frac{1}{u_1}\right]$、$\left[\Phi\left(u_1,\frac{r}{d}\right)\right]$，代入式(5.3)~式(5.6)求出水文地质参数。

$$T=\frac{0.08Q}{s}\Phi\left(u_1,\frac{r}{d}\right) \tag{5.3}$$

$$S=\frac{4Tt}{r^2\left[\frac{1}{u_1}\right]} \tag{5.4}$$

$$K=\frac{T}{M} \tag{5.5}$$

$$d=\frac{r}{\left[\frac{r}{d}\right]} \tag{5.6}$$

非稳定流求参数的方法，一般采用直线图解法和配线法。直线边界附近的井流试验，无论是隔水边界还是下一节讲到的补给边界，应用配线法时，井函数不是单一特定的曲线，要根据抽水井和观测孔的位置制定特定的标准曲线,因而,其应用受到一定影响。

(三)计算例题 5.1

有一砂岩组成的承压含水层,顶板为黏土质砂岩层,底板为黏土岩。根据勘探资料,已知底板向西南方向迅速抬高,构成隔水边界(图 5.2)。抽水井的直径为 0.4m,抽水进行了 18d,稳定抽水量为 $1140m^3/d$,抽水井和观测孔近似位于与边界垂直的同一轴线上,观测孔距抽水井的距离 $r=20m$,抽水过程中观测孔的水位降深资料列于表 5.1(李俊亭和王愈吉,1987)。

表 5.1 抽水试验观测数据

抽水累计时间/min	水位降深/m	抽水累计时间/min	水位降深/m	抽水累计时间/min	水位降深/m
0	0	420	3.730	7200	8.075
1	0.015	540	4.125	8640	8.301
2	0.045	720	4.290	10080	8.715
5	0.215	900	4.525	11520	9.145
10	0.520	1080	4.725	12960	9.250
20	1.065	1440	5.085	14400	9.455
30	1.445	1800	5.405	15840	9.715
40	1.710	2160	5.655	17280	10.015
50	1.930	2520	5.935	18720	10.125
60	2.095	2880	6.175	20160	10.255
90	2.445	3240	6.415	21600	10.355
120	2.685	3600	6.645	23040	10.525
180	3.015	4320	7.035	24480	10.785
240	3.260	5040	7.415	25920	10.935
300	3.445	5760	7.525	—	—

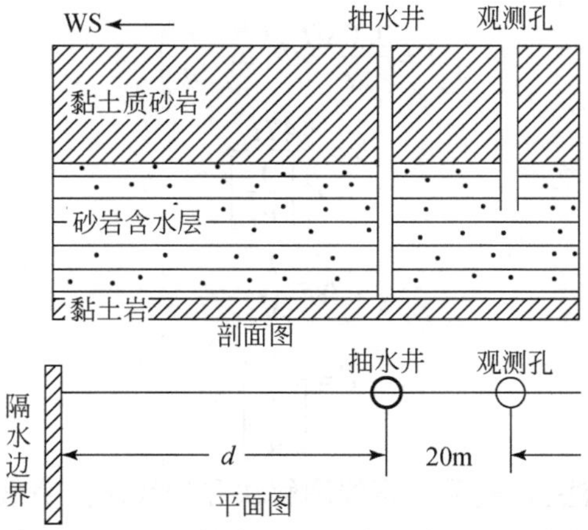

图 5.2 隔水边界抽水试验示意图

1）根据题意，稳定抽水量 $Q=1140m^3/d=47.5m^3/h$，$r=20m$。

一般情况下，试验人员不能确定抽水井距隔水边界的确切距离 d，需要绘出大量的标准曲线进行配线计算，配线完成后，根据配线采用的具体标准曲线的 r/d 值，以及式（5.6）反算 d 值。为计算方便，本次计算不再画出过多的标准曲线，采用直线图解法计算出的距离 $d=159m$，$r/d=0.1258$。

2）计算参变量 u_2。根据题意，观测孔位于抽水井的另一侧，远离隔水边界，则

$$u_2=u_1\left(\frac{2d}{r}+1\right)^2$$

3）在透明双对数坐标纸上作降深–时间（s-t）实际资料曲线，与$\frac{1}{u_1}$和 $\Phi\left(u_1,\frac{r}{d}\right)$标准曲线进行配线拟合，如图 5.3 所示。

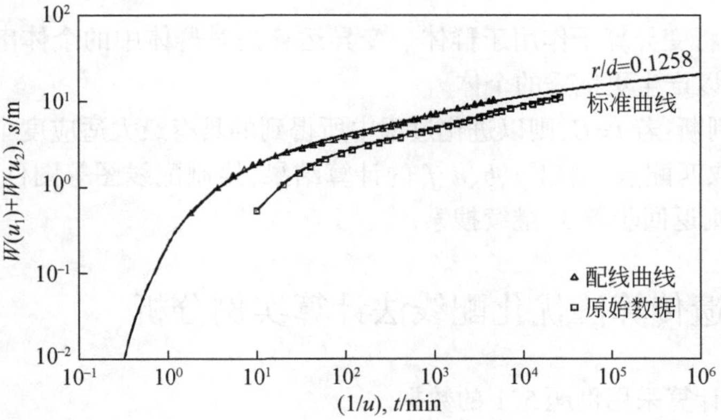

图 5.3　直线隔水边界配线法

4）选取匹配点（本例题选用的匹配点是观测时间 $t=50min$，降深 $s=1.93m$ 的点）读出两张坐标纸上匹配点的坐标值如下：

$$[s]=1.93m,\ [t]=50min,\ \left[\frac{1}{u_1}\right]=10.75,\ \left[\Phi\left(u_1,\frac{r}{d}\right)\right]=1.92035$$

5）代入公式计算导水系数 T 和贮水系数 S 分别为

$$T=\frac{0.08Q}{[s]}\left[\Phi\left(u_1,\frac{r}{d}\right)\right]=\frac{0.08\times1140\times1.92035}{1.93}=90.744m^2/d$$

$$S=\frac{4T[t]}{r^2\left[\frac{1}{u_1}\right]}=\frac{4\times90.744\times50}{20^2\times10.75\times1440}=0.002931008$$

数据可以看出，配线法的计算结果与本例题直线图解法计算结果基本一致。

二、遗传算法优化配线求解水文地质参数

本小节采用遗传算法实现隔水边界抽水试验、降深–时间（s-t）实际资料曲线与$\frac{1}{u_1}$和

$\Phi\left(u_1,\frac{r}{d}\right)$标准曲线优化配线。

遗传算法优化配线计算步骤如下。

1)初始化:设置进化代数计数器 $t=0$,设置最大进化代数 G,随机生成 M 个个体作为初始群体 $P(0)$。

2)个体评价:计算群体 $P(t)$ 中各个个体的适应度。

3)选择运算:将选择算子作用于群体。选择的目的是把优化的个体直接遗传到下一代或通过配对交叉产生新的个体再遗传到下一代。选择操作是建立在群体中个体的适应度评估基础上的。

4)交叉运算:将交叉算子作用于群体。遗传算法中起核心作用的就是交叉算子,从群体中随机选择两个个体,通过两个染色体的交换组合,把父辈的优秀特征遗传给子辈,从而产生新的优秀个体。

5)变异运算:将变异算子作用于群体。变异运算是对群体中的个体串的某些基因座上的基因值作变动,以产生更优秀的个体。

6)终止条件判断:若 $t=G$,则以进化过程中所得到的具有最大适应度个体作为最优解输出,终止计算,选取匹配点,输出 a、b、d、f_v 的计算结果,绘制配线图等图件,输出导水系数 T 和贮水系数 S,否则返回步骤 3)继续搜索。

三、隔水边界遗传算法优化配线法计算实例分析

为对比分析,计算采用例题 5.1 的数据。

(1)遗传算法输入的参数

群体规模 $N=10$、交叉概率 $P_c=0.6$、变异概率 $P_m=0.1$、遗传运算终止进化代数 $G=1000$。

(2)构建目标函数

如果抽水井到隔水边界距离 d 和观测孔至实井的距离 r 为已知值,且观测井位于隔水边界和抽水井之外,则目标函数可采用式(5.7):

$$\min F(a,b,d)=f_v=\sum_{i=1}^{n}\left[W\left(\frac{1}{10^{(\lg t_i+\lg a)}}\right)+W\left(\frac{\left(\frac{2d}{r}+1\right)^2}{10^{(\lg t_i+\lg a)}}\right)-10^{(\lg s_i+\lg b)}\right]^2 \tag{5.7}$$

观测井位于隔水边界和抽水井之间,则目标函数可采用下面公式:

$$\min F(a,b,d)=f_v=\sum_{i=1}^{n}\left[W\left(\frac{1}{10^{(\lg t_i+\lg a)}}\right)+W\left(\frac{\left(\frac{2d}{r}-1\right)^2}{10^{(\lg t_i+\lg a)}}\right)-10^{(\lg s_i+\lg b)}\right]^2 \tag{5.8}$$

如果抽水井到隔水边界距离 d 是未知量,观测孔至实井的距离 r 为已知值,则目标函数稍微复杂一些,未知量变为三个(a、b、d)。同样,目标函数也可采用上面的公式,需要进行多元函数寻优计算,迭代优化完成后,可以计算出 s-t 曲线配线移动参数 a 和 b 以及抽水井到隔水边界距离 d。

(3)设计编程

1)打开 MATLAB 程序,设定隔水边界遗传算法计算目录路径。

2）构建抽水试验观测数据文件 data01. mat，形成两行（t_i，s_i）、m（抽水试验观测个数）列的数据文件。

3）编制目标函数计算程序 jscb. m，对 a、b、d 进行初始赋值。井函数 $W(u)$ 的计算可采用式（3.9）或式（3.8）~式（3.17）计算，如果采用的 u 不是全域系列计算公式，对于分段计算的 $W(u)$ 计算公式，应注意 u 小于 1 和大于等于 1 时计算公式的不同。不同的井函数近似计算公式对计算结果的精度影响较大，可使用 Swamee 和 Ojha（1990）提出的井函数 $W(u)$ 的全域解近似计算公式［式（3.8）］。如果不采用经验公式，可利用 MATLAB 内置积分函数直接调用求解，详见第三章相关内容。

4）编制隔水边界遗传算法优化配线计算主程序 yccl. m；

5）编制变异操作 getVariationMethod. m、交差操作 getCrossMethod. m 文件。

目标函数 jscb. m 中，设置了 Allen（1954）和 Hastings（1955）提出的井函数 $W(u)$ 近似计算公式和 Swamee 和 Ojha（1990）提出的井函数 $W(u)$ 的全域解近似计算公式，计算时可根据需要修改注释语句。

本次计算采用的是 Swamee 和 Ojha（1990）提出的井函数 $W(u)$ 的全域解近似计算公式。

（4）优化计算过程

为直观了解遗传算法优化配线计算过程，运行 MATLAB 程序，在当前路径窗口选取遗传算法配线计算路径，在当前文件夹窗口，找到遗传算法优化计算程序 yccl. m，右键打开 yccl. m，可在编辑器中查看、修改程序中的输入参数。本例题中，群体规模 $N=10$，遗传运算终止进化代数 $G=1000$，交叉概率 $P_c=0.6$，变异概率 $P_m=0.1$。

计算中修改了遗传运算终止进化代数 G，以了解遗传算法迭代计算收敛情况，设置进化代数 $G=10$、20、50、500、1000，其他参数不作调整。$G=10$，原始数据曲线已开始向右移动靠近标准曲线（图 5.4 和图 5.5），但计算结果不稳定，每次计算给出的配线离差平方和最小值 f_v 都不同，$f_v=125.9069607122196 \sim 1.044255764176940$，变化较大。图 5.5 ~ 图 5.10 为迭代计算过程中的配线状态曲线及适应度函数变化曲线，图中很清楚地反映出遗传算法快速迭

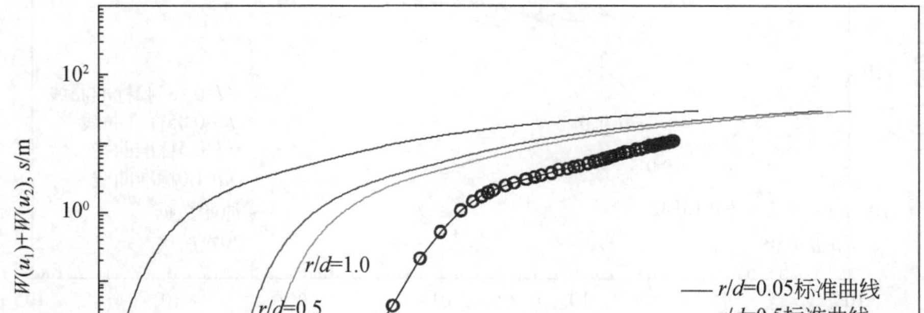

图 5.4　标准曲线及原始实验数据曲线

代配线的过程。一般情况下,经过 20 次迭代计算,配线离差平方和最小值的平均值(随机计算十次的平均值)有所减小;经过 50 次迭代计算后,计算结果更加接近最终结果,配线离差平方和最小值的平均值进一步缩小;经 1000 次迭代计算完成后,配线离差平方和最小值基本稳定在 $f_v=0.9839176482603303$,反映出该方法随着遗传迭代运算次数的增加,逐渐接近最优计算结果。由于是三元函数的寻优计算,迭代寻优配线计算用时略长。

图 5.5 ~ 图 5.9 中未显示出大量的标准曲线,为便于观看,仅示例性地给出了 $r/d=0.05$、0.5、1.0及配线结束后的最优标准曲线。

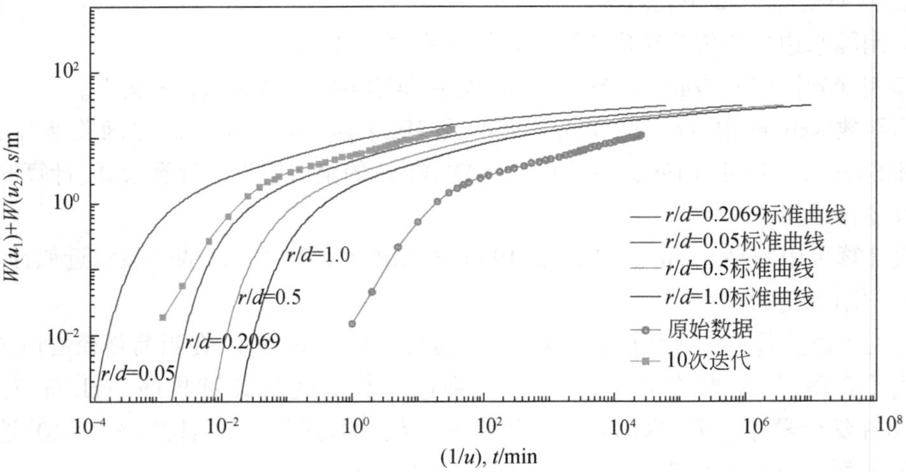

图 5.5　优化迭代图 5.4 原始数据 10 次

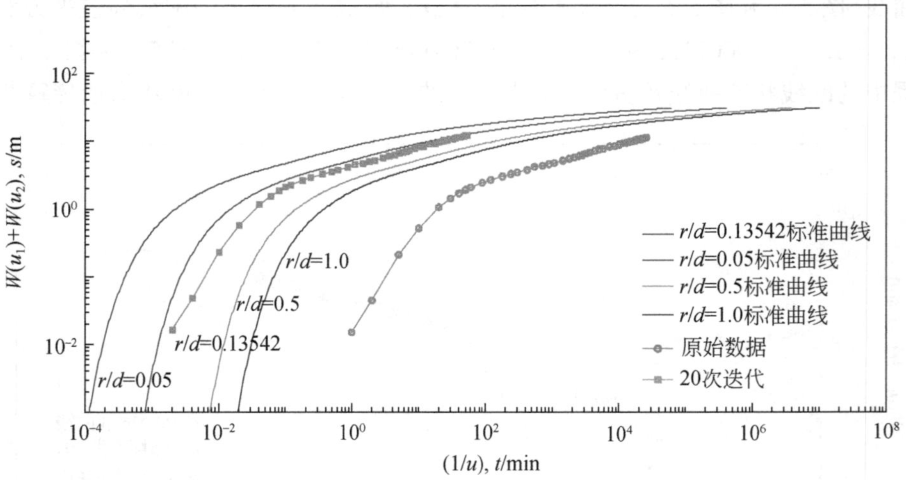

图 5.6　优化迭代图 5.4 原始数据 20 次

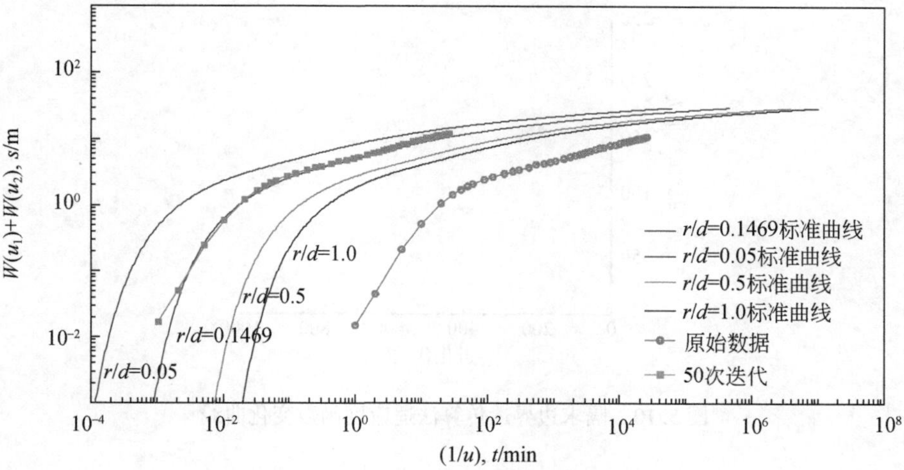

图 5.7　优化迭代图 5.4 原始数据 50 次

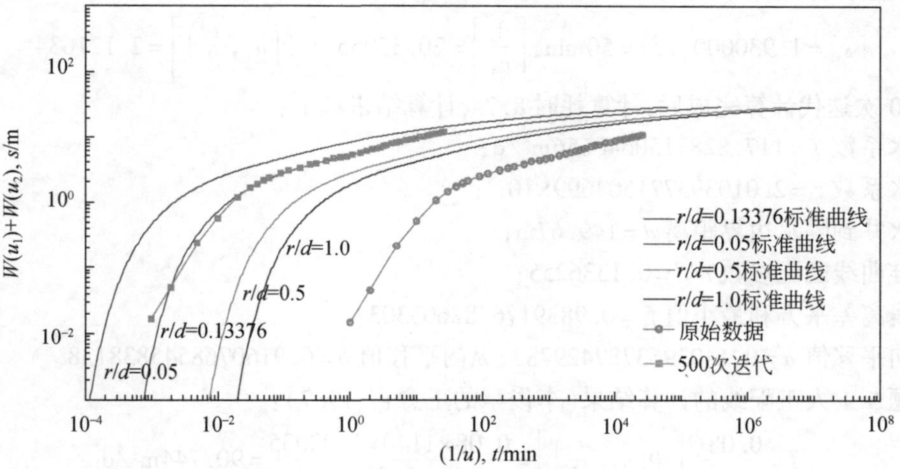

图 5.8　优化迭代图 5.4 原始数据 500 次

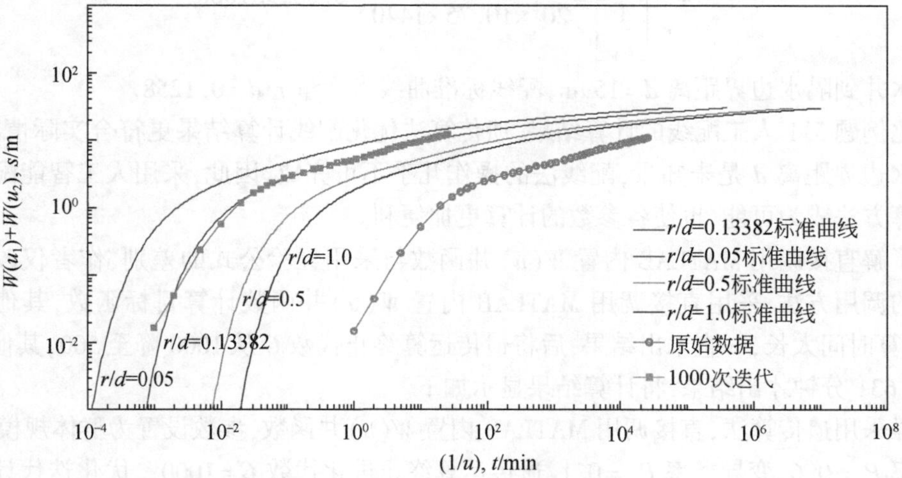

图 5.9　优化迭代图 5.4 原始数据 1000 次

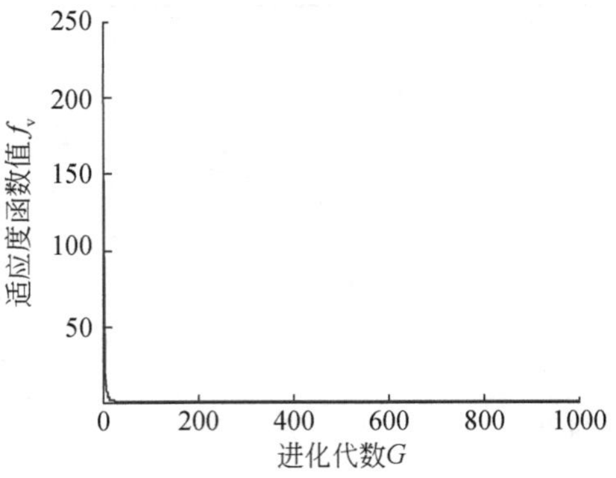

图 5.10　隔求边界遗传算法适应度函数变化曲线

(5)计算结果

采用遗传算法，计算中选取的匹配点坐标值如下：

$$[s]=1.930000,[t]=50\text{min},\left[\frac{1}{u_1}\right]=20.35055,\left[\Phi\left(u_1,\frac{r}{d}\right)\right]=2.121634$$

1000 次迭代计算完成后，计算耗时 8.7s，计算结果如下：

导水系数 $T=117.8283150640656\text{m}^2/\text{d}$；

贮水系数 $S=2.010393771504699\times10^{-3}$；

抽水井到隔水边界距离 $d=149.67\text{m}$；

标准曲线匹配参数 $r/d=0.1336255$；

配线离差平方和最小值 $f_v=0.9839176482603303$；

横向平移值 $a=0.1403963787429783$、纵向平移值 $b=0.9160768545838138$。

例题 5.1 人工配线的计算结果(李俊亭的王愈吉，1987)：

$$T=\frac{0.08Q}{[s]}\left[\Phi\left(u_1,\frac{r}{d}\right)\right]=\frac{0.08\times1140\times1.92035}{1.93}=90.744\text{m}^2/\text{d}$$

$$S=\frac{4T[t]}{r^2\left[\frac{1}{u_1}\right]}=\frac{4\times90.744\times50}{20^2\times10.75\times1440}=0.002931008$$

抽水井到隔水边界距离 $d=159\text{m}$，配线标准曲线参变量 $r/d=0.1258$。

对比例题 5.1 人工配线的计算结果，遗传算法优化配线计算结果更符合实际情况，抽水井到隔水边界距离 d 是未知量，配线法的操作几乎不可完成，因此，采用人工智能配线使得这种计算方法成为可能，也使各参数的计算更加便利。

为了解直接调用 MATLAB 内置 $W(u)$ 井函数与采用经验公式的差别，作者仅改变一下井函数的调用方法，采用直接调用 MATLAB 内置 $W(u)$ 井函数计算目标函数，其他参数不变，但计算时间太长，一直未出结果；后将遗传运算终止代数 G 从 1000 降至 500，其他参数不变，经过 631 分钟才出结果，将计算结果显示如下。

同样采用遗传算法，直接调用 MATLAB 内置 $W(u)$ 井函数，参数设置为群体规模 $N=10$、交叉概率 $P_c=0.6$、变异概率 $P_m=0.1$、遗传运算终止进化代数 $G=1000$。优化迭代计算完成后，选取匹配点的坐标值如下：

$$[s]=1.930000,[t]=50\text{min},\left[\frac{1}{u_1}\right]=20.35055,\left[\Phi\left(u_1,\frac{r}{d}\right)\right]=2.121634$$

1000 次迭代计算完成后，计算耗时 631min，计算结果如下：

导水系数 $T=116.2090799547340\text{m}^2/\text{d}$；

贮水系数 $S=2.054800742292142\times10^{-3}$；

抽水井到隔水边界距离 $d=148.9\text{m}$；

标准曲线匹配参数 $r/d=0.1343142$；

配线离差平方和最小值 $f_v=0.9919952173046122$；

横向平移值 $a=0.1454970187012802$，纵向平移值 $b=0.9225340293849773$。

计算时间较长，究其原因，是在计算隔水边界井函数 $\Phi\left(u_1,\frac{r}{d}\right)$ 的过程中，涉及多项合并调用 Matlab 内置积分，大部分时间均消耗在内置数值积分的计算上，所以，在不影响计算精度的情况下，采用 Swamee 和 Ojha(1990)提出的井函数 $W(u)$ 的全域解近似计算公式是最好的解决方法。

第二节　直线补给边界附近的单井非稳定流

一、标准曲线配线法求解水文地质参数

(一)标准曲线配线法原理

当边界是一个水位固定的补给边界时，边界的影响等于实际抽水井和边界另一侧与抽水井对称的、具有流量-Q 的虚构注水井共同作用的叠加。因为此时虚井的流量是-Q，则：

$$s=s_1+s_2=\frac{Q}{4\pi T}[W(u_1)-W(u_2)] \tag{5.9}$$

$$u_1=\frac{r_1^2}{4at}=\frac{r_1^2S}{4Tt},\quad u_2=\frac{r_2^2}{4at}=\frac{r_2^2S}{4Tt}$$

式中，r_1 为观测孔至实井的距离；r_2 为观测孔至虚井的距离。

类似隔水边界的推导：

$$\frac{u_2}{u_1}=\frac{r_2^2}{r_1^2}=\frac{(x+d)^2+y^2}{(x-d)^2+y^2},\quad u_2=\frac{(x+d)^2+y^2}{(x-d)^2+y^2}\times u_1$$

$$\text{令 } \beta'=\frac{(x+d)^2+y^2}{(x-d)^2+y^2}\text{，则 } u_2=\beta'\times u_1$$

因此，只要给出观测井的具体坐标值(x,y)、抽水井至隔水边界的距离 d，当已知 u_1 时，即可计算出 u_2 的值，可构建井函数 $\Phi(u_1,\beta')$：

$$\Phi(u_1,\beta')=[W(u_1)-W(u_2)]=W(u_1)-W(\beta'u_1)$$

式(5.9)可改写为

$$s=s_1+s_2=\frac{Q}{4\pi T}\Phi(u_1,\beta')$$

当观测孔位于抽水井和边界相垂直的轴线上(图5.1b)时,若观测孔至实井的距离 $r_1=r$,则 $r_2=2d\pm r$,±号根据观测孔的位置确定,则:

$$u_2=u_1\left(\frac{2d}{r}\pm 1\right)^2$$

引进一个新的井函数 $\Phi'\left(u_1,\frac{r}{d}\right)$:

$$\Phi'\left(u_1,\frac{r}{d}\right)=[W(u_1)-W(u_2)]=W(u_1)-W\left[u_1\left(\frac{2d}{r}\pm 1\right)^2\right]$$

式(5.9)可以改写为

$$s=\frac{0.08Q}{T}\Phi'\left(u_1,\frac{r}{d}\right) \tag{5.10}$$

(二)计算步骤

与常用的配线法类似,在透明双对数坐标纸上作降深-时间实际资料曲线,与 $\frac{1}{u_1}$ 和 $\Phi'\left(u_1,\frac{r}{d}\right)$ 标准曲线进行配线拟合,读出两张坐标纸上匹配点的坐标值 $[s]$、$[t]$、$\left[\frac{1}{u_1}\right]$、$\left[\Phi'\left(u_1,\frac{r}{d}\right)\right]$,代入公式求出水文地质参数。

$$T=\frac{0.08Q}{s}\Phi'\left(u_1,\frac{r}{d}\right) \tag{5.11}$$

$$S=\frac{4Tt}{r^2\left(\frac{1}{u_1}\right)} \tag{5.12}$$

(三)计算例题 5.2

某半无限承压含水层,在距河边190m处打一抽水井,在抽水井到河边的垂直线段上设一观测孔,该孔距河185m,现以29.5m^3/h的抽水量进行抽水试验(如图5.11),在观测孔中测得的水位降深如表5.2所示,计算含水层的导水系数和贮水系数(邹立芝,1991)。

表5.2 抽水试验观测数据

抽水累计时间/min	水位降深/m	抽水累计时间/min	水位降深/m	抽水累计时间/min	水位降深/m
1	0.55	15	1.02	150	1.42
1.5	0.62	20	1.08	200	1.44
2	0.65	30	1.16	300	1.45
3	0.71	40	1.22	400	1.46
4	0.76	50	1.26	500	1.45
5	0.81	60	1.3	600	1.46
6	0.84	70	1.33	700	1.465
7	0.87	90	1.37	800	1.46
9	0.92	100	1.4	—	—
12	0.98	120	1.41	—	—

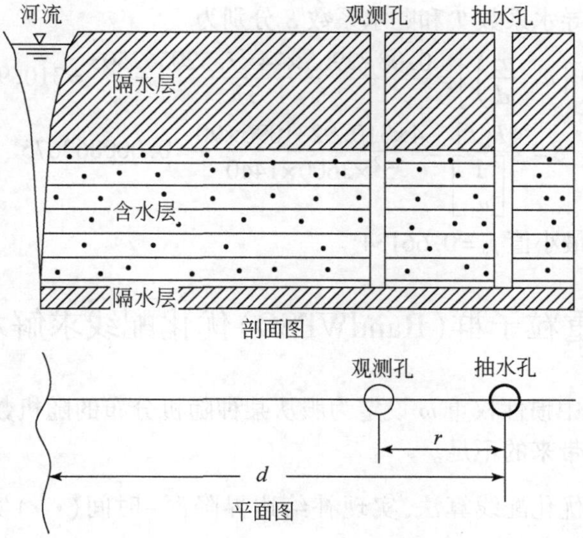

图 5.11　补给边界抽水试验示意图

1）根据题意，稳定抽水量 $Q=29.5\text{m}^3/\text{h}$，$r=5\text{m}$，为方便看图，未画出过多的标准曲线，$d=190\text{m}$，$r/d=0.0263$；

2）计算参变量 u_2，根据题意，观测孔位于抽水井与补给边界之间，则

$$u_2=u_1\left(\frac{2d}{r}-1\right)^2$$

3）在透明双对数坐标纸上作降深－时间（s-t）实际资料曲线，与 $\frac{1}{u_1}$ 和 $\Phi'\left(u_1,\frac{r}{d}\right)$ 标准曲线进行拟合配线，如图 5.12 所示；

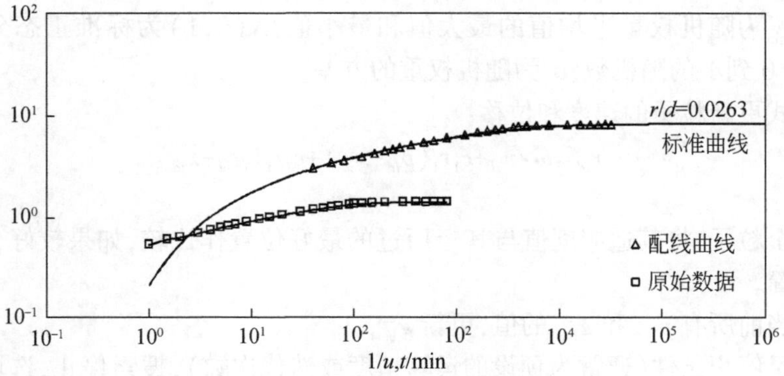

图 5.12　直线补给边界配线法

4）选取匹配点（本例题选取的匹配点的观测时间 $t=90\text{min}$，沉降 $s=1.37\text{m}$）读出两张坐标纸上匹配点的坐标值如下：

$$[s]=1.37,[t]=90,\left[\frac{1}{u_1}\right]=3600,\left[\Phi'\left(u_1,\frac{r}{d}\right)\right]=7.520562503$$

5）代入公式计算导水系数 T 和贮水系数 S 分别为

$$T=\frac{0.08Q}{[s]}\left[\Phi'\left(u_1,\frac{r}{d}\right)\right]=\frac{0.08\times29.5\times24\times7.520562503}{1.37}=310.9231096\text{m}^2/\text{d}$$

$$S=\frac{4T[t]}{r^2\left[\frac{1}{u_1}\right]}=\frac{4\times310.9231096\times90}{5^2\times3600\times1440}=0.000863675$$

配线离差平方和最小值 $f_v=0.66134$。

二、基于随机权重粒子群（RandWPSO）优化配线求解水文地质参数

将标准 PSO 算法中惯性权重 ω 设定为服从某种随机分布的随机数，这样一定程度上可克服 ω 的线性递减所带来的不足。

采用 RandWPSO 优化配线算法，实现补给边界降深–时间（s-t）实际资料曲线与 $\frac{1}{u_1}$ 和 $\Phi'\left(u_1,\frac{r}{d}\right)$ 标准曲线优化配线。

RandWPSO 算法优化配线计算步骤如下。

1）设置粒子数目 N、学习因子 c_1 和 c_2、随机权重平均值的最大值 *mean_max*、随机权重平均值的最小值 *mean_min*、随机权重的方差 *sigma*、最大迭代次数 M、粒子的维数 D。

2）随机初始化种群中各粒子的位置和速度，计算井函数 $W(u)$ 及适应度值。

3）评价每个粒子的适应度，将当前各粒子的位置和适应度值存储在各粒子的 p_{best}（个体最优位置）中，将所有 p_{best} 中适应度值最优个体的位置和适应度值存储于 g_{best}（群体最优）中。

4）更新权重。

$$\begin{cases}\mu=\mu_{\min}+(\mu_{\max}-\mu_{\min})\times rand(0,1)\\ \omega=\mu+\sigma\times N(0,1)\end{cases}$$

式中，$\mu_{\max}$、$\mu_{\min}$ 为随机权重平均值的最大值和最小值；$N(0,1)$ 为标准正态分布的随机数；$rand(0,1)$ 为 0 到 1 的随机数；σ 为随机权重的方差。

5）用下式更新粒子的速度和位移：

$$v_{id}=\omega\times v_{id}+c_1r_1(p_{id}-x_{id})+c_2r_2(g_{id}-x_{id})$$

$$x_{id}=x_{id}+v_{id}$$

6）对每个粒子，将其适应度值与其经历过的最好位置作比较，如果较好，则将其作为当前的最好位置。

7）比较当前所有 p_{best} 和 g_{best} 的值，更新 g_{best}。

8）若满足停止条件（通常为预设的运算精度或迭代次数），搜索停止，选取匹配点，输出配线坐标纵横 a、b 移动值、配线离差平方和最小值 f_v，绘制原始曲线图、配线过程图、最终优化配线图，输出导水系数 T 和贮水系数 S，否则返回步骤 4）继续搜索。

三、基于 RandWPSO 算法的补给边界降深–距离优化配线法计算实例

为方便对比分析，计算采用例题 5.2 的数据（表 5.2）。

(1)RandWPSO 算法输入的参数

粒子数目 $N=100$、学习因子 $c_1=c_2=2.05$、随机权重平均值的最大值 $mean\_max=0.8$、随机权重平均值的最小值 $mean\_min=0.5$、随机权重的方差 $sigma=0.2$、最大迭代次数 $M=300$、粒子的维数 $D=2$。

(2)构建目标函数

如果观测孔位于抽水井与补给边界之间,则目标函数为

$$\min F(a,b,d)=\sum_{i=1}^{n}\left[W\left(\frac{1}{10^{(\lg t_i+\lg a)}}\right)-W\left(\frac{\left(\frac{2d}{r}-1\right)^2}{10^{(\lg t_i+\lg a)}}\right)-10^{(\lg s_i+\lg b)}\right]^2 \tag{5.13}$$

如果观测孔位于补给边界与抽水井之外,则目标函数为

$$\min F(a,b,d)=\sum_{i=1}^{n}\left[W\left(\frac{1}{10^{(\lg t_i+\lg a)}}\right)-W\left(\frac{\left(\frac{2d}{r}+1\right)^2}{10^{(\lg t_i+\lg a)}}\right)-10^{(\lg s_i+\lg b)}\right]^2 \tag{5.14}$$

如果补给边界方位已知,抽水井到补给边界距离 d 是未知量,观测孔至实井的距离 r 为已知值,则目标函数未知量为三个(a、b、d),不同于两个未知数的计算,目标函数需要采用上面的公式,进行多元函数寻优计算,迭代优化完成后,可以计算出 s-t 曲线配线移动参数 a 和 b 以及抽水井到补给边界距离 d,确定配线标准曲线的配线参数 r/d 值。对于补给边界,一般情况下,抽水井到补给边界的距离 d 是已知的。

根据例题 5.2 的题意,目标函数采用式(5.13),由于抽水井距补给边界的距离 d 为已知,本次计算变为二元函数寻优问题,计算相对简单。

(3)设计编程

1)打开 MATLAB 程序,设定补给边界随机权重粒子群计算目录路径。

2)构建抽水试验观测数据文件 data01.mat,形成两行(t_i,s_i)、m(抽水试验观测个数)列的数据文件。

3)编制目标函数计算程序 fitness03.m,对 a、b 进行初始赋值。井函数 $W(u)$ 的计算可采用式(3.9)或式(3.8)~式(3.17)计算,如果采用的 u 不是全域系列计算公式,对于分段计算的 $W(u)$ 计算公式,应注意 u 小于 1 和大于或等于 1 时计算公式的不同。不同的井函数近似计算公式对计算结果的精度影响较大,可使用 Swamee 和 Ojha(1990)提出的井函数 $W(u)$ 的全域解近似计算公式[式(3.8)],计算时可根据需要修改注释语句。

4)编制随机权重粒子群计算主程序 RandWPSO.m。

5)编制执行程序 run0807.m。

(4)优化计算过程

为了解 RandWPSO 算法优化配线计算过程,运行 MATLAB 程序,在当前路径窗口选取补给边界 RandWPSO 配线法计算路径,在当前文件夹窗口,找到随机权重粒子群算法执行程序 run0807.m,右键打开 run0807.m,可在编辑器中查看、修改程序中输入的参数。参数设置为粒子数目 $N=50$、学习因子 $c_1=c_2=2.05$、随机权重平均值的最大值 $mean\_max=0.8$、随机权重平均值的最小值 $mean\_min=0.5$、随机权重的方差 $sigma=0.2$、最大迭代次数 $M=300$、

问题的维数 $D=2$。

计算中修改迭代次数 M 值的大小，以了解 RandWPSO 算法迭代计算收敛情况，设置 $M=3$、10、50、100、300，其他参数不作调整。迭代计算一开始，$M=3$，试验曲线即快速搜索靠近标准曲线（图 5.13 和图 5.14），但计算不稳定，每次计算给出的配线离差平方和最小值 f_v 都不同，$f_v=0.768744944309303\sim26.152251199957075$，变化较大。图 5.14 ~ 图 5.19 为不同迭代次数下的配线曲线及适应度函数变化曲线，图中反映出 RandWPSO 算法快速迭代配线的过程。一般情况下，经过 10 次迭代计算，配线离差平方和最小值 f_v 接近最优迭代计算结果，但不稳定；经过 50 次迭代计算后，计算结果与最终结果基本一致；$M=300$，配线离差平方和最小值基本稳定在 $f_v=0.656016610316616$，反映迭代计算收敛速度快、计算结果稳定。

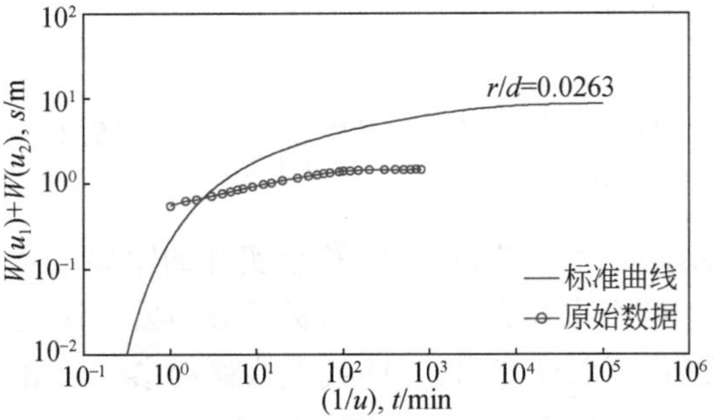

图 5.13　标准曲线及原始数据曲线

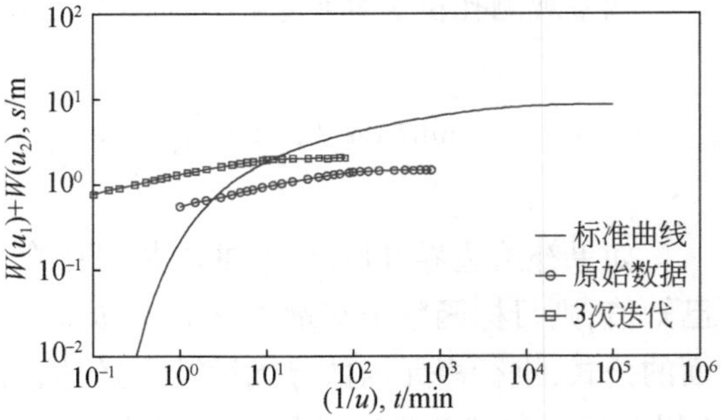

图 5.14　优化迭代图 5.13 原始数据 3 次

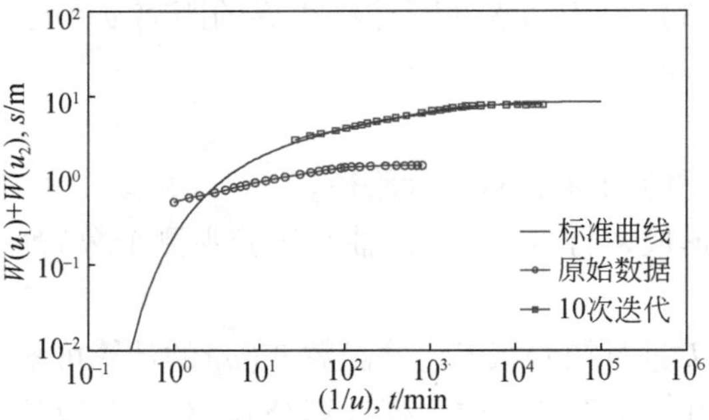

图 5.15　优化迭代图 5.13 原始数据 10 次

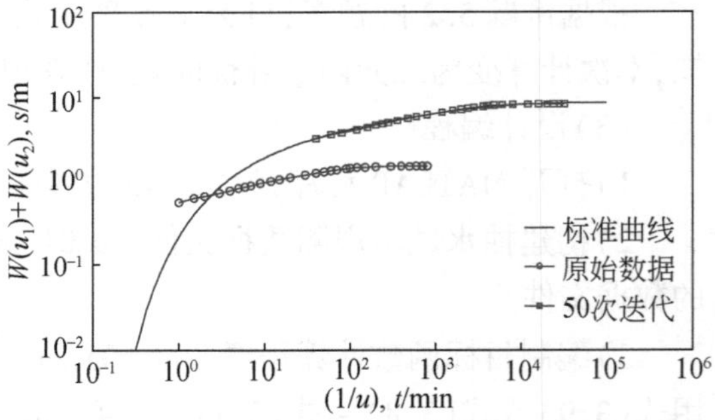

图 5.16　优化迭代图 5.13 原始数据 50 次

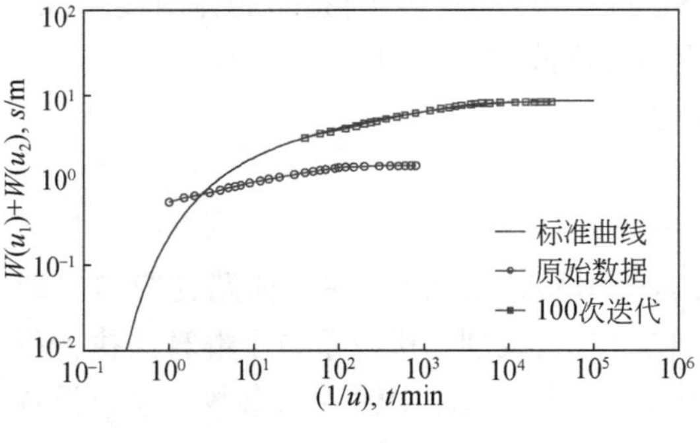

图 5.17　优化迭代图 5.13 原始数据 100 次

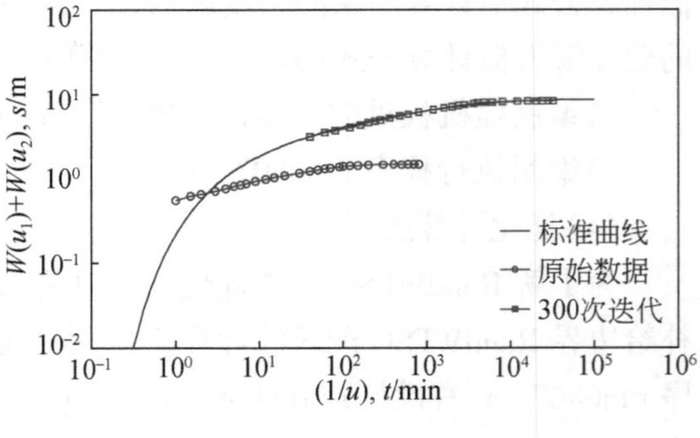

图 5.18　优化迭代图 5.13 原始数据 300 次

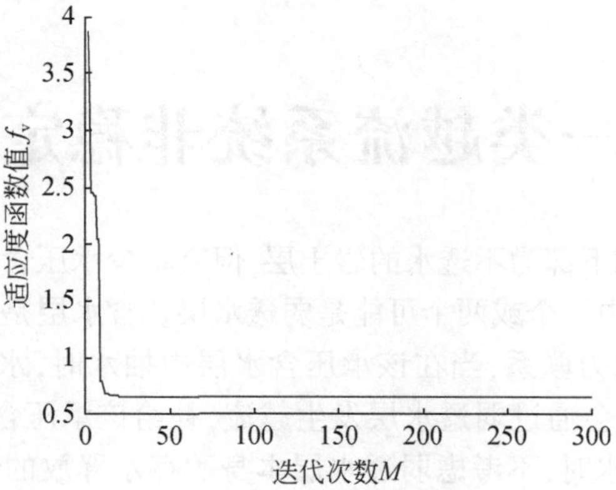

图 5.19　RandWPSO 不同迭代次数适应度函数变化曲线

(5)计算结果

经 RandWPSO 算法优化配线计算完成后,选取匹配点的坐标值如下:

$$[s]=1.37,[t]=90,\left[\frac{1}{u_1}\right]=348.5127,\left[\Phi'\left(u_1,\frac{r}{d}\right)\right]=7.733231$$

300 次迭代计算完成后,计算耗时 3.86s,计算结果如下:

导水系数 $T=319.7154961911451\mathrm{m^2/d}$;

贮水系数 $S=9.173710220167313\times10^{-4}$;

标准曲线匹配参数 $r/d=0.0263$;

配线离差平方和最小值 $f_v=0.656016610316616$。

例题 5.2 人工配线的计算结果为(邹立芝,1991):

$$T=\frac{0.08[Q]}{[s]}\left[\Phi'\left(u_1,\frac{r}{d}\right)\right]=\frac{0.08\times29.5\times24\times7.520562503}{1.37}=310.9231096\mathrm{m^2/d}$$

$$S=\frac{4T[t]}{r^2\left[\frac{1}{u_1}\right]}=\frac{4\times310.9231096\times90}{5^2\times3600\times1440}=0.000863675$$

配线离差平方和最小值 $f_v=0.66134$。

对比例题 5.2 人工配线的计算结果,RandWPSO 算法优化配线计算结果更精确、符合实际情况,采用人工智能配线使得这种计算方法成为可能,也使水文地质参数的计算更加便利。

第六章 第一类越流系统非稳定流抽水试验

承压含水层的上部和下部为不透水的岩土层,但有不少承压含水层上、下的岩土层并不是绝对不透水的,而是其中一个或两个可能是弱透水层。含水层是承压的,又通过弱透水层与相邻含水层有一定的水力联系,当在该承压含水层中抽水时,水头降低以后,上部(或下部)含水层中的地下水就会通过弱透水层发生越流,补给该承压含水层(薛禹群和朱学愚,1979)。在承压含水层抽水时,不考虑弱透水层本身贮存水释放的情况下,弱透水层仅仅是作为越流通道使得承压含水层上部或下部含水层中的水越流补给承压含水层,弱透水层本身不参与水量交换。弱透水层的弹性释放量可忽略不计,而在主含水层抽水期间补给层的水头不变时,由含水层、弱透水层和相邻水层所组成的系统称为第一类越流系统。

第一节 第一类越流系统非稳定流抽水试验标准曲线配线法

一、第一类越流系统标准曲线配线法求解水文地质参数

(一)标准曲线配线法原理

M. S. Hantush 和 C. E. Jacob 求得该方程的解为

$$s=\frac{Q}{4\pi T}\int_{u}^{\infty}\frac{1}{y}e^{-y-\frac{r^2}{4B^2y}}dy=\frac{Q}{4\pi T}W\left(u,\frac{r}{B}\right) \tag{6.1}$$

其中

$$W\left(u,\frac{r}{B}\right)=\int_{u}^{\infty}\frac{1}{y}e^{-y-\frac{r^2}{4B^2y}}dy$$

$$u=\frac{r^2S}{4Tt}$$

式中,s 为水位降深;Q 为抽水井的流量;T 为导水系数;S 为贮水系数;r 为观测孔距抽水井的距离;B 为越流因素,$B=\sqrt{\frac{Tm'}{K'}}$,m'为弱透水层厚度,K'为弱透水层渗透系数;$W\left(u,\frac{r}{B}\right)=\int_{u}^{\infty}\frac{1}{y}e^{-y-\frac{r^2}{4B^2y}}dy$ 为不考虑相邻弱透水层弹性释水时(第一类越流系统)定流量越流系统的井函数。

(二)计算步骤

根据定流量抽水试验,在双对数坐标纸上 s-t 实测曲线与 $W\left(u,\frac{r}{B}\right)$-$\frac{1}{u}$标准曲线的形状是相同的,只是其纵、横坐标彼此平移了 $\lg\frac{Q}{4\pi T}$和 $\lg\frac{r^2S}{4T}$而已。计算步骤如下。

1)在双对数坐标纸上绘 $W\left(u,\frac{r}{B}\right)$-$\frac{1}{u}$标准曲线(图6.1);

2)在另一同模数的透明双对数坐标纸上绘 s-t 实测曲线;

3)保持两坐标轴彼此平行使曲线在某一条配线参变量为 r/B 的标准曲线上重合;

4)任选一个匹配点,记下 $W\left(u,\frac{r}{B}\right)$、$\frac{1}{u}$、$s$、$t$ 的坐标值;

5)利用式(6.2)~式(6.6)计算水文地质参数:

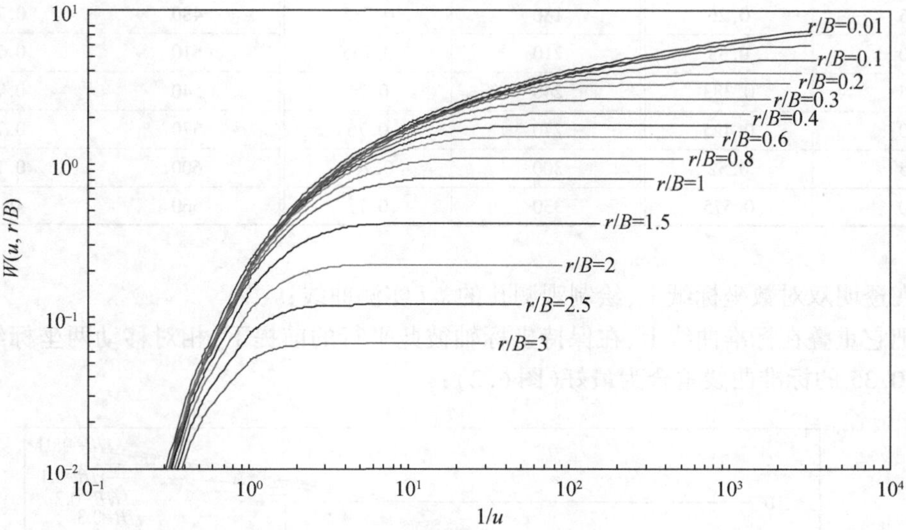

图6.1　越流含水层标准曲线

$$T=\frac{Q}{4\pi s}W\left(u,\frac{r}{B}\right) \tag{6.2}$$

$$S=\frac{4Tt}{r^2\left(\frac{1}{u}\right)} \tag{6.3}$$

$$K=\frac{T}{M} \tag{6.4}$$

$$B=\frac{r}{\left(\frac{r}{B}\right)} \tag{6.5}$$

$$\frac{K_1}{M_1}=\frac{T}{B^2} \tag{6.6}$$

式中,K_1、M_1为弱透水层渗透系数和厚度(已知 M_1,可求 K_1);$\frac{K'}{M'}=\frac{K_1}{M_1}$为越流系数,其他符号同前。

(三)例题分析6.1

某地砂砾石越流含水层,受上部潜水越流补给,两者间为粉砂土弱透水层。越流含水层中有一口完整井进行了抽水试验,抽水井涌水量 $Q=69.1\text{m}^3/\text{h}$,距抽水井197m处有一观测孔,观测资料列于表6.1中,试确定含水层水文地质参数(蒋辉等,2009)。

表6.1　抽水试验观测数据

累计时间/min	水位降深/m	累计时间/min	水位降深/m	累计时间/min	水位降深/m
1	0.05	75	0.62	360	0.772
4	0.054	90	0.64	390	0.785
7	0.12	120	0.685	420	0.79
10	0.175	150	0.725	450	0.792
15	0.26	180	0.735	480	0.794
20	0.33	210	0.755	510	0.795
25	0.383	240	0.76	540	0.796
30	0.425	270	0.76	570	0.797
45	0.52	300	0.763	600	0.798
60	0.575	330	0.77	660	0.80

1)在透明双对数坐标纸上,绘制观测孔的 s-t 实测曲线;

2)把它重叠在标准曲线上,在保持坐标轴彼此平行的前提下,相对移动两坐标纸,结果与 $r/B=0.35$ 的标准曲线重合为最好(图6.2);

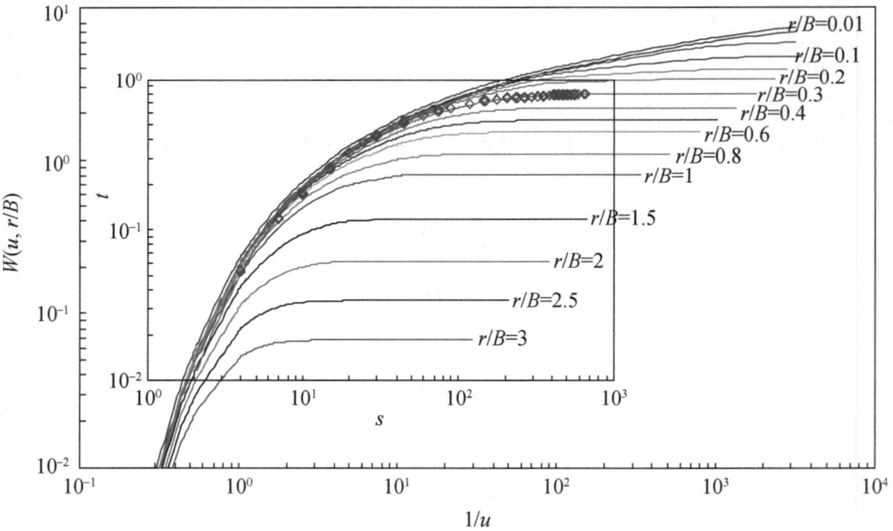

图6.2　越流含水层配线法

3)确定配线参变量 $r/B=0.35$,任选一匹配点,记下对应的4个坐标值:

$$W\left(u,\frac{r}{B}\right)=2.45,\frac{1}{u}=101,s=0.78,t=500$$

4)代入式(6.2)～式(6.6),计算结果如下:

$$T=\frac{Q}{4\pi s}W\left(u,\frac{r}{B}\right)=\frac{69.1\times24}{4\times3.14\times0.78}\times2.45=414.7\text{m}^2/\text{d}$$

$$S=\frac{4Tt}{r^2\left[\frac{1}{u}\right]}=\frac{4\times414.7\times\frac{500}{1440}}{197^2\times101}=1.469\times10^{-4}$$

$$B=\frac{r}{\left[\frac{r}{B}\right]}=\frac{197}{0.35}=562.86\text{m}$$

$$\frac{K_1}{M_1}=\frac{T}{B^2}=0.0013\text{d}^{-1}$$

二、Hantush 和 Jacob 井函数 $W\left(u,\frac{r}{B}\right)$ 近似解

Hantush 和 Jacob(1955)提出了越流系统井函数并给出了其近似解：

$$W(u,r/B)\cong2K_0(r/B)-I_0(r/B)[-E_i(-r2/4B^2u)]+[\exp(-r^2/4B^2u)]\times\left\{\gamma+\ln u+[-E_i(-u)]\right.$$
$$\left.-u+u[I_0(r/B)-1]/(r^2/4B^2)-u^2\sum_{n=1}^{\infty}\sum_{m=1}^{n}\frac{(-1)^{n+m}(n-m-1)!}{(n+2)!^2}(r2/4B2)^m u^{n-m}\right\}\tag{6.7}$$

式中，I_0是第一类修正零阶贝塞尔函数；$-E_i(-x)=W(u)$；$\gamma=0.577215664901532860$，为尤拉常数；$K_0$ 为第二类修正零阶贝塞尔函数。

Hunt(1977)提出了 Hantush 和 Jacob 井函数的近似表达式：

$$W(u,r/B)\cong2K_0(2\sqrt{\varepsilon})-\sum_{n=0}^{\infty}\frac{(-u)^n}{n!}E_{n+1}(\varepsilon/u)\tag{6.8}$$

$$\varepsilon\equiv r^2/4B^2$$

$$E_{n+1}(u)\cong\frac{1}{n}[\text{e}^{-u}-uE_n(u)],(n=1,2,\cdots)$$

式中，$E_1(u)\cong-\gamma-\ln u-\sum_{n=1}^{\infty}\frac{(-1)^n u^n}{nn!}$。

对于$0\leqslant\varepsilon/u<\infty$

$$W(u,r/B)\cong\sum_{n=0}^{\infty}\frac{(-\varepsilon/u)^n}{n!}E_{n+1}(u),\quad\varepsilon\equiv r^2/4B^2\tag{6.9}$$

Wilson 和 Miller(1978)利用 Laplace 变换，提出了 Hantush 和 Jacob 井函数近似解：

$$W(u,r/B)\cong\left(\frac{\pi B}{2r}\right)^{1/2}\text{e}^{-r/B}\text{erfc}\left(-\frac{r/B-2u}{2u^{1/2}}\right)\tag{6.10}$$

上式的误差：$r/B>1$ 时，误差小于 10%；$r/B>10$ 时，误差小于 1%。

Wilson 和 Miller(1979)又提出了 Hantush 和 Jacob 井函数另外一个近似公式($b>1$)：

$$W(u,b)\cong\left(\frac{\pi}{2b}\right)^{1/2}\text{e}^{-b}\left[\left(1-\frac{1}{8b}\right)\text{erfc}(-\beta)+\frac{\beta}{4b\sqrt{\pi}}\text{e}(-\beta^2)+O\left(\frac{1}{b^{3/2}}\right)\right],\quad\beta=(b-2u)/\sqrt{4u}\tag{6.11}$$

Hunt(1978)提出的 Hantush 和 Jacob 井函数如下：

$$W(u,b)\cong\sqrt{\frac{\pi}{2b}}\mathrm{e}^{-b}\left\{\left[\mathrm{erfc}(a)+\sqrt{\frac{2}{\pi b}}a^2\mathrm{e}^{-a^2}\right]+\frac{1}{b}\left[\frac{a\mathrm{e}^{-a^2}}{\sqrt{\pi}}\left(a^4-\frac{3}{2}a^2-\frac{1}{4}\right)-\frac{1}{8}\mathrm{erfc}(a)\right]\right\}+O\left(\frac{1}{b^{3/2}}\right) \tag{6.12}$$

式中，$b=\gamma/B$；$a=(2u/b-1)/\sqrt{b/2}$，$(b\gg 1)$。以上公式引自(Prodanoff et al.，2006)。

Nadarajah(2007)给出的近似解为

$$W(u,r/B)=\begin{cases}K_0(r/B)+I, & 0<u<r/(2B)\\ K_0(r/B)-I, & u\geqslant r/(2B)\end{cases} \tag{6.13}$$

$$I=\sqrt{\frac{2Bu}{r}+\frac{r}{2Bu}-2}\exp\left(-\frac{r}{B}\right)\times\Phi_1^N\left(\frac{1}{2},\frac{1}{2},\frac{3}{2};\frac{1}{2}-\frac{Bu}{2r}-\frac{r}{8Bu},u+\frac{r2}{4B^2u}-\frac{r}{B}\right)$$

$$\Phi_1^N(a,b,c;x,y)=\sum_{m=0}^{\infty}\sum_{n=0}^{\infty}\frac{(a)_{m+n}(b)_n x^m y^n}{(c)_{m+n}m!\ n!}$$

$$(a)_k=\frac{\Gamma(a+k)}{\Gamma(a)}=a(a+1)\cdots(a+k-1),\quad a\neq 0,-1,-2,\cdots$$

Veling 和 Maas(2010)对 Nadarajah(2007)给出的近似解进行了修正：

$$W(u,r/B)=\begin{cases}K_0(r/B)+I, & 0<u<r/(2B)\\ K_0(r/B)-I, & u\geqslant r/(2B)\end{cases}$$

其中，$I=\sqrt{\frac{2Bu}{r}+\frac{r}{2Bu}-2}\exp\left(-\frac{r}{B}\right)\times\Phi_1^N\left(\frac{1}{2},\frac{1}{2},\frac{3}{2};\frac{1}{2}-\frac{Bu}{2r}-\frac{r}{8Bu},u+\frac{r2}{4B^2u}-\frac{r}{B}\right)$，

$$\left|\frac{1}{2}-\frac{Bu}{2r}-\frac{r}{8Bu}\right|<1$$

同时，Veling 和 Maas(2010)给出了 Hantush 井函数的另外一种表达式：

$$W\left(u,\frac{r}{B}\right)=\Gamma\left(0,u;\frac{r^2}{4B^2}\right)$$

Veling 和 Maas(2010)也给出了上式几种较为复杂的近似解。Swamee 和 Ojha(1990)给出的 Hantush 和 Jacob 井函数的近似解如下：

$$W(u,v)=-\frac{2}{3}\ln\left[\left(\frac{u}{c_1+0.65u}\right)^{1.5}+\left(\frac{v}{1.12+0.6v^2}\right)^{1.5}\right] \tag{6.14}$$

$$u\leqslant c_1,v\leqslant 0.5$$

式中，$c_1=\exp(-\gamma)=0.561459$；$\gamma$ 为尤拉常数，$\gamma=0.577216$。

对于 $0\leqslant u\leqslant c_1$，$0\leqslant v\leqslant\infty$：

$$W(u,v)=\left(\left\{-\frac{2}{3}\ln\left[\left(\frac{u}{c_1+0.65u}\right)^{1.5}+\left(\frac{v}{1.12+0.6v^2}\right)^{1.5}\right]\right\}^{1/k_1}+\left[\sqrt{\frac{\pi}{32v}}\left(8v-1+\frac{0.36}{v}\right)\frac{\mathrm{e}^{-v}}{v}\right]^{1/k_1}\right)^{k_1} \tag{6.15}$$

$k_1=-0.0625-0.0075v$，适用于较小的 u 值。

对于 $c_1\leqslant v\leqslant\infty$：

$$W(u,v)=\frac{\mathrm{e}^{-u[1+v^2/(4u^2+0.01)]}}{u}\left[1+\frac{0.02+3v}{(0.01+v)u}\right]^{-0.48+0.075v} \tag{6.16}$$

上式适用于较大的 u 值。

结合上面两式,得到了与井函数的列表值和计算值一致的方程:

$$W(u,v)=\left\{\left[\left(-\ln\frac{2}{3}\left\{\left[\frac{u}{(c_1+0.65u)(1+k_2u)}\right]^{1.5}+\left(\frac{v}{1.12+0.6v^2}\right)^{1.5}\right\}\right)^{1/k_1}+\left[\sqrt{\frac{\pi}{32v}}\left(8v-1+\frac{0.36}{v}\right)\frac{e^{-v}}{v}\right]^{1/k_1}\right]^{k_1/k_3}\right.$$
$$\left.+\frac{\exp\left[-u\left(1+\frac{v^2}{4u^2+0.01}\right)+\frac{0.15v^{0.08}+0.06v^{2.4}}{u^2+0.01}\right]}{u}\left[\left(1+\frac{0.02+3v}{(0.01+v)u}\right)^{-0.48+0.075v}\right]^{1/k_3}\right\}^{k_3} \tag{6.17}$$

式中,$k_1=-0.0625-0.0075v$;$k_2=\dfrac{1-v^{0.008}+0.22v^{0.67}}{1+\left(\dfrac{v}{7.3}\right)^7}$;$k_3=-0.13-0.157v^{0.3}$

三、Hantush 和 Jacob 井函数 $W\left(u,\dfrac{r}{B}\right)$ 数值解的推导

(一)直接编程进行数值积分

越流系统井函数 $W\left(u,\dfrac{r}{B}\right)=\int_u^{\infty}\dfrac{1}{y}e^{-y-\frac{r^2}{4B^2y}}dy$ 无解析解,只能通过数值积分求得其近似数值解,数值解的精度与采用的数值积分方法、积分小区间的划分数量,截断误差有关。具体计算可采用复化 Simpson 数值积分、Romberg 数值积分等方法,结合积分变换完成越流系统井函数 $W\left(u,\dfrac{r}{B}\right)$ 的计算。本小节采用复化 Simpson 数值积分计算井函数 $W\left(u,\dfrac{r}{B}\right)$,具体推导如下。

1)进行积分变换。

进行变量代换,令 $t=x^{-1}$,将广义积分 $\int_a^{\infty}f(x)dx$ 转换为具有左端点奇点的积分:

$$\int_a^{\infty}f(x)dx=\int_0^{1/a}t^{-2}f\left(\frac{1}{t}\right)dt \tag{6.18}$$

2)根据上述积分变换原理,将井函数 $W\left(u,\dfrac{r}{B}\right)$ 变换为下式:

$$W\left(u,\frac{r}{B}\right)=\int_u^{\infty}\frac{1}{y}e^{-y-\frac{r^2}{4B^2y}}dy=\int_0^{1/u}t^{-1}e^{\left(-t^{-1}-\frac{r^2}{4B^2}t\right)}dt \tag{6.19}$$

3)利用复化 Simpson 数值积分方法,完成上述积分。

设 $f(x)$ 在区间 (a,b) 上有四阶连续导数,将积分区间划分为 2m 等份,步长为 h,则

$$x_k=a+kh,(k=0,1,\cdots,2m),h=\frac{b-a}{2m} \tag{6.20}$$

复化 Simpson 求积公式为

$$\int_a^b f(x)dx\approx\frac{h}{3}[f(a)+f(b)+4\sum_{i=1}^{m}f(x_{2i-1})+2\sum_{i=1}^{m-1}f(x_{2i})] \tag{6.21}$$

截断误差为

$$E(f)=-\frac{h^4}{180}(b-a)f^{(4)}(\eta),\quad \eta\in[a,b] \tag{6.22}$$

4）令 $a=0,b=1/u$，设 $c=r/B$，为保证计算的精度，给定一个较大的 m 值，可将 h 值设得很小，代入复化 Simpson 求积公式，求得井函数 $W\left(u,\frac{r}{B}\right)$ 的值。

$$W\left(u,\frac{r}{B}\right)\approx\frac{h}{3}\left[f(0)+f(1/u)+4\sum_{i=1}^{m}f(x_{2i-1})+2\sum_{i=1}^{m-1}f(x_{2i})\right] \tag{6.23}$$

其中

$$\sum_{i=1}^{m}f(x_{2i-1})=\sum_{i=1}^{m}\left[(2i-1)h\right]^{-1}\exp\left\{-\frac{1}{(2i-1)h}-\frac{[(2i-1)h]c^2}{4}\right\} \tag{6.24}$$

$$\sum_{i=1}^{m-1}f(x_{2i})=\sum_{i=1}^{m-1}\left[(2i)h\right]^{-1}\exp\left\{-\frac{1}{(2i)h}-\frac{[(2i)h]c^2}{4}\right\} \tag{6.25}$$

$$f(0)=0,f\left(\frac{1}{u}\right)=(1/u)^{-1}\exp\left[\frac{1}{(1/u)}-\frac{(1/u)c^2}{4}\right]$$

5）井函数 $W(u,\frac{r}{B})$ 复化 Simpson 求积. m 文件。

```
%%%%%%%%%%%%%%%%    W(u,r/B)向量化代码      %%%%%%%%%%%%%%
m=5000;                                  % 数值积分划分区间参数值 h=(b-a)/2m
h=(1./u)./(2.*m);                        % 积分小区间宽度
A=((1./u).^(-1)).*exp((1./(1./u))-((c.*c.*(1./u))./4));
B=zeros(1,m-1);
D=zeros(1,m-1);
i=1:(m-1);
B=cumsum(B+(((2.*i-1).*h).^(-1)).*exp((-1./((2.*i-1).*h))-((((2.*i-1).*h).*c.*c)./4)));
D=cumsum(D+((2.*i.*h).^(-1)).*exp((-1./(2.*i.*h))-((2.*i.*h).*c.*c)/4));
BEnd=B(end)+(((2.*m-1).*h).^(-1)).*exp((-1./((2.*m-1).*h))-((((2.*m-1).*h).*c.*c)./4));
F=(h./3).*(A+4.*BEnd+2.*D(end));
%%%%%%%%%%%%%%%%%%%%      End      %%%%%%%%%%%%%%%%%%%
```

（二）直接调用 MATLAB 内置数值积分函数

求解数值积分的方法多种多样，如简单的梯形法、辛普森（Simpson）法、牛顿-柯特斯（Newton-Cotes）法等都是常用的方法，MATLAB 内置了很多数值积分函数，计算人员编程中可直接调用。

1）辛普森（Simpson）法。

quad（ ）函数采用自适应变步长是 Simpson 求积法，其格式为

I=quad(fun, a, b, tol, trace, p1, p2⋯)

参数 fun 为被积函数 $f(x)$，a，b 分别为变量 x 的积分下限和上限；tol 为积分精度要求，默认为 1×10^{-6}。

2）Gauss-Lobatto 算法。

quadl：采用自适应的-Lobatto 公式计算，精度和速度均较好，其格式为

$$I=quadl(fun,a,b,tol,trace,p1,p2\cdots)$$

fun 为被积函数 $f(x)$；a,b 分别为变量 x 的积分下限和上限；tol 为积分精度要求，默认为 1×10^{-6}。

3）MATLAB 在程序使用中已作说明，后续版本将取消数值积分函数 quad 和 quadl，由 integral 数值积分函数取代，调用方法基本相同。

4）基于 MATLAB 内置数值积分函数的井函数 $W\left(u,\frac{r}{B}\right)$ 计算。

利用式(6.19)，对井函数进行积分变换，$W\left(u,\frac{r}{B}\right)=\int_0^{1/u}t^{-1}\,\mathrm{e}^{\left(-t^{-1}-\frac{r^2}{4B^2}t\right)}\mathrm{d}t$，令 $c=r/B$，则 $f(t)=t^{-1}\mathrm{e}^{\left(-t^{-1}-\frac{r^2}{4B^2}t\right)}=f(t)=t^{-1}\mathrm{e}^{\left[-t^{-1}-0.25c^2t\right]}$，对于已知的 r/B 值，编制的 $W\left(u,\frac{r}{B}\right)$ 井函数的 Wurb.m 文件如下：

```
%%%%%%%%%%%%%%%      第一类越流系统井函数 W(u,r/B)      %%%%%%%%%%%%%%%%
clear
close all
format long
u=0.05;
c=0.1;                                        % c 表示 r/B
y=@(t)t.^(-1).*exp(-(t.^(-1))*-0.25.*(c.^2).*t);
integral(y,0,1/u)
              %%%%%%%%%%%%%%%%%%%%%%%%%%%%%%%%%%%%%%%%%%%%%%%%%%%%%%%%%%%%%%%%%
```

计算参数 $u=0.05(1/u=20)$，MATLAB 运行结果为

命令窗口

```
  >>Wurb
  ans=
     2.42706902470174
```

$W\left(u,\frac{r}{B}\right)$ 井函数表格中，$u=0.05$、$r/B=0.1$，对应的 $W\left(u,\frac{r}{B}\right)$ 函数值为 2.427，可见 MATLAB 内置的数值积分函数计算精度远高于原来表格中的数值。

四、学习因子同步变化粒子群(LnCPSO)优化配线求解水文地质参数

本小节采用学习因子同步变化粒子群，实现越流系统的降深-时间(s-t)实际资料曲线与 $W\left(u,\frac{r}{B}\right)$ 和 $\frac{1}{u}$ 标准曲线的优化配线。

同步变化的学习因子指的是将学习因子 c_1 和 c_2 的取值范围设定为 $[c_{\min},c_{\max}]$，第 t 次迭代时的学习因子取值公式为

$$c_1=c_2=c_{\max}-\frac{c_{\max}-c_{\min}}{t_{\max}}\times t$$

学习因子同步变化粒子群优化配线法计算步骤如下。

1)设置粒子数目 N、学习因子 $c_{\max}$ 和 $c_{\min}$、惯性权重 ω、最大迭代次数 M、问题的维数 D。

2)随机初始化种群中各粒子的位置和速度,计算井函数 $W\left(u,\frac{r}{B}\right)$ 及适应度值。

3)评价每个粒子的适应度,将当前各粒子的位置和适应度值存储在各粒子的 p_{best}(个体最优位置)中,将所有 p_{best} 中适应度值最优个体的位置和适应度值存储于 g_{best}(群体最优)中。

4)用下式更新粒子的速度和位移:

$$v_{id}=\omega\times v_{id}+c_1r_1(p_{id}-x_{id})+c_2r_2(g_{id}-x_{id})$$

$$x_{id}=x_{id}+v_{id}$$

5)更新学习因子。

$$c_1=c_2=c_{\max}-\frac{c_{\max}-c_{\min}}{t_{\max}}\times t$$

6)对每个粒子,将其适应度值与其经历过的最好位置作比较,如果较好,则将其作为当前的最好位置;比较当前所有 p_{best} 和 g_{best} 的值,更新 g_{best}。

7)若满足停止条件(通常为预设的运算精度或迭代次数),搜索停止,选取匹配点,输出配线坐标轴方向的配线移动值 a、b 及标准曲线配线参变量 r/B、目标函数离差平方和最小值 f_v,绘制原始曲线图、配线过程图、最终优化配线图,输出导水系数 T 和贮水系数 S 等水文地质参数,否则返回步骤 4)继续搜索。

五、学习因子同步变化粒子群算法越流系统降深-时间配线法计算分析

为对比分析,计算采用例题 6.1 的数据。

(1)学习因子同步变化粒子群算法输入的参数

粒子数目 N、学习因子 $c_{\max}$ 和 $c_{\min}$、惯性权重 ω、最大迭代次数 $maxgen$、对于有三个未知量的多元函数、问题的维数 D。

(2)目标函数

因为越流系统井函数 $W\left(u,\frac{r}{B}\right)$ 为跟 $\frac{r}{B}$ 有关的曲线族,基于最小二乘法的目标函数为三元多维函数,设 $c=r/B$,则目标函数为

$$\min F(a,b,c)=f_v=\sum_{i=1}^{n}\left[W\left(\frac{1}{10^{(\lg t_i+\lg a)}},c\right)-10^{(\lg s_i+\lg b)}\right]^2 \tag{6.26}$$

(3)设计编程

1)打开 MATLAB 程序,设定学习因子同步变化粒子群 LnCPSO 计算目录路径;

2)构建抽水试验观测数据文件 S1R. mat,形成两行(t_i,s_i)、m(抽水试验观测个数)列的数据文件;

3)编制目标函数计算程序 fit. m,对 a、b、c 进行初始赋值;

4)编制井函数 $W\left(u,\frac{r}{B}\right)$ 数值积分计算程序,可采用经验公式、复化 Simpson 求积公式或直接调用内置积分函数求解;

5)编制学习因子同步变化粒子群算法计算程序 LnCPSO. m。

(4)优化计算过程

设置粒子数目 $N=100$、学习因子 $c_{max}=2.1$、学习因子 $c_{min}=0.8$、惯性权重 $\omega=0.4$、最大迭代次数 $maxgen=1000$、对于有三个未知量的多元函数、问题的维数 $D=3$。目标函数计算中采用复化 Simpson 求积公式[式(6.23)]来计算越流井函数 $W\left(u,\frac{r}{B}\right)$ 的值,设置 $m=1500$。

为直观了解 LnCPSO 算法优化配线计算过程,运行 MATLAB 程序,在当前路径窗口选取越流系统降深-时间配线法计算路径,在当前文件夹窗口,找到学习因子同步变化粒子群优化算法计算程序 LnCPSO. m,右键打开 LnCPSO. m 文件,可在编辑器中查看、修改程序中的输入数据。

为分析 LnCPSO 算法优化配线迭代计算过程,计算中设置最大迭代次数 $maxgen=10$、50、100、500、1000,其他参数不作调整,以了解 LnCPSO 算法解迭代配线计算收敛情况。图 6.3为配线开始时原始数据曲线及标准曲线,为清楚起见,图中未画出大量的标准曲线,仅显示了 $r/B=3$、2、1、0.4、0.1、0.01 及最大迭代次数 $maxgen$ 计算完成后的最优标准曲线。图 6.4 ~ 图6.9 为各次迭代配线过程及适应度函数变化曲线,设置最大迭代次数 $maxgen=10$,迭代计算一开始,原始数据曲线快速靠近标准曲线(图 6.4),但计算的结果不稳定,计算给出的配线离差平方和最小值 $f_v=0.017566422010147 \sim 0.069301949054806$,计算结果变化较大;经 $maxgen=50$ 次迭代计算,计算出的配线离差平方和最小值 $f_v=0.011565926829623 \sim 0.053277081855439$,部分计算结果已经接近于最优配线结果;设置最大迭代次数 $maxgen=100$,$f_v=0.011565926829623 \sim 0.05458765248269$,虽然配线范围收窄于标准曲线附近,但计算精度离差大;$maxgen=500$,$f_v=0.011565926829623 \sim 0.049362080272657$;$maxgen=800$,$f_v=0.011565926829623 \sim 0.021869791335064$,偶有计算不稳定情况出现;设置最大迭代次数 $maxgen=1000$,$f_v=0.011565926829623$,计算结果相对稳定,1000 次迭代计算,耗时 3.5min。

由于是三个未知量的多元函数寻优计算,越流系统优化配线计算过程耗时相对较长,主要消耗在井函数数值解的反复积分计算上。

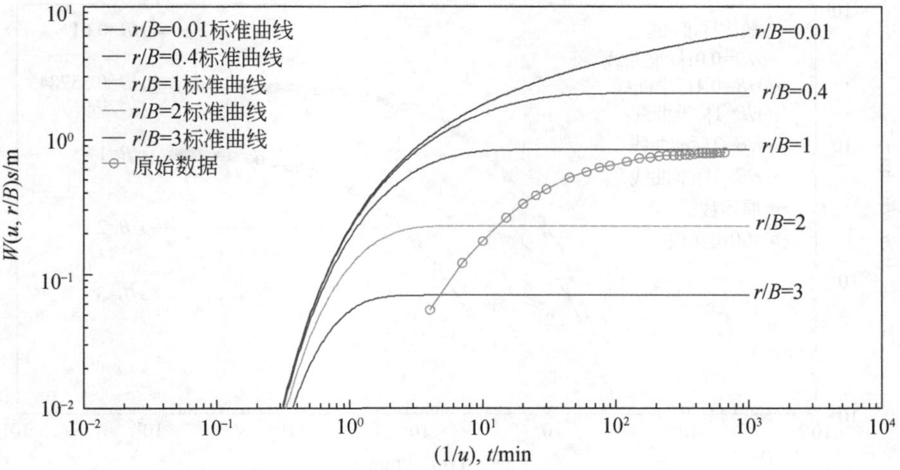

图 6.3　配线初始状态

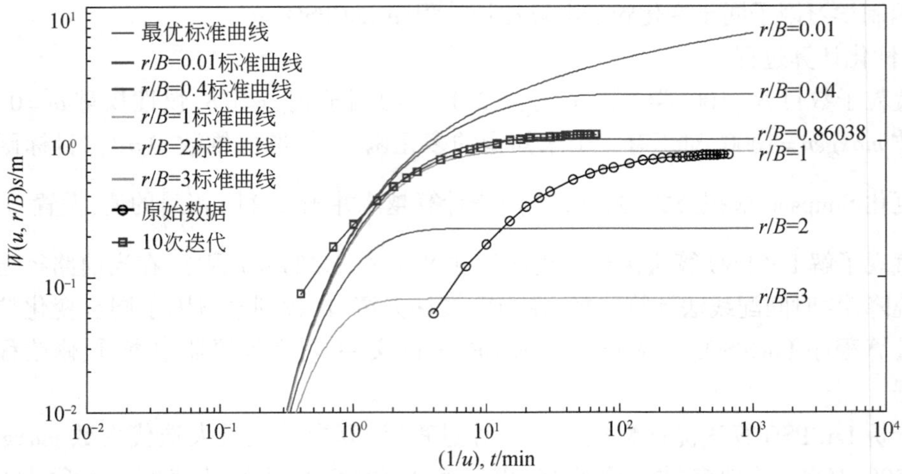

图 6.4　优化迭代图 6.3 原始数据 10 次

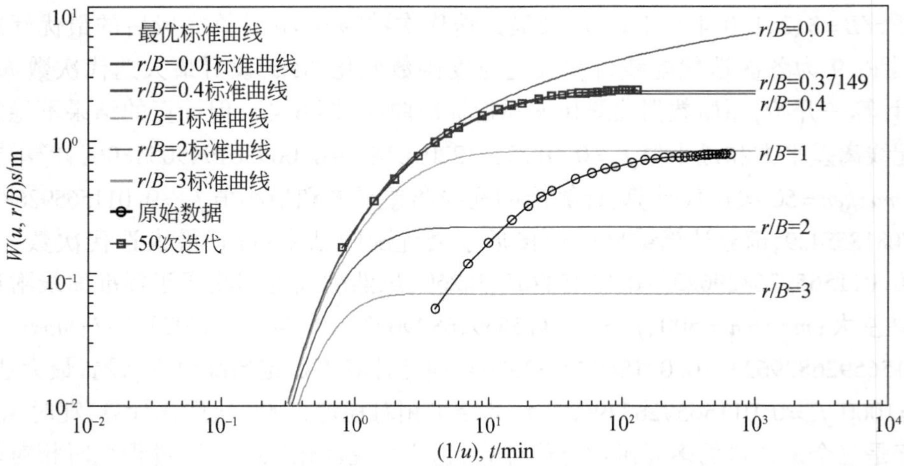

图 6.5　优化迭代图 6.3 原始数据 50 次

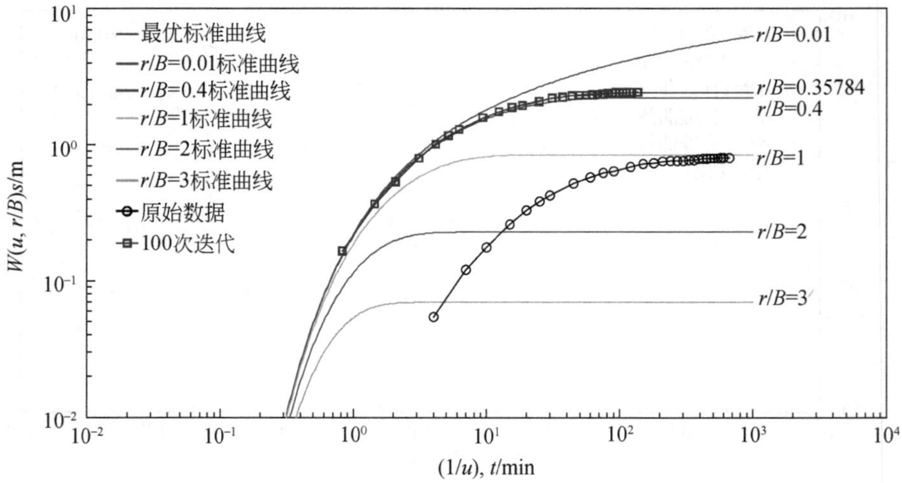

图 6.6　优化迭代图 6.3 原始数据 100 次

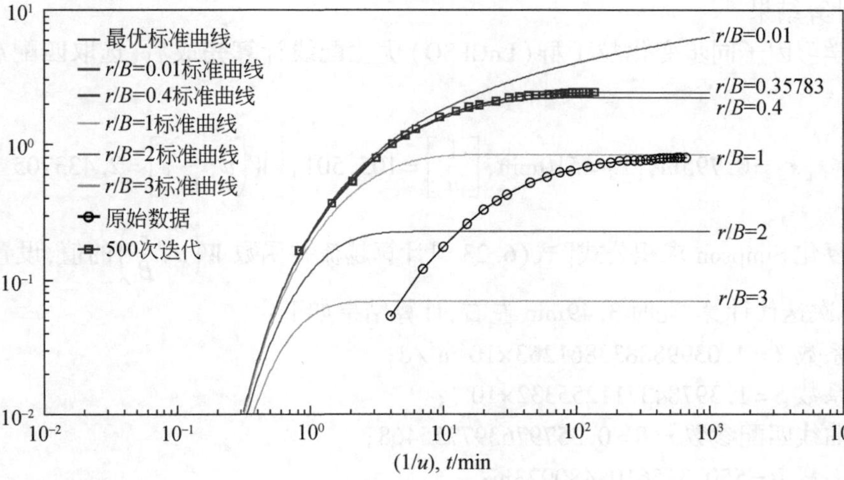

图 6.7　优化迭代图 6.3 原始数据 500 次

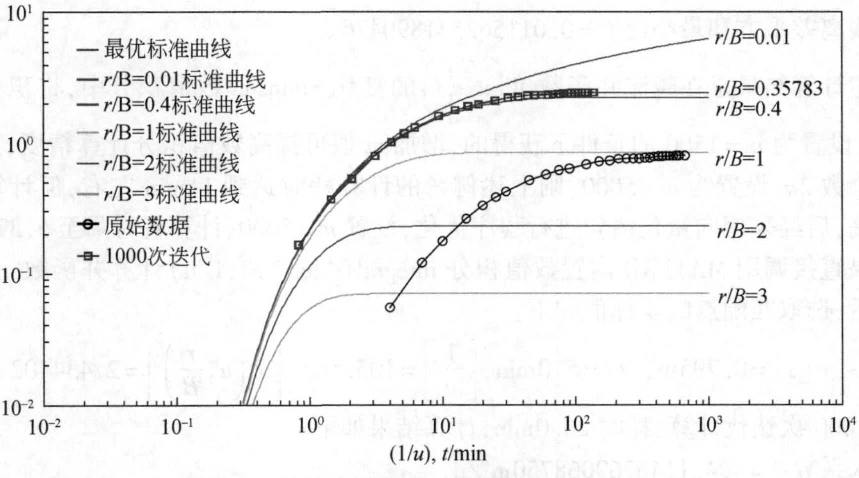

图 6.8　优化迭代图 6.3 原始数据 1000 次

图 6.9　LnCPSO 适应度函数值变化曲线

(5)计算结果

采用学习因子同步变化粒子群(LnCPSO)优化配线计算完成后,选取匹配点的坐标值如下:

$$[s]=0.795\text{m},[t]=510\text{min},\left[\frac{1}{u}\right]=105.501,\left[W\left(u,\frac{r}{B}\right)\right]=2.433705$$

采用复化 Simpson 求积公式[式(6.23)]计算越流井函数 $W\left(u,\frac{r}{B}\right)$ 的值,设置 $m=1500$,经过 1000 次迭代计算,耗时 3.49min 左右,计算结果如下:

导水系数 $T=4.039988833861263\times10^2\text{m}^2/\text{d}$;

贮水系数 $S=1.397843711255332\times10^{-4}$;

标准曲线匹配参数 $r/B=0.357976397755468$;

越流因素 $B=550.3156108480923\text{m}$;

越流系数 $\frac{K_1}{M_1}=1.334002\times10^{-3}\text{d}^{-1}$;

配线离差平方和最小值 $f_v=0.011562541890476$。

上述计算结果是在越流井函数 $W\left(u,\frac{r}{B}\right)$ 的复化 Simpson 数值积分中,将积分子区间的个数 $2m$ 设置为 $m=1500$ 的条件下获得的,增加 m 值可提高数值积分计算精度,如将积分子区间的个数 $2m$ 设置为 $m=5000$,则上述例题的计算耗时达到 11min 左右,但计算精度未见明显提高,后经采用向量化语句进行程序优化,设置 $m=5000$,计算耗时降至 5.37min。

如果直接调用 MATLAB 内置数值积分 integral('fun',0,1/u)计算井函数,上述例题计算完成后,选取匹配点的坐标值如下:

$$[s]=0.795\text{m},[t]=510\text{min},\left[\frac{1}{u}\right]=105.553,\left[W\left(u,\frac{r}{B}\right)\right]=2.434402$$

经 1000 次迭代计算,耗时 20.0min,计算结果如下:

导水系数 $T=404.1146769068750\text{m}^2/\text{d}$;

贮水系数 $S=1.397556587535060\times10^{-4}$;

标准曲线匹配参数 $r/B=0.357976397755468$;

越流因素 $B=550.5369047856888\text{m}$;

越流系数 $\frac{K_1}{M_1}=1.333312\times10^{-3}\text{d}^{-1}$;

配线离差平方和最小值 $f_v=0.011565926829623$。

采用直接调用 MATLAB 内置数值积分函数的方法更为精确,但更加耗时。编制的复化 Simpson 数值积分编程计算结果受到计算时划分的积分子区间宽度 h 大小的影响,如果设置过小,会影响计算速度,作者设置的 h 不是很小,所以精度略小于调用内置函数的计算结果。如果进一步增加积分子区间 $2m$ 等分的个数、缩小宽度 h,也可以达到同样的计算精度。

例题 6.1 人工配线标准曲线配线参数 $r/B=0.35$,计算结果如下(蒋辉等,2009):

$$T=\frac{Q}{4\pi s}W\left(u,\frac{r}{B}\right)=\frac{69.1\times24}{4\times3.14\times0.78}\times2.45=414.7\text{m}^2/\text{d}$$

$$S=\frac{4Tt}{r^2\left[\frac{1}{u}\right]}=\frac{4\times414.7\times\frac{500}{1440}}{197^2\times101}=1.469\times10^{-4}$$

$$B=\frac{r}{\left[\frac{r}{B}\right]}=\frac{197}{0.35}=562.86\text{m}$$

$$\frac{K_1}{M_1}=\frac{T}{B^2}=0.0013\text{d}^{-1}$$

对比例题6.1人工配线的计算结果，显然LnCPSO优化配线更为精确，标准曲线配线参数 $r/B=0.357976397755468$，并可绘出最优标准曲线，这是人工配线不可能做到的，虽然计算耗时较长，但计算结果更优。标准曲线模板不可能绘出所有的标准曲线，更不可能绘出针对某次试验数据的最优配线的标准曲线，人工智能配线避免了人工配线对标准曲线选取的观测误差，实用性更强，更有推广价值。

六、LnCPSO算法参数取值影响分析

LnCPSO算法可调节参数不多，包括群体规模 N、学习因子 $c_{\max}$ 和 $c_{\min}$、最大迭代次数 $maxgen$、惯性权重 ω，在软件调试运行中相关参数设置经验如下。

(1)群体规模 N

在其他参数相同的情况下，设置不同的粒子群规模，随机计算10次，取其平均值进行分析。粒子数目 $N<50$，会对配线离差平方和最小值 f_v 的结果产生影响，粒子数目过少，会影响目标函数的快速收敛；$N=20$，目标函数离差平方和最小值 f_v 的平均值变化较大，$\bar{f}_v=0.031673335687152$；设置 $N=30$，配线离差平方和最小值平均值 $\bar{f}_v=0.024249194374822$；设置 $N=50$，配线离差平方和最小值平均值 $\bar{f}_v=0.023536850096723$；直到 $N=140$，目标函数离差平方和最小值平均值才稳定在 $\bar{f}_v=0.011562541890476$，但从满足导水系数 T 精度(小数点后两位)的角度考虑。群体规模 $N=100$ 足可以满足计算快速稳定、精度高的要求(图6.10)。

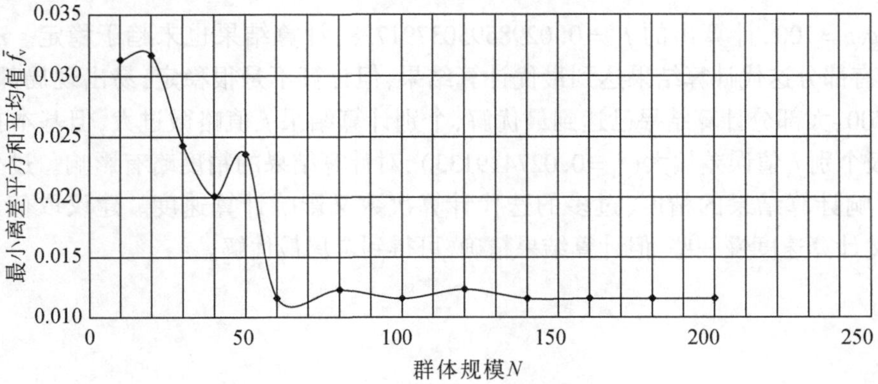

图6.10　群体规模-最小离差平方和平均值 $\bar{f}_v$ 关系曲线

对于有三个未知量的三元函数寻优计算,计算本身就消耗大量的时间。如果要确保计算精度,种群数量保持在 150 左右,搜索结果会较好。种群数量越多,可以保证粒子群算法得到更可靠、精度更高的收敛结果,更容易发现全局最优解,但耗时越长。

(2)惯性权重 ω

惯性权重 ω,它具有维护全局和局部搜索能力的平衡作用,可以使粒子保持惯性运动,使其有扩展搜索空间的趋势,有能力探索新的区域,取值范围一般为 0.2 ~ 1.2(温正,2015)。对于仅有两个未知数的二元函数寻优,根据第三章的分析,建议采用 $\omega=0.6$。对于有三个未知量的三元函数寻优计算,根据对例题 6.1 的分析(图 6.11),惯性权重 $\omega>0.5$,计算中出现不稳定最小离差平方和的概率会增加,不易达到最优解;惯性权重 $\omega<0.4$,则计算结果较为稳定,配线离差平方和最小值均可达到 $f_v=0.011562541890476$ 的最优结果。

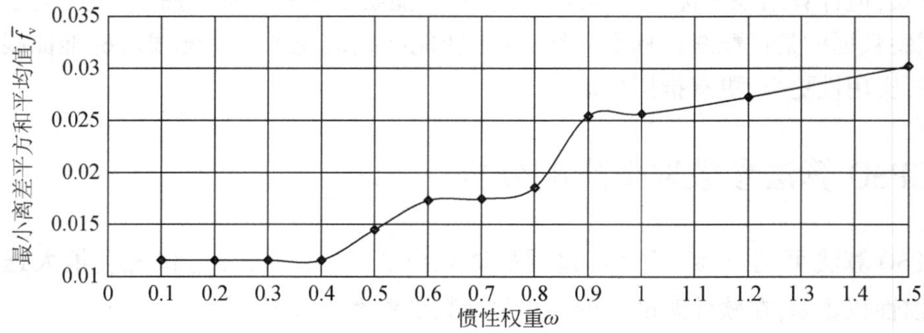

图 6.11 惯性权重-最小离差平方和平均值 $\bar{f}_v$ 关系曲线

(3)最大迭代次数 *maxgen*

在不改变其他参数的情况下,改变迭代计算次数 *maxgen*,随机计算 10 次,最大迭代计算次数 *maxgen* 与离差平方和最小值平均值 $\bar{f}_v$ 的对应关系如图 6.12 所示。本次计算中,群体最优解的离差平方和最小值平均值 $\bar{f}_v=0.011562541890476$。设定最大迭代次数 $maxgen=40$,配线离差平方和最小值平均值 $\bar{f}_v=0.027622250058219$,计算结果还不稳定,配线离差平方和最小值 f_v 的最大值可达到 $f_v=0.054586046726955$,计算出的导水系数 T 的误差也较大。设置 $maxgen=100$,计算出的 $\bar{f}_v=0.029859503791738$,计算结果也未趋于稳定。$maxgen\leqslant600$,虽然有部分迭代计算结果达到最优计算结果,但计算不是很稳定,易出现局部最优解。$maxgen>700$,大部分计算结果已达到最优解,个别计算结果 f_v 值略微过大,但基本在小数点后 9 位,极个别 f_v 值误差偏大($f_v=0.027419133$),对计算结果的精度略有影响。过少的迭代次数会影响计算结果的精度,过多的迭代计算次数又影响计算速度。建议取值 $maxgen>1000$,虽然计算速度慢一些,但计算结果精确,可得到全局最优解。

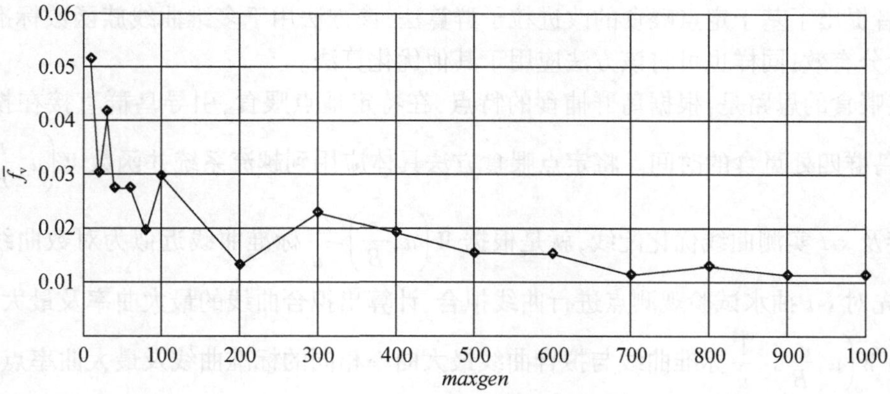

图 6.12　最大迭代次数(*maxgen*)-最小离差平方和平均值($\bar{f}_v$)关系曲线

第二节　定点喂食粒子群优化算法(LFPSO)

一、问题的提出

第一节采用学习因子同步变化粒子群算法,对第一类越流系统非稳定流抽水试验,利用越流系统井函数 $W\left(u,\frac{r}{B}\right)$-$\frac{1}{u}$标准曲线族及 *s-t* 实测曲线完成了优化配线,因为越流系统井函数 $W\left(u,\frac{r}{B}\right)$为跟$\frac{r}{B}$有关的曲线族,其目标函数中含有 3 个未知量($a$、$b$、$r/B$),属于多维度函数寻优计算,从第一节参数取值影响分析中可以看出,要想达到较为理想的计算结果,需要增加粒子数目 N 及最大迭代计算次数 *maxgen*,尤其需要增加最大迭代计算次数 *maxgen*,这样无疑会减慢计算收敛速度,计算耗费的时间相当惊人。尽管如此,计算结果中还是会出现局部最优解、无法求得全局最优解的情况。

现实世界中的优化问题往往具有较高的复杂度和维数,称为 LSGO 问题,即 large-scale global optimization(Mahdavi et al. ,2015)。

关于 LSGO 问题所面临的挑战:

1)搜索空间随着决策变量的数量呈指数增长;

2)元启发式算法通常需要的计算代价太大(维度多,时间长);

3)基于分治思想的 CC 方法需要研究变量的交互性(关联性);

4)高维特征的冗余性与不相关性较大,会降低算法的效率和性能。

二、定点喂食的思路

针对越流系统井函数 $W\left(u,\frac{r}{B}\right)$-$\frac{1}{u}$标准曲线在配线时出现的多维函数寻优计算困难的问题，作者提出了基于定点喂食的改进粒子群算法，该方法用于多维曲线族函数标准曲线优化配线十分有效，同样也可将该方法应用于其他优化算法。

定点喂食的思路是：根据鸟群捕食的特点，在特定地点喂食，引导鸟群直接在投食点觅食，减少鸟群四处觅食的时间。将定点喂食方法具体应用到越流系统井函数 $W\left(u,\dfrac{r}{B}\right)$-$\dfrac{1}{u}$标准曲线族及 s-t 实测曲线优化配线，就是根据 $W\left(u,\dfrac{r}{B}\right)$-$\dfrac{1}{u}$标准曲线近似为对数曲线的形态特点，首先对 s-t 抽水试验观测点进行曲线拟合，计算出拟合曲线的最大曲率及最大曲率点，同时找出 $W\left(u,\dfrac{r}{B}\right)$-$\dfrac{1}{u}$标准曲线与拟合曲线最大曲率相同的标准曲线及最大曲率点，将粒子群随机初始化粒子直接移动到该点附近，同时将粒子搜索范围限制在该标准曲线附近，实时精准配线（即定点喂食），具体步骤如下：

1）对原始抽水试验数据进行曲线拟合；

2）计算出拟合试验曲线的最大曲率值及最大曲率点坐标；

3）计算出最接近于试验曲线曲率的标准曲线及其 r/B 值；

4）进行首次配线，根据与拟合曲线最大曲率相同的标准曲线及最大曲率点位置，计算出试验曲线的配线移动值 a、b，直接将试验曲线移动到曲率相同的标准曲线附近（定点喂食），将计算出的 a、b、r/B 值作为参数初始化的初值（指定喂食地点），限定 a、b、r/B 值在很小的范围移动寻优；

5）结合粒子群算法（或其他智能优化方法）开始寻优计算。

三、计算公式及实施步骤

具体到越流系统井函数 $W\left(u,\dfrac{r}{B}\right)$-$\dfrac{1}{u}$标准曲线配线应用，定点喂食就是寻找试验曲线与标准曲线最大曲率大致相同的点，因此需要计算试验曲线和标准曲线的最大曲率及最大曲率转折点，设有函数 $z=f(x,y)$，则其曲率计算公式为

$$K=\frac{|f''|}{(1+f'^2)^{3/2}} \tag{6.27}$$

式中，K 为曲率；f''为函数 $z=f(x,y)$ 的二阶导数；f'为函数 $z=f(x,y)$ 的一阶导数。

根据第三章图 3.4 的介绍，s-t 试验曲线坐标平移完成后的坐标公式为

$$x=10^{\lg 10(a)+\lg(t)} \tag{6.28}$$

$$y=10^{\lg 10(b)+\lg(s)} \tag{6.29}$$

式中，a 为横向平移值；b 为纵向平移值；s、t 为原始数据观测值。

具体实施步骤如下：

1）利用 MATLAB 在选定的标准曲线范围内，以 0.1 步长对配线参数 r/B 进行赋值，进行曲率计算，使用 MATLAB 命令 diff，分别求解井函数 $W\left(u,\dfrac{r}{B}\right)$的一阶导、二阶导，代入至曲率计算公式［式(6.27)］，得到曲率方程 $K_1=K(u,\beta)$；

2)利用 MATLAB 命令 max,编程求出曲率方程中最大值的横坐标与纵坐标,纵坐标值即曲率的最大值 K_1;

3)利用 MATLAB 中的 polyfit 拟合命令,对(s,t)降深观测数据进行曲线拟合,求出拟合曲线的方程 $s=\mathrm{fit}(t)$;

4)利用曲率公式及 MATLAB 命令 diff,步骤同1)、2),求出拟合曲线 $s=\mathrm{fit}(t)$ 的曲率最大值 K_2;

5)计算曲率 K_1、K_2 的差值绝对值 $\Delta K=|K_1-K_2|$,利用 MATLAB 的 min 命令,选取在给定标准曲线范围内 ΔK 值最小的标准曲线;

6)利用对数坐标平移公式、原始数据(s,t)值,反求出观测点至此标准曲线的横向平移值 a 与纵向平移值 b;

7)根据6)求得的 a 与 b 值,直接将粒子初始化在此处,并在此处附近及上述求得的标准曲线范围内进行寻优计算。

四、定点喂食粒子群 LFeHPSO 算法优化配线法计算步骤

1)设置粒子数目 N、学习因子 c_1 和 c_2、惯性权重初值 ω_{start}、惯性权重尾值 ω_{end}、最大迭代次数 $maxgen$、群体适应度方差 σ^2 阈值、问题的维数 D。

2)原始数据(s,t)值曲线拟合,计算拟合曲线最大曲率及转折点。

3)曲率判断,找出与拟合曲线最大曲率相近的标准曲线,计算标准曲线最大曲率转折点位置坐标。

4)设定随机初始化种群中各粒子的位置和速度;初始化位置指定为找出的标准曲线最大曲率转折点,并限制粒子移动范围在此位置附近寻优,计算井函数 $W\left(u,\frac{r}{B}\right)$ 及适应度值。

5)评价每个粒子的适应度,将当前各粒子的位置和适应度值存储在各粒子的 p_{best}(个体最优位置)中,将所有 p_{best} 中适应度值最优个体的位置和适应度值存储于 g_{best}(群体最优)中。

6)用下式更新粒子的速度和位移:

$$v_{id}=\omega\times v_{id}+c_1r_1(p_{id}-x_{id})+c_2r_2(g_{id}-x_{id})$$

$$x_{id}=x_{id}+v_{id}$$

7)权重计算采用自然指数权重:

$$\omega=(\omega_{\mathrm{start}}-\omega_{\mathrm{end}})\times\exp[(-30\times(j/maxgen)]^2$$

8)对每个粒子,将其适应度值与其经历过的最好位置作比较,如果较好,则将其作为当前的最好位置;比较当前所有 p_{best} 和 g_{best} 的值,更新 g_{best}。

9)根据群体适应度方差 σ^2 设定阈值,进行变异操作,改变粒子的前进方向,让粒子进入搜索空间中的其他区域搜索(赵志刚和常成,2011)。

10)若满足停止条件(通常为预设的运算精度或迭代次数),搜索停止,选取匹配点,输出配线坐标轴方向的配线移动值 a、b、标准曲线配线参数 r/B、目标函数最小离差平方和 f_v,绘制原始曲线图、配线过程图、最终优化配线图,输出导水系数 T 和贮水系数 S 等水文地质参数,否则返回6)继续搜索。

五、LFeHPSO 算法优化配线计算实例

计算采用例题 6.1 的数据，运用改进的基于定点喂食的粒子群算法，采用自然指数惯性权重及变异操作（赵志刚和常成，2011），σ^2 阈值设定为 10^{-5}，简称 LFeHPSO 算法（参见第六章第二节）。运用很少的粒子个数及迭代计算次数完成寻优计算，大大缩小了寻优时间，首次配线迭代计算即可让计算结果接近于最优值。

（1）LFeHPSO 算法输入的参数

粒子数目 $N=50$、$c_1=c_2=1.49618$、$\omega_{\text{start}}=0.9$、$\omega_{\text{end}}=0.4$、$\sigma^2=\text{xgm}=10^{-5}$、最大迭代次数 $maxgen=50$、对于有三个未知量的多元函数、问题的维数 $D=3$。

（2）目标函数

因为越流系统井函数 $W\left(u,\dfrac{r}{B}\right)$ 为跟 $\dfrac{r}{B}$ 有关的曲线族，基于最小二乘法的寻优函数为三元函数，设 $c=r/B$，则目标函数为

$$\min F(a,b,c)=f_v=\sum_{i=1}^{n}\left[W\left(\frac{1}{10^{(\lg t_i+\lg a)}},c\right)-10^{(\lg s_i+\lg b)}\right]^2$$

（3）设计编程

1）打开 MATLAB 程序，设定 LFeHPSO 算法计算目录路径。

2）构建抽水试验观测数据文件 S1R2. mat，形成两行（t_i，s_i）、m（抽水试验观测个数）列的数据文件。

3）编制目标函数计算程序 fit. m，对 a、b、c 进行初始赋值。

4）编制井函数 $W(u,\dfrac{r}{B})$ 数值积分计算程序［直接调用 MATLAB 内置数值积分 integral（'fun'，0，1/u），计算 $W\left(u,\dfrac{r}{B}\right)$ 井函数］。

5）编制 LFeHPSO 算法计算程序 LFeHPSO. m。

（4）迭代计算过程

计算采用例题 6.1 的数据，用改进的 LFeHPSO 算法进行优化配线，图 6.13 为设置粒子个数 $N=50$、$c_1=c_2=1.49618$、$\omega_{\text{start}}=0.9$、$\omega_{\text{end}}=0.4$、$\sigma^2=\text{xgm}=10^{-5}$、迭代次数 $maxgen=1$ 的计算结果。试验曲线第一次迭代计算就直接将试验曲线配置在 $r/B=0.35095$ 的标准曲线上，基本就是最优计算结果。

图 6.14 为设置 $N=50$、学习因子 $c_1=c_2=1.49618$、$\omega_{\text{start}}=0.9$、$\omega_{\text{end}}=0.4$、最大迭代次数 $maxgen=50$ 的标准曲线优化配线计算结果。由图 6.15 的适应度函数变化曲线可以看出，迭代计算收敛速度很快（耗时约 0.6min），实际上经过 20 次迭代计算已达到最优解，计算结果也很稳定，显示出基于定点喂食粒子群算法解决曲线族高维函数优化配线的巨大优势。

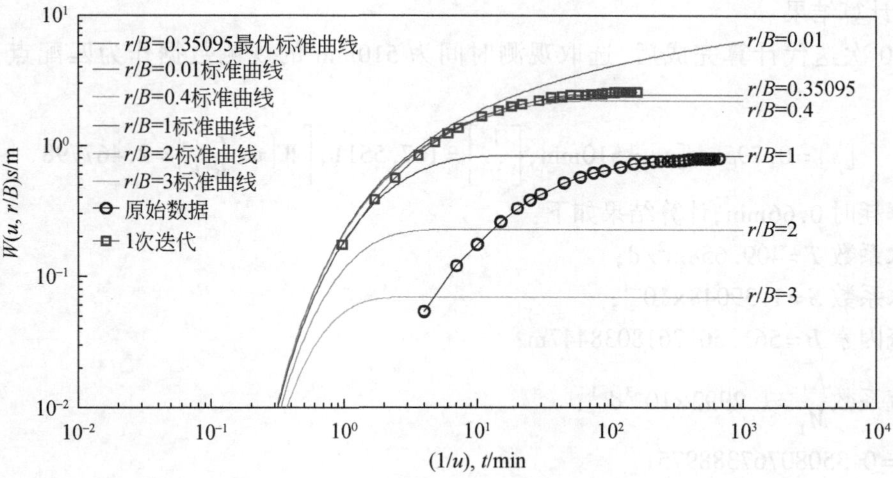

图 6.13　例题 6.1 原始数据第 1 次优化迭代计算

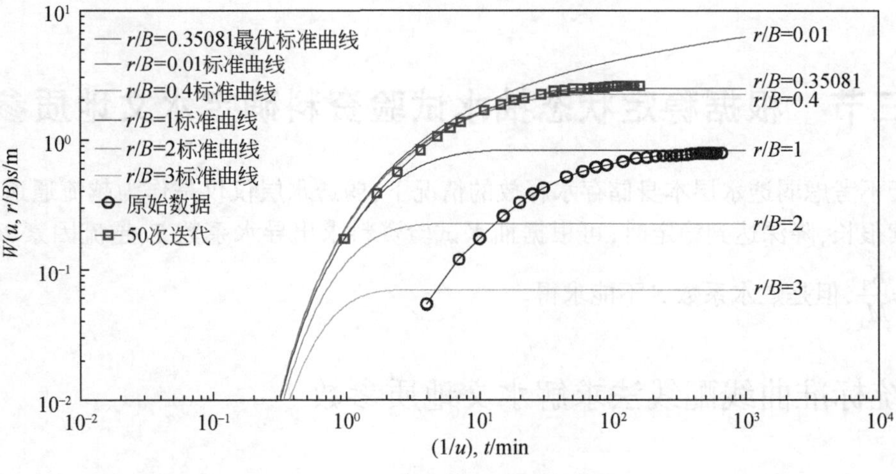

图 6.14　例题 6.1 原始数据第 50 次优化迭代计算

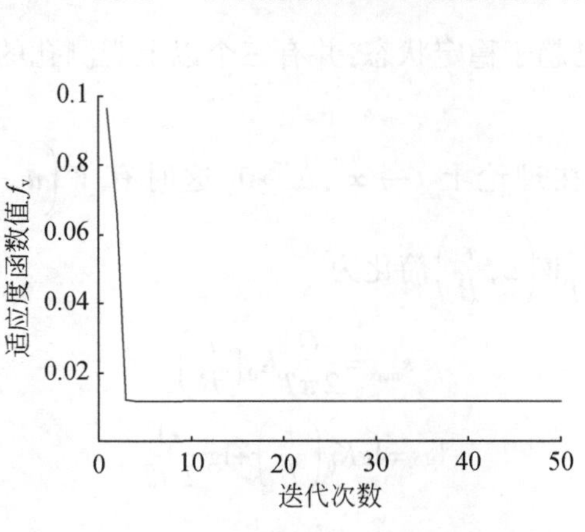

图 6.15　LFeHPSO 适应度函数变化曲线

(5)计算结果

经 50 次迭代计算完成后,选取观测时间为 510min 的观测数据作为匹配点,坐标值如下:

$$[s]=0.795\text{m},[t]=510\text{min},\left[\frac{1}{u}\right]=107.5511,\left[W\left(u,\frac{r}{B}\right)\right]=2.467798$$

计算耗时 0.66min,计算结果如下:

导水系数 $T=409.658\text{m}^2/\text{d}$;

贮水系数 $S=1.39048\times10^{-4}$;

越流因素 $B=561.5612618038447\text{m}$;

越流系数$\frac{K_1}{M_1}=1.2992\times10^{-3}\text{d}^{-1}$;

$r/B=0.350807673889751$;

配线移动值 $a=0.210884471948007$,$b=3.104148735974315$;

配线离差平方和最小值$f_v=0.011689636910637$。

很显然,采用基于定点喂食思路的 LFeHPSO 算法计算收敛快,计算效果远胜于前述方法。

第三节 根据稳定状态抽水试验资料确定水文地质参数

对于不考虑弱透水层本身储存水释放的情况下,弱透水层仅仅是作为越流通道,当抽水时间延续很长,降深达到稳定时,可根据抽水试验资料求出导水系数 T、越流因素 B 及越流系数$\frac{K'}{M'}=\frac{K_1}{M_1}$,但是贮水系数 S 不能求得。

一、传统标准曲线配线法求解水文地质参数

(一)稳定状态配线法水文地质参数计算基本原理

如果抽水时间较长,已趋于稳定状态,并有三个以上观测孔的稳定观测资料,则可以采用此方法。

当抽水时间很长时,在理论上 $t\to\infty$,$u\to0$,这时有 $W\left(u,\frac{r}{B}\right)\to2K_0\left(\frac{r}{B}\right)$,式(6.1)$s=\frac{Q}{4\pi T}\int_u^\infty\frac{1}{y}e^{-y-\frac{r^2}{4B^2y}}dy=\frac{Q}{4\pi T}W\left(u,\frac{r}{B}\right)$简化为

$$s_{\max}=\frac{Q}{2\pi T}K_0\left(\frac{r}{B}\right)\tag{6.30}$$

$$\lg s=\lg K_0\left(\frac{r}{B}\right)+\lg\frac{Q}{2\pi T}\tag{6.31}$$

令

$$u=\frac{r}{B},r=Bu$$

$$\lg r = \lg u + \lg[B] \tag{6.32}$$

式中，$K_0\left(\frac{r}{B}\right)$为虚宗量第二类零阶贝塞尔函数。

(二)计算步骤

由于定流量抽水，式(6.31)和式(6.32)的括号项都是常量，所以 s-r 曲线和 $K_0\left(\frac{r}{B}\right)$-$\frac{r}{B}$曲线是相似的。根据这个原理，在两张相同比例尺的双对数纸上，分别绘出 $K_0\left(\frac{r}{B}\right)$-$\frac{r}{B}$理论曲线(图6.16)和 s-r 实际曲线，保持坐标轴平行，拟合两曲线，在重合曲线附近任取一匹配点，记录该点的 s、r、$K_0\left(\frac{r}{B}\right)$、$\frac{r}{B}$四个坐标值，代入式(6.33)～式(6.35)求解水文地质参数。

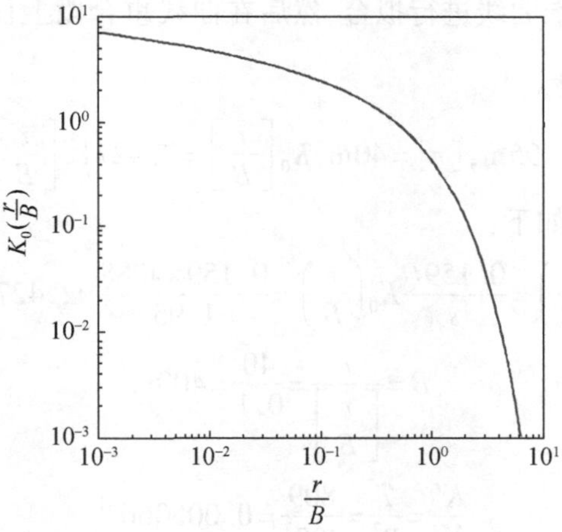

图6.16　$K_0\left(\frac{r}{B}\right)$-$\frac{r}{B}$理论曲线

$$T = \frac{Q}{2\pi s}K_0\left(\frac{r}{B}\right) \tag{6.33}$$

$$B = \frac{r}{\left[\frac{r}{B}\right]} \tag{6.34}$$

$$\frac{K'}{M'} = \frac{T}{B^2} \tag{6.35}$$

(三)例题分析6.2

5号井位于某河流阶地上，含水层为较均匀的中粗砂承压含水层，平均厚度20m。上部潜水含水层为细砂层，厚度6m，两含水层之间夹一层弱透水亚黏土层，厚度2m。当钻孔抽水时，上层潜水通过弱透水层补给承压含水层，而且水位保持不变。抽水试验有关资料见表6.2(《供水水文地质手册》编写组，1997)。

表 6.2　5 号井抽水试验有关资料

参数	5 号井	观测孔		
		B_1	B_4	B_5
下降值/m	7.436	—	—	—
流量/(m^3/d)	4088	—	—	—
钻孔半径/m	0.2	—	—	—
含水层厚度/m	20	—	—	—
第二次下降值 s/m	—	3.518	1.686	0.5
观测孔到主孔的距离 r/m	—	5.30	60	300

解：将表 6.2 中水位下降资料及主孔至观测孔距离作 lg$s$-lg$r$ 曲线，如图 6.17 所示。用资料曲线与 $K_0\left(\frac{r}{B}\right)$-$\frac{r}{B}$标准曲线进行拟合，然后在曲线重合段上任取一匹配点，读出该匹配点在两坐标系下各自的坐标：

$$[s]=1.95\text{m},[r]=40\text{m},K_0\left[\frac{r}{B}\right]=2.4271,\left[\frac{r}{B}\right]=0.1$$

计算的水文地质参数如下：

$$T=\frac{Q}{2\pi s}K_0\left(\frac{r}{B}\right)=\frac{0.159Q}{s}K_0\left(\frac{r}{B}\right)=\frac{0.159\times4088}{1.95}\times2.4271=809\text{m}^2/\text{d}$$

$$B=\frac{r}{\left[\frac{r}{B}\right]}=\frac{40}{0.1}=400\text{m}$$

$$\frac{K'}{M'}=\frac{T}{B^2}=\frac{809}{400^2}=0.00506\text{d}^{-1}$$

$$K=\frac{T}{M}=\frac{809}{20}=40.45\text{m/d}$$

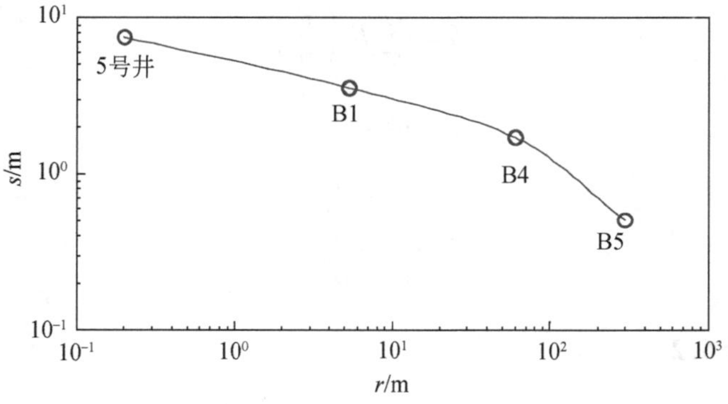

图 6.17　5 号井 lg$s$-lg$r$ 曲线

二、蚁群算法优化(ACO)配线求解水文地质参数

本小节采用蚁群算法实现 lg$s$-lg$r$ 实测曲线与 $K_0\left(\frac{r}{B}\right)$-$\frac{r}{B}$标准曲线的优化配线求解水文地质参数。

越流系统抽水试验稳定流蚁群算法优化配线法计算步骤如下。

1)设置蚂蚁个数 m、最大迭代次数 G、信息素蒸发系数 Rho、转移概率常数 P_0、设置搜索范围、给定局部搜索步长 $step$;

2)随机产生蚂蚁初始位置,计算适应度函数值,设为初始信息素,计算状态转移概率;

3)进行位置更新:当状态转移概率小于转移概率常数时,进行局部搜索;当状态转移概率大于转移概率常数时,进行全局搜索;产生新的蚂蚁位置,并利用边界吸收方式进行边界处理,将蚂蚁位置界定在取值范围内;

4)更新蚂蚁的位置和适应度值,判断蚂蚁是否移动,更新信息素;

5)若满足停止条件(通常为预设的运算精度或迭代次数),搜索停止,输出配线坐标轴方向的配线移动值 a、b、目标函数离差平方和最小值 f_v,绘制原始曲线图、配线过程图、最终优化配线图,输出水文地质参数,否则返回步骤 2)继续搜索。

三、基于蚁群算法的越流系统稳定流优化配线计算实例

为对比分析,计算采用例题 6.2 的数据。

(1)蚁群算法越流系统抽水试验稳定流优化配线计算输入的参数

设置蚂蚁个数 m=600、最大迭代次数 G=600、信息素蒸发系数 Rho=0.9、转移概率常数 P_0=0.1、局部搜索步长 $step$=1.2;

(2)构建目标函数

越流系统抽水试验稳定流、降深–距离配线法目标函数为

$$\min F(a,b)=f_v=\sum_{i=1}^{n}\left[K_0\left(10^{(\lg r_i+\lg a)}\right)-10^{(\lg s_i+\lg b)}\right]^2 \tag{6.36}$$

式中,井函数 $K_0(x)$为虚宗量第二类零阶贝塞尔函数,MATLAB 可直接调用该函数。

(3)设计编程

1)打开 MATLAB 程序,设定越流系统稳定流蚁群算法优化配线计算目录路径;

2)构建现场抽水试验观测数据文件 data.mat,形成两行(r_i,s_i)、m(抽水试验观测井个数)列的数据文件;

3)根据式(6.36)编制目标函数计算程序 func.m,对 a、b 进行初始赋值;

4)编制蚁群算法越流系统抽水试验稳定流优化配线执行程序 ACO.m。

(4)优化计算过程

运行 MATLAB 程序,在当前路径窗口选取蚁群算法越流系统、抽水试验稳定流优化配线计算目录路径,在当前文件夹窗口,找到蚁群算法优化配线算法执行程序 ACO.m,右键打开

ACO. m 文件,可在编辑器中查看、修改程序中的输入数据。

为分析蚁群算法弥散系数优化配线迭代计算过程,计算中修改了最大迭代次数 G,以了解蚁群算法弥散系数优化配线迭代计算收敛情况,设置 G=10、50、200、600,其他参数不作调整。图 6.18 为配线开始时的原始数据曲线及标准曲线。设置 G=10,迭代计算一开始,原始数据曲线开始向左靠近标准曲线(图 6.19),但计算不稳定,每次计算给出的离差平方和最小值 f_v 都不同,f_v = 0.281288919209550 ~ 0.668188014042279,计算结果变化也较大。图 6.19 ~ 图 6.23 为各次迭代计算过程及适应度函数变化曲线,经过 G=50 次迭代计算,配线离差平方和最小值 f_v = 0.277205942856715 ~ 0.396024208434766;G = 100,f_v = 0.274707434739007 ~ 0.305831231277919,部分计算结果已经接近于最优迭代计算结果;G=200,配线离差平方和最小值 f_v = 0.274867315867103 ~ 0.277427802338354,配线范围进一步收窄于标准曲线附近;G=600,f_v = 0.274686034287810 ~ 0.274923845926403;随着迭代次数增加到 G = 1000,计算精度并无太大改观,但只要配线离差平方和最小值达到 f_v = 0.27468 左右,程序计算的导水系数 T = 634.57 ~ 635.68m^2/d,也可满足实际要求。可见对于基本蚁群算法,并不能简单增加迭代次数来增加计算精度。

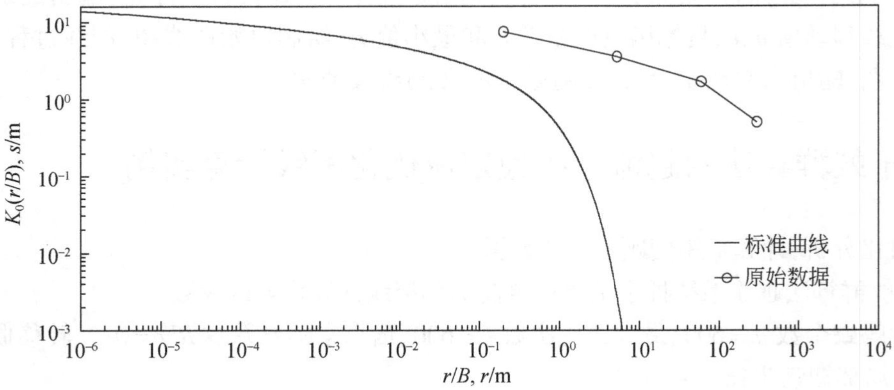

图 6.18　$K_0\left(\frac{r}{B}\right)$-$\frac{r}{B}$标准曲线及 lg$s$-lg$r$ 试验曲线

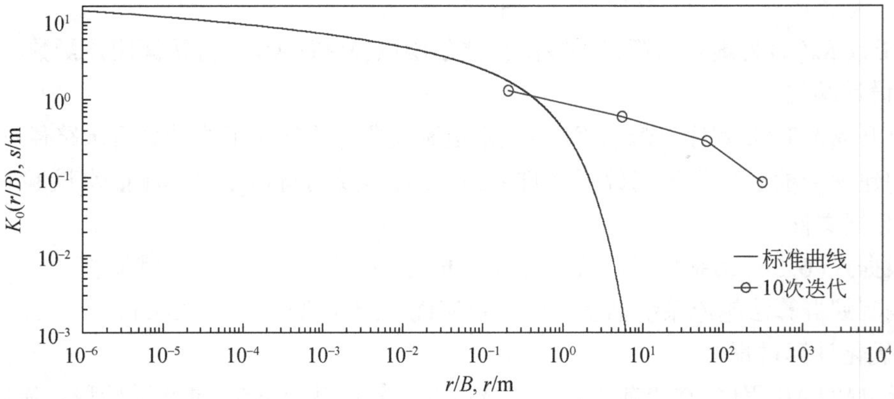

图 6.19　优化迭代图 6.18 原始数据 10 次

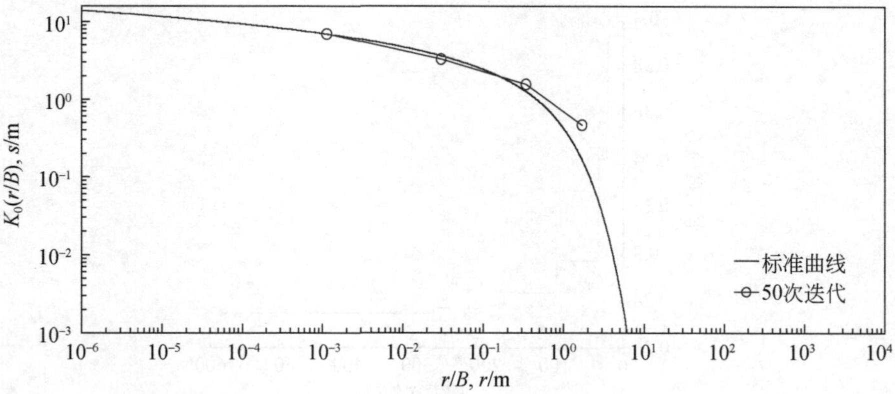

图 6.20　优化迭代图 6.18 原始数据 50 次

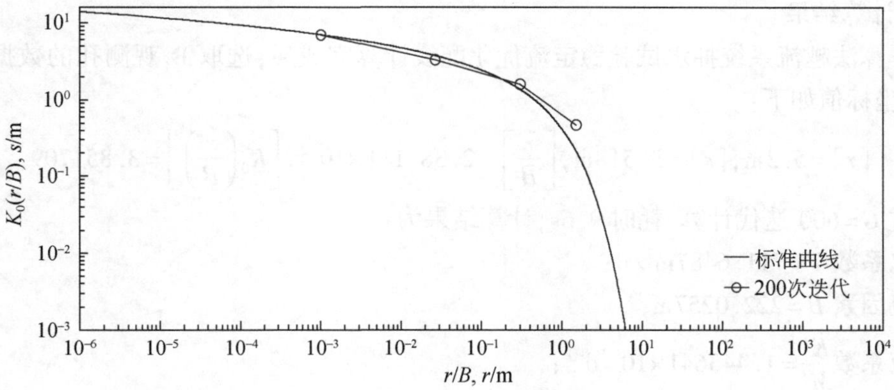

图 6.21　优化迭代图 6.18 原始数据 200 次

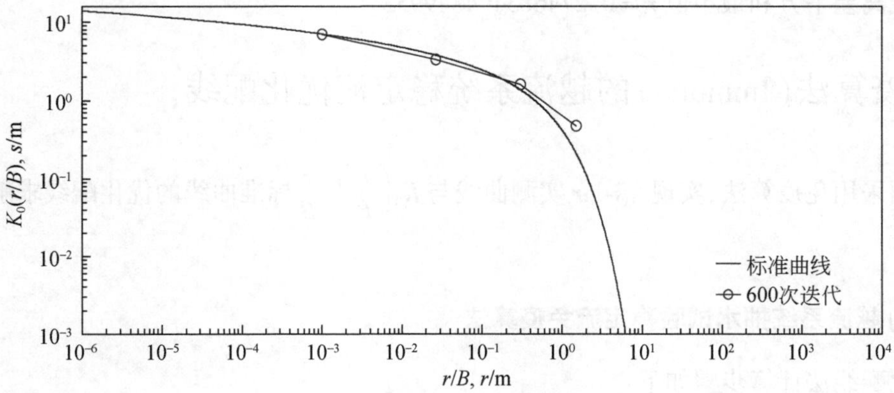

图 6.22　优化迭代图 6.18 原始数据 600 次

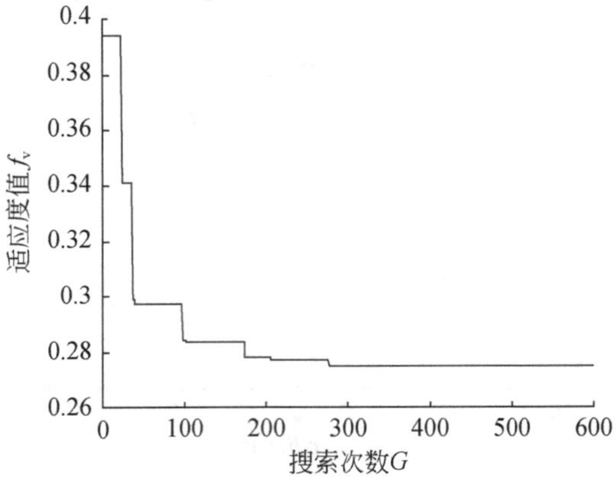

图 6.23　适应度函数变化曲线

(5)计算结果

蚁群算法越流系统抽水试验稳定流优化配线计算完成后,选取 B_1 观测孔的数据点作为匹配点,坐标值如下:

$$[r]=5.3\text{m},[s]=3.518\text{m},\left[\frac{r}{B}\right]=2.387111\times10^{-2},\left[K_0\left(\frac{r}{B}\right)\right]=3.851709$$

经过 $G=600$ 迭代计算,耗时 9.6s,计算结果为:

导水系数 $T=711.6487\text{m}^2/\text{d}$;

越流因素 $B=222.0257\text{m}$;

越流系数$\frac{K'}{M'}=1.443641\times10^{-2}\text{d}^{-1}$;

弱透水层渗透系数 $K_1=35.58243\text{m/d}$;

配线移动值 $a=0.004503982934515$,$b=0.977319761109889$;

配线离差平方和最小值 $f_v=0.274683494849953$。

四、免疫算法(Immune)的越流系统稳定流优化配线

下面采用免疫算法,实现 lg*s*-lg*r* 实测曲线与 $K_0\left(\frac{r}{B}\right)$-$\frac{r}{B}$标准曲线的优化配线求解水文地质参数。

(一)越流系统抽水试验稳定流免疫算法

优化配线法计算步骤如下:

1)设定抗体种群大小 N、最大进化代数 G、激励度系数 *alfa*、激励度系数 *belta*、变异概率 *pm*、相似度阈值 *detas*、克隆个数 *Nc*1、领域范围初值 *deta*0、免疫代数 *gen*、免疫个体维数 D、设置搜索范围。

2)随机产生初始种群,计算个体亲和度,抗体浓度和激励度,并按照激励度排序。

3)取激励度前 $N/2$ 个个体进行克隆、变异、克隆抑制的免疫操作,免疫后的种群进行激励度的计算。

4)随机生成 $N/2$ 个个体的新群种,并计算个体亲和度、抗体浓度和激励度;免疫种群和随机种群合并,按激励度排序,进行免疫迭代。

5)若满足停止条件(通常为预设的运算精度或迭代次数),搜索停止,输出配线坐标轴方向的配线移动值 a、b、目标函数最小离差平方和 f_v,绘制原始曲线图、配线过程图、最终优化配线图、亲和度进化曲线,输出水文地质参数,否则返回步骤2)继续进行优化迭代。

(二)基于免疫算法的越流系统稳定流优化配线计算实例分析

计算同样采用例题6.2的数据。

(1)免疫算法的越流系统抽水试验稳定流优化配线计算输入的参数

设定抗体种群大小 $N=100$、最大进化代数 $G=1000$、激励度系数 $alfa=2$、激励度系数 $belta=1$、变异概率 $pm=0.7$、相似度阈值 $detas=0.2$、克隆个数 $Nc1=5$、免疫代数 $gen=0$、免疫个体维数 $D=2$。

(2)构建目标函数

越流系统抽水试验稳定流、降深-距离配线法目标函数采用式(6.36)。

$$\min F(a,b)=f_v=\sum_{i=1}^{n}\left[K_0\left(10^{(\lg r_i+\lg a)}\right)-10^{(\lg s_i+\lg b)}\right]^2$$

式中,井函数 $K_0\left(\frac{r}{B}\right)$ 为虚宗量第二类零阶贝塞尔函数,MATLAB 可直接调用该函数。

(3)设计编程

1)打开 MATLAB 程序,设定越流系统抽水试验稳定流免疫算法优化配线计算目录路径。

2)构建现场抽水试验观测数据文件 data. mat,形成两行(r_i,s_i)、m(抽水试验观测井个数)列的数据文件。

3)根据式(6.36),编制目标函数计算程序 func2. m,对 a、b 进行初始赋值。

4)编制免疫算法越流系统抽水试验稳定流优化配线执行程序 Immune. m。

(4)优化计算过程

运行 MATLAB 程序,在当前路径窗口选取免疫算法越流系统抽水试验稳定流优化配线计算目录路径,在当前文件夹窗口,找到免疫算法优化配线算法执行程序 Immune. m,右键打开 Immune. m 文件,可在编辑器中查看、修改程序中的输入参数。

为分析免疫算法优化配线迭代计算过程,计算中修改了最大迭代次数 G,以了解免疫算法优化配线迭代计算收敛情况,设置 $G=10$、50、100、200、600、1000,其他参数不作调整。设置 $G=10$,迭代计算一开始,原始数据曲线开始向左靠近标准曲线,但计算不稳定,离差平方和最小值 f_v 差别较大,$f_v=0.281483700512209\sim0.670247985287342$;设置最大迭代次数 $G=50$,配线离差平方和最小值 $f_v=0.274720832185908\sim0.668103358081018$;最大迭代次数 $G=100$,配线离差平方和最小值 $f_v=0.274683403851414\sim0.282534601371591$;最大迭代次数 $G=200$,离差平方和最小值 $f_v=0.274683175057743\sim0.280972925793211$;最大迭代次数

$G=600$，离差平方和最小值 $f_v=0.274684733239547\sim0.277895703341464$；随着迭代次数增加到 $G=1000$，计算精度有一定提高，$f_v=0.274683097052679\sim0.274683105309566$，导水系数 $T=711.53\sim711.57\text{m}^2/\text{d}$，误差基本在小数点后 1 位或 2 位，可满足实际计算要求，计算结果基本稳定。

要进一步提高计算精度，需增加抗体种群大小和最大进化代数，如设置 $N=200$、最大进化代数 $G=2000$，配线离差平方和最小值 f_v 可稳定在小数点后 10 位，$f_v=0.274683096948896\sim0.274683096957510$，导水系数 $T=711.5\text{m}^2/\text{d}$ 左右。从计算的导水系数 T 值的精度来看，进一步增加抗体种群大小和最大进化代数已无实际意义，计算精度可以满足实际工程需要。因此，就本次计算来说，设置 $N=100$、最大进化代数 $G=1000$ 即可。

(5) 计算结果

针对越流系统抽水试验达到稳定流状态的试验数据，采用免疫算法优化配线计算完成后，经 $G=1000$ 次进化计算，选取 B_1 观测孔的数据点作为匹配点，坐标值如下：

$$[r]=5.3\text{m},[s]=3.518\text{m},\left[\frac{r}{B}\right]=2.388536\times10^{-2},\left[K_0\left(\frac{r}{B}\right)\right]=3.851113$$

计算耗时 10.47s，计算结果为：

导水系数 $T=711.5386\text{m}^2/\text{d}$；

越流因素 $B=221.8933\text{m}$；

越流系数 $\dfrac{K'}{M'}=1.445141\times10^{-2}\text{d}^{-1}$；

弱透水层渗透系数 $K_1=35.57693\text{m/d}$；

配线移动值 $a=0.004506671043378$，$b=0.977262859583585$；

配线离差平方和最小值 $f_v=0.274683098491871$。

五、基于随机权重粒子群的越流系统稳定流优化配线计算分析

计算同样采用例题 6.2 的数据。

(1) 随机权重粒子群算法输入的参数

粒子数目 $N=100$、学习因子 $c_1=c_2=1.49618$、随机权重平均值的最大值 $mean\_max=0.8$、随机权重平均值的最小值 $mean\_min=0.4$、随机权重的方差 $sigma=0.2$、最大迭代次数 $maxgen=500$、粒子的维数 $D=2$。

(2) 构建目标函数

越流系统抽水试验稳定流、降深-距离配线法目标函数采用式(6.36)。

(3) 计算结果

经 $maxgen=300$ 次迭代计算，选取 B_1 观测孔的数据点作为匹配点，坐标值如下：

$$[r]=5.3\text{m},[s]=3.518\text{m},\left[\frac{r}{B}\right]=2.388434\times10^{-2},\left[K_0\left(\frac{r}{B}\right)\right]=3.851156$$

计算耗时 0.65s，计算结果为：

导水系数 $T=711.5465\text{m}^2/\text{d}$；

越流因素 $B=221.9028\text{m}$；

越流系数$\frac{K'}{M'}=1.445033\times10^{-2}d^{-1}$；

弱透水层渗透系数$K_1=35.57732$m/d；

配线移动值$a=0.004506478326384$，$b=0.977272790606002$；

配线离差平方和最小值$f_v=0.274683096945999$。

表6.3为三种方法计算结果数据对比表，从水文地质参数的计算结果来看相差不大，但从随机权重粒子群收敛速度及计算精度来看要好于遗传算法及免疫算法，随机权重粒子群仅设置粒子数目$N=100$，迭代计算$maxgen=300$次的计算精度就高于上述两种方法，尤其是迭代计算耗时仅为0.65s，计算精度也可稳定在配线离差平方和最小值$f_v=0.274683096945999$，为经典优化计算方法。

表6.3　三种方法计算结果数据对比

计算方法	导水系数 $T/(m^2/d)$	越流因素 B/m	越流系数 $(K'/M')/d^{-1}$	弱透水层渗透系数 $K_1/(m/d)$	配线离差平方和最小值f_v	计算耗时 s
蚁群算法	711.6487	222.0257	1.443641×10^{-2}	35.58243	0.274683494849953	9.6
免疫算法	711.5386	221.8933	1.445141×10^{-2}	35.57693	0.274683098491871	10.47
随机权重粒子群算法	711.5465	221.9028	1.445033×10^{-2}	35.57732	0.274683096945999	0.65

手动人工配线，计算出水文地质参数如下（《供水水文地质手册》编写组，1997）：

$$T=\frac{Q}{2\pi s}K_0\left(\frac{r}{B}\right)=\frac{0.159Q}{s}K_0\left(\frac{r}{B}\right)=\frac{0.159\times4088}{1.95}\times2.4271=809m^2/d$$

$$B=\frac{r}{\left[\frac{r}{B}\right]}=\frac{40}{0.1}=400m$$

$$\frac{K'}{M'}=\frac{T}{B^2}=\frac{809}{400^2}=0.00506d^{-1}$$

$$K=\frac{T}{M}=\frac{809}{20}=40.45m/d$$

对比手动配线计算结果，上述三种优化方法的计算精度都要好于手动配线计算结果，显然，人工智能优化配线更加方便、快捷。

第七章　第二类越流系统非稳定流抽水试验

第一节　基本情况

第一类越流系统的承压含水层,研究时仅把弱透水层作为越流的通道,而没有考虑弱透水层本身贮存水的释放,而在某些情况下(如弱透水层相当厚时),从含水层中抽水会引起弱透水层弹性释水补给抽水含水层。当弱透水层厚度较大时这种补给量相当大,从弱透水层释放出的水比从承压含水层本身释放出来的水还要多,此时,在分析问题时,就必须考虑弱透水层贮存水的释放(薛禹群和朱学愚,1979)。

自然界中常见的有下列三种情况,如图 7.1 所示:

第一种情况,抽水含水层上下为弱透水层,弱透水层上下又有两个另外的定水头含水层,称为第一类越流系统。

第二种情况,与上、下弱透水层相邻的均为隔水层,称为第二类越流系统。

第三种情况,是第一、第二类越流系统的部分组合,抽水含水层的一个弱透水层之外为隔水层,另一个则为定水头的含水层,称为第三类越流系统。

对上面的情况,Hantush(1960)分别列出了每种情况的微分方程和定解条件。公式具体的推导从略。从目前的研究来看,几种情况的偏微分方程式的定解问题,只有对于足够短的时间和足够长的时间有近似解。

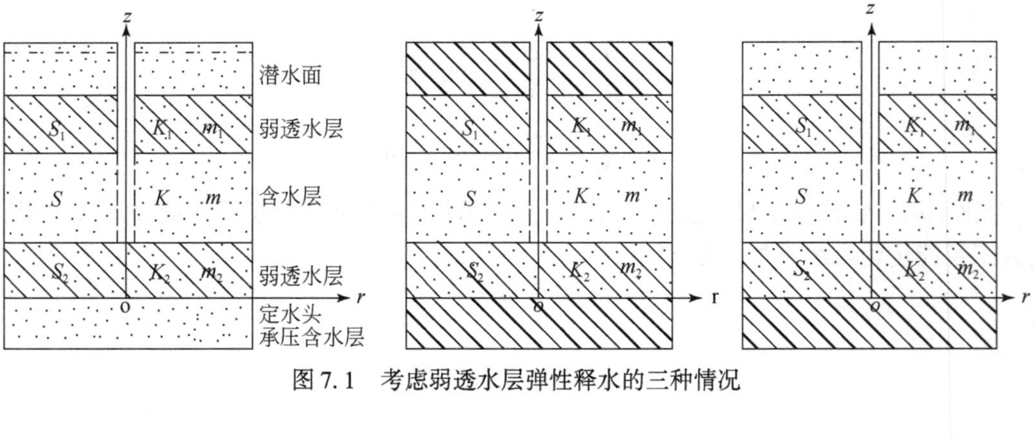

图 7.1　考虑弱透水层弹性释水的三种情况

第二节　根据短时间抽水试验资料求解水文地质参数

一、配线法求解水文地质参数

(一)基本原理

抽水初期,当 $t<\dfrac{m_1S_1}{10K_1}$ 和 $t<\dfrac{m_2S_2}{10K_2}$ 时,上述三种情况的近似解是相同的:

$$s=\frac{Q}{4\pi T}H(u,\beta) \tag{7.1}$$

式中, $H(u,\beta)=\int_u^{\infty}\frac{e^{-y}}{y}\mathrm{erfc}\left(\frac{\beta\sqrt{u}}{\sqrt{y(y-u)}}\right)dy$; $u=\frac{r^2S}{4Tt}$; $\beta=\frac{r}{4B_1}\sqrt{\frac{S_1}{S}}+\frac{r}{4B_2}\sqrt{\frac{S_2}{S}}$; $B_1=\sqrt{\frac{Tm_1}{K_1}}$、$B_2=\sqrt{\frac{Tm_2}{K_2}}$ 分别为上、下两个弱透水层的越流因数;S、T、s、K,S_1、T_1、s_1、K_1,S_2、T_2、s_2、K_2 分别为抽水含水层、上弱透水层、下弱透水层的贮水系数、导水系数、水位降深和渗透系数;m_1、m_2 为上、下弱透水层厚度。

$H(u,\beta)$ 为考虑弱透水层弹性释水时的越流系统井函数,数值可查相关地下水动力学的书籍。

(二)计算步骤

根据短时间的抽水试验资料,可以计算出抽水含水层的导水系数 T 和贮水系数 S,但不能计算出弱透水层的贮水系数 S_1 和 S_2 及越流系数 $\frac{K'}{m'}$。

先根据井函数 $H(u,\beta)$ 的值,在双对数纸上做出 $H(u,\beta)$-$1/u$ 的标准曲线族(图 7.2),再在相同模数的透明双对数纸上作 s-t 关系曲线。然后进行配线,读出匹配点分别在两张纸上 $H(u,\beta)$、$1/u$、s、t 的坐标,代入式(7.2)和式(7.3)中求导水系数 T 和贮水系数 S。

$$T=\frac{Q}{4\pi s}H(u,\beta) \tag{7.2}$$

$$S=\frac{4Tt}{r^2\dfrac{1}{u}} \tag{7.3}$$

(三)计算例题 7.1

Francis S. Riley(美国地质调查局)提供了美国加利福尼亚州皮克斯利一口观测井的降深-时间观测值,该井距离抽水井 1400ft(426.72m),抽水量为 750gpm(204.574m³/h)。这口抽水井深 600ft(182.88m),从图拉雷组陆相沉积地层中的砾石、砂土、砂质黏土和黏土中获取地下水。该地区由于长期开采含有相当数量黏土的承压含水层,地面沉降相当大。观

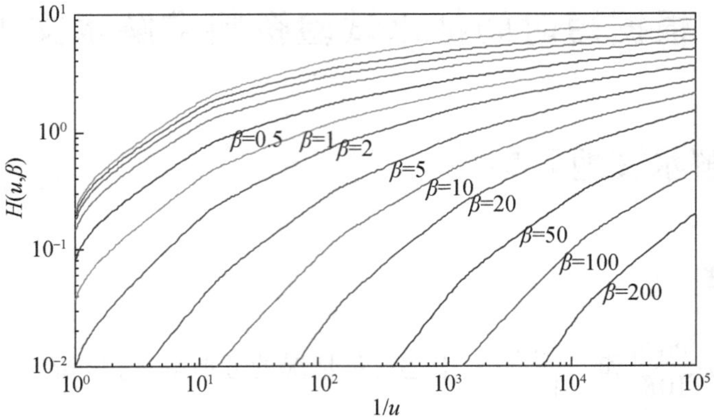

图 7.2　半承压含水层短时间抽水时的标准曲线 $H(u,\beta)$-$1/u$ 考虑弱透水层贮存水释放

测孔的水位降深资料列于表 7.1（Lonhman，1972）中，绘制的抽水试验 s-t 曲线如图 7.3 所示。

表 7.1　23S/25E-17Q2 观测孔抽水试验资料

持续时间 /min	水位降深/m	持续时间 /min	水位降深/m	持续时间 /min	水位降深/m	持续时间 /min	水位降深/m
6.37	0.003048	30	0.067056	100	0.249936	430	0.67056
8.58	0.006096	32	0.073152	137	0.316992	450	0.679704
10.23	0.009144	34	0.079248	150	0.341376	470	0.697992
11.9	0.012192	36	0.085344	160	0.356616	490	0.707136
12.95	0.01524	38	0.09144	173	0.377952	510	0.728472
14.42	0.018288	41	0.100584	184	0.387096	560	0.755904
15.1	0.021336	44	0.109728	200	0.41148	740	0.890016
16.88	0.024384	47	0.115824	210	0.42672	810	0.92964
17.92	0.03048	50	0.128016	278	0.512064	890	0.972312
21.35	0.036576	54	0.140208	300	0.536448	1255	1.115568
21.7	0.039624	60	0.158496	315	0.557784	1400	1.161288
22.7	0.042672	65	0.170688	335	0.569976	1440	1.176528
23.58	0.04572	70	0.18288	365	0.606552	1485	1.18872
24.65	0.051816	80	0.19812	390	0.64008	—	—
29	0.064008	90	0.2286	410	0.649224	—	—

解：根据上述资料，在透明双对数纸上作 s-t 曲线（图 7.3）。由于抽水时间较短，该曲线类似于半承压含水层的上部弱透水层贮水性不可忽略时的短时间的 $H(u,\beta)$-$1/u$ 标准曲线。把图 7.3 的 s-t 曲线叠置在 $H(u,\beta)$-$1/u$ 标准曲线上进行配线。取一匹配点，分别读出匹配

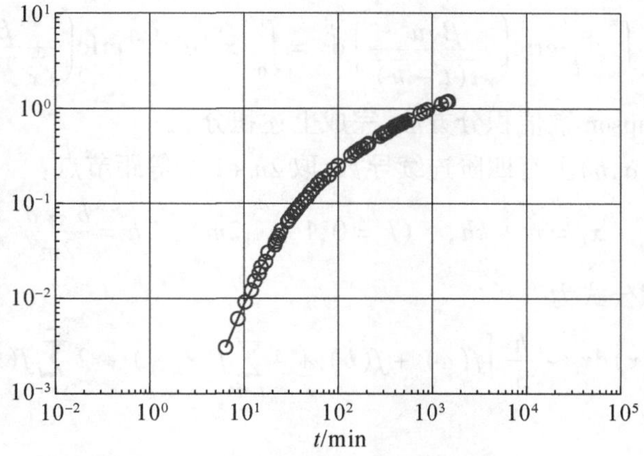

图 7.3　23S/25E-17Q2 观测井的降深-时间曲线

点在实测曲线和标准曲线坐标系上的坐标：

$$[H(u,\beta)]=1.0、[1/u]=1.0、[s]=5.3\text{ft}、[t]=12.6\text{min}。$$

代入公式，求得水文地质参数如下：

$$T=\frac{Q}{4\pi[s]}[H(u,\beta)]=\frac{750\times1440}{4\times\pi\times5.3\times7.48}\times1.0=2170\text{ft}^2/\text{d}(201.599597\text{m}^2/\text{d})$$

$$S=\frac{4T[t]}{r^2\left[\frac{1}{u}\right]}=\frac{4\times2170\times12.6}{1400^2\times1440\times1.0}=3.875\times10^{-5}$$

二、弱透水层弹性释水越流井函数 $H(u,\beta)$ 的数值解

（一）直接编程进行数值积分

由于弱透水层弹性释水越流井函数 $H(u,\beta)=\int_u^\infty \frac{e^{-y}}{y}\text{erfc}\left(\frac{\beta\sqrt{u}}{\sqrt{y(y-u)}}\right)dy$ 没有解析解，Hantush（1960）给出了函数的数值解表格，只能通过数值积分求得其近似数值解，数值解的精度与采用的数值积分方法、积分等份区间的划分数量，以及截断误差有较大关系。具体计算可采用复化 Simpson 数值积分、Romberg 数值积分等方法，结合积分变换完成越流系统井函数 $H(u,\beta)$ 的计算。本小节采用复化 Simpson 数值积分计算井函数 $H(u,\beta)$，具体推导如下。

1）进行积分变换。

令变量代换 $x=t^{-1}$，将广义积分 $\int_a^\infty f(t)\,dt$ 转换为具有左端点奇点的积分：

$$\int_a^\infty f(t)\,dt=\int_0^{1/a}x^{-2}f\left(\frac{1}{x}\right)dx \tag{7.4}$$

2)根据上述积分变换原理,将井函数 $H(u,\beta)$ 变换为下式:

$$H(u,\beta)=\int_u^{\infty}\frac{e^{-t}}{t}\text{erfc}\left(\frac{\beta\sqrt{u}}{\sqrt{t(t-u)}}\right)dy=\int_0^{1/u}x^{-1}e^{-(1/x)}\text{erfc}\left(\frac{\beta\sqrt{u}}{\sqrt{x^{-2}-ux^{-1}}}\right)dx \tag{7.5}$$

3)利用复化 Simpson 数值积分方法,完成上述积分。

设$f(x)$在区间(a,b)上有四阶连续导数,取 $2m+1$ 个等距节点:

$$x_k=a+kh,\quad (k=0,1,\cdots,2m),\quad h=\frac{b-a}{2m} \tag{7.6}$$

则复化 Simpson 求积公式为

$$\int_a^b f(x)\,dx\approx\frac{h}{3}\left[f(a)+f(b)+4\sum_{i=1}^{m}f(x_{2i-1})+2\sum_{i=1}^{m-1}f(x_{2i})\right] \tag{7.7}$$

截断误差为

$$E(f)=-\frac{h^4}{180}(b-a)f^{(4)}(\eta),\quad \eta\in[a,b] \tag{7.8}$$

4)令 $a=1/u$, $b=0$,为保证计算的精度,给定一个较大的 m 值,可将 h 值设得很小,代入复化 Simpson 求积公式,可求得井函数 $H(u,\beta)$ 的值。

$$H(u,\beta)\approx\frac{h}{3}\left[f(0)+f(1/u)+4\sum_{i=1}^{m}f(x_{2i-1})+2\sum_{i=1}^{m-1}f(x_{2i})\right] \tag{7.9}$$

其中

$$\sum_{i=1}^{m}f(x_{2i-1})=\sum_{i=1}^{m}[(2i-1)h]^{-1}\exp\left(\frac{-1}{(2i-1)h}\right)\text{erfc}\left[\frac{\beta\sqrt{u}}{\sqrt{[(2i-1)h]^{-2}-\frac{u}{(2i-1)h}}}\right] \tag{7.10}$$

$$\sum_{i=1}^{m-1}f(x_{2i})=\sum_{i=1}^{m-1}[(2i)h]^{-1}\exp\left(\frac{-1}{(2i)h}\right)\text{erfc}\left[\frac{\beta\sqrt{u}}{\sqrt{[(2i)h]^{-2}-\frac{u}{(2i)h}}}\right] \tag{7.11}$$

$$f(0)=0,\quad f\left(\frac{1}{u}\right)=0$$

(二)直接调用 MATLAB 内置数值积分函数

求解数值积分的方法多种多样,如简单的梯形法、辛普森(Simpson)法、牛顿—柯特斯(Newton-Cotes)法等都是常用的方法,MATLAB 内置了很多数值积分函数,计算人员编程中可直接调用。

(1)辛普森(Simpson)法

quad( )函数采用自适应变步长 Simpson 求积法,其格式为

I=quad(fun,a,b,tol,trace,p1,p2⋯)

参数 fun 为被积函数 $f(x)$;a、b 分别为变量 x 的积分下限和上限;tol 为积分精度要求,默认为 $1e^{-6}$。

(2)Gauss-Lobatto 算法

quadl:采用自适应 Gauss-Lobatto 公式计算,精度和速度均较好,在 MATLAB 2018 版以后

的版本中将会删除 quadl,改用 integral。其格式为

$$I= quadl(fun,a,b,tol,trace,p1,p2\cdots)\ 或\ I= integral(fun,a,b)$$

参数 fun 为被积函数 $f(x)$;a,b 分别为变量 x 的积分下限和上限;tol 为积分精度要求,默认为 10^{-6};trace 控制是否展现积分过程。

(3)基于 MATLAB 内置数值积分的井函数 $H(u,\beta)$ 计算

利用式(7.4)对井函数进行积分变换,$H(u,\beta)=\int_0^{1/u} x^{-1}\mathrm{e}^{-(1/x)}\operatorname{erfc}\left(\frac{\beta\sqrt{u}}{\sqrt{x^{-2}-ux^{-1}}}\right)\mathrm{d}x$,则 $f(x)=x^{-1}\mathrm{e}^{-(1/x)}\operatorname{erfc}\left(\frac{\beta\sqrt{u}}{\sqrt{x^{-2}-ux^{-1}}}\right)$,对于已知的 β(令 $B=\beta$)值,编制的 $H(u,\beta)$ 井函数的 H. m 文件如下:

```
        %%%%%%%%%%%%%%%%%%    弹性释水越流井函数H(u,β)   %%%%%%%%%%%%%%%%%%%%
clear
close all
format long
u=0.000001;
B=0.001;
y =@(t)t.^(-1).*exp(-1./t).*erfc(B.*(u.^0.5)./(t.^(-2)-u.*t.^(-1)).^0.5);
    integral(y,0,1000000)
              %%%%%%%%%%%%%%%%%%%%%         End        %%%%%%%%%%%%%%%%%%%%%%
```

计算参数 $u=0.000001(1/u=1000000)$,计算结果为

```
命令窗口
>>H
ans=
11.98431060464615
```

$H(u,\beta)$ 井函数表格中,$1/u=1000000$、$\beta=0.001$ 时对应的值为 11.9842,可见内置 Gauss-Lobatto 数值积分与 $H(u,\beta)$ 井函数表中的数值精度是一致的。

三、自适应惯性权重粒子群(SAPSO)优化配线求解水文地质参数

为了平衡 PSO 算法的全局搜索能力和局部改良能力,还可采用非线性的动态惯性权重系数公式,即采用自适应惯性权重法(龚纯和王正林,2009)。

经多方法对比分析,采用自适应惯性权重粒子群优化算法,实现越流补给、短时间抽水的降深-时间(s-t)实际资料曲线与 $H(u,\beta)$-$1/u$ 标准曲线优化配线,要比其他方法更容易收敛于最优计算结果附近。

自适应惯性权重粒子群优化配线法计算步骤如下。

1)设置粒子数目 N、学习因子 c_1 和 c_2、惯性权重最大值 $\omega_{\max}$、惯性权重最小值 $\omega_{\min}$、最大迭代次数 $maxgen$、粒子的维数 D。

2)随机初始化种群中各粒子的位置和速度,计算井函数 $H(u,\beta)$ 及适应度值。

3）评价每个粒子的适应度，将当前各粒子的位置和适应度值存储在各粒子的 p_{best}（个体最优位置）中，将所有 p_{best} 中适应度值最优个体的位置和适应度值存储于 g_{best}（群体最优）中。

4）更新权重。

采用非线性的动态惯性权重系数公式（自适应惯性权重），其表达式如下：

$$\omega=\begin{cases}\omega_{min}+\dfrac{(\omega_{max}-\omega_{min})(f-f_{min})}{(f_{avg}-f_{min})}, & f\leqslant f_{avg}\\ \omega_{max}, & f>f_{avg}\end{cases}$$

式中，ω_{max}、ω_{min} 分别为权重 ω 的最大值和最小值；f 为粒子当前的目标函数值；f_{avg} 和 f_{min} 分别表示当前所有微粒的平均目标值和最小目标值。上式中，惯性权重随着微粒的目标函数值而自动改变，因此称为自适应惯性权重。

5）用下式更新粒子的速度和位移：

$$v_{id}=\omega\times v_{id}+c_1r_1(p_{id}-x_{id})+c_2r_2(g_{id}-x_{id})$$

$$x_{id}=x_{id}+v_{id}$$

6）对每个粒子，将其适应度值与其经历过的最好位置作比较，如果较好，则将其作为当前的最好位置，比较当前所有 p_{best} 和 g_{best} 的值，更新 g_{best}。

7）若满足停止条件（通常为预设的运算精度或迭代次数），搜索停止，选取匹配点，输出配线坐标纵横 a、b 移动值、配线参数 β、目标函数离差平方和最小值 f_v，绘制原始曲线图、配线过程图、最终优化配线图，输出导水系数 T 和贮水系数 S，否则返回步骤 3）继续搜索。

四、自适应惯性权重粒子群算法优化配线计算分析

为对比分析，计算采用例题（7.1）的数据。

（1）自适应惯性权重粒子群算法输入的参数

粒子数目 $N=100$、学习因子 $c_1=c_2=1.49445$、惯性权重最大值 $\omega_{max}=0.9$、惯性权重最小值 $\omega_{min}=0.4$、最大迭代次数 $maxgen=600$、粒子的维数 $D=3$。

（2）构建目标函数

因为弱透水层弹性释水越流井函数 $H(u,\beta)$ 是跟 u、β 有关的一系列曲线族，基于最小二乘法的寻优函数为三元多维函数，目标函数可采用如下公式：

$$\min F(a,b,\beta)=f_v=\sum_{i=1}^{n}\left[H\left(\frac{1}{10^{(\lg t_i+\lg a)}},\beta\right)-10^{(\lg s_i+\lg b)}\right]^2 \tag{7.12}$$

因为目标函数稍微复杂一些，未知量为三个（a,b,β），需要进行多元函数寻优计算，迭代优化计算完成后，可以计算出 s-t 曲线配线移动参数 a 和 b 以及配线参变量 β 值，根据 s-t 原始曲线及 β 值确定的标准曲线，完成相应配线计算。

（3）设计编程

1）打开 MATLAB 程序，设定考虑弱透水层弹性释水的越流补给优化配线计算、自适应惯性权重粒子群计算目录路径。

2）构建抽水试验观测数据文件 S1R2. mat，形成两行（t_i，s_i）、m（抽水试验观测个数）列的数据文件。

3)编制目标函数计算程序 fit. m,对 a、b、β 进行初始赋值;井函数 $H(u,\beta)$ 的计算可采用 Simpson 数值积分或直接调用 MATLAB 内置积分函数计算。

4)编制自适应惯性权重粒子群计算主程序 SAPSO. m。

5)编制井函数 $H(u,\beta)$ 复化 Simpson 数值积分计算程序 H. m[采用直接调用 MATLAB 数值积分的方法可省略此步,本次计算采用直接调用 MATLAB 内置数值积分求 $H(u,\beta)$ 井函数]。

(4)优化计算过程

为直观了解自适应惯性权重粒子群算法优化配线计算过程,设置 $maxgen=10$、50、100、300、600,其他参数不作调整。$maxgen=10$,迭代计算一开始,试验曲线即快速靠近标准曲线(图 7.4 和图 7.5),但计算不稳定,配线离差平方和最小值 $f_v=4.882074022888490\times10^{-4}\sim0.005529177064342$;图 7.5 ~ 图 7.9 为不同迭代次数下的配线曲线,设置 $maxgen=50$,$f_v=4.695081598877247\times10^{-4}\sim9.692319607613815\times10^{-4}$;$maxgen=100$,$f_v=4.689801211318614\times10^{-4}\sim6.14950769291577\times10^{-4}$,一般情况下,经过 100 次迭代计算后,配线离差平方和最小值 f_v 已接近最优值;设置 $maxgen=300$,配线离差平方和最小值 $f_v=4.7282553370492\times10^{-4}\sim5.7204793147563\times10^{-4}$,如果迭代计算次数增加到 $maxgen=600$,则 $f_v=4.67949797767113\times10^{-4}\sim5.11991704477301\times10^{-4}$,配线离差平方和最小值相对稳定在 $f_v=4.86\times10^{-4}$ 左右。图 7.10为最大迭代计算次数 $maxgen=600$ 计算完成时的适应度函数变化曲线。

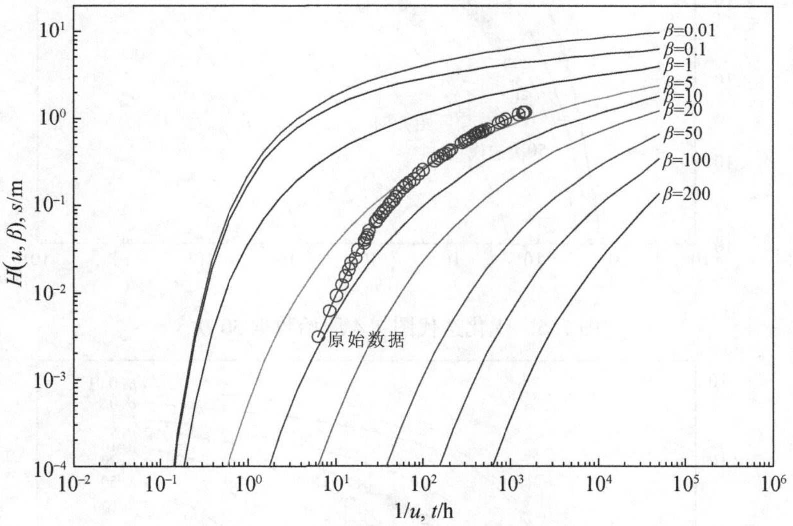

图 7.4　$H(u,\beta)$ 标准曲线及 s-t 原始观测数据曲线

(5)计算结果

采用直接调用 MATLAB 内置数值积分求 $H(u,\beta)$ 井函数,自适应惯性权重粒子群优化配线迭代计算完成后,程序可自动选取任一个观测点作为匹配点。本次计算选取的是持续观测时间 54min、降深为 0.140208m 的第 25 个观测点作为匹配点,对应坐标值如下:

$$[t]=54\text{min},[s]=0.140208\text{m},[1/u]=3.782123,[H(u,\beta)]=8.700785\times10^{-2}$$

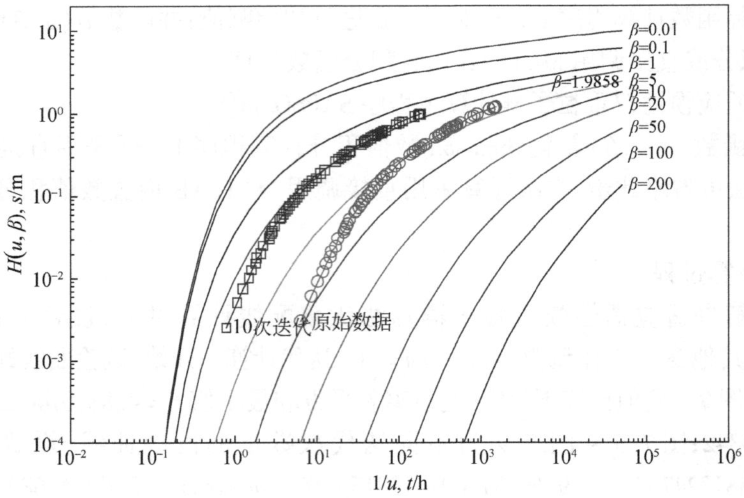

图 7.5　优化迭代图 7.4 原始数据 10 次

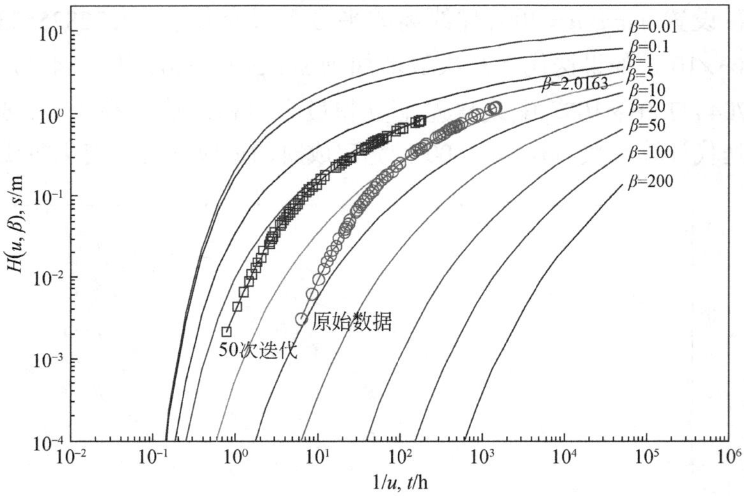

图 7.6　优化迭代图 7.4 原始数据 50 次

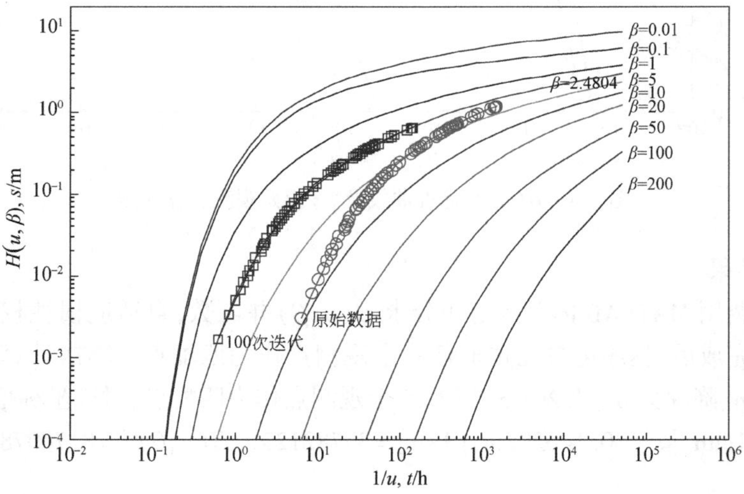

图 7.7　优化迭代图 7.4 原始数据 100 次

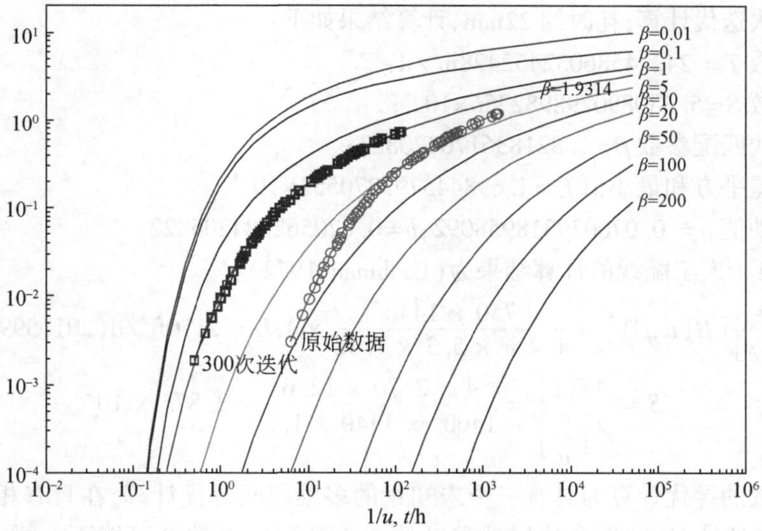

图 7.8　优化迭代图 7.4 原始数据 300 次

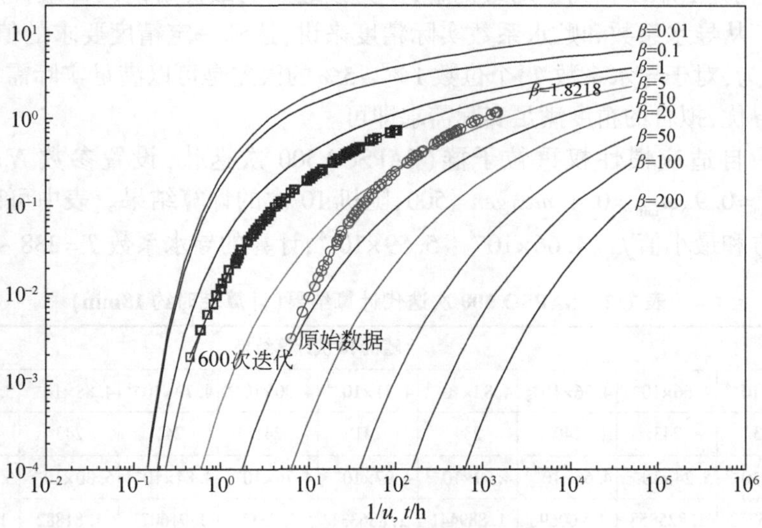

图 7.9　优化迭代图 7.4 原始数据 600 次

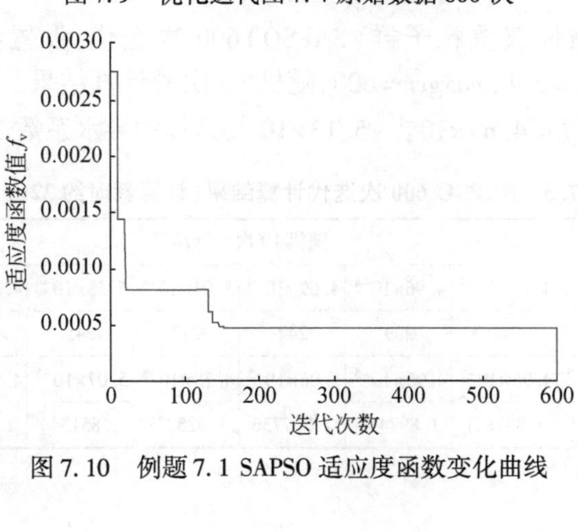

图 7.10　例题 7.1 SAPSO 适应度函数变化曲线

经 600 次迭代计算，耗时约 22min，计算结果如下：

导水系数 T= 242.4586032452428m^2/d；

贮水系数 S=5.280890798982256×10^{-5}；

标准曲线匹配参数 β=1.821836176420883；

配线离差平方和最小值 f_v=4.698445793270552×10^{-4}。

配线移动值 a= 0.070039318958092，b=0.620562684205822。

例题 7.1　人工配线的计算结果为（Lonhman，1972）：

$$T = \frac{Q}{4\pi[s]}[H(u,\beta)] = \frac{750 \times 1440}{4 \times \pi \times 5.3 \times 7.48} \times 1.0 = 2170\text{ft}^2/\text{d}(201.599597\text{m}^2/\text{d})$$

$$S = \frac{4T[t]}{r^2\left[\dfrac{1}{u}\right]} = \frac{4 \times 2170 \times 12.6}{1400^2 \times 1440 \times 1.0} = 3.875 \times 10^{-5}$$

目标函数的寻优计算为具有三个未知量的多维空间寻优计算，在具有相同配线离差平方和最小值f_v的情况下，拟合曲线的移动值 a、b 和配线参数 β 可能不一样，局部最优解较多，简单的优化算法难以找到全局最优解，多为接近全局最优解的局部最优解，加大迭代次数也无意义。从导水系数和贮水系数实际精度来讲，达到一定精度要求的值即可满足实际需求，作者认为，对于导水系数 T，个位数 1% ~5% 的误差是可以满足实际需求的。因此，对于三元函数寻优，拟合的精度满足实际需求即可。

表 7.2 为自适应惯性权重粒子群（SAPSO）500 次迭代，设置参数 N = 100、$c_1 = c_2$ = 1.49445、ω_{max}=0.9、ω_{min}=0.4、$maxgen$=500，随机 10 次的计算结果。表中可以看出，计算的配线离差平方和最小值f_v=4.66×10^{-4} ~5.59×10^{-4}，计算的导水系数 T=238 ~243m^2/d。

表 7.2　SAPSO 500 次迭代计算结果（计算耗时约 18min）

参数	随机 10 次计算结果									
f_v	4.66×10^{-4}	4.66×10^{-4}	4.96×10^{-4}	4.82×10^{-4}	4.71×10^{-4}	4.90×10^{-4}	4.79×10^{-4}	4.88×10^{-4}	5.59×10^{-4}	4.79×10^{-4}
T/(m^2/d)	243	243	240	239	241	241	241	243	238	240
S	5.30×10^{-5}	5.24×10^{-5}	4.65×10^{-5}	4.99×10^{-5}	4.97×10^{-5}	4.76×10^{-5}	4.84×10^{-5}	5.30×10^{-5}	5.28×10^{-5}	4.80×10^{-5}
β	1.813752	1.825858	1.960698	1.889441	1.886331	1.9311	1.916071	1.81882	1.835089	1.925621

表 7.3 为自适应惯性权重粒子群（SAPSO）600 次迭代，设置参数 N = 100、$c_1 = c_2$ = 1.49445、ω_{max}=0.9、ω_{min}=0.4、$maxgen$=600，随机 10 次的计算结果。表中可以看出，计算的配线离差平方和最小值f_v=4.69×10^{-4} ~5.13×10^{-4}，计算的导水系数 T=239 ~245m^2/d。

表 7.3　SAPSO 600 次迭代计算结果（计算耗时约 22min）

参数	随机 10 次计算结果									
f_v	4.69×10^{-4}	4.76×10^{-4}	4.73×10^{-4}	4.96×10^{-4}	4.69×10^{-4}	5.04×10^{-4}	5.13×10^{-4}	4.82×10^{-4}	4.82×10^{-4}	4.81×10^{-4}
T/(m^2/d)	241	240	241	239	242	242	245	242	240	240
S	5.07×10^{-5}	4.90×10^{-5}	4.96×10^{-5}	4.95×10^{-5}	5.06×10^{-5}	4.78×10^{-5}	5.07×10^{-5}	4.90×10^{-5}	5.16×10^{-5}	4.76×10^{-5}
β	1.865717	1.906517	1.887841	1.897414	1.867736	1.928228	1.851544	1.897471	1.852729	1.9382263

表 7.4 为自适应惯性权重粒子群(SAPSO),设置参数 $N=100$、$c_1=c_2=1.49445$、$\omega_{max}=0.9$、$\omega_{min}=0.4$、$maxgen=1000$,随机 10 次的计算结果。表中可以看出,计算的配线离差平方和最小值 $f_v=4.67\times10^{-4}\sim5.82\times10^{-4}$,计算的导水系数 $T=240\sim249\text{m}^2/\text{d}$。

表 7.4 SAPSO 1000 次迭代计算结果(计算耗时约 36min)

参数	随机 10 次计算结果									
f_v	4.98×10^{-4}	4.71×10^{-4}	4.67×10^{-4}	4.82×10^{-4}	4.80×10^{-4}	5.82×10^{-4}	4.83×10^{-4}	4.76×10^{-4}	4.82×10^{-4}	5.17×10^{-4}
$T/(\text{m}^2/\text{d})$	249	241	242	240	246	241	244	240	242	246
S	6.06×10^{-5}	4.98×10^{-5}	5.16×10^{-5}	4.74×10^{-5}	5.58×10^{-5}	4.67×10^{-5}	5.10×10^{-5}	4.86×10^{-5}	4.90×10^{-5}	5.14×10^{-5}
β	1.668860	1.884154	1.8449	1.941976	1.754768	1.943374	1.850901	1.913707	1.897471	1.835908

表 7.5 为随机权重粒子群(RandWPSO)500 次迭代,设置参数 $N=100$、$c_1=c_2=1.49445$、$mean\_max=0.9$、$mean\_min=0.4$、$sigma=0.3$、$maxgen=500$,随机 10 次的计算结果。表中可以看出,计算的配线离差平方和最小值 $f_v=4.66\times10^{-4}\sim5.30\times10^{-4}$,计算的导水系数 $T=240\sim246\text{m}^2/\text{d}$。

表 7.5 RandWPSO 500 次迭代计算结果(计算耗时约 17min)

参数	随机 10 次计算结果									
f_v	4.73×10^{-4}	4.72×10^{-4}	4.73×10^{-4}	4.72×10^{-4}	4.83×10^{-4}	4.74×10^{-4}	4.72×10^{-4}	4.80×10^{-4}	4.66×10^{-4}	5.30×10^{-4}
$T/(\text{m}^2/\text{d})$	246	243	240	243	245	243	243	240	243	245
S	5.67×10^{-5}	5.11×10^{-5}	4.92×10^{-5}	5.11×10^{-5}	5.30×10^{-5}	5.06×10^{-5}	5.11×10^{-5}	4.79×10^{-5}	5.24×10^{-5}	5.01×10^{-5}
β	1.739637	1.850497	1.899516	1.850497	1.805972	1.863253	1.850497	1.930402	1.825858	1.863823

表 7.6 为随机权重粒子群(RandWPSO)600 次迭代,设置参数 $N=100$、$c_1=c_2=1.49445$、$mean\_max=0.9$、$mean\_min=0.4$、$sigma=0.3$、$maxgen=600$,随机 10 次的计算结果,表中可以看出,计算的配线离差平方和最小值 $f_v=4.66\times10^{-4}\sim5.44\times10^{-4}$,计算的导水系数 $T=239\sim249\text{m}^2/\text{d}$。

表 7.6 RandWPSO 600 次迭代计算结果(计算耗时约 22min)

参数	随机 10 次计算结果									
f_v	4.67×10^{-4}	4.82×10^{-4}	4.83×10^{-4}	4.72×10^{-4}	4.73×10^{-4}	5.44×10^{-4}	4.66×10^{-4}	5.14×10^{-4}	4.67×10^{-4}	4.66×10^{-4}
$T/(\text{m}^2/\text{d})$	242	240	239	241	245	245	243	249	243	243
S	5.21×10^{-5}	4.75×10^{-5}	4.72×10^{-5}	4.94×10^{-5}	5.38×10^{-5}	5.81×10^{-5}	5.27×10^{-5}	5.87×10^{-5}	5.15×10^{-5}	5.27×10^{-5}
β	1.835341	1.939434	1.948351	1.893684	1.792123	1.71168	1.820863	1.691771	1.844543	1.820863

由表 7.2~表 7.6 可以看出,由于粒子群算法的限制,单独增加迭代次数并不一定能获得全局最优值,最大迭代次数 $maxgen=500$ 也可以满足计算精度基本稳定的要求,由于井函数 $H(u,\beta)$ 为曲线族,配线为有三个未知量的三元函数迭代计算,配线特点决定了其结果(满足最小 f_v 条件下)具有很多接近于最优结果的局部最优解。

作者测试过基本粒子群(PSO)、学习因子同步变化粒子群(LnCPSO)、自适应惯性权重粒子群(SAPSO)、随机权重粒子群(RandWPSO),相对收敛较快、计算时间短的方法为自适应惯性权重粒子群(SAPSO)及随机权重粒子群(RandWPSO)。从目前的采用的计算方法来看,对多元函数寻优,要得到全局最优解是比较困难的,从实际需要出发,只要 T、S 计算结果的误差在可接受范围之内即可,计算精度还是远远高于人工配线结果的。要得到更为精确的计算结果及更快的收敛速度,对粒子群算法的改进是必要的。

五、基于定点喂食的粒子群算法(LFPSO)例题计算分析

为了解决潜水抽水试验多维度目标函数的寻优计算问题,基于粒子群鸟类觅食的思路,作者增加了人工干预,根据潜水抽水试验标准曲线族的特点,提出了定点喂食的思想,效果很好,既加快了收敛速度又提高了计算精度。详见第六章第二节的相关内容。

同样采用例题 7.1 的数据,以及定点喂食思路,结合权重变化的粒子群算法,进行优化配线计算。

表 7.7 为基于定点喂食+随机权重粒子群(LFRandWPSO)算法优化配线随机 10 次的计算结果,设置参数 $N=50$、$c_1=c_2=1.49445$、$mean\_max=0.8$、$mean\_min=0.4$、$sigma=0.2$、$maxgen=50$。配线离差平方和最小值 $f_v=4.707\times10^{-4}\sim7.118\times10^{-4}$,计算的导水系数 $T=241.9\sim247.7\text{m}^2/\text{d}$,贮水系数 $S=4.934\times10^{-5}\sim5.091\times10^{-5}$。

表 7.7　LFRandWPSO 50 次迭代计算结果(计算耗时约 1.06min)

参数	随机 10 次计算结果									
f_v	6.645×10^{-4}	5.165×10^{-4}	7.014×10^{-4}	5.418×10^{-4}	6.186×10^{-4}	7.118×10^{-4}	4.707×10^{-4}	5.799×10^{-4}	4.899×10^{-4}	5.796×10^{-4}
$T/(\text{m}^2/\text{d})$	245.9	242.5	247.7	245.0	245.7	247.3	241.9	245.5	242.3	242.1
S	5.035×10^{-5}	5.031×10^{-5}	5.002×10^{-5}	5.007×10^{-5}	5.044×10^{-5}	4.934×10^{-5}	5.073×10^{-5}	4.983×10^{-5}	5.091×10^{-5}	5.018×10^{-5}
β	1.86462891	1.86390547	1.86167395	1.86186513	1.86202621	1.86514026	1.8618574	1.86349273	1.86182383	1.86486896

表 7.8 为基于定点喂食+随机权重粒子群(LFRandWPSO)算法优化配线随机 10 次的计算结果,设置参数 $N=100$、$c_1=c_2=1.49445$、$mean\_max=0.8$、$mean\_min=0.4$、$sigma=0.2$、$maxgen=100$。配线最小离差平方和 $f_v=4.703\times10^{-4}\sim5.224\times10^{-4}$,计算的导水系数 $T=241.6\sim244.2\text{m}^2/\text{d}$,贮水系数 $S=5.046\times10^{-5}\sim5.090\times10^{-5}$。与前面计算相比,计算精度有所提高。

表 7.8　LFRandWPSO 100 次迭代计算结果(计算耗时约 4.01min)

参数	随机 10 次计算结果									
f_v	4.685×10^{-4}	4.753×10^{-4}	4.703×10^{-4}	4.982×10^{-4}	4.856×10^{-4}	4.727×10^{-4}	5.224×10^{-4}	4.778×10^{-4}	4.839×10^{-4}	4.707×10^{-4}
$T/(\text{m}^2/\text{d})$	241.9	242.3	241.6	244.2	242.9	241.6	242.6	242.0	243.0	241.9
S	5.074×10^{-5}	5.090×10^{-5}	5.059×10^{-5}	5.046×10^{-5}	5.049×10^{-5}	5.079×10^{-5}	5.077×10^{-5}	5.061×10^{-5}	5.064×10^{-5}	5.073×10^{-5}
β	1.86269339	1.86026739	1.8659267	1.8603756	1.861612	1.86451206	1.8656153	1.8627987	1.8628356	1.8618573

表7.9为基于定点喂食+自适应惯性权重粒子群(LFSAPSO)算法优化配线随机10次的计算结果,设置参数 $N=50$、$c_1=c_2=1.49445$、$\omega_{max}=0.9$、$\omega_{min}=0.4$、$maxgen=50$。配线离差平方和最小值 $f_v=4.695\times10^{-4}\sim5.493\times10^{-4}$,计算的导水系数 $T=242.0\sim245.7\text{m}^2/\text{d}$,贮水系数 $S=5.012\times10^{-5}\sim5.091\times10^{-5}$。

表7.9　LFSAPSO 50次迭代计算结果(计算耗时约1.04min)

参数	随机10次计算结果									
f_v	4.703×10^{-4}	4.695×10^{-4}	4.773×10^{-4}	4.744×10^{-4}	4.870×10^{-4}	5.473×10^{-4}	4.863×10^{-4}	4.934×10^{-4}	5.493×10^{-4}	4.997×10^{-4}
$T/(\text{m}^2/\text{d})$	242.4	242.0	242.3	242.8	243.2	242.9	243.5	243.1	245.7	242.4
S	5.077×10^{-5}	5.059×10^{-5}	5.077×10^{-5}	5.062×10^{-5}	5.039×10^{-5}	5.091×10^{-5}	5.038×10^{-5}	5.043×10^{-5}	5.012×10^{-5}	5.038×10^{-5}
β	1.86004199	1.86511483	1.8631897	1.8615627	1.862955	1.86256582	1.8646085	1.8615605	1.8608671	1.8639489

表7.10为基于定点喂食+自适应惯性权重粒子群(LFSAPSO)算法优化配线随机10次的计算结果,设置参数 $N=100$、$c_1=c_2=1.49445$、$\omega_{max}=0.9$、$\omega_{min}=0.4$、$maxgen=100$。配线离差平方和最小值 $f_v=4.684\times10^{-4}\sim4.839\times10^{-4}$,计算的导水系数 $T=241.4\sim243.5\text{m}^2/\text{d}$,贮水系数 $S=5.051\times10^{-5}\sim5.082\times10^{-5}$。与前面计算相比,计算精度有所提高。

表7.10　LFSAPSO 100次迭代计算结果(计算耗时约4min)

参数	随机10次计算结果									
f_v	4.769×10^{-4}	4.803×10^{-4}	4.708×10^{-4}	4.684×10^{-4}	4.695×10^{-4}	4.762×10^{-4}	4.690×10^{-4}	4.702×10^{-4}	4.727×10^{-4}	4.839×10^{-4}
$T/(\text{m}^2/\text{d})$	241.4	243.1	242.4	241.7	241.6	242.0	241.5	242.4	241.6	243.5
S	5.079×10^{-5}	5.071×10^{-5}	5.071×10^{-5}	5.074×10^{-5}	5.069×10^{-5}	5.051×10^{-5}	5.082×10^{-5}	5.079×10^{-5}	5.079×10^{-5}	5.053×10^{-5}
β	1.86156047	1.86077002	1.86106846	1.8635048	1.8657456	1.8649249	1.8620166	1.8600044	1.8645121	1.8610170

表7.11为基于定点喂食+自然指数惯性权重粒子群(LFAPSO)算法优化配线随机10次的计算结果,设置参数 $N=50$、$c_1=c_2=1.49618$、$\omega_{start}=0.9$、$\omega_{end}=0.4$、$maxgen=50$、$\omega=(\omega_{start}-\omega_{end})\times\exp[-30\times(j/maxgen)]^2$。配线离差平方和最小值 $f_v=4.681\times10^{-4}\sim4.707\times10^{-4}$,计算的导水系数 $T=241.4\sim242.3\text{m}^2/\text{d}$,贮水系数 $S=5.058\times10^{-5}\sim5.088\times10^{-5}$。

表7.11　LFAPSO 50次迭代计算结果(计算耗时约1.4min)

参数	随机10次计算结果									
f_v	4.682×10^{-4}	4.686×10^{-4}	4.681×10^{-4}	4.707×10^{-4}	4.686×10^{-4}	4.719×10^{-4}	4.683×10^{-4}	4.684×10^{-4}	4.681×10^{-4}	4.683×10^{-4}
$T/(\text{m}^2/\text{d})$	241.8	241.7	242.3	242.3	241.4	242.3	241.7	241.6	241.8	241.7
S	5.083×10^{-5}	5.086×10^{-5}	5.061×10^{-5}	5.058×10^{-5}	5.080×10^{-5}	5.062×10^{-5}	5.076×10^{-5}	5.073×10^{-5}	5.088×10^{-5}	5.075×10^{-5}
β	1.8613668	1.8611370	1.8646525	1.8651096	1.8632365	1.8627769	1.8631550	1.8642333	1.8605961	1.8634050

由表7.7~表7.11可以看出,虽然都采用了定点喂食思路,但对于粒子数较少,迭代计算次数也较少的情况($N=50$,$maxgen=50$),LFRandWPSO和LFSAPSO算法配线最小离差平方和还是出现较大波动。

表 7. 12 为基于定点喂食+自然指数惯性权重粒子群(LFAPSO)算法优化配线随机 10 次的计算结果,设置参数 $N=100$、$c_1=c_2=1.49618$、$\omega_{start}=0.9$、$\omega_{end}=0.4$、$maxgen=100$,$\omega=(\omega_{start}-\omega_{end})\times\exp[-30\times(j/maxgen)]^2$。配线离差平方和最小值 $f_v=4.681\times10^{-4}\sim4.685\times10^{-4}$,计算的导水系数 $T=241.6\sim241.9\text{m}^2/\text{d}$,贮水系数 $S=5.067\times10^{-5}\sim5.088\times10^{-5}$。与前面计算相比,计算精度有所提高。

表 7. 12　LFAPSO 100 次迭代计算结果(计算耗时约 5. 2min)

参数	随机 10 次计算结果									
f_v	4.681×10^{-4}	4.682×10^{-4}	4.682×10^{-4}	4.685×10^{-4}	4.685×10^{-4}	4.682×10^{-4}	4.684×10^{-4}	4.682×10^{-4}	4.681×10^{-4}	4.684×10^{-4}
$T/(\text{m}^2/\text{d})$	241. 7	241. 7	241. 7	241. 6	241. 7	241. 8	241. 6	241. 8	241. 9	241. 7
S	5.084×10^{-5}	5.082×10^{-5}	5.081×10^{-5}	5.067×10^{-5}	5.068×10^{-5}	5.080×10^{-5}	5.071×10^{-5}	5.080×10^{-5}	5.088×10^{-5}	5.073×10^{-5}
β	1. 8613852	1. 8618074	1. 8621543	1. 8653294	1. 8648488	1. 8621296	1. 8643896	1. 8621296	1. 8600534	1. 8639301

表 7. 13 为基于定点喂食+自然指数惯性权重+g_{best}变异操作粒子群(LFePSO)算法优化配线随机 10 次的计算结果,设置参数 $N=50$、$c_1=c_2=1.49618$、$\omega_{start}=0.9$、$\omega_{end}=0.4$、$maxgen=50$、自然指数惯性权重 $\omega=(\omega_{start}-\omega_{end})\times\exp[-30\times(j/maxgen)]^2$,$g_{best}$变异操作公式为 $g_{best}=g_{best}\times(1+\mu\times0.5)$,群体适应度方差阈值设定为 $\sigma^2=xgm=10^{-5}$。经 50 次迭代计算完成后,配线离差平方和最小值 $f_v=4.681\times10^{-4}\sim4.686\times10^{-4}$,计算的导水系数 $T=241.6\sim241.9\text{m}^2/\text{d}$,贮水系数 $S=5.065\times10^{-5}\sim5.085\times10^{-5}$。

该方法设置的参数仅仅是 $N=50$,$maxgen=50$,与前面所有计算相比,计算精度已经远远高于其他方法(其他方法设置 $N=100$,$maxgen=100$)的计算结果。

表 7. 13　LFePSO 50 次迭代计算结果(计算耗时约 1. 3min)

参数	随机 10 次计算结果									
f_v	4.685×10^{-4}	4.681×10^{-4}	4.683×10^{-4}	4.686×10^{-4}	4.681×10^{-4}	4.683×10^{-4}	4.682×10^{-4}	4.685×10^{-4}	4.685×10^{-4}	4.682×10^{-4}
$T/(\text{m}^2/\text{d})$	241. 9	241. 7	241. 7	241. 6	241. 7	241. 6	241. 7	241. 6	241. 9	241. 8
S	5.073×10^{-5}	5.085×10^{-5}	5.076×10^{-5}	5.065×10^{-5}	5.083×10^{-5}	5.079×10^{-5}	5.082×10^{-5}	5.068×10^{-5}	5.078×10^{-5}	5.080×10^{-5}
β	1. 8630119	1. 8610991	1. 8633258	1. 8656087	1. 8614643	1. 8630018	1. 8618790	1. 8651504	1. 8620645	1. 8622175

表 7. 14 为 LFePSO 算法,设置参数 $N=100$,$maxgen=100$(其他参数不变)的计算结果,很明显,计算精度更高,结果更稳定,耗时仅约为 4. 0min。

表 7. 14　LFePSO 100 次迭代计算结果(计算耗时约 4. 0min)

参数	随机 10 次计算结果									
f_v	4.681×10^{-4}	4.680×10^{-4}	4.680×10^{-4}	4.682×10^{-4}	4.680×10^{-4}	4.681×10^{-4}	4.680×10^{-4}	4.680×10^{-4}	4.680×10^{-4}	4.682×10^{-4}
$T/(\text{m}^2/\text{d})$	241. 8	241. 8	241. 8	241. 7	241. 8	241. 8	241. 8	241. 9	241. 8	241. 7
S	5.087×10^{-5}	5.089×10^{-5}	5.089×10^{-5}	5.086×10^{-5}	5.088×10^{-5}	5.088×10^{-5}	5.088×10^{-5}	5.089×10^{-5}	5.089×10^{-5}	5.079×10^{-5}
β	1. 86063756	1. 86013172	1. 86007193	1. 86141544	1. 8603307	1. 86050844	1. 86036636	1. 8600000	1. 86002534	1. 86243949

由表7.13和表7.14计算结果可以看出,经过改进的基于定点喂食粒子群(LFePSO)算法,用于越流系统井函数 $H(u,\beta)$-$(1/u)$ 的优化配线,较少的粒子个数及不多的迭代计算步骤就可以解决问题,计算结果收敛快、精度高。表7.13和表7.14中的计算结果耗时约1.3min和4.0min,计算收敛速度及计算精度远高于表7.4的SAPSO 1000次迭代计算结果(计算耗时约36min)及表7.6的RandWPSO 600次迭代计算结果(计算耗时约22min)。这说明定点喂食粒子群(LFePSO)算法用于高维函数的优化配线计算是相当有效的。

第三节　根据长时间抽水试验资料求解水文地质参数

(一)第一种情况

当 $t>5\dfrac{m_1S_1}{K_1}$,同时 $t>5\dfrac{m_2S_2}{K_2}$时,其解为

$$s=\frac{Q}{4\pi T}W(u_1,\alpha) \tag{7.13}$$

式中,$W(u_1,\alpha)$为不考虑弱透水层弹性释水的越流系统井函数,可采用第六章第一节的计算方法。

$$u_1=\frac{r^2\left(S+\dfrac{S_1}{3}+\dfrac{S_2}{3}\right)}{4Tt},\quad \alpha=r\sqrt{\frac{1}{B_1^2}+\frac{1}{B_2^2}}$$

(二)第二种情况

当 $t>10\dfrac{m_1S_1}{K_1}$,同时 $t>10\dfrac{m_2S_2}{K_2}$时,其解为

$$s=\frac{Q}{4\pi T}W(u_2) \tag{7.14}$$

式中,$W(u_2)$为无越流系统的井函数,可采用第三章的计算方法。

$$u_2=\frac{r^2(S+S_1+S_2)}{4Tt}$$

(三)第三种情况

当 $t>5\dfrac{m_1S_1}{K_1}$,同时 $t>10\dfrac{m_2S_2}{K_2}$时,其解为

$$s=\frac{Q}{4\pi T}W\left(u_3,\frac{r}{B_1}\right) \tag{7.15}$$

$$u_3=\frac{r^2\left(S+S_2+\dfrac{S_1}{3}\right)}{4Tt}$$

式中,$W\left(u_3,\dfrac{r}{B_1}\right)$为不考虑弱透水层弹性释水的越流系统井函数,可采用第六章第一节的计

算方法。

(四) 长时间抽水参数求解步骤

长时间抽水,对于第一种情况和第三种情况,都是利用配线法确定水文地质参数,其原理和方法同有越流补给的公式[式(6.1)]相同,采用的标准曲线也是如图 6.1 所示的曲线,计算方法可采用第六章的配线法来计算。

对于第二种情况,利用配线法确定水文地质参数和利用 Theis 公式的配线法相同,可采用第三章的所有方法。

第八章　潜水完整井非稳定流抽水试验

第一节　考虑迟后疏干的博尔顿(Boulton)模型

一、传统博尔顿配线法

(一)博尔顿配线法基本原理

Boulton 根据抽水过程中降深–时间曲线的特征提出了考虑迟后疏干的计算方法,偏微分方程的解为

$$s=\frac{Q}{4\pi T}\int_0^\infty 2J_0\left(\frac{r}{D}x\right)\left[1-\frac{1}{x^2+1}e^{-\frac{\alpha t x^2}{x^2+1}}-F\right]\frac{dx}{x} \tag{8.1}$$

式中,$F=\frac{x^2}{x^2+1}e^{-\alpha\eta t(x^2+1)}$;$\eta=\frac{\mu+\mu^*}{\mu^*}$;$\mu^*$ 贮水系数;μ 为重力给水度;J_0 为第一类零阶贝塞尔函数;$D=\sqrt{\frac{T}{\alpha\mu}}$ 为潜水含水层疏干因素。

式(8.1)的积分部分可用 $W\left(u_{a,y},\frac{r}{D}\right)$ 来表示,称为无压含水层中完整井的井函数。其中的 $u_{a,y}$,在抽水早期取 u_a 值,抽水后期取 u_y 值。

一般情况下,当 $\eta\to\infty$ 时,μ^* 远远小于 μ,令 $\eta\to\infty$,$u_a=\frac{r^2\mu^*}{4Tt}$,$u_y=\frac{r^2\mu}{4Tt}$,又 $\alpha t=\frac{Tt}{D^2\mu}$,则 $\frac{u_a}{u_y}=\frac{1}{\eta-1}$,式(8.1)可写为

$$W(u_{a,y},r/D)=\int_0^\infty 2J_0\left(\frac{r}{D}x\right)\left\{1-\frac{1}{(1+x^2)}\exp\left(-\frac{x^2}{(1+x^2)}\frac{r^2}{4D^2}\frac{1}{u_y}\right)\right.$$
$$\left.-\frac{x^2}{1+x^2}\exp\left(-\frac{r^2}{4D^2}\frac{1}{u_a}(1+x^2)\right)\right\}\frac{dx}{x} \tag{8.2}$$

抽水早期,选取 u_a 值,Boulton 井函数可表示为

$$W(u_a,r/D)=\int_0^\infty 2J_0\left(\frac{r}{D}x\right)\left\{1-\frac{1}{(1+x^2)}\exp\left(-\frac{x^2}{(1+x^2)}\frac{r^2}{4D^2}\frac{1}{u_a(\eta-1)}\right)\right.$$
$$\left.-\frac{x^2}{1+x^2}\exp\left(-\frac{r^2}{4D^2}\frac{1}{u_a}(1+x^2)\right)\right\}\frac{dx}{x} \tag{8.3}$$

由于 $\eta\to\infty$,$\lim_{\eta\to\infty}\exp\left(-\frac{x^2}{(1+x^2)}\frac{r^2}{4D^2u_a(\eta-1)}\right)=1$,上式变为

$$W(u_a,r/D)=\int_0^{\infty}2J_0\left(\frac{r}{D}x\right)\left\{\frac{x^2}{1+x^2}\left[1-\exp\left(-\frac{r^2}{4D^2}\frac{1}{u_a}(1+x^2)\right)\right]\right\}\frac{dx}{x} \tag{8.4}$$

抽水后期，选取 u_y 值，Boulton 井函数可表示为

$$W(u_y,r/D)=\int_0^{\infty}2J_0\left(\frac{r}{D}x\right)\left\{1-\frac{1}{(1+x^2)}\exp\left(-\frac{x^2}{(1+x^2)}\frac{r^2}{4D^2}\cdot\frac{1}{u_y}\right)-\frac{x^2}{1+x^2}\exp\left(-\frac{r^2}{4D^2}\frac{\eta-1}{u_y}(1+x^2)\right)\right\}\frac{dx}{x} \tag{8.5}$$

由于 $\eta\to\infty$，$\lim\limits_{\eta\to\infty}\exp\left(-\frac{r^2}{4D^2}\frac{\eta-1}{u_y}(1+x^2)\right)=0$，上式变为

$$W(u_y,r/D)=\int_0^{\infty}2J_0\left(\frac{r}{D}x\right)\left\{1-\frac{1}{(1+x^2)}\exp\left(-\frac{x^2}{(1+x^2)}\frac{r^2}{4D^2}\frac{1}{u_y}\right)\right\}\frac{dx}{x} \tag{8.6}$$

Boulton 井函数所描述的曲线形状，也就是理论上降深-时间曲线的形状。据此，可将上述公式的解分为三部分：

抽水早期
$$s=\frac{Q}{4\pi T}W\left(u_a,\frac{r}{D}\right) \tag{8.7}$$

抽水中期
$$s=\frac{Q}{4\pi T}K_0\left(\frac{r}{D}\right) \tag{8.8}$$

抽水晚期
$$s=\frac{Q}{4\pi T}W\left(u_y,\frac{r}{D}\right) \tag{8.9}$$

式中，$W\left(u_a,\frac{r}{D}\right)$ 为无压含水层中完整井流 A 组井函数，$u_a=\frac{r^2\mu^*}{4Tt}$；$W\left(u_y,\frac{r}{D}\right)$ 为无压含水层中完整井流 B 组井函数，$u_y=\frac{r^2\mu}{4Tt}$；$K_0\left(\frac{r}{D}\right)$ 为虚宗量第二类贝塞尔函数。

井函数 $W\left(u_{a,y},\frac{r}{D}\right)$ 不能用初等函数表示，但可求出它的数值解。根据这些数值在双对数纸上画出标准曲线族，如图 8.1 所示。它包括两组曲线：左边是 A 组 $W\left(u_a,\frac{r}{D}\right)$ 曲线，适用于抽水早期；右边是 B 组 $W\left(u_y,\frac{r}{D}\right)$ 曲线，适用于抽水后期。两组曲线中间连线趋近于水平线，用它们的共同切线连接。

（二）计算步骤

1）在双对数坐标纸上绘制两组标准曲线，左边是 A 组 $W\left(u_a,\frac{r}{D}\right)$-$\frac{1}{u_a}$标准曲线，右边是 B 组 $W\left(u_y,\frac{r}{D}\right)$-$\frac{1}{u_y}$标准曲线，$\frac{1}{u_a}$标在图的上边线上，$\frac{1}{u_y}$标在图的下边线上。

2）将距离抽水井 r 处观测孔中的不同时间实测的降深值，在与上图同比例的双对数坐标纸上汇出 s-t 曲线。

3）将 s-t 曲线叠置于标准曲线上，保持 s 轴平行于 $W\left(u_a,\frac{r}{D}\right)$ 轴，t 轴平行于$\frac{1}{u_a}$轴，使得s-t

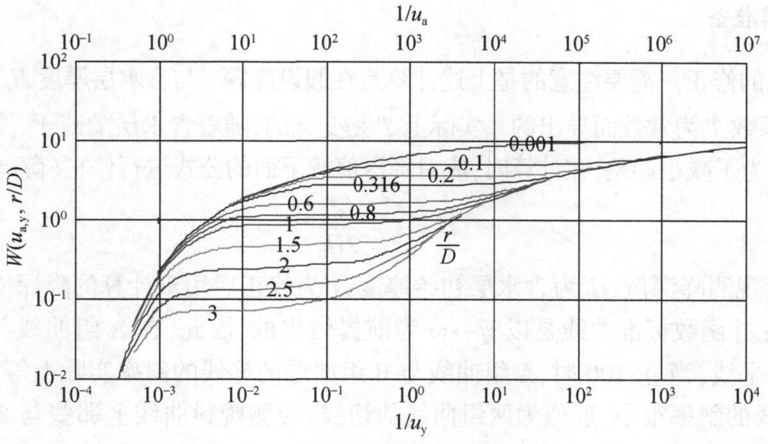

图 8.1　Boulton 潜水完整井流标准曲线

曲线尽可能多地与 A 组曲线重合，任选一匹配点，读出两个坐标系中匹配点的相应坐标$[s]$、$[t]$、$\left[W\left(u_a,\frac{r}{D}\right)\right]$、$\left[\frac{1}{u_a}\right]$和与之重合的 A 组标准曲线的$\frac{r}{D}$值，代入式(8.10)和式(8.11)计算导水系数 T 和弹性贮水系数 μ^*。

4)平行移动 s-t 曲线，使得 s-t 曲线尽可能多的与 B 组曲线重合，保持$\frac{r}{D}$与 A 组曲线的值相同，任选一匹配点，读出两个坐标系中匹配点的相应坐标，$[s]$、$[t]$、$\left[W\left(u_y,\frac{r}{D}\right)\right]$、$\left[\frac{1}{u_y}\right]$代入式(8.12)～式(8.15)计算水文地质参数。

$$T=\frac{Q}{4\pi s}W\left(u_a,\frac{r}{D}\right) \tag{8.10}$$

$$\mu^*=\frac{4Tt}{r^2\frac{1}{u_a}} \tag{8.11}$$

$$T=\frac{Q}{4\pi s}W\left(u_y,\frac{r}{D}\right) \tag{8.12}$$

$$\mu=\frac{4Tt}{r^2\frac{1}{u_y}} \tag{8.13}$$

$$\eta=\frac{\mu^*+\mu}{\mu^*} \tag{8.14}$$

$$\frac{1}{\alpha}=\frac{4t}{\left(\frac{r}{D}\right)^2\left(\frac{1}{u_y}\right)} \tag{8.15}$$

式中，μ^* 为贮水系数；μ 为重力给水度；$\frac{1}{\alpha}$为延迟系数；$D=\sqrt{\frac{T}{\alpha\mu}}$为潜水含水层疏干因素。

(三)数据准备

1)降深值的修正。需要注意的是上述计算是在假设降深 s 与含水层厚度 H_0之比较小的情况下,视导水系数 T 为常数而导出的。实际上 T 是变化的,随着含水层的疏干,厚度减小,相应的 T 也变小。为了减小误差,在计算时,应对降深值按下面的公式进行修正(薛禹群等,1997):

$$s' = s - \frac{s^2}{2H_0}$$

式中,s 为实际观测降深值;H_0为含水层初始厚度;s'为修正后用于计算的降深值。

2)Boulton 井函数标准曲线是以 $\eta \to \infty$ 为前提做出的,因此,在 A 组曲线与 B 组曲线之间出现一条水平线,当 $\eta>100$ 时,A 组曲线与 B 组曲线的连线的斜率实际上等于零。当 $10<\eta<100$ 时,此线的斜率很小,近似为两组曲线的切线,观测资料曲线上那些与 A 组或 B 组曲线不能重合的点应落在此切线上(Boulton,1964)。

3)前后配线数据的划分。根据 2)的分析,对抽水试验观测曲线中间有水平段的,可以从水平线中间点分开,前部分数据用于 A 组曲线配线,后部分数据用于 B 组曲线配线。如果中间水平段不明显,可采用近水平段沉降值起始点作为 A 组曲线配线数据,采用水平段沉降值终止点以后的数据作为 B 组曲线配线数据。配线数据的选择影响计算配线的精度及收敛快慢,根据实际观测数据确定两次配线数据的分配,也可试算几次,查看配线拟合精度及前后配线计算结果的近似情况,理论上前后配线计算的导水系数 T 值应该一致,也有例题计算的相差较大,如《抽水试验资料的分析和评价》中的例题(克鲁斯曼和德里德,1980)。最终确定采用合适的观测数据用于 A 组、B 组标准曲线族的配线拟合。

二、Boulton 井函数的数值计算及近似处理

1)无穷区间截断误差。

将无穷区间截去“尾巴”转化为有限区间,若选 $R>M$,使得

$$\left|\int_R^{\infty} f(x)\,\mathrm{d}x\right| \leqslant \varepsilon,\text{则 } I = \int_0^{\infty} f(x)\,\mathrm{d}x = \int_0^{R} f(x)\,\mathrm{d}x + \int_R^{\infty} f(x)\,\mathrm{d}x$$

只要计算右端第一个积分即可。

Boulton 井函数可分为前期配线的 A 组曲线井函数 $W\left(u_{\mathrm{a}},\frac{r}{D}\right)$和后期配线的 B 组曲线的井函数 $W\left(u_{\mathrm{y}},\frac{r}{D}\right)$,根据推导的 Boulton 井函数计算公式式(8.4)和式(8.6),作者用 MATLAB 编制了 Boulton 井函数计算程序,实际应用中发现寻优计算耗时相当长,因此,在满足计算要求的情况下,作者采用无穷区间截断误差方法。经多次试算,将井函数的积分上限设定为 7000,这样既满足精度要求,又达到快速寻优计算的目的。

2)Boulton 井函数 A 组曲线 $W\left(u_{\mathrm{a}},\frac{r}{D}\right)$MATLAB 计算程序 w1. m 计算示例:

```
                                 %%%%%%%%%%%%%%%%%%%%%%%%%%%%%%%%%%%%%%%%%%%%%%%%%%%%%%%%%%%%
clear
```

```
close all
clc
N=5;                    %Boulton 井函数表中的 N 值,根据需要修改。
n=0;%Boulton 井函数表中的 n 值,根据需要修改。
ua=1./(N.*10.^n);%Boulton 井函数表中的 ua 值。
rd=0.6;%A 组曲线配线参数 r/D
f1=@(x)2.*besselj(0,rd.*x).*((x.^2./(1+x.^2)).*(1-exp(-0.25.*rd.^2./ua.*(1+x.^2)))).
/x;
w1=integral(f1,0,inf)
                    %%%%%%%%%%%%%%%%%%%%%%%%%%%%%%%%%%%%%%%%%%%%%%%%%%%%%%%%%%%%%%%%%%%%
```

3) Boulton 井函数 B 组曲线 $W\left(u_y,\frac{r}{D}\right)$ MATLAB 计算程序 w2. m 计算示例：

```
                    %%%%%%%%%%%%%%%%%%%%%%%%%%%%%%%%%%%%%%%%%%%%%%%%%%%%%%%%%%%%%%%%%%%%
clear
close all
clc
N=4;                    %Boulton 井函数表中的 N 值,根据需要修改。
n=4;%Boulton 井函数表中的 n 值,根据需要修改。
uy=1./(N.*10.^n);%Boulton 井函数表中的 uy 值。
rd=0.01;%B 组曲线配线参数 r/D。
f2=@(x)2.*besselj(0,rd.*x).*(1-(1./(1+x.^2)).*exp(-(x.*rd).^2./((1+x.^2).*4.*uy)).
/x;
w2=integral(f2,0,inf)
                    %%%%%%%%%%%%%%%%%%%%%%%%%%%%%%%%%%%%%%%%%%%%%%%%%%%%%%%%%%%%%%%%%%%%
```

如采用无穷区间截断误差计算井函数值，只需将上述两个井函数的 MATLAB 计算程序中的 w1=integral(f1,0,inf)，更换为 w1 = integral(f1,0,7000)，将 w2 = integral(f2,0,inf)，更换为 w2 = integral(f2,0,7000)即可。

井函数 $W\left(u_a,\frac{r}{D}\right)$、$W\left(u_y,\frac{r}{D}\right)$几种计算方法计算数据对比见表 8. 1 和表 8. 2。

三、传统博尔顿配线法计算例题 8. 1

某地潜水含水层由含砾中砂沉积物组成，隔水底板为泥灰岩，含水层厚度 h_0 为 8. 24m。抽水井直径 0. 32m，井深 13. 75m，滤水管长度基本等于含水层厚度(6 ~ 13. 75m)，抽水进行了 2930min，抽水量平均为 1. 5L/s(1L/s = 129. 6m^3/d)，抽水井的最大水位降深为 0. 87m。距抽水井 r=10m 处有一观测井，观测井的水位降深资料见表 8. 3。试根据上述资料确定潜水含水层的参数(蒋辉等，2009)。

表 8.1 井函数 $W\left(u_a,\frac{r}{D}\right)$ 计算结果对比分析

r/D=0.01					r/D=0.1					r/D=0.2				
N	n	$W\left(u_a,\frac{r}{D}\right)1$	$W\left(u_a,\frac{r}{D}\right)2$	$W\left(u_a,\frac{r}{D}\right)3$	N	n	$W\left(u_a,\frac{r}{D}\right)1$	$W\left(u_a,\frac{r}{D}\right)2$	$W\left(u_a,\frac{r}{D}\right)3$	N	n	$W\left(u_a,\frac{r}{D}\right)1$	$W\left(u_a,\frac{r}{D}\right)2$	$W\left(u_a,\frac{r}{D}\right)3$
1	1	1.82	1.8227	1.8230	1	1	1.80	1.8050	1.8051	5	0	1.19	1.1944	1.1943
1	2	4.04	4.0355	4.0358	5	1	3.24	3.2442	3.2443	1	1	1.75	1.7527	1.7527
1	3	6.31	6.3069	6.3071	1	2	3.81	3.8150	3.8151	5	1	2.95	2.9521	2.9521
5	3	7.82	7.8192	7.8194	2	2	4.30	4.2960	4.2961	1	2	3.29	3.2875	3.2875
1	4	8.40	8.3982	8.3985	5	2	4.71	4.7079	4.7080	5	2	3.50	3.5043	3.5042
1	5	9.42	9.4176	9.4178	1	3	4.83	4.8293	4.8292	1	3	3.51	3.5054	3.5054
1	6	9.44	9.4425	9.4427	1	4	4.85	4.8541	4.8542	—	—	—	—	—
r/D=0.316					r/D=0.4					r/D=0.6				
N	n	$W\left(u_a,\frac{r}{D}\right)1$	$W\left(u_a,\frac{r}{D}\right)2$	$W\left(u_a,\frac{r}{D}\right)3$	N	n	$W\left(u_a,\frac{r}{D}\right)1$	$W\left(u_a,\frac{r}{D}\right)2$	$W\left(u_a,\frac{r}{D}\right)3$	N	n	$W\left(u_a,\frac{r}{D}\right)1$	$W\left(u_a,\frac{r}{D}\right)2$	$W\left(u_a,\frac{r}{D}\right)3$
1	0	0.216	0.2157	0.2157	1	0	0.213	0.2135	0.2135	1	0	0.206	0.2065	0.2065
2	0	0.544	0.5437	0.5437	2	0	0.534	0.5343	0.5343	2	0	0.504	0.5044	0.5044
5	0	1.153	1.1537	1.1536	5	0	1.114	1.1145	1.1145	5	0	0.996	0.9964	0.9964
1	1	1.655	1.6548	1.6548	1	1	1.564	1.5644	1.5644	1	1	1.311	1.3115	1.3115
5	1	2.504	2.5052	2.5052	5	1	2.181	2.1809	2.1809	2	1	1.493	1.4927	1.4927
1	2	2.623	2.6252	2.6251	1	2	2.225	2.2253	2.2253	5	1	1.553	1.5530	1.5530
1	3	2.648	2.6500	2.6500	1	3	2.229	2.2290	2.2291	1	2	1.555	1.5550	1.5550

续表

r/D=0.8					r/D=1.0					r/D=1.5				
N	n	$W\left(u_a,\frac{r}{D}\right)1$	$W\left(u_a,\frac{r}{D}\right)2$	$W\left(u_a,\frac{r}{D}\right)3$	N	n	$W\left(u_a,\frac{r}{D}\right)1$	$W\left(u_a,\frac{r}{D}\right)2$	$W\left(u_a,\frac{r}{D}\right)3$	N	n	$W\left(u_a,\frac{r}{D}\right)1$	$W\left(u_a,\frac{r}{D}\right)2$	$W\left(u_a,\frac{r}{D}\right)3$
5	−1	0. 046	0. 0460	0. 0460	5	−1	0. 0444	0. 0444	0. 0444	5	−1	0. 0394	0. 0394	0. 0394
1	0	0. 197	0. 1970	0. 1970	1	0	0. 1855	0. 1855	0. 1855	1	0	0. 1509	0. 1509	0. 1509
2	0	0. 466	0. 4658	0. 4657	2	0	0. 421	0. 4210	0. 4210	1. 25	0	0. 199	0. 1994	0. 1994
5	0	0. 857	0. 8575	0. 8575	5	0	0. 715	0. 7148	0. 7148	2	0	0. 301	0. 3007	0. 3007
1	1	1. 050	1. 0505	1. 0505	1	1	0. 819	0. 8190	0. 8190	5	0	0. 413	0. 4135	0. 4135
2	1	1. 121	1. 1210	1. 1210	2	1	0. 841	0. 8409	0. 8409	1	1	0. 427	0. 4271	0. 4271
5	1	1. 131	1. 1307	1. 1307	5	1	0. 842	0. 8420	0. 8420	2	1	0. 428	0. 4276	0. 4276
r/D=2.0					r/D=2.5					r/D=3.0				
N	n	$W\left(u_a,\frac{r}{D}\right)1$	$W\left(u_a,\frac{r}{D}\right)2$	$W\left(u_a,\frac{r}{D}\right)3$	N	n	$W\left(u_a,\frac{r}{D}\right)1$	$W\left(u_a,\frac{r}{D}\right)2$	$W\left(u_a,\frac{r}{D}\right)3$	N	n	$W\left(u_a,\frac{r}{D}\right)1$	$W\left(u_a,\frac{r}{D}\right)2$	$W\left(u_a,\frac{r}{D}\right)3$
3. 33	−1	0. 0100	0. 0099	0. 0099	5	−1	0. 0271	0. 0271	0. 0271	5	−1	0. 0210	0. 0210	0. 0210
5	−1	0. 0335	0. 0334	0. 0334	1	0	0. 0803	0. 0803	0. 0803	1	0	0. 0534	0. 0533	0. 0534
1	0	0. 114	0. 1139	0. 1139	1. 25	0	0. 0961	0. 0961	0. 0961	1. 25	0	0. 0607	0. 0607	0. 0607
1. 25	0	0. 144	0. 1436	0. 1436	2	0	0. 1174	0. 1173	0. 1173	2	0	0. 0681	0. 0681	0. 0681
2	0	0. 194	0. 1943	0. 1944	5	0	0. 1247	0. 1246	0. 1247	5	0	0. 0695	0. 0694	0. 0695
5	0	0. 227	0. 2268	0. 2268	1	1	0. 1247	0. 1247	0. 1247	1	1	0. 0695	0. 0694	0. 0695
1	1	0. 228	0. 2278	0. 2278	—	—	—	—	—	—	—	—	—	—

注：$1/u_a=N\times10^n$；$W\left(u_a,\frac{r}{D}\right)1$ 为 Boulton 计算值；$W\left(u_a,\frac{r}{D}\right)2$ 为式(8. 4)计算值；$W\left(u_a,\frac{r}{D}\right)3$ 为设置积分上限($N=7000$)计算值。

表 8.2　井函数 $W\left(u_y, \frac{r}{D}\right)$ 计算结果对比分析

r/D=0.01					r/D=0.1					r/D=0.2				
N	n	$W\left(u_y, \frac{r}{D}\right)1$	$W\left(u_y, \frac{r}{D}\right)2$	$W\left(u_y, \frac{r}{D}\right)3$	N	n	$W\left(u_y, \frac{r}{D}\right)1$	$W\left(u_y, \frac{r}{D}\right)2$	$W\left(u_y, \frac{r}{D}\right)3$	N	n	$W\left(u_y, \frac{r}{D}\right)1$	$W\left(u_y, \frac{r}{D}\right)2$	$W\left(u_y, \frac{r}{D}\right)3$
4	2	9. 45	9. 4524	9. 4527	4	0	4. 86	4. 8640	4. 8641	4	−1	3. 51	3. 5092	3. 5092
4	3	9. 54	9. 5400	9. 5402	4	1	4. 95	4. 9503	4. 9504	4	0	3. 54	3. 5433	3. 5432
4	4	10. 23	10. 2389	10. 2391	4	2	5. 64	5. 6411	5. 6412	2	1	3. 69	3. 6876	3. 6876
4	5	12. 31	12. 3220	12. 3222	4	3	7. 72	7. 7171	7. 7172	4	1	3. 85	3. 8536	3. 8536
4	6	14. 61	14. 6246	14. 6248	4	4	10. 01	10. 0194	10. 0195	1. 5	2	4. 55	4. 5508	4. 5507
—	—	—	—	—	—	—	—	—	—	4	2	5. 42	5. 4223	5. 4222
r/D=0.316					r/D=0.4					r/D=0.6				
N	n	$W\left(u_y, \frac{r}{D}\right)1$	$W\left(u_y, \frac{r}{D}\right)2$	$W\left(u_y, \frac{r}{D}\right)3$	N	n	$W\left(u_y, \frac{r}{D}\right)1$	$W\left(u_y, \frac{r}{D}\right)2$	$W\left(u_y, \frac{r}{D}\right)3$	N	n	$W\left(u_y, \frac{r}{D}\right)1$	$W\left(u_y, \frac{r}{D}\right)2$	$W\left(u_y, \frac{r}{D}\right)3$
4	−1	2. 66	2. 6591	2. 6590	1	−1	2. 23	2. 2325	2. 2325	4. 44	−1	1. 586	1. 5860	1. 5860
4	0	2. 74	2. 7388	2. 7388	1	0	2. 26	2. 2637	2. 2637	2. 22	0	1. 707	1. 8303	1. 8303
4	1	3. 38	3. 3855	3. 3854	5	0	2. 40	2. 3963	2. 3963	4. 44	0	1. 844	1. 8436	1. 8436
4	2	5. 42	5. 4171	5. 4171	1	1	2. 55	2. 5495	2. 5495	1. 67	1	2. 448	2. 4489	2. 4489
4	3	7. 72	7. 7171	7. 7171	3. 75	1	3. 20	3. 2040	3. 2040	4. 44	1	3. 255	3. 2538	3. 2538
—	—	—	—	—	1	2	4. 05	4. 0475	4. 0475	—	—	—	—	—

续表

r/D=0.8					r/D=1.0					r/D=1.5				
N	n	$W\left(u_y,\frac{r}{D}\right)1$	$W\left(u_y,\frac{r}{D}\right)2$	$W\left(u_y,\frac{r}{D}\right)3$	N	n	$W\left(u_y,\frac{r}{D}\right)1$	$W\left(u_y,\frac{r}{D}\right)2$	$W\left(u_y,\frac{r}{D}\right)3$	N	n	$W\left(u_y,\frac{r}{D}\right)1$	$W\left(u_y,\frac{r}{D}\right)2$	$W\left(u_y,\frac{r}{D}\right)3$
2.5	−2	1.133	1.1335	1.1335	4	−2	0.844	0.8481	0.8481	7.11	−2	0.444	0.4442	0.4442
2.5	−1	1.158	1.1581	1.1581	4	−1	0.901	0.9013	0.9013	3.55	−1	0.509	0.5090	0.5090
1.25	0	1.264	1.2637	1.2637	4	0	1.356	1.3588	1.3588	7.11	−1	0.587	0.5872	0.5872
2.5	0	1.387	1.3874	1.3874	4	1	3.140	3.1397	3.1397	2.67	0	0.963	0.9636	0.9636
9.37	0	1.938	1.9374	1.9374	—	—	—	—	—	7.11	0	1.569	1.5693	1.5693
r/D=2.0					r/D=2.5					r/D=3				
N	n	$W\left(u_y,\frac{r}{D}\right)1$	$W\left(u_y,\frac{r}{D}\right)2$	$W\left(u_y,\frac{r}{D}\right)3$	N	n	$W\left(u_y,\frac{r}{D}\right)1$	$W\left(u_y,\frac{r}{D}\right)2$	$W\left(u_y,\frac{r}{D}\right)3$	N	n	$W\left(u_y,\frac{r}{D}\right)1$	$W\left(u_y,\frac{r}{D}\right)2$	$W\left(u_y,\frac{r}{D}\right)3$
4	−2	0.239	0.2389	0.2390	2.56	−2	0.1321	0.1321	0.1321	1.78	−2	0.0743	0.0743	0.0743
2	−1	0.238	0.2382	0.2382	1.28	−1	0.1617	0.1617	0.1617	8.89	−2	0.0939	0.0939	0.0939
4	−1	0.337	0.3375	0.3375	2.56	−1	0.1988	0.1988	0.1988	1.78	−1	0.1189	0.1190	0.1190
1.5	0	0.614	0.6142	0.6142	9.6	−1	0.3990	0.3989	0.3990	6.67	−1	0.2618	0.2619	0.2619
4	0	1.111	1.1109	1.1109	2.56	0	0.7977	0.7978	0.7978	1.78	0	0.5771	0.5776	0.5777

注：$1/u_y=N\times10^n$，$W\left(u_y,\frac{r}{D}\right)1$ 为 Boulton 计算值；$W\left(u_y,\frac{r}{D}\right)2$ 为式(8.6)计算值；$W\left(u_y,\frac{r}{D}\right)3$ 为设置积分上限(N=7000)计算值。

表 8.3　抽水试验观测资料

持续时间/min	水位降深/m	持续时间/min	水位降深/m	持续时间/min	水位降深/m	持续时间/min	水位降深/m
0	0	18	0.226	160	0.305	1630	0.435
0.25	0.100	19	0.226	190	0.315	1690	0.435
0.5	0.120	20	0.228	250	0.325	1750	0.440
0.75	0.135	21	0.230	310	0.345	1810	0.450
1	0.160	22	0.230	370	0.350	1870	0.445
1.25	0.170	23	0.232	430	0.355	1930	0.450
1.5	0.180	24	0.232	490	0.360	1990	0.450
2	0.185	25	0.235	550	0.360	2050	0.455
3	0.190	26	0.235	610	0.370	2110	0.455
3.5	0.200	27	0.235	670	0.370	2170	0.465
4	0.205	28	0.235	720	0.380	2230	0.465
4.5	0.215	29	0.235	790	0.390	2290	0.460
5	0.220	30	0.238	850	0.400	2350	0.465
6	0.215	32	0.238	910	0.395	2410	0.470
7	0.217	34	0.238	970	0.400	2470	0.470
8	0.218	36	0.242	1030	0.400	2530	0.475
9	0.218	38	0.242	1090	0.405	2590	0.480
10	0.218	40	0.245	1150	0.395	2650	0.475
11	0.220	45	0.245	1210	0.400	2710	0.480
12	0.220	50	0.250	1270	0.400	2770	0.480
13	0.222	60	0.258	1330	0.410	2830	0.495
14	0.225	75	0.265	1390	0.415	2930	0.505
15	0.227	90	0.280	1450	0.425	—	—
16	0.226	100	0.285	1510	0.430	—	—
17	0.226	130	0.295	1570	0.430	—	—

解：根据上述资料，双对数在透明纸上作 s-t 曲线，如图 8.2 所示。从图上可明显看出曲线可分为三段，前半段较陡，中段接近水平，后半段曲线又开始上升。将 s-t 曲线叠置于标准曲线上，保持 s 轴平行于 $W\left(u_a, \dfrac{r}{D}\right)$ 轴，t 轴平行于 $\dfrac{1}{u_a}$ 轴，使得 s-t 曲线尽可能多地与 A 组曲线重合，发现其与 $\dfrac{r}{D}=0.2$ 的一根曲线重合较好，任取一匹配点，读出匹配点在两张图上的坐标值分别为

$$[s]=0.2\text{m},[t]=3.3\text{min},\left[W\left(u_a,\frac{r}{D}\right)\right]=3.25,\left[\frac{1}{u_a}\right]=10^2$$

代入式(8.5)和式(8.6)计算导水系数 T 和弹性贮水系数 μ^*。

$$T=\frac{Q}{4\pi[s]}\left[W\left(u_{a},\frac{r}{D}\right)\right]=\frac{1.5\times 86.4}{4\times 3.14\times 0.2}\times 3.25=167.68\mathrm{m^2/d}$$

$$\mu^{*}=\frac{4T[t]}{r^{2}\left[\frac{1}{u_{a}}\right]}=\frac{4\times 167.68\times 3.3/1440}{10^{2}\times 10^{2}}=1.54\times 10^{-4}$$

平行移动 s-t 曲线，使得 s-t 曲线尽可能多地与 B 组曲线重合，保持$\frac{r}{D}=0.2$ 与 A 组曲线的值相同，任选一匹配点，读出两个坐标系中匹配点的相应坐标分别为

$$[s]=0.4\mathrm{m},\ [t]=10^{3}\mathrm{min},\ \left[W\left(u_{y},\frac{r}{D}\right)\right]=6.4,\ \left[\frac{1}{u_{y}}\right]=10^{3}$$

代入式(8.12)～式(8.15)计算：

$$T=\frac{Q}{4\pi[s]}\left[W\left(u_{y},\frac{r}{D}\right)\right]=\frac{1.5\times 86.4}{4\times 3.14\times 0.4}\times 6.4=165.1\mathrm{m^2/d}$$

$$\mu=\frac{4T[t]}{r^{2}\left[\frac{1}{u_{y}}\right]}=\frac{4\times 165.1\times 10^{3}/1440}{10^{2}\times 10^{3}}=4.6\times 10^{-3}$$

$$\eta=\frac{\mu^{*}+\mu}{\mu^{*}}=1+\frac{4.6\times 10^{-3}}{1.54\times 10^{-4}}=30.87$$

$$\frac{1}{\alpha}=\frac{4t}{\left(\frac{r}{D}\right)^{2}\left(\frac{1}{u_{y}}\right)}=\frac{4\times 10^{3}}{0.2^{2}\times 10^{3}}=100\mathrm{min}$$

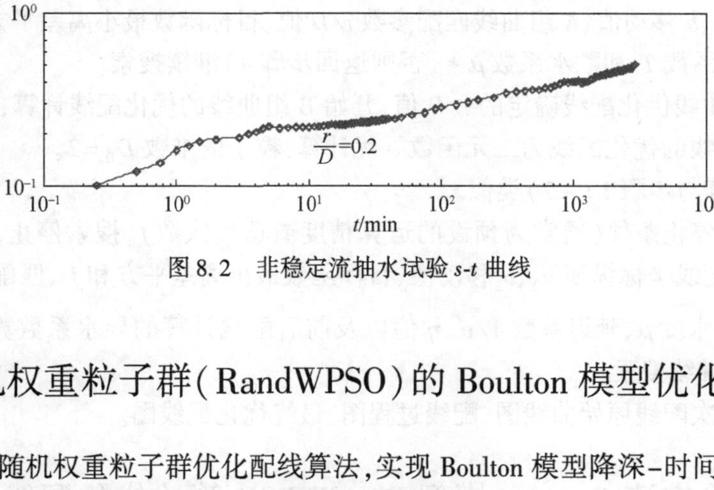

图 8.2　非稳定流抽水试验 s-t 曲线

四、基于随机权重粒子群(RandWPSO)的 Boulton 模型优化配线法

本小节采用随机权重粒子群优化配线算法，实现 Boulton 模型降深-时间(s-t)实际资料曲线与 $1/u_a$、$1/u_y$ 和 Boulton 模型标准曲线的优化配线。

配线开始，首先进行 A 组曲线的优化配线，未知变量为 a、b、r/D，粒子的维数 $D_D=3$，A 组曲线优化配线为高维三元函数寻优计算。A 组曲线配线完成后，进行 B 组曲线的优化配线，由于已确定标准曲线的 r/D 值，此时 B 组曲线的优化配线转化为二元函数寻优计算，粒子的维数 $D_D=2$。

针对此问题，采用 RandWPSO 寻求解决方案。

RandWPSO 算法优化配线法计算步骤如下：

1）设置粒子数目 N、学习因子 c_1 和 c_2、随机权重平均值的最大值 *mean_max*、随机权重平均值的最小值 *mean_min*、随机权重的方差 *sigma*、最大迭代次数 *maxgen*、粒子的维数 D_D。

2）限定粒子移动范围在标准曲线附近移动，随机初始化种群中各粒子的位置和速度，计算井函数 $W\left(u_a,\dfrac{r}{D}\right)\left[\text{或}\ W\left(u_y,\dfrac{r}{D}\right)\right]$ 及适应度值。

3）评价每个粒子的适应度，将当前各粒子的位置和适应度值存储在各粒子的 p_{best}（个体最优位置）中，将所有 p_{best} 中适应度值最优个体的位置和适应度值存储于 g_{best}（群体最优）中。

4）更新权重。

$$\begin{cases}\mu=\mu_{min}+(\mu_{max}-\mu_{min})\times rand(0,1)\\ \omega=\mu+\sigma\times N(0,1)\end{cases}$$

式中，μ_{max}、μ_{min} 为随机权重平均值的最大值和最小值；$N(0,1)$ 表示标准正态分布的随机数；$rand(0,1)$ 为 0 到 1 的随机数；σ 为随机权重的方差。

5）用下式更新粒子的速度和位移：

$$v_{id}=\omega\times v_{id}+c_1r_1(p_{id}-x_{id})+c_2r_2(g_{id}-x_{id})$$

$$x_{id}=x_{id}+v_{id}$$

6）对每个粒子，将其适应度值与其经历过的最好位置作比较，如果较好，则将其作为当前的最好位置。

7）比较当前所有 p_{best} 和 g_{best} 的值，更新 g_{best}。

8）若满足停止条件（通常为预设的运算精度或迭代次数），搜索停止，选取匹配点，输出配线坐标纵横 a、b 移动值、A 组曲线匹配参数 r/D 值、目标函数最小离差平方和 f_v、匹配点参数值，输出导水系数 T_1 和贮水系数 $\mu*$，否则返回步骤 4）继续搜索。

根据 A 组曲线优化配线确定的 r/D 值，开始 B 组曲线的优化配线计算；由于已确定 r/D 值，此时 B 组曲线的优化配线为二元函数寻优计算，粒子的维数 $D_D=2$。

9）配线计算与步骤 1）~7）类似。

10）若满足停止条件（通常为预设的运算精度或迭代次数），搜索停止，选取匹配点，输出 B 组曲线的配线坐标纵横 a_2、b_2 移动值、目标函数最小离差平方和 f_v、匹配点参数值，输出导水系数 T_2、给水度 μ、延迟系数 $1/\alpha$、η 值以及前后配线计算的导水系数算数平均值 $\bar{T}$，否则返回步骤 4）继续搜索。

11）绘制两次配线原始曲线图、配线过程图、最终优化配线图。

五、潜水非稳定流 Boulton 模型 RandWPSO 算法优化配线计算实例

为方便对比分析，本次计算采用例题 8.1 的数据（表 8.3）。

（1）Boulton 模型 RandWPSO 算法优化配线输入的参数

A 组曲线优化配线输入的参数：

粒子数 N、学习因子 c_1 和 c_2、随机权重平均值的最大值 *mean_max*、随机权重平均值的最小值 *mean_min*、随机权重的方差 *sigma*、最大迭代次数 *maxgen*、粒子的维数 D_D。

B 组曲线优化配线输入的参数：

粒子数目 $N2$、学习因子 c_{12} 和 c_{22}、随机权重平均值的最大值 *mean_max*2、随机权重平均值的最小值 *mean_min*2、随机权重的方差 *sigma*2、最大迭代次数 *maxgen*2、问题的维数 D_D。

(2)构建目标函数

Boulton 模型 A 组曲线配线，井函数 $W\left(u_a,\dfrac{r}{D}\right)$ 为跟 $\dfrac{r}{D}$ 有关的曲线族，基于最小二乘法的目标函数为三元函数寻优，设 $c=r/D$，则目标函数可采用式(8.16)：

$$\min F(a,b,c)=f_v=\sum_{i=1}^{n}\left[W\left(\frac{1}{10^{(\lg t_i+\lg a)}},c\right)-10^{(\lg s_i+\lg b)}\right]^2 \tag{8.16}$$

Boulton 模型 B 组曲线配线，$\dfrac{r}{D}$ 已经通过 A 组曲线优化配线获得，井函数 $W\left(u_y,\dfrac{r}{D}\right)$ 为跟 $\dfrac{r}{D}$ 有关的某一条具体曲线，基于最小二乘法的寻优函数为二元函数寻优，则目标函数可采用式(8.17)：

$$\min F(a_2,b_2)=f_v=\sum_{i=1}^{n}\left[W\left(\frac{1}{10^{(\lg t_i+\lg a_2)}},\frac{r}{D}\right)-10^{(\lg s_i+\lg b_2)}\right]^2 \tag{8.17}$$

(3)设计编程

1)打开 MATLAB 程序，设定 Boulton 模型随机权重粒子群计算目录路径；

2)构建抽水试验观测数据 A 组曲线配线数据文件 S1R2. mat，形成两行 (t_i,s_i)、m(抽水试验观测个数)列的数据文件，构建 B 组曲线抽水试验配线数据文件 S2R2. mat。将抽水试验的降深值接近水平线的观测点，作为 A、B 两组曲线配线数据的分割点。本次计算采用表 8.3 前 28 组数据[去掉第一个(0,0)观测点，至(20,0.228)观测点]划归 A 组曲线配线数据文件 S1R2. mat，后面的 69 组数据划归 B 组曲线配线数据文件 S2R2. mat。

3)编制 A 组曲线配线目标函数计算程序 fit. m，对 a、b 及 r/D 进行初始赋值，编制 B 组曲线配线目标函数计算程序 fit2. m，对 a_2、b_2 进行初始赋值。

4)编制 Boulton 模型 A 组曲线配线随机权重粒子群计算主程序 RandWPSO. m，编制 Boulton 模型 B 组曲线配线随机权重粒子群计算主程序 RandWPSO2. m。

5)编制 A 组曲线标准井函数计算程序 W1. m，编制 B 组曲线标准井函数计算程序 W2. m。

(4)优化计算过程

为直观了解 Boulton 模型 RandWPSO 算法优化配线计算过程，运行 MATLAB 程序，在当前路径窗口选取 Boulton 模型 RandWPSO 配线法计算路径，找到随机权重粒子群算法执行程序 RandWPSO. m，右键打开 RandWPSO. m，可在编辑器中查看、修改程序中的输入参数，前期 A 组曲线配线参数和后期 B 组曲线配线参数的修改、设置均在此界面。

前期 A 组曲线配线参数为：

设置粒子数目 $N=50$、学习因子 $c_1=c_2=2$、随机权重平均值的最大值 $mean\_max=0.8$、随机权重平均值的最小值 $mean\_min=0.4$、随机权重的方差 $sigma=0.2$、最大迭代次数 $maxgen=300$、问题的维数 $D_D=3$。

后期 B 组曲线配线参数为：

设置粒子数目 $N2=50$、学习因子 $c_{12}=c_{22}=2$、随机权重平均值的最大值 $mean\_max2=0.8$、随机权重平均值的最小值 $mean\_min2=0.4$、随机权重的方差 $sigma2=0.2$、最大迭代次数 $maxgen2=100$、问题的维数 $D_D=2$（直接写在程序中，不需要输入）。

1）前期 A 组曲线配线：

计算中修改最大迭代次数 *maxgen* 值的大小，以了解 Boulton 模型 RandWPSO 算法优化配线迭代计算收敛情况，设置最大迭代次数 $maxgen=5$、100、200、300、500、800、1000，其他参数不作调整。迭代计算一开始，如果设定最大迭代次数 $maxgen=5$，试验曲线即快速搜索靠近标准曲线（图 8.3 和图 8.4），配线离差平方和最小值 $f_v=0.160545191700235\sim0.781592024383808$，计算的配线参数 r/D 值 $=0.110491306360786\sim0.310973852679452$，变化较大。图 8.4 ~ 图 8.10 为不同迭代次数下的配线状态曲线及适应度函数变化曲线，图中很清楚地反映出 RandWPSO 算法快速迭代配线的过程，一般情况下，经过 100 次迭代计算，配线离差平方和最小值 f_v 接近最优迭代计算结果，但不稳定，经过 200 次迭代计算后，计算结果与最优结果基本一致。

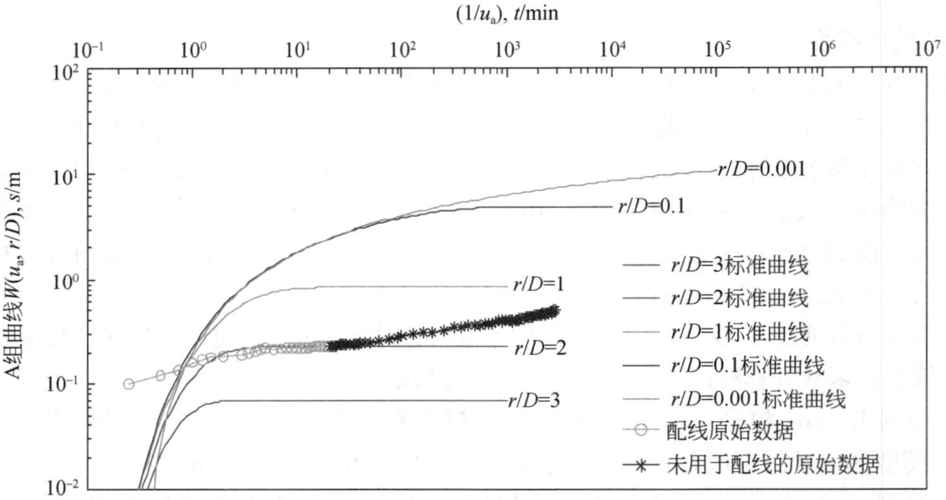

图 8.3　Boulton 井函数部分 A 组曲线及原始数据

计算中发现，Boulton 模型 RandWPSO 算法优化配线的计算结果有很多接近最优解的近似最优解（局部最优），粒子个数和迭代计算次数达到一定数量后，单独提高粒子个数和迭代计算次数对计算结果是有影响的，但影响不是很大（表 8.4 ~ 表 8.7）。从实用的角度考虑，满足导水系数 T 的计算结果基本稳定在个位数足以满足计算要求，计算时，参数设置为粒子个数 $N=50$、$c_1=c_2=2$、最大迭代次数 $maxgen=300$、计算的导水系数 T、贮水系数 u^* 基本可以稳定在 $T=173\ \mathrm{m^2/d}$，$u^*=1.67\times10^{-4}$，精度足以满足实际要求，计算耗时也较少。

表 8.4 中为 Boulton 模型 RandWPSO 算法优化配线随机计算 10 次的结果，参数设置为粒子数目 $N=50$、$c_1=c_2=2$、最大迭代次数 $maxgen=100$、200、300、500、800、1000。

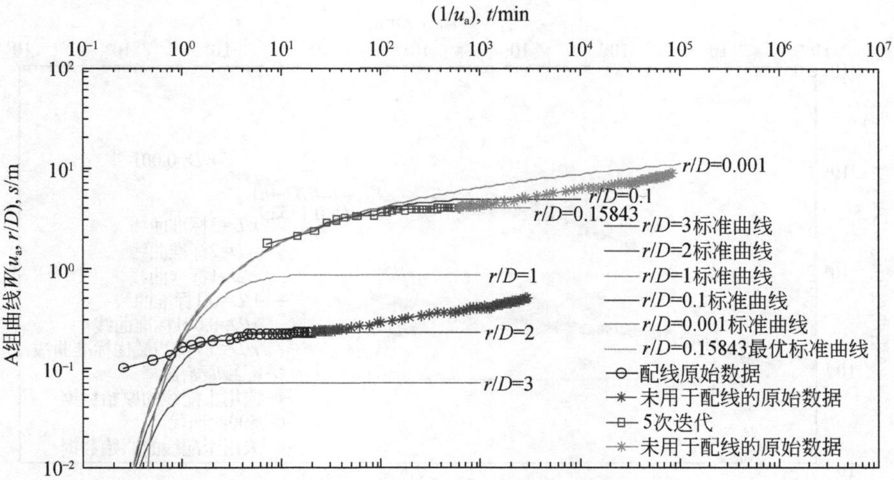

图 8.4　A 组曲线 5 次优化迭代配线

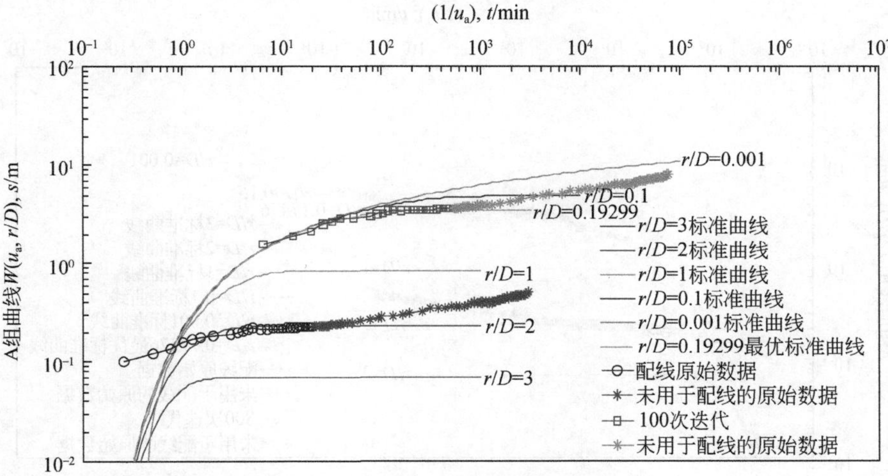

图 8.5　A 组曲线 100 次优化迭代配线

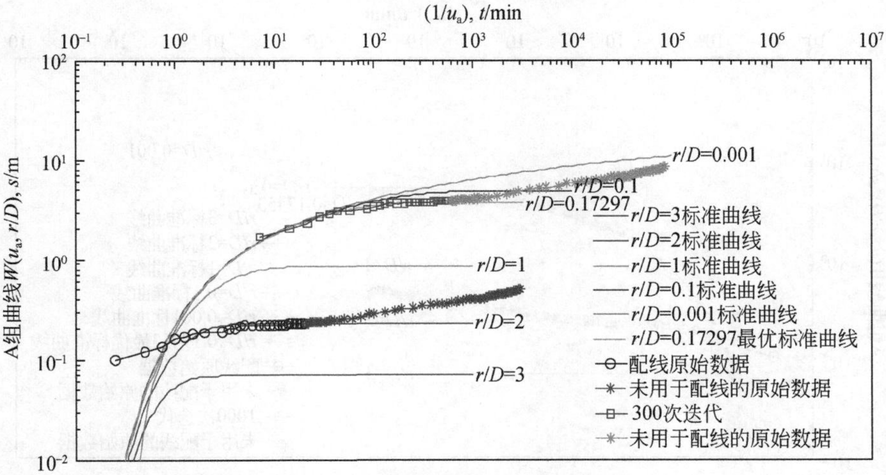

图 8.6　A 组曲线 300 次优化迭代配线

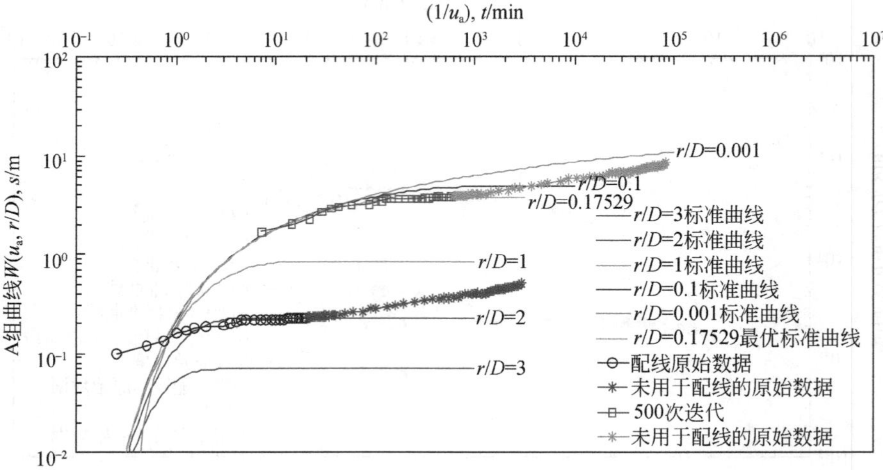

图 8.7　A 组曲线 500 次优化迭代配线

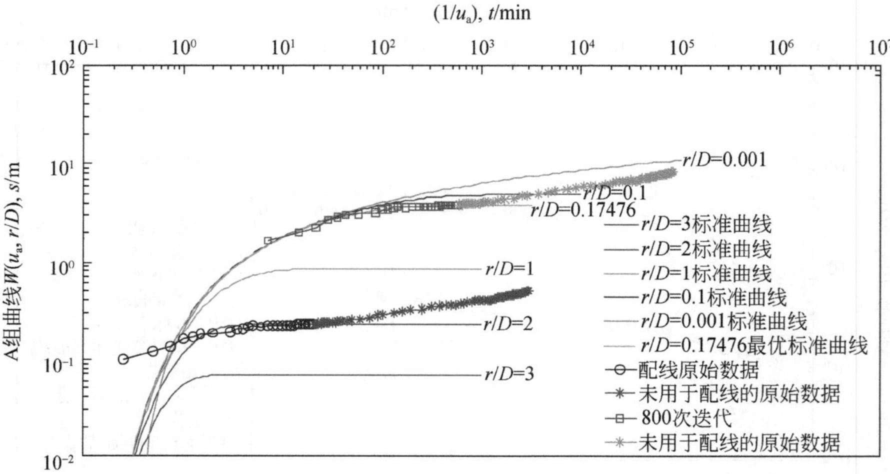

图 8.8　A 组曲线 800 次优化迭代配线

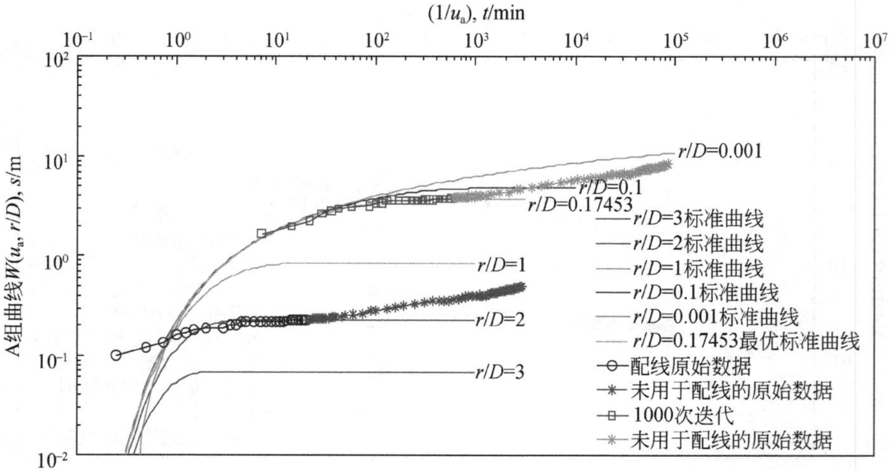

图 8.9　A 组曲线 1000 次优化迭代配线

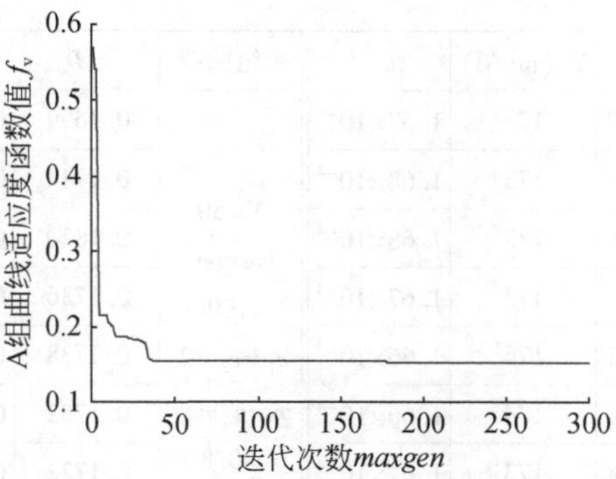

图 8.10　A 组 300 次优化迭代适应度函数变化曲线

表 8.4　Boulton 模型 RandWPSO 算法 A 组曲线优化配线计算表

A 组曲线	r/D	f_v	$T/(m^2/d)$	u^*	A 组曲线	r/D	f_v	$T/(m^2/d)$	u^*
	0.1893	0.156009255	166	1.78×10^{-4}		0.1745	0.154764139	173	1.67×10^{-4}
	0.1753	0.154764094	173	1.68×10^{-4}		0.1861	0.155337429	168	1.75×10^{-4}
N=50	0.1753	0.154764179	173	1.68×10^{-4}	N=50	0.1729	0.153981431	174	1.67×10^{-4}
maxgen =100	0.7034	0.161196539	63.5	3.07×10^{-4}	*maxgen* =200	0.1745	0.15446874	173	1.67×10^{-4}
$c_1=c_2=2$	0.1745	0.154764139	173	1.67×10^{-4}	$c_1=c_2=2$	0.1745	0.154470783	173	1.67×10^{-4}
mean_max	0.1677	0.155078482	177	1.63×10^{-4}	*mean_max*	0.1745	0.154764139	173	1.67×10^{-4}
=0.8	0.1757	0.154768009	173	1.68×10^{-4}	=0.8	0.1753	0.154761772	173	1.68×10^{-4}
mean_min	0.1848	0.155180003	168	1.74×10^{-4}	*mean_min*	0.1878	0.156543263	167	1.78×10^{-4}
=0.4	0.9434	0.205162403	44.1	1.52×10^{-4}	=0.4	0.1752	0.154738964	173	1.68×10^{-4}
	0.1747	0.154764457	173	1.67×10^{-4}		0.1753	0.154510727	173	1.68×10^{-4}
A 组曲线	r/D	f_v	$T/(m^2/d)$	u^*	A 组曲线	r/D	f_v	$T/(m^2/d)$	u^*
	0.1974	0.160118241	163	1.87×10^{-4}		0.1691	0.154886869	176	1.64×10^{-4}
	0.1820	0.154206854	169	1.75×10^{-4}		0.1726	0.154812067	174	1.66×10^{-4}
N=50	0.1745	0.15447535	173	1.67×10^{-4}	N=50	0.1744	0.154441336	173	1.67×10^{-4}
maxgen =300	0.1745	0.154472326	173	1.67×10^{-4}	*maxgen* =500	0.1747	0.154393430	173	1.67×10^{-4}
$c_1=c_2=2$	0.1753	0.154079881	173	1.68×10^{-4}	$c_1=c_2=2$	0.1745	0.154767394	173	1.67×10^{-4}
mean_max	0.1753	0.154715136	173	1.68×10^{-4}	*mean_max*	0.1744	0.154769426	173	1.67×10^{-4}
=0.8	0.1745	0.154457964	173	1.67×10^{-4}	=0.8	0.1747	0.154355481	173	1.67×10^{-4}
mean_min	0.1709	0.154898271	175	1.64×10^{-4}	*mean_min*	0.1747	0.155441301	173	1.65×10^{-4}
=0.4	0.1753	0.154510836	173	1.68×10^{-4}	=0.4	0.1744	0.154794888	173	1.67×10^{-4}
	0.1745	0.154480253	173	1.67×10^{-4}		0.1865	0.155283658	168	1.75×10^{-4}

续表

A 组曲线	r/D	f_v	$T/(m^2/d)$	u^*	A 组曲线	r/D	f_v	$T/(m^2/d)$	u^*
$N=50$ $maxgen=800$ $c_1=c_2=2$ $mean\_max=0.8$ $mean\_min=0.4$	0. 1744	0. 154411127	173	1.67×10^{-4}	$N=50$ $maxgen=1000$ $c_1=c_2=2$ $mean\_max=0.8$ $mean\_min=0.4$	0. 1699	0. 155148576	176	1.65×10^{-4}
	0. 1753	0. 154076859	173	1.68×10^{-4}		0. 1744	0. 154686308	173	1.67×10^{-4}
	0. 1748	0. 15453459	173	1.68×10^{-4}		0. 1820	0. 152967543	169	1.72×10^{-4}
	0. 1748	0. 153064887	173	1.67×10^{-4}		0. 1736	0. 155353674	173	1.67×10^{-4}
	0. 1717	0. 154839123	175	1.66×10^{-4}		0. 1738	0. 154788596	174	1.67×10^{-4}
	0. 1729	0. 153907164	174	1.66×10^{-4}		0. 1752	0. 154019345	173	1.68×10^{-4}
	0. 1747	0. 154333924	173	1.67×10^{-4}		0. 1722	0. 154957994	174	1.66×10^{-4}
	0. 1736	0. 154807271	174	1.67×10^{-4}		0. 1736	0. 1554703	174	1.64×10^{-4}
	0. 1727	0. 154378177	174	1.67×10^{-4}		0. 1747	0. 154410185	173	1.67×10^{-4}
	0. 1746	0. 154764139	173	1.67×10^{-4}		0. 1732	0. 153950407	174	1.66×10^{-4}

表 8. 5 中为 Boulton 模型 RandWPSO 算法优化配线随机计算 10 次的结果，参数设置为粒子数目 $N=100$、$c_1=c_2=2$、最大迭代次数 $maxgen=100$、200、300、500、800、1000。

表 8. 5　Boulton 模型 RandWPSO 算法 A 组曲线优化配线计算表

A 组曲线	r/D	f_v	$T/(m^2/d)$	u^*	A 组曲线	r/D	f_v	$T/(m^2/d)$	u^*
$N=100$ $maxgen=100$ $c_1=c_2=2$ $mean\_max=0.8$ $mean\_min=0.4$	0. 1680	0. 155058158	177	1.63×10^{-4}	$N=100$ $maxgen=200$ $c_1=c_2=2$ $mean\_max=0.8$ $mean\_min=0.4$	0. 1698	0. 154937631	176	1.64×10^{-4}
	0. 1734	0. 154817503	174	1.67×10^{-4}		0. 1751	0. 154994564	173	1.67×10^{-4}
	0. 1745	0. 15476414	173	1.67×10^{-4}		0. 1747	0. 154618554	173	1.67×10^{-4}
	0. 1647	0. 156989078	178	1.57×10^{-4}		0. 1707	0. 15487345	175	1.65×10^{-4}
	0. 1747	0. 154950226	173	1.66×10^{-4}		0. 1744	0. 15476555	173	1.67×10^{-4}
	0. 1732	0. 154865011	174	1.67×10^{-4}		0. 1820	0. 153051285	169	1.72×10^{-4}
	0. 1688	0. 155059501	176	1.63×10^{-4}		0. 1699	0. 154928387	176	1.64×10^{-4}
	0. 1717	0. 154823876	175	1.65×10^{-4}		0. 1741	0. 155703114	174	1.67×10^{-4}
	0. 1746	0. 154763975	173	1.67×10^{-4}		0. 1745	0. 154462142	173	1.67×10^{-4}
	0. 1736	0. 156901671	174	1.63×10^{-4}		0. 1713	0. 155144977	175	1.64×10^{-4}
A 组曲线	r/D	f_v	$T/(m^2/d)$	u^*	A 组曲线	r/D	f_v	$T/(m^2/d)$	u^*
$N=100$ $maxgen=300$ $c_1=c_2=2$ $mean\_max=0.8$ $mean\_min=0.4$	0. 1705	0. 154908365	175	1.64×10^{-4}	$N=100$ $maxgen=500$ $c_1=c_2=2$ $mean\_max=0.8$ $mean\_min=0.4$	0. 1744	0. 155550434	174	1.65×10^{-4}
	0. 1745	0. 154454066	173	1.67×10^{-4}		0. 1745	0. 154454346	173	1.67×10^{-4}
	0. 1720	0. 154838186	174	1.66×10^{-4}		0. 1902	0. 155635347	166	1.78×10^{-4}
	0. 1729	0. 154809671	174	1.67×10^{-4}		0. 1742	0. 155058157	173	1.66×10^{-4}
	0. 1745	0. 154454113	173	1.67×10^{-4}		0. 1708	0. 154794939	175	1.65×10^{-4}
	0. 1698	0. 155150605	175	1.65×10^{-4}		0. 1758	0. 15435798	173	1.68×10^{-4}
	0. 1721	0. 154819676	174	1.66×10^{-4}		0. 1681	0. 153937859	177	1.63×10^{-4}
	0. 1742	0. 155110956	173	1.66×10^{-4}		0. 1744	0. 154774813	173	1.67×10^{-4}
	0. 1753	0. 15408034	173	1.68×10^{-4}		0. 1742	0. 154991247	174	1.68×10^{-4}
	0. 1737	0. 154797454	174	1.66×10^{-4}		0. 1736	0. 154811899	174	1.67×10^{-4}

续表

A 组曲线	r/D	f_v	$T/(m^2/d)$	u^*	A 组曲线	r/D	f_v	$T/(m^2/d)$	u^*
	0.1753	0.154075426	173	1.68×10^{-4}		0.1752	0.154014408	173	1.68×10^{-4}
$N=100$	0.1722	0.154038193	174	1.66×10^{-4}	$N=100$	0.1752	0.154016115	173	1.68×10^{-4}
maxgen	0.1749	0.154779027	173	1.67×10^{-4}	*maxgen*	0.1745	0.154454066	173	1.67×10^{-4}
$=800$	0.1753	0.154075426	173	1.68×10^{-4}	$=1000$	0.1747	0.154337701	173	1.67×10^{-4}
$c_1=c_2=2$	0.1733	0.155569399	174	1.64×10^{-4}	$c_1=c_2=2$	0.1771	0.153669754	172	1.70×10^{-4}
mean_max	0.1739	0.154838803	174	1.67×10^{-4}	*mean_max*	0.1748	0.154000570	173	1.67×10^{-4}
$=0.8$	0.1747	0.15375525	173	1.67×10^{-4}	$=0.8$	0.1752	0.154017028	173	1.68×10^{-4}
mean_min	0.1746	0.15477205	173	1.67×10^{-4}	*mean_min*	0.1743	0.154771343	173	1.67×10^{-4}
$=0.4$	0.1728	0.154788162	174	1.66×10^{-4}	$=0.4$	0.1746	0.154766924	173	1.67×10^{-4}
	0.1716	0.154574024	175	1.66×10^{-4}		0.1727	0.154807693	174	1.66×10^{-4}

表 8.6 中为 Boulton 模型 RandWPSO 算法优化配线随机计算 10 次的结果，参数设置为粒子数目 $N=50$、$c_1=c_2=1.49618$、最大迭代次数 $maxgen=100$、200、300、500、800、1000。

表 8.6　Boulton 模型 RandWPSO 算法 A 组曲线优化配线计算表

A 组曲线	r/D	f_v	$T/(m^2/d)$	u^*	A 组曲线	r/D	f_v	$T/(m^2/d)$	u^*
$N=50$	0.1741	0.154795551	173	1.67×10^{-4}	$N=50$	0.1738	0.154835431	174	1.67×10^{-4}
maxgen	0.1745	0.154764225	173	1.67×10^{-4}	*maxgen*	0.1742	0.154754542	174	1.67×10^{-4}
$=100$	0.1675	0.155009228	177	1.61×10^{-4}	$=200$	0.1740	0.154769885	174	1.67×10^{-4}
$c_1=c_2=$	0.1748	0.154938967	173	1.68×10^{-4}	$c_1=c_2=$	0.1744	0.154428041	173	1.67×10^{-4}
1.49618	0.1733	0.15478153	174	1.66×10^{-4}	1.49618	0.1739	0.154770851	174	1.67×10^{-4}
mean_max	0.1745	0.154763723	173	1.67×10^{-4}	*mean_max*	0.1638	0.1553525	179	1.60×10^{-4}
$=0.8$	0.1743	0.154824897	173	1.66×10^{-4}	$=0.8$	0.1746	0.154764139	173	1.67×10^{-4}
mean_min	0.1745	0.15476414	173	1.67×10^{-4}	*mean_min*	0.1748	0.154765492	173	1.68×10^{-4}
$=0.4$	0.1737	0.154792361	174	1.67×10^{-4}	$=0.4$	0.1745	0.15447542	173	1.67×10^{-4}
	0.1745	0.154764766	173	1.67×10^{-4}		0.1751	0.154771712	173	1.68×10^{-4}
A 组曲线	r/D	f_v	$T/(m^2/d)$	u^*	A 组曲线	r/D	f_v	$T/(m^2/d)$	u^*
	0.1743	0.154901481	173	1.67×10^{-4}		0.1753	0.154080428	173	1.68×10^{-4}
$N=100$	0.1745	0.154764144	173	1.67×10^{-4}	$N=50$	0.1745	0.154454067	173	1.67×10^{-4}
maxgen	0.1751	0.156517216	173	1.64×10^{-4}	*maxgen*	0.1745	0.154454066	173	1.67×10^{-4}
$=300$	0.7476	0.147945084	581	2.42×10^{-4}	$=500$	0.1770	0.154346134	172	1.69×10^{-4}
$c_1=c_2=$	0.1743	0.15352822	173	1.67×10^{-4}	$c_1=c_2=$	0.1745	0.154454766	173	1.67×10^{-4}
1.49618	0.8694	0.164600288	456	2.97×10^{-4}	1.49618	0.1752	0.154016081	173	1.68×10^{-4}
mean_max	0.1746	0.154764139	173	1.67×10^{-4}	*mean_max*	0.1736	0.145406504	174	1.67×10^{-4}
$=0.8$	0.1753	0.154075231	173	1.68×10^{-4}	$=0.8$	0.1753	0.154077641	173	1.68×10^{-4}
mean_min	0.1750	0.155290067	173	1.66×10^{-4}	*mean_min*	0.1752	0.154023974	173	1.68×10^{-4}
$=0.4$	0.1753	0.154075231	173	1.68×10^{-4}	$=0.4$	0.1747	0.153930397	173	1.67×10^{-4}

续表

A 组曲线	r/D	f_v	$T/(m^2/d)$	u^*	A 组曲线	r/D	f_v	$T/(m^2/d)$	u^*
$N=50$ *maxgen* $=800$ $c_1=c_2=$ 1.49618 *mean_max* $=0.8$ *mean_min* $=0.4$	0.1750	0.154773904	173	1.67×10^{-4}	$N=50$ *maxgen* $=1000$ $c_1=c_2=$ 1.49618 *mean_max* $=0.8$ *mean_min* $=0.4$	0.1739	0.154169455	174	1.68×10^{-4}
	0.1749	0.154768078	173	1.68×10^{-4}		0.1732	0.153964645	174	1.66×10^{-4}
	0.1812	0.154334197	170	1.72×10^{-4}		0.1743	0.1547797	173	1.67×10^{-4}
	0.1716	0.15450677	175	1.66×10^{-4}		0.1753	0.154077255	173	1.68×10^{-4}
	0.1747	0.154764886	173	1.67×10^{-4}		0.1751	0.154792181	173	1.68×10^{-4}
	0.1820	0.152972294	169	1.72×10^{-4}		0.1725	0.154797296	174	1.66×10^{-4}
	0.1748	0.154783504	173	1.67×10^{-4}		0.1745	0.154454066	173	1.67×10^{-4}
	0.1752	0.15402333	173	1.68×10^{-4}		0.1751	0.15477363	173	1.68×10^{-4}
	0.1745	0.154763266	173	1.67×10^{-4}		0.1753	0.154075231	173	1.68×10^{-4}
	0.1745	0.154454066	173	1.67×10^{-4}		0.1745	0.154454066	173	1.67×10^{-4}

表 8.7 中为 Boulton 模型 RandWPSO 算法优化配线随机计算 10 次的结果，参数设置为粒子数目 $N=100$、$c_1=c_2=1.49618$、最大迭代次数 $maxgen=100$、200、300、500、800、1000。

表 8.7　Boulton 模型 RandWPSO 算法 A 组曲线优化配线计算表

A 组曲线	r/D	f_v	$T/(m^2/d)$	u^*	A 组曲线	r/D	f_v	$T/(m^2/d)$	u^*
$N=100$ *maxgen* $=100$ $c_1=c_2=$ 1.49618 *mean_max* $=0.8$ *mean_min* $=0.4$	0.1705	0.154879168	175	1.65×10^{-4}	$N=100$ *maxgen* $=200$ $c_1=c_2=$ 1.49618 *mean_max* $=0.8$ *mean_min* $=0.4$	0.1745	0.154454066	173	1.67×10^{-4}
	0.1750	0.154782653	173	1.68×10^{-4}		0.1743	0.153527103	173	1.67×10^{-4}
	0.1750	0.154782653	173	1.68×10^{-4}		0.1745	0.154454066	173	1.67×10^{-4}
	0.1749	0.1550152	173	1.66×10^{-4}		0.1753	0.154075231	173	1.68×10^{-4}
	0.1745	0.154764705	173	1.67×10^{-4}		0.1736	0.153030705	174	1.66×10^{-4}
	0.1747	0.154811878	173	1.68×10^{-4}		0.1753	0.154075231	173	1.68×10^{-4}
	0.1734	0.154777222	174	1.67×10^{-4}		0.1747	0.153545181	173	1.67×10^{-4}
	0.1820	0.152984586	169	1.72×10^{-4}		0.1746	0.154198918	173	1.67×10^{-4}
	0.1745	0.154611301	173	1.67×10^{-4}		0.1753	0.154075231	173	1.68×10^{-4}
	0.1753	0.154129902	173	1.68×10^{-4}		0.1820	0.152966597	169	1.72×10^{-4}
A 组曲线	r/D	f_v	$T/(m^2/d)$	u^*	A 组曲线	r/D	f_v	$T/(m^2/d)$	u^*
$N=100$ *maxgen* $=300$ $c_1=c_2=$ 1.49618 *mean_max* $=0.8$ *mean_min* $=0.4$	0.1750	0.154831088	173	1.67×10^{-4}	$N=100$ *maxgen* $=500$ $c_1=c_2=$ 1.49618 *mean_max* $=0.8$ *mean_min* $=0.4$	0.1745	0.154454066	173	1.67×10^{-4}
	0.1745	0.154483397	173	1.67×10^{-4}		0.1743	0.153527103	173	1.67×10^{-4}
	0.1740	0.154770906	174	1.67×10^{-4}		0.1745	0.154454066	173	1.67×10^{-4}
	0.1747	0.154764041	173	1.67×10^{-4}		0.1753	0.154075231	173	1.68×10^{-4}
	0.1734	0.15478033	174	1.67×10^{-4}		0.1736	0.153030705	174	1.66×10^{-4}
	0.1750	0.154768273	173	1.68×10^{-4}		0.1753	0.154075231	173	1.68×10^{-4}
	0.1747	0.153517636	173	1.67×10^{-4}		0.1747	0.153545181	173	1.67×10^{-4}
	0.1750	0.154769212	173	1.67×10^{-4}		0.1746	0.154198918	173	1.67×10^{-4}
	0.1753	0.154075426	173	1.68×10^{-4}		0.1753	0.154075231	173	1.68×10^{-4}
	0.1751	0.154784793	173	1.68×10^{-4}		0.1820	0.152966597	169	1.72×10^{-4}

续表

A 组曲线	r/D	f_v	$T/(m^2/d)$	u^*	A 组曲线	r/D	f_v	$T/(m^2/d)$	u^*
$N=100$ $maxgen=800$ $c_1=c_2=1.49618$ $mean\_max=0.8$ $mean\_min=0.4$	0.1743	0.153624636	173	1.68×10^{-4}	$N=100$ $maxgen=1000$ $c_1=c_2=1.49618$ $mean\_max=0.8$ $mean\_min=0.4$	0.1753	0.154075231	173	1.68×10^{-4}
	0.1744	0.154599454	173	1.67×10^{-4}		0.1729	0.153628193	174	1.66×10^{-4}
	0.1751	0.154813308	173	1.67×10^{-4}		0.1752	0.154014408	173	1.68×10^{-4}
	0.1753	0.154075232	173	1.68×10^{-4}		0.1745	0.15476943	173	1.67×10^{-4}
	0.1752	0.154016115	173	1.68×10^{-4}		0.1752	0.154016115	173	1.68×10^{-4}
	0.1735	0.154747623	174	1.67×10^{-4}		0.1745	0.154767365	173	1.67×10^{-4}
	0.1749	0.154831192	173	1.67×10^{-4}		0.1745	0.154474629	173	1.67×10^{-4}
	0.1753	0.154075231	173	1.68×10^{-4}		0.1758	0.154325973	173	1.68×10^{-4}
	0.1753	0.15407526	173	1.68×10^{-4}		0.1746	0.154764139	173	1.67×10^{-4}
	0.1726	0.154635068	174	1.66×10^{-4}		0.1743	0.153940575	173	1.67×10^{-4}

分析表8.4～表8.7 的计算结果，似乎学习因子采用 $c_1=c_2=1.49618$ 的计算结果比学习因子采用 $c_1=c_2=2$ 时计算收敛更为快速，设置粒子数目 $N=50$、$c_1=c_2=1.49618$、$maxgen=100$、计算结果已经基本稳定在导水系数 $T=173m^2/d$，贮水系数 $u^*=1.67\times10^{-4}$附近。

增加迭代次数和粒子数目对最优值的快速收敛有效果，但计算中还是会出现不能完成优化配线的情况。而且，如果不对 r/D 的取值范围加以限制，则计算结果会出现更多完不成优化配线的情况，这是程序未能跳出局部最优解的问题，对于多维函数寻优计算，单一人工智能算法就显现出本身的不足，这就需要开发出适宜多维函数寻优计算的智能算法。

2）后期 B 组曲线配线：

在前期 A 组曲线配线过程中已经确定最优曲线的配线参数 r/D 的值，因此，后期 B 组曲线配线就相对简单一些，所配曲线为一条已经确定 r/D 值的标准曲线，为二元函数寻优计算，只需确定试验曲线后半段数据的纵横坐标配线移动值 a、b 即可。对于 Boulton 模型 RandWPSO 算法，设置粒子数目 $N2=50$，最大迭代次数 $maxgen2=100$ 可以满足计算要求。

图8.11～图8.13 为最大迭代次数 $maxgen2=100$、学习因子 $c_{12}=c_{22}=2$，后期 B 组曲线及原始观测数据曲线的优化配线计算结果。

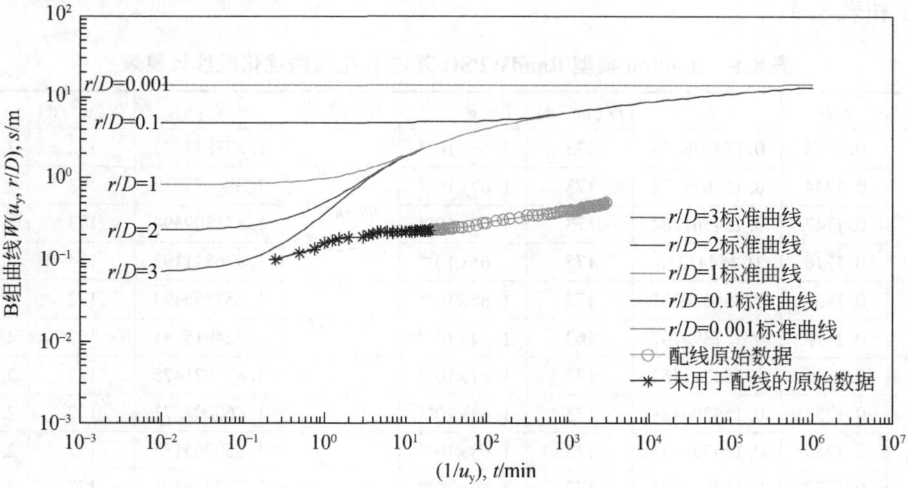

图8.11　B 组曲线配线部分标准曲线及原始数据

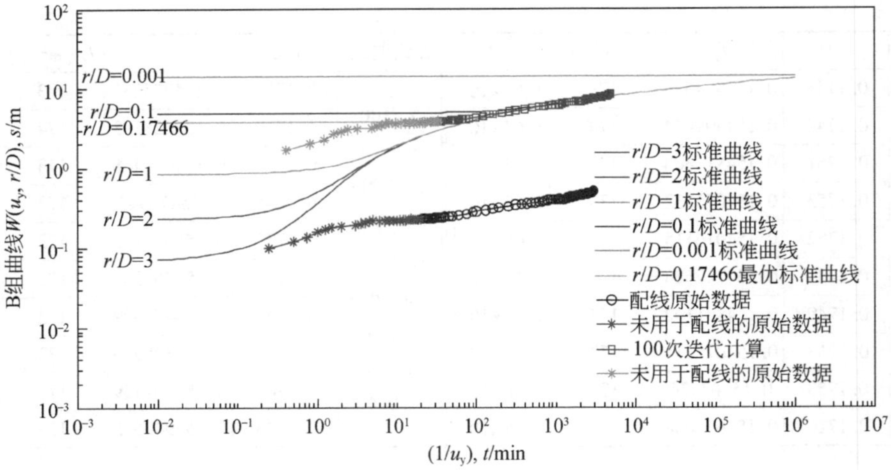

图 8.12　B 组曲线 100 次优化迭代配线

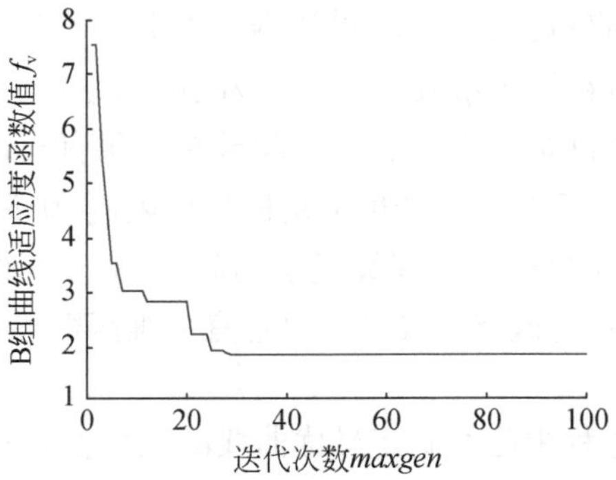

图 8.13　B 组 100 次优化迭代适应度函数变化曲线

为分析参数设置对计算结果的影响，对前期 A 组曲线配线，设置粒子数目 $N=50$、学习因子 $c_1=c_2=1.49618$、最大迭代次数 $maxgen=100$，对后期 B 组曲线配线，设置粒子数目 $N2=50$、学习因子 $c_1=c_2=1.49618$、最大迭代次数 $maxgen2=50$、100，随机计算 10 次的计算结果见表 8.8 和表 8.9。

表 8.8　Boulton 模型 RandWPSO 算法 B 组曲线优化配线计算表

A 组曲线	r/D	f_v	$T/(m^2/d)$	u^*	B 组曲线	f_{v2}	$T/(m^2/d)$	u
$N=50$ *maxgen* 100 $c_1=c_2=$ 1.49618 *mean_max* =0.8 *mean_min* =0.4	0.1758	0.154376315	173	1.68×10^{-4}	$N2=50$ *maxgen2* =50 $c_{12}=c_{22}=$ 1.49618 *mean_max* =0.8 *mean_min* =0.4	1.837837423	172	3.00×10^{-3}
	0.1744	0.154678072	173	1.67×10^{-4}		1.884685039	173	2.94×10^{-3}
	0.1747	0.154361784	173	1.67×10^{-4}		1.871309594	173	2.96×10^{-3}
	0.1716	0.15441356	175	1.65×10^{-4}		1.976841193	174	2.83×10^{-3}
	0.1753	0.154670001	173	1.68×10^{-4}		1.857855494	172	2.98×10^{-3}
	0.1998	0.157398767	162	1.84×10^{-4}		1.324915941	162	4.30×10^{-3}
	0.1746	0.154211462	173	1.67×10^{-4}		1.871921475	173	2.96×10^{-3}
	0.1753	0.154396428	173	1.68×10^{-4}		1.860002571	172	2.98×10^{-3}
	0.1753	0.154396685	173	1.68×10^{-4}		1.860005175	172	2.98×10^{-3}
	0.1773	0.154082902	172	1.69×10^{-4}		1.797428401	172	3.07×10^{-3}

表 8.9　Boulton 模型 RandWPSO 算法 B 组曲线优化配线计算表

A 组曲线	r/D	f_v	$T/(m^2/d)$	u^*	B 组曲线	f_{v2}	$T/(m^2/d)$	u
$N=50$ $maxgen$ 100 $c_1=c_2=$ 1.49618 $mean\_max$ =0.8 $mean\_min$ =0.4	0.1749	0.154752433	173	1.68×10^{-4}	$N2=50$ $maxgen$ =100 $c_{12}=c_{22}=$ 1.49618 $mean\_max$ =0.8 $mean\_min$ =0.4	1.869983802	173	2.97×10^{-3}
	0.1753	0.154746867	173	1.68×10^{-4}		1.856126554	172	2.98×10^{-3}
	0.1745	0.154475313	173	1.67×10^{-4}		1.878505285	173	2.95×10^{-3}
	0.1753	0.154715732	173	1.68×10^{-4}		1.860002626	172	2.98×10^{-3}
	0.1753	0.154746055	173	1.68×10^{-4}		1.857854601	172	2.98×10^{-3}
	0.1745	0.154731693	173	1.67×10^{-4}		1.878506124	173	2.95×10^{-3}
	0.1745	0.154731693	173	1.67×10^{-4}		1.878506124	173	2.95×10^{-3}
	0.1753	0.154764098	173	1.68×10^{-4}		1.856236148	172	2.98×10^{-3}
	0.1750	0.154390745	173	1.68×10^{-4}		1.868366218	172	2.97×10^{-3}
	0.1754	0.154677725	173	1.68×10^{-4}		1.852796419	172	2.99×10^{-3}

计算结果表明，对于后期 B 组曲线的优化配线，设置粒子数目 $N2=50$，最大迭代次数 $maxgen2=50$，计算结果已基本稳定在导水系数 $T=173m^2/d$，给水度 $u=2.98\times10^{-3}$。当然，使最大迭代次数 $maxgen2=100$，计算结果会更精确。

(5)计算结果

采用无穷区间截断误差计算井函数值，A 组井函数设置为 w1 = integral(f1,0,7000)，B 组井函数设置为 w2 = integral(f2,0,7000)。

对于本次计算结果，计算前、后配线的参数设置均相同，粒子数目 $N=100$、学习因子 $c_1=c_2=1.49618$、随机权重平均值的最大值 $mean\_max=0.8$、随机权重平均值的最小值 $mean\_min=0.4$、随机权重的方差 $sigma=0.2$、最大迭代次数 $maxgen=200$。

配线优化迭代计算完成后计算总耗时 33.59min。

对于前期 A 组曲线配线，选取观测时间为 3.5min 的数据点作为前期 A 组曲线配线的匹配点，坐标值如下：

$$[t]=3.5\text{min},[s]=0.2\text{m},[1/u_a]=100.1673,[W(u_a,r/D)]=3.352857$$

200 次迭代计算完成后，A 组曲线配线计算结果为：

导水系数 $T=1.729449\times10^2m^2/d$；

贮水系数 $\mu^*=1.677689\times10^{-4}$；

$r/D=0.175291298977428$；

$a=28.634781843715238, b=16.769211364219672$；

前期配线离差平方和最小值 $f_v=0.154509484696537$。

对于后期 B 组曲线配线，选取观测时间为 29min 的数据点作为后期 B 组曲线配线的匹配点，坐标值如下：

$$[t]=29\text{min},[s]=0.235\text{m},[1/u_y]=46.55102,[W(u_y,r/D)]=3.927331$$

200 次迭代计算完成后，B 组曲线配线计算结果为：

导水系数 $T=1.723554\times10^2m^2/d$；

给水度 $\mu=2.982573\times10^{-3}$；

$\eta = 18.77787$；

延迟指数 $1/\alpha = 81.09761\text{min}$；

$a_2 = 1.605207614041881, b_2 = 16.712047192997410$；

后期配线离差平方和最小值 $f_{v2} = 1.857855813449725$。

前后期配线计算的导水系数平均值 $\bar{T} = 172.6501\text{m}^2/\text{d}$。

例题 8.1 人工配线选取的配线参数 $r/D = 0.2$，计算的结果如下（蒋辉等，2009）。

前期 A 组曲线配线计算的导水系数 T_1 和弹性贮水系数 μ^*：

$$T_1 = \frac{Q}{4\pi[s]}\left[W\left(u_a, \frac{r}{D}\right)\right] = \frac{1.5 \times 86.4}{4 \times 3.14 \times 0.2} \times 3.25 = 167.68\text{m}^2/\text{d}$$

$$\mu^* = \frac{4T_1[t]}{r^2\left[\frac{1}{u_a}\right]} = \frac{4 \times 167.68 \times 3.3/1440}{10^2 \times 10^2} = 1.54 \times 10^{-4}$$

后期 B 组曲线配线计算的导水系数 T_2 和给水度 μ 等参数：

$$T_2 = \frac{Q}{4\pi[s]}\left[W\left(u_y, \frac{r}{D}\right)\right] = \frac{1.5 \times 86.4}{4 \times 3.14 \times 0.4} \times 6.4 = 165.1\text{m}^2/\text{d}$$

$$\mu = \frac{4T_2[t]}{r^2\left[\frac{1}{u_y}\right]} = \frac{4 \times 165.1 \times 10^3/1440}{10^2 \times 10^3} = 4.6 \times 10^{-3}$$

$$\eta = \frac{\mu^* + \mu}{\mu^*} = 1 + \frac{4.6 \times 10^{-3}}{1.54 \times 10^{-4}} = 30.87$$

$$\frac{1}{\alpha} = \frac{4[t]}{\left(\frac{r}{D}\right)^2\left[\frac{1}{u_y}\right]} = \frac{4 \times 10^3}{0.2^2 \times 10^3} = 100\text{min}$$

人工配线选取的配线参数 $r/D = 0.2$，已实属不易，而随机权重粒子群算法选取的配线参数则更为精确，$r/D = 0.175384344781227$，基本可精确到小数点后 3 位。

六、基于定点喂食的随机权重粒子群算法优化（LFRandWPSO）配线计算流程

1）设置粒子数目 N、学习因子 c_1、c_2、随机权重平均值的最大值 *mean_max*、随机权重平均值的最小值 *mean_min*、随机权重的方差 *sigma*、最大迭代次数 *maxgen*、粒子的维数 D_D。

2）对原始数据 (s_i, t_i) 进行曲线拟合，计算拟合曲线最大曲率及转折点。

3）进行曲率判断，找出与拟合曲线最大曲率相近的 A 组标准曲线，计算 A 组标准曲线最大曲率转折点位置坐标。

4）设定随机初始化种群中各粒子的位置和速度；初始化位置指定为找出的标准曲线最大曲率转折点，并限制粒子移动范围在此位置附近寻优，定点喂食，计算井函数 $W\left(u_a, \frac{r}{D}\right)$ 或 $W\left(u_y, \frac{r}{D}\right)$ 及适应度值。

5)评价每个粒子的适应度,将当前各粒子的位置和适应度值存储在各粒子的个体最优 p_{best} 中,将所有 p_{best} 中适应度值最优个体的位置和适应度值存储于群体最优 g_{best} 中。

6)更新权重。

$$\begin{cases}\mu = mean\_min + (mean\_max - mean\_min) \times rand(0,1) \\ \omega = \mu + sigma \times N(0,1)\end{cases}$$

式中,*mean_max*、*mean_min* 为随机权重平均值的最大值和最小值,$N(0,1)$表示标准正态分布的随机数,$rand(0,1)$表示 0 到 1 之间的随机数,*sigma* 为随机权重的方差。

7)用下式更新粒子的速度和位移:

$$v_{id} = \omega \times v_{id} + c_1 r_1 (p_{id} - x_{id}) + c_2 r_2 (g_{i\ d} - x_{id})$$

$$x_{id} = x_{id} + v_{id}$$

8)对每个粒子,将其适应度值与其经历过的最好位置作比较,如果较好,则将其作为当前的最好位置;比较当前所有 p_{best} 和 g_{best} 的值,更新 g_{best}。

9)若满足停止条件(通常为预设的运算精度或迭代次数),搜索停止,选取匹配点,输出配线坐标轴方向的配线移动值 a、b 及标准曲线配线参数 r/D、目标函数离差平方和最小值 f_v,否则返回步骤 5)继续搜索。

10)A 组曲线配线完成后,开始 B 组曲线配线流程,同随机权重粒子群算法流程。

11)计算完成,绘制原始曲线图、配线过程图、最终优化配线图,输出导水系数 T 和弹性贮水系数 μ^*、给水度 μ 等水文地质参数。

七、LFRandWPSO 算法优化配线计算分析

同样采用例题 8.1 的数据(表 8.3),运用改进的基于定点喂食的粒子群算法,结合随机权重,可以快速确定试验曲线与标准曲线的配线范围,运用很少的粒子个数及迭代计算次数即可完成寻优计算,大大缩小了寻优时间,首次配线迭代计算可让计算结果接近于最优配线曲线。

同样,本次计算采用前 28 组数据[去掉第一个(0,0)观测点,至(20,0.228)观测点]划归 A 组曲线配线数据文件 S1R2. mat,后面的数据划归 B 组曲线配线数据文件 S2R2. mat。

(1)迭代计算过程

采用改进的 LFRandWPSO 算法进行优化配线,图 8.14 为设置粒子数目 $N=50$、学习因子 $c_1=c_2=1.49618$、$mean\_max=0.8$、$mean\_min=0.4$、迭代次数 $maxgen=1$ 的计算结果,根据定点喂食思路,试验曲线第一次迭代计算就直接将试验曲线配置在 $r/D=0.17603$ 的标准曲线上,基本就是最优计算结果,显示出定点喂食粒子群算法对 Boulton 模型优化配线的巨大优势。

图 8.15 为设置粒子数目 $N=50$、学习因子 $c_1=c_2=1.49618$、$mean\_max=0.8$、$mean\_min=0.4$、最大迭代次数 $maxgen=50$ 的 A 组标准曲线优化配线计算结果,图 8.16 为适应度函数变化曲线,表 8.10 为上述设置条件下,采用 LFRandWPSO 算法随机计算 10 次的计算结果。由图 8.16 的适应度函数变化曲线可以看出,迭代计算收敛速度很快(耗时 4.4min),经过 30～40 次迭代计算已达到最优解。而且,由表 8.10 可以看出,$maxgen=50$ 的迭代计算结果很稳定,配线离差平方和最小值 f_v 稳定在小数点后 5 位,水文地质参数的计算结果也很稳定,说明改进的定点喂食的粒子群方法,用于 Boulton 模型的优化配线是行之有效的。

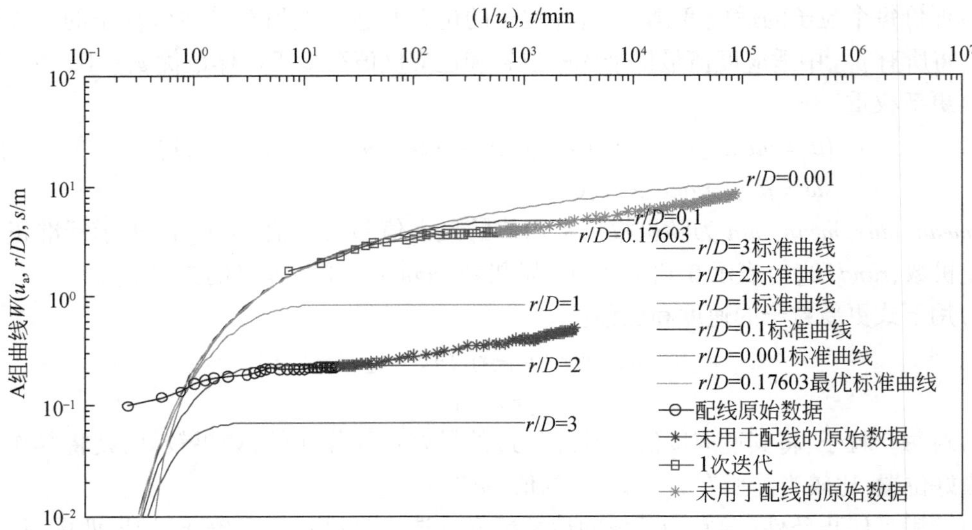

图 8.14　A 组曲线 1 次优化迭代配线

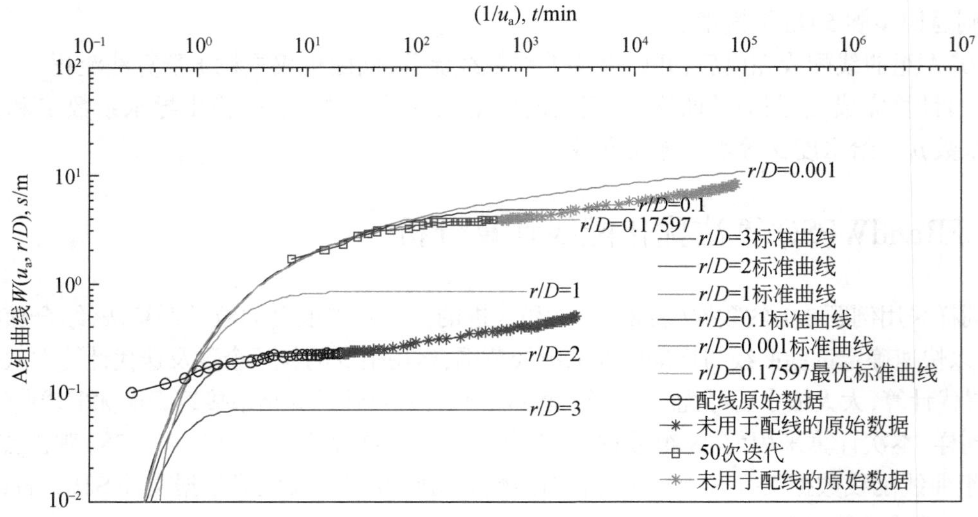

图 8.15　A 组曲线 50 次优化迭代配线

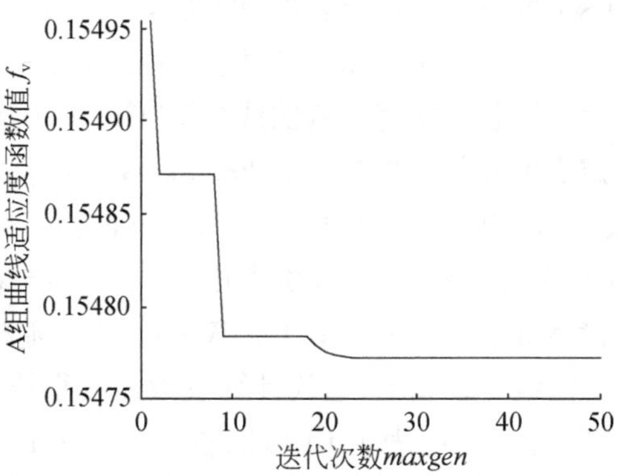

图 8.16　A 组 50 次优化迭代适应度函数变化曲线

表 8.10　Boulton 模型 LFRandWPSO 算法 A、B 组曲线优化配线计算表

A 组曲线	r/D	f_v	T /(m²/d)	u^*	B 组曲线	f_{v2}	T /(m²/d)	u	η	$1/\alpha$
$N=50$ *maxgen* 50 $c_1=c_2=$ 1.49618 *mean_max* =0.8 *mean_min* =0.4	0.1760	0.154770815	172.612	1.68×10^{-4}	$N2=50$ *maxgen2* =50 $c_1=c_2=$ 1.49618 *mean_max* =0.8 *mean_min* =0.4	1.83526942	172.046	3.01×10^{-3}	18.904	81.436
	0.1760	0.154771046	172.584	1.68×10^{-4}		1.83340514	172.020	3.02×10^{-3}	18.916	81.464
	0.1759	0.154770745	172.619	1.68×10^{-4}		1.83573535	172.053	3.01×10^{-3}	18.901	81.429
	0.1759	0.154770614	172.631	1.68×10^{-4}		1.83653530	172.064	3.01×10^{-3}	18.897	81.417
	0.1759	0.154774099	172.634	1.68×10^{-4}		1.83597245	172.056	3.01×10^{-3}	18.892	81.425
	0.1759	0.15477129	172.632	1.68×10^{-4}		1.83663009	172.065	3.01×10^{-3}	18.903	81.416
	0.1759	0.154770595	172.633	1.68×10^{-4}		1.83664310	172.065	3.01×10^{-3}	18.896	81.416
	0.1759	0.15477238	172.663	1.68×10^{-4}		1.83755401	172.078	3.01×10^{-3}	18.894	81.401
	0.1759	0.154770691	172.625	1.68×10^{-4}		1.83608080	172.057	3.01×10^{-3}	18.900	81.424
	0.1760	0.154771073	172.580	1.68×10^{-4}		1.83318991	172.017	3.02×10^{-3}	18.917	81.468

(2)计算结果

采用无穷区间截断误差计算井函数值，A 组井函数设置为 w1 = integral(f1,0,7000)，B 组井函数设置为 w2 = integral(f2,0,7000)，计算耗时 4.4min 左右。

对于前期 A 组曲线配线，选取观测时间为 3.5min 的数据点作为前期 A 组曲线配线的匹配点，坐标值如下：

$$[t]=3.5\text{min},[s]=0.2\text{m},[1/u_a]=99.77953,[W(u_a,r/D)]=3.347877$$

A 组曲线配线计算结果为：

导水系数 $T=172.6373\text{m}^2/\text{d}$；

贮水系数 $\mu^*=1.682127\times10^{-4}$；

$r/D=0.175901189286148$；

配线移动值 $a=28.508436273315205$，$b=16.739383188036552$；

配线差平方和最小值 $f_v=0.154770536157401$。

对于后期 B 组曲线配线，选取观测时间为 29min 的数据点作为后期 B 组曲线配线的匹配点，坐标值如下：

$$[t]=29\text{min},[s]=0.235\text{m},[1/u_y]=46.05106,[W(u_y,r/D)]=3.920818$$

B 组曲线配线计算结果为：

导水系数 $T=172.0695\text{m}^2/\text{d}$；

给水度 $\mu=3.009954\times10^{-3}$；

$\eta=18.89374$；

延迟系数 $1/\alpha=81.41057$；

前后期配线计算的导水系数平均值 $\bar{T}=172.3534\ \text{m}^2/\text{d}$；

配线移动值 $a_2=1.587967590375809$，$b_2=16.684333790709978$；

配线离差平方和最小值 $f_v=1.836969045245859$。

分析参数变化对计算结果的影响，对 A 组曲线的配线，设置 $N=50$、学习因子 $c_1=c_2=$

1. 49618、$mean\_max$=0. 8、$mean\_min$=0. 4、最大迭代次数 $maxgen$=100、200，以及 N=100，学习因子 $c_1=c_2=1.49618$、最大迭代次数 $maxgen$=200、400 的情况，计算结果均稳定相差不大。因此，针对本例题 8. 1，设置 N=50，最大迭代次数 $maxgen$=50 的计算精度足以满足实际需求。

第二节　其他 Boulton 模型实例优化配线计算分析

一、5 套潜水非稳定流抽水试验资料 LFRandWPSO 算法优化配线分析

为分析了解 Boulton 模型 LFRandWPSO 算法优化配线适用情况，将该方法用于收集到的 5 套潜水非稳定流抽水试验数据的优化配线计算。人工手动配线和 LFRandWPSO 优化配线计算结果对比见表 8. 21。各例题给出的资料如下：

1）在厚度为 20m 的潜水含水层中做抽水试验，抽水井流量为 300m^3/d，距抽水井 50m 处有一观测孔，其观测资料列于表 8. 11 中。试用配线法计算含水层的导水系数和给水度（邹立芝，1991）。

表 8. 11　抽水试验观测数据

持续时间/min	水位降深/m	持续时间/min	水位降深/m	持续时间/min	水位降深/m	持续时间/min	水位降深/m
1. 5	0. 025	8	0. 082	60	0. 101	400	0. 11
2	0. 034	10	0. 087	90	0. 1015	500	0. 112
3	0. 048	15	0. 095	110	0. 102	700	0. 117
4	0. 058	20	0. 098	150	0. 103	900	0. 122
5	0. 066	30	0. 101	200	0. 104	1200	0. 129
6	0. 073	40	0. 1015	300	0. 107	—	—

本例题为地下水动力学习题集中的例题（邹立芝，1991），观测数据过于理想（图 8. 17）。配线中去掉了中部持续观测时间为 40 ~ 90min 近水平段的部分观测数据，前后期数据分别用于 A 组和 B 组配线，采用 LFRandWPSO 算法，设置前后期配线参数均采用 N=100、学习因子 $c_1=c_2=1.49618$、、$mean\_max$ = 0. 8、$mean\_min$ = 0. 4、$sigma$ = 0. 2、最大迭代次数 $maxgen$ = 100，计算结果稳定。优化配线给出的标准曲线配线参变量 r/D = 0. 62254，A 组曲线配线离差平方和最小值 $f_v=3.83\times10^{-4}$，B 组曲线配线离差平方和最小值 $f_v=8.91\times10^{-5}$，计算耗时 9. 3min。图 8. 18 和图 8. 19 为第 100 次迭代计算完成后的优化配线。原题答案未给出配线参数 r/D 的值，仅列出了导水系数和给水度的值，人工手动配线和 LFRandWPSO 优化配线计算结果见表 8. 21。

2）1965 年 10 月，荷兰东部 Gelderland 省 Achterhoek 地区的 Vennebulten 公园进行抽水试验，距离抽水孔 10m、30m、90m 和 280m 共布置 4 个观测孔，不透水基底为海相沉积黏土，地表下 10 ~ 21m 为冰水沉积砂含水层，本观测孔距抽水井 90m，抽水井流量为 873m^3/d，水位降深观测资料见表 8. 12，计算导水系数及贮水系数（Kruseman and Ridder，2000）。

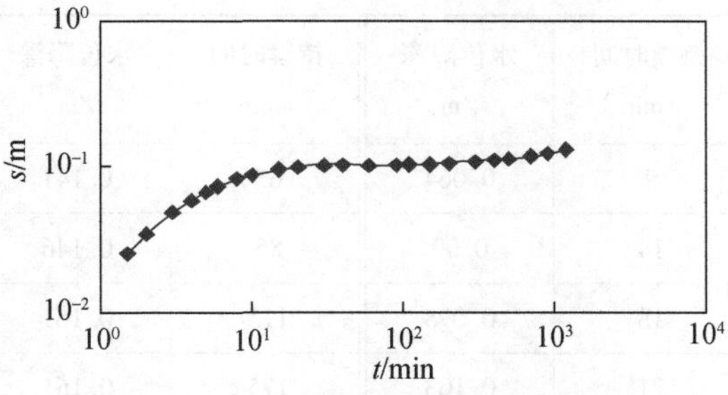

图 8.17　抽水试验降深观测曲线

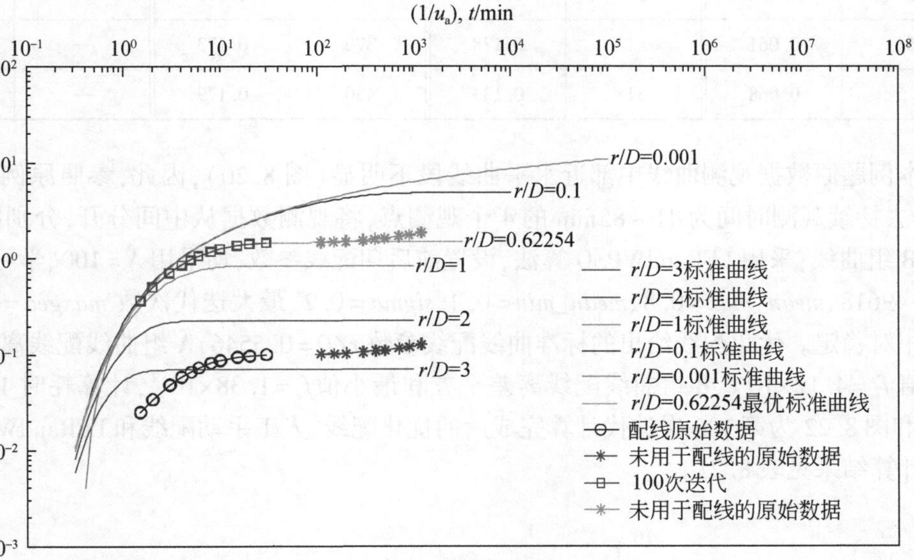

图 8.18　例题 1)第 100 次迭代计算 A 组配线曲线

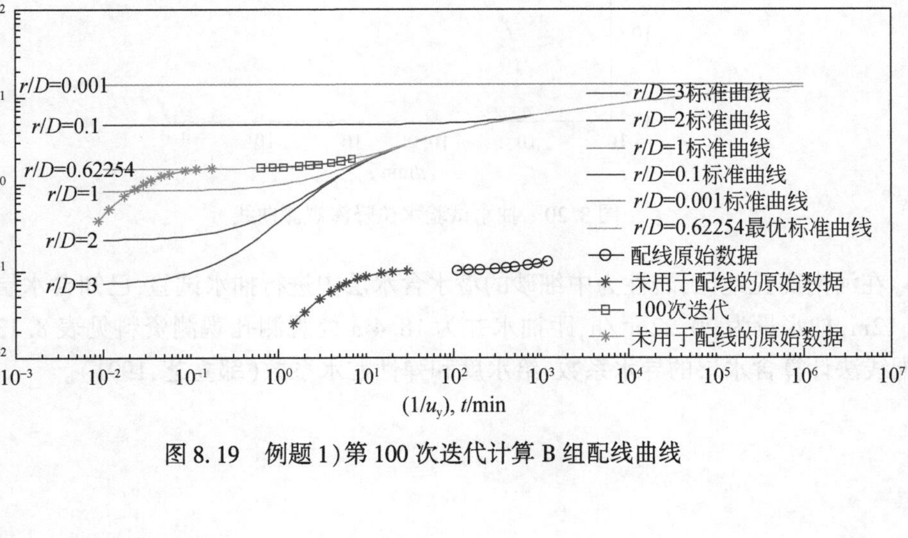

图 8.19　例题 1)第 100 次迭代计算 B 组配线曲线

表 8.12　抽水试验观测数据

持续时间 /min	水位降深 /m	持续时间 /min	水位降深 /m	持续时间 /min	水位降深 /m	持续时间 /min	水位降深 /m
1.17	0.004	9	0.064	65	0.141	485	0.183
1.34	0.009	14	0.09	85	0.146	665	0.182
1.7	0.015	18	0.098	115	0.161	1340	0.2
2.5	0.03	21	0.103	175	0.161	1490	0.203
4	0.047	26	0.110	260	0.172	1520	0.204
5	0.054	31	0.115	300	0.173	—	—
6	0.061	41	0.128	370	0.173	—	—
7.5	0.068	51	0.133	430	0.179	—	—

本例题原数据观测曲线中部近水平曲线段不明显(图 8.20),因此,参照原例题配线方法,舍去持续观测时间为 41 ~ 85min 的 4 个观测点,将观测数据从中间分开,分别配 A 组曲线和 B 组曲线,采用 LFRandWPSO 算法,设置前后期配线参数,均采用 $N=100$、学习因子 $c_1=c_2=1.49618$、$mean\_max=0.8$、$mean\_min=0.4$、$sigma=0.2$、最大迭代次数 $maxgen=100$,计算结果相对稳定。优化配线给出的标准曲线配线参数 $r/D=0.5546$,A 组曲线配线离差平方和最小值 $f_v=4.12\times10^{-2}$,B 组曲线配线离差平方和最小值 $f_v=1.38\times10^{-2}$,计算耗时 11min。图 8.21 和图 8.22 为第 100 次迭代计算完成后的优化配线,人工手动配线和 LFRandWPSO 优化配线计算结果见表 8.21。

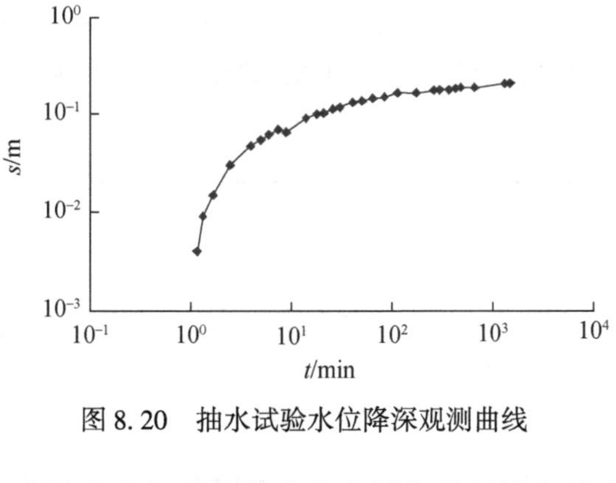

图 8.20　抽水试验水位降深观测曲线

3)在河南商丘地区,岩性为中细砂的潜水含水层中进行抽水试验,已知含水层平均厚度为 13.12m,抽水量为 20.22m²/h,距抽水井为 18.4m 处观测孔观测资料见表 8.13。试用博尔顿配线法计算含水层的导水系数、给水度和弹性贮水系数(邹立芝,1991)。

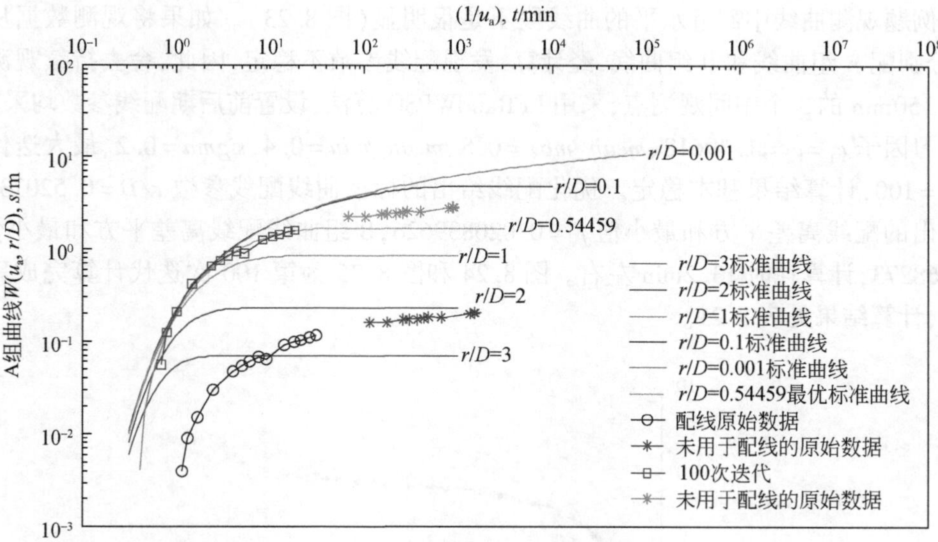

图 8.21　例题 2）第 100 次迭代计算 A 组配线曲线

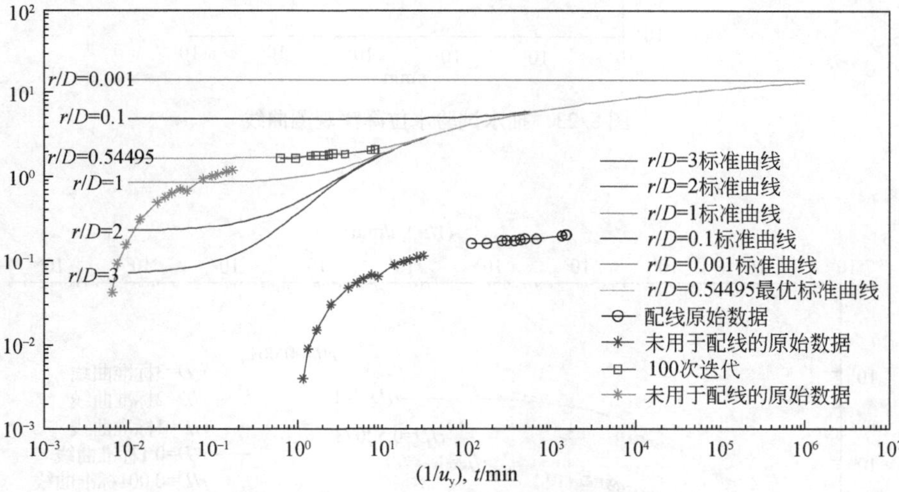

图 8.22　例题 2）第 100 次迭代计算 B 组配线曲线

表 8.13　抽水试验观测数据

持续时间/min	水位降深/m	持续时间/min	水位降深/m	持续时间/min	水位降深/m	持续时间/min	水位降深/m
2	0.052	15	0.38	80	0.58	800	0.74
2.5	0.074	20	0.42	90	0.6	1100	0.75
3	0.096	25	0.44	120	0.62	1500	0.76
4	0.13	30	0.46	150	0.65	2000	0.8
5	0.17	35	0.48	180	0.66	3000	0.82
6	0.2	40	0.5	220	0.67	4000	0.84
7	0.24	50	0.54	300	0.68	5000	0.85
9	0.27	60	0.55	420	0.72	7000	0.88
11	0.32	70	0.56	600	0.74	9000	0.98

本例题观测曲线中部近水平的曲线段不是很明显(图 8.23)。如果将观测数据从中间分开,分别配 A 组曲线和 B 组曲线,经计算,发现配线参数不稳定,因此,舍去持续观测时间为 90 ~ 150min 的 3 个中间观测点,采用 LFRandWPSO 算法,设置前后期配线参数均采用 $N=100$、学习因子 $c_1=c_2=1.49618$、$mean\_max=0.8$、$mean\_min=0.4$、$sigma=0.2$、最大迭代次数 $maxgen=100$,计算结果基本稳定。优化配线给出的标准曲线配线参数 $r/D=0.52073$,A 组曲线给出的配线离差平方和最小值 $f_v=0.020839626$,B 组曲线配线离差平方和最小值 $f_v=0.052968273$,计算耗时 13.2min 左右。图 8.24 和图 8.25 为第 100 次迭代计算完成后的优化配线,计算结果见表 8.21。

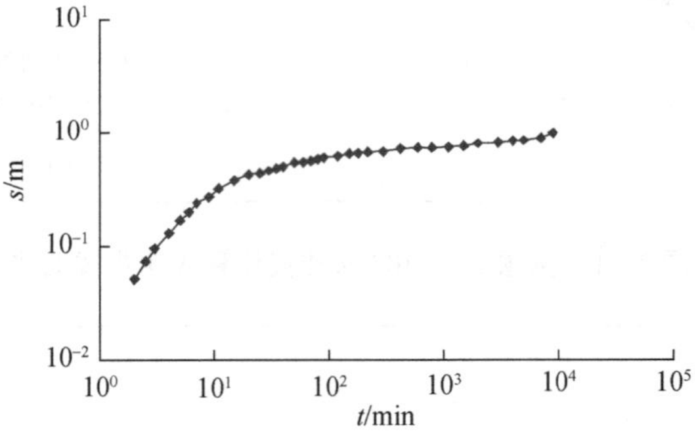

图 8.23　抽水试验水位降深观测曲线

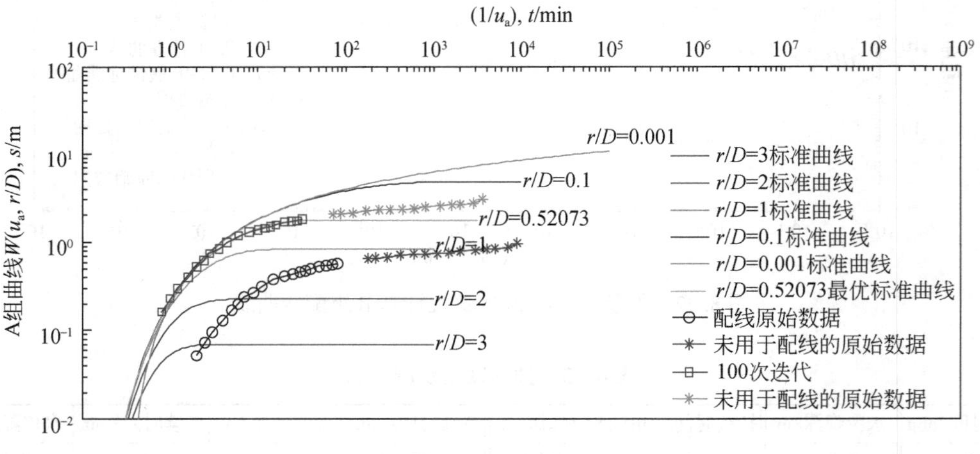

图 8.24　例题 3)第 100 次迭代计算 A 组配线曲线

4)江苏睢宁县梁集公社七井大队对浅层地下水进行非稳定流抽水试验。水井深 44m 左右,观测孔与抽水井相距 60m,静水位埋深 4.02m,当抽水井以流量 $60m^3/h$ 抽水时,不同时间的水位降深见表 8.14(薛禹群和朱学愚,1979)。

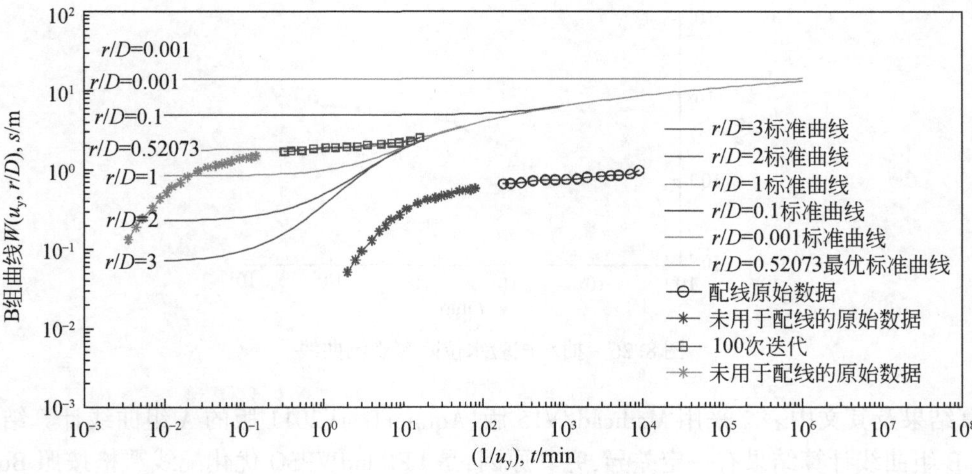

图 8.25 例题 3)第 100 次迭代计算 B 组配线曲线

表 8.14 抽水试验观测数据

持续时间/min	水位降深/m	持续时间/min	水位降深/m	持续时间/min	水位降深/m	持续时间/min	水位降深/m
1	0.03	20	0.4	150	0.69	1500	0.94
2	0.05	25	0.42	180	0.71	1800	1.03
3	0.09	30	0.46	210	0.71	2100	1
4	0.11	35	0.5	240	0.71	3000	1.09
5	0.15	40	0.55	360	0.77	3600	1.21
6	0.17	50	0.58	480	0.82	4200	1.13
8	0.22	60	0.59	600	0.88	4800	1.35
10	0.26	80	0.63	720	0.83	—	—
12	0.3	100	0.64	900	0.86	—	—
15	0.33	120	0.66	1200	0.84	—	—

薛禹群在其第一版的《地下水动力学》中给出了该例题，后面的版本中又去掉了该例题，例题中的配线参数为 $r/D=1$，计算结果见表 8.21。

优化计算中，发现 $t=1\text{min}$ 的第一观测点与观测曲线的趋势差别较大（图 8.26），计算中如选取该点参与计算，则误差较大，曲线配线结果不理想。因此，去掉该观测点，计算中对曲线中部的持续观测时间 t 为 120～210min 的观测点也不采用，将观测数据分为前后期两部分，分别用于 A 组及 B 组曲线的配线计算。

采用 LFRandWPSO 算法，设置 A 组和 B 组曲线配线均采用 $N=100$、学习因子 $c_1=c_2=1.49618$、$mean\_max=0.8$、$mean\_min=0.4$、$sigma=0.2$、最大迭代次数 $maxgen=100$，计算结果稳定。优化配线给出的标准曲线配线参变量 $r/D=0.3368$，A 组曲线配线离差平方和最小值 $f_v=3.14\times10^{-2}$，B 组曲线配线离差平方和最小值 $f_v=5.22\times10^{-1}$，计算耗时 8.5min。图 8.27 和图 8.28 为第 100 次迭代计算完成后的优化配线。A 组曲线配线计算结果同刘大海（2017）

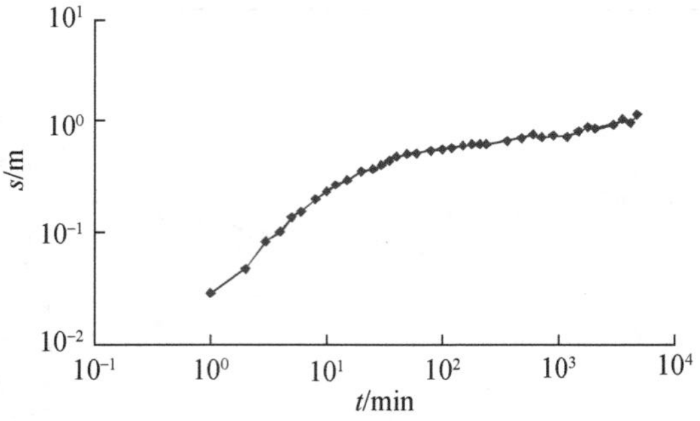

图 8.26　抽水试验水位降深观测曲线

的计算结果及其文中表 2 采用 Mathcad/V15 版、AquiferTestV2011 版的 A 组曲线计算结果一致,但 B 组曲线计算结果有一定差异,究其原因,是 LFRandWPSO 优化配线严格按照 Boulton 模型的后配线采用前配线计算出的曲线配线参数 r/D 的原因,计算更加符合 Boulton 模型的要求,因此,作者认为,LFRandWPSO 优化配线计算结果更为符合 Boulton 模型的理论要求,计算结果见表 8.21。

本例题采用 LFRandWPSO 算法,计算出的 A 组曲线配线参变量 $r/D=0.3368$,配线离差平方和最小值 $f_v=3.14\times10^{-2}$。而薛禹群(1979)人工配线选取的配线参变量 $r/D=1$。如果指定标准曲线是配线参变量 $r/D=1$ 的曲线,采用 LFRandWPSO 算法,计算出的 A 组曲线配线离差平方和最小值 $f_v=4.62\times10^{-2}$,误差远大智能配线的 $f_v=3.14\times10^{-2}$,配线精度远不及人工智能的计算结果。

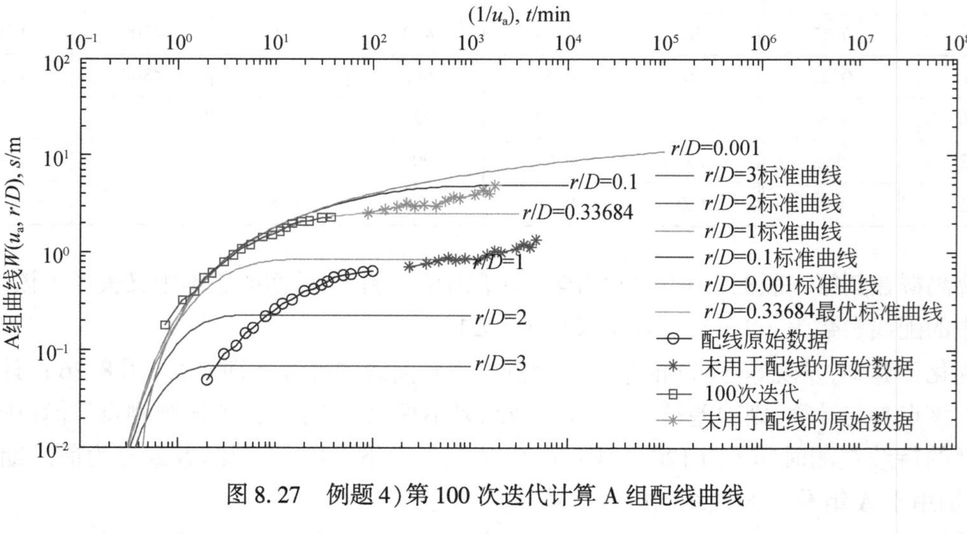

图 8.27　例题 4)第 100 次迭代计算 A 组配线曲线

5)表 8.15 中给出了美国俄亥俄州费尔伯恩附近(靠近代顿)、距抽水井 22.25m 的观测井抽水的水位降深值,抽水井流量为 5886.432m^3/d。抽水井深 25.9m,含水层是冰川砂和砾石,观测井深 28.96m,仅穿透 22.86m 的含水层,其余为 4 层 6.1m 的黏土层(Lohman,1972)。

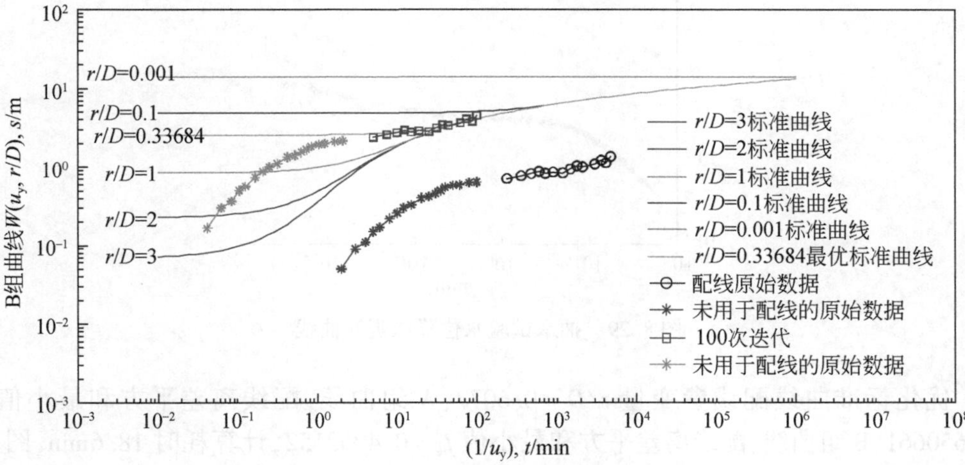

图 8.28　例题 4)第 100 次迭代计算 B 组配线曲线

表 8.15　抽水试验观测数据

持续时间/min	水位降深/m	持续时间/min	水位降深/m	持续时间/min	水位降深/m	持续时间/min	水位降深/m
0.165	0.037	1.68	0.250	10	0.311	200	0.463
0.25	0.059	1.85	0.256	12	0.314	250	0.485
0.34	0.078	2	0.262	15	0.317	300	0.503
0.42	0.101	2.15	0.265	18	0.320	350	0.518
0.5	0.119	2.35	0.274	20	0.323	400	0.533
0.58	0.131	2.5	0.277	25	0.329	500	0.564
0.66	0.149	2.65	0.280	30	0.344	600	0.594
0.75	0.162	2.8	0.283	35	0.351	700	0.613
0.83	0.174	3	0.287	40	0.357	800	0.637
0.92	0.186	3.5	0.290	50	0.363	900	0.655
1	0.195	4	0.296	60	0.372	1000	0.671
1.08	0.204	4.5	0.297	70	0.381	1200	0.692
1.16	0.213	5	0.299	80	0.390	1500	0.716
1.24	0.219	6	0.302	90	0.393	2000	0.759
1.33	0.226	7	0.305	100	0.399	2500	0.789
1.42	0.232	8	0.308	120	0.415	3000	0.811
1.5	0.238	9	0.309	150	0.442	—	—

观测曲线中部有近水平的曲线段,见图 8.29,如果将观测数据从中间分开,分别配 A 组曲线和 B 组曲线,经计算,发现配线参数不稳定。因此,舍去持续观测时间为 3.5 ~ 25min 的部分中间观测点,采用 LFRandWPSO 算法,设置前后期配线均采用 $N=100$、学习因子 $c_1=c_2=1.49618$、$mean\_max=0.8$、$mean\_min=0.4$、$sigma=0.2$、最大迭代次数 $maxgen=100$,计算结果

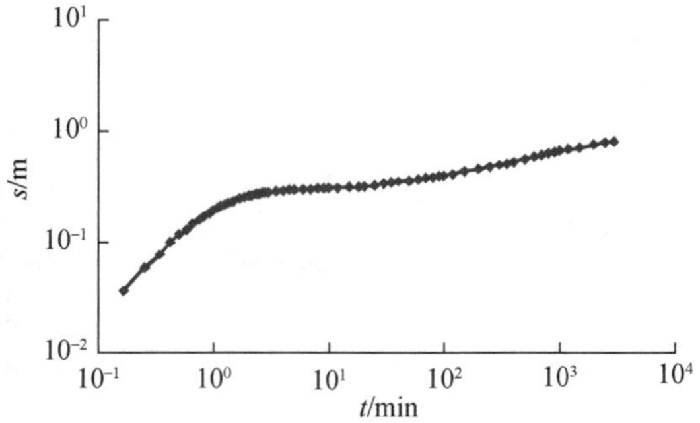

图 8. 29　抽水试验水位降深观测曲线

稳定。优化标准曲线配线参变量 $r/D=0.6077$，A 组曲线，配线离差平方和最小值 $f_v=0.004650661$，B 组曲线，配线离差平方和最小值 $f_v=0.4052152$，计算耗时 18.6min，图 8.30 和图 8.31 为第 100 次迭代计算完成后的优化配线。计算结果见表 8.21。

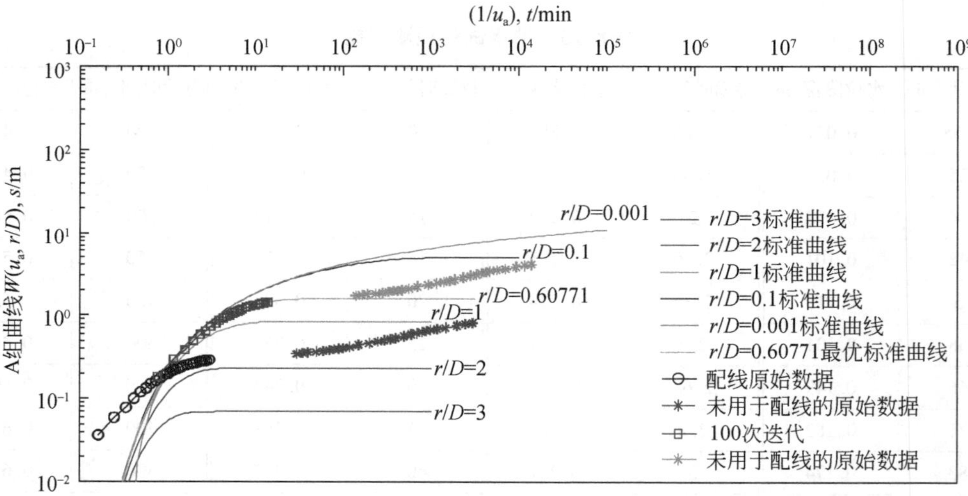

图 8. 30　例题 5）第 100 次迭代计算 A 组配线曲线

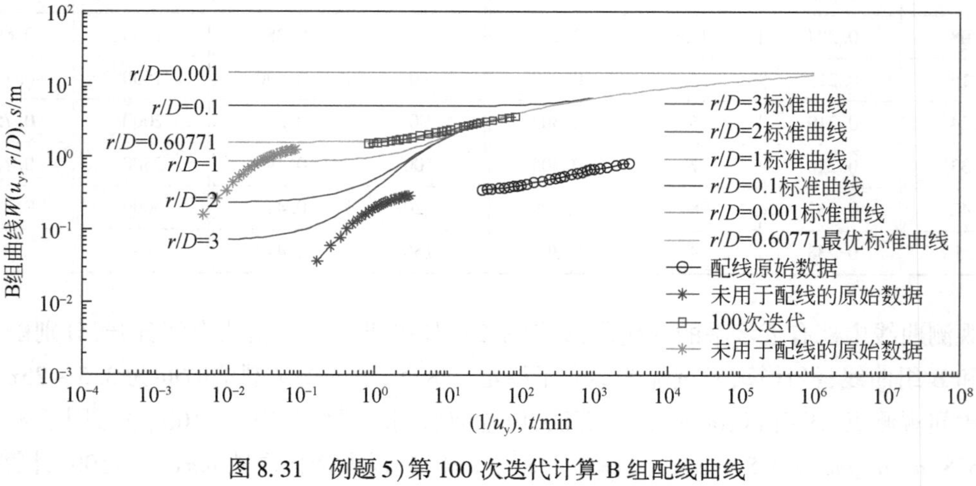

图 8. 31　例题 5）第 100 次迭代计算 B 组配线曲线

表 8.16～表 8.20 为上述各例题随机计算 10 次的结果，为对比分析方便，各例题 A 组曲线和 B 组曲线的优化配线计算参数均设置为 $N=100$、$c_1=c_2=1.49618$、$mean\_max=0.8$、$mean\_min=0.4$、$maxgen=100$。

表 8.16　例题 1）Boulton 模型 LFRandWPSO 算法 A、B 组曲线优化配线计算表

A 组曲线	r/D	f_v	T /(m²/d)	u^*	B 组曲线	f_{v2}	T /(m²/d)	u	η	$1/\alpha$
$N=100$ $maxgen=100$ $c_1=c_2=1.49618$ $mean\_max=0.8$ $mean\_min=0.4$	0.6225	3.83×10^{-4}	350.8	3.93×10^{-4}	$N2=100$ $maxgen2=100$ $c_1=c_2=1.49618$ $mean\_max=0.8$ $mean\_min=0.4$	8.91×10^{-5}	362.2	6.94×10^{-2}	177.6	1.78×10^{3}
	0.6232	3.84×10^{-4}	350.5	3.93×10^{-4}		8.88×10^{-5}	361.8	6.95×10^{-2}	177.9	1.78×10^{3}
	0.6225	3.84×10^{-4}	350.8	3.93×10^{-4}		8.91×10^{-5}	362.2	6.94×10^{-2}	177.6	1.78×10^{3}
	0.6233	3.95×10^{-4}	349.9	3.93×10^{-4}		8.88×10^{-5}	361.8	6.95×10^{-2}	177.7	1.78×10^{3}
	0.6231	3.84×10^{-4}	350.5	3.93×10^{-4}		8.88×10^{-5}	361.9	6.95×10^{-2}	177.9	1.78×10^{3}
	0.6224	3.84×10^{-4}	350.9	3.93×10^{-4}		8.92×10^{-5}	362.3	6.93×10^{-2}	177.6	1.78×10^{3}
	0.6225	3.84×10^{-4}	350.8	3.93×10^{-4}		8.91×10^{-5}	362.2	6.94×10^{-2}	177.6	1.78×10^{3}
	0.6224	3.84×10^{-4}	350.9	3.93×10^{-4}		8.92×10^{-5}	362.3	6.93×10^{-2}	177.5	1.78×10^{3}
	0.6226	3.84×10^{-4}	350.7	3.93×10^{-4}		8.91×10^{-5}	362.2	6.94×10^{-2}	177.7	1.78×10^{3}
	0.6225	3.84×10^{-4}	350.8	3.93×10^{-4}		8.91×10^{-5}	362.2	6.94×10^{-2}	177.6	1.78×10^{3}

表 8.17　例题 2）Boulton 模型 LFRandWPSO 算法 A、B 组曲线优化配线计算表

A 组曲线	r/D	f_v	T /(m²/d)	u^*	B 组曲线	f_{v2}	T /(m²/d)	u	η	$1/\alpha$
$N=100$ $maxgen=100$ $c_1=c_2=1.49618$ $mean\_max=0.8$ $mean\_min=0.4$	0.5340	4.31×10^{-2}	977.1	5.80×10^{-4}	$N2=100$ $maxgen2=100$ $c_1=c_2=1.49618$ $mean\_max=0.8$ $mean\_min=0.4$	1.42×10^{-2}	747.6	4.24×10^{-2}	74.2	2.32×10^{3}
	0.5529	4.16×10^{-2}	969.4	5.62×10^{-4}		1.34×10^{-2}	723.4	4.52×10^{-2}	81.5	2.39×10^{3}
	0.5440	4.11×10^{-2}	982.2	5.83×10^{-4}		1.38×10^{-2}	734.7	4.39×10^{-2}	76.3	2.36×10^{3}
	0.5434	4.26×10^{-2}	964.1	5.92×10^{-4}		1.38×10^{-2}	735.5	4.38×10^{-2}	75.1	2.35×10^{3}
	0.5492	4.14×10^{-2}	991.0	5.65×10^{-4}		1.36×10^{-2}	728.0	4.47×10^{-2}	80.1	2.37×10^{3}
	0.5516	4.12×10^{-2}	977.5	5.61×10^{-4}		1.35×10^{-2}	725.0	4.50×10^{-2}	81.3	2.38×10^{3}
	0.5282	4.23×10^{-2}	989.9	5.82×10^{-4}		1.45×10^{-2}	755.4	4.16×10^{-2}	72.5	2.30×10^{3}
	0.5446	4.12×10^{-2}	989.8	5.78×10^{-4}		1.38×10^{-2}	733.9	4.40×10^{-2}	77.2	2.36×10^{3}
	0.5340	4.31×10^{-2}	977.1	5.80×10^{-4}		1.42×10^{-2}	747.6	4.24×10^{-2}	74.2	2.32×10^{3}
	0.5529	4.16×10^{-2}	969.4	5.62×10^{-4}		1.34×10^{-2}	723.4	4.52×10^{-2}	81.5	2.39×10^{3}

表 8.18　例题 3) Boulton 模型 LFRandWPSO 算法 A、B 组曲线优化配线计算表

A 组曲线	r/D	f_v	T /(m^2/d)	u^*	B 组曲线	f_{v2}	T /(m^2/d)	u	η	$1/\alpha$
N=100 *maxgen* =100 $c_1=c_2=$ 1.49618 *mean_max* =0.8 *mean_min* =0.4	0.5199	2.09×10^{-2}	120.8	2.46×10^{-3}	$N2$=100 *maxgen2* =100 $c_1=c_2=$ 1.49618 *mean_max* =0.8 *mean_min* =0.4	5.30×10^{-2}	99.1	46.2	189	8.41×10^{3}
	0.5225	2.10×10^{-2}	119.9	2.46×10^{-3}		5.30×10^{-2}	99.0	45.6	187	8.22×10^{3}
	0.5199	2.09×10^{-2}	120.8	2.46×10^{-3}		5.30×10^{-2}	99.1	46.2	189	8.41×10^{3}
	0.5207	2.08×10^{-2}	120.4	2.45×10^{-3}		5.30×10^{-2}	99.2	45.9	188	8.31×10^{3}
	0.5208	2.09×10^{-2}	120.5	2.44×10^{-3}		5.33×10^{-2}	98.8	46.1	190	8.39×10^{3}
	0.5225	2.10×10^{-2}	119.9	2.46×10^{-3}		5.30×10^{-2}	99.0	45.6	187	8.22×10^{3}
	0.5195	2.10×10^{-2}	121.5	2.43×10^{-3}		5.30×10^{-2}	99.3	46.4	191	8.43×10^{3}
	0.5220	2.16×10^{-2}	121.4	2.42×10^{-3}		5.59×10^{-2}	99.9	45.2	188	8.10×10^{3}
	0.5207	2.08×10^{-2}	120.4	2.45×10^{-3}		5.30×10^{-2}	99.2	45.9	188	8.31×10^{3}
	0.5280	2.15×10^{-2}	119.6	2.46×10^{-3}		5.30×10^{-2}	98.1	45.6	186	8.13×10^{3}

表 8.19　例题 4) Boulton 模型 LFRandWPSO 算法 A、B 组曲线优化配线计算表

A 组曲线	r/D	f_v	T /(m^2/d)	u^*	B 组曲线	f_{v2}	T /(m^2/d)	u	η	$1/\alpha$
N=100 *maxgen* =100 $c_1=c_2=$ 1.49618 *mean_max* =0.8 *mean_min* =0.4	0.3370	3.14×10^{-2}	413.8	8.42×10^{-4}	$N2$=100 *maxgen2* =100 $c_1=c_2=$ 1.49618 *mean_max* =0.8 *mean_min* =0.4	5.21×10^{-1}	382.0	1.42×10^{-2}	17.88	1.70×10^{3}
	0.3368	3.14×10^{-2}	414.0	8.44×10^{-4}		5.22×10^{-1}	381.7	1.42×10^{-2}	17.77	1.69×10^{3}
	0.3368	3.14×10^{-2}	414.0	8.43×10^{-4}		5.23×10^{-1}	382.2	1.42×10^{-2}	17.87	1.70×10^{3}
	0.3368	3.14×10^{-2}	412.7	8.45×10^{-4}		5.21×10^{-1}	382.1	1.42×10^{-2}	17.77	1.69×10^{3}
	0.3368	3.14×10^{-2}	413.7	8.42×10^{-4}		5.21×10^{-1}	381.8	1.41×10^{-2}	17.79	1.69×10^{3}
	0.3368	3.14×10^{-2}	414.2	8.41×10^{-4}		5.21×10^{-1}	382.3	1.42×10^{-2}	17.84	1.69×10^{3}
	0.3368	3.16×10^{-2}	411.7	8.47×10^{-4}		5.22×10^{-1}	383.2	1.42×10^{-2}	17.78	1.69×10^{3}
	0.3368	3.14×10^{-2}	414.2	8.41×10^{-4}		5.21×10^{-1}	382.3	1.42×10^{-2}	17.84	1.69×10^{3}
	0.3368	3.16×10^{-2}	411.7	8.47×10^{-4}		5.22×10^{-1}	383.2	1.42×10^{-2}	17.78	1.69×10^{3}
	0.3369	3.14×10^{-2}	413.5	8.45×10^{-4}		5.21×10^{-1}	381.9	1.42×10^{-2}	17.75	1.69×10^{3}

表 8.20　例题 5) Boulton 模型 LFRandWPSO 算法 A、B 组曲线优化配线计算表

A 组曲线	r/D	f_v	T /(m^2/d)	u^*	B 组曲线	f_{v2}	T /(m^2/d)	u	η	$1/\alpha$
N=100 *maxgen* =100 $c_1=c_2=$ 1.49618 *mean_max* =0.8 *mean_min* =0.4	0.6077	4.65×10^{-3}	2286.9	2.75×10^{-3}	$N2$=100 *maxgen2* =100 $c_1=c_2=$ 1.49618 *mean_max* =0.8 *mean_min* =0.4	4.05×10^{-1}	1998.5	4.35×10^{-1}	159.3	4.20×10^{2}
	0.6076	4.67×10^{-3}	2288.3	2.74×10^{-3}		4.04×10^{-1}	2002.5	4.33×10^{-1}	158.9	4.18×10^{2}
	0.6026	4.68×10^{-3}	2302.7	2.75×10^{-3}		4.01×10^{-1}	2024.5	4.22×10^{-1}	154.4	4.09×10^{2}
	0.6044	4.66×10^{-3}	2298.0	2.74×10^{-3}		4.03×10^{-1}	2014.0	4.26×10^{-1}	156.4	4.13×10^{2}
	0.6053	4.68×10^{-3}	2295.2	2.75×10^{-3}		4.03×10^{-1}	2011.2	4.28×10^{-1}	157.0	4.14×10^{2}
	0.6077	4.66×10^{-3}	2286.7	2.75×10^{-3}		4.05×10^{-1}	1998.5	4.35×10^{-1}	159.2	4.20×10^{2}
	0.6078	4.68×10^{-3}	2287.5	2.74×10^{-3}		4.05×10^{-1}	2000.1	4.34×10^{-1}	159.3	4.19×10^{2}
	0.6043	4.68×10^{-3}	2298.6	2.74×10^{-3}		4.03×10^{-1}	2014.6	4.26×10^{-1}	156.3	4.13×10^{2}
	0.5992	4.68×10^{-3}	2314.7	2.75×10^{-3}		3.99×10^{-1}	2038.0	4.14×10^{-1}	151.7	4.03×10^{2}
	0.6043	4.67×10^{-3}	2298.0	2.75×10^{-3}		4.03×10^{-1}	2014.6	4.26×10^{-1}	156.2	4.13×10^{2}

由表 8.21 中各例题的计算结果可以看出,虽然 LFRandWPSO 优化配线计算中会出现较多局部最优解,但均是在最优解附近接近于最优解的近似解,计算的导水系数 T、贮水系数 u^* 及给水度 u 等参数相对误差也较小,均能满足实际计算要求,LFRandWPSO 优化配线的计算精度远高于人工手动配线。

表 8.21　各例题人工手动配线与 LFRandWPSO 优化配线计算结果

例题编号	人工手动配线计算结果					LFRandWPSO 优化配线计算结果				
	r/D	A 组曲线配线		B 组曲线配线		r/D	A 组曲线配线		B 组曲线配线	
		T /(m²/d)	u^*	T /(m²/d)	u		T /(m²/d)	u^*	T /(m²/d)	u
1)	—	370	—	—	0.09	0.6225	350.5	3.93×10^{-4}	362.4	6.94×10^{-2}
2)	0.6	990	5.4×10^{-4}	660	5.7×10^{-2}	0.5446	989.8	5.78×10^{-4}	734.9	4.40×10^{-2}
3)	—	80	1.7×10^{-3}	—	0.26	0.5207	120.4	2.45×10^{-3}	99.2	1.88×10^{2}
4)	1.0	161.28	6.2×10^{-4}	149.76	0.057	0.3368	414.0	8.43×10^{-4}	382.2	1.42×10^{-2}
5)	0.4	3716.12	3×10^{-2}	3251.61	0.1	0.6077	2286.9	2.75×10^{-3}	1998.5	4.35×10^{-1}

二、Boulton 模型粒子群优化配线算法的改进

(1)定点喂食+自然指数惯性权重(LFePSO)

惯性权重及其取值方法对粒子群优化算法的计算结果影响较大,针对上述 5 个例题,作者分别测试了十几种改进的权重计算方法,发现自然指数惯性权重(Chen et al.,2006),$\omega=\omega_{end}+(\omega_{start}-\omega_{end})\exp(-10\times j/maxgen)$(自然指数惯性权重 e1)以及 $\omega=\omega_{end}+(\omega_{start}-\omega_{end})\exp[-(4\times j/maxgen)^2]$(自然指数惯性权重 e2)效果较好。结合定点喂食的思路,采用自然指数惯性权重 e1,作者提出一种新的粒子群计算方法,简称 LFePSO 算法。

一般的情况下,粒子个数 $N=50$,最大迭代次数 $maxgen=50$,寻优计算已基本收敛于最优结果附近,计算用时也较短。同样采用定点喂食粒子群算法,同样的粒子个数和最大迭代计算次数,计算精度明显高于随机权重粒子群算法。表 8.22 ~ 表 8.26 为采用 LFe-PSO 算法,设置粒子个数 $N=100$、最大迭代次数 $maxgen=100$、$c_1=c_2=1.49618$、$\omega_{start}=0.9$、$\omega_{end}=0.4$、惯性权重采用 $\omega=\omega_{end}+(\omega_{start}-\omega_{end})\exp(-10\times j/maxgen)$,随机计算 10 次的计算结果。对比表 8.16 ~ 表 8.20 中的离差平方和最小值 f_v,可见计算精度明显提高。说明 LFePSO 算法的收敛效果及计算精度远好于 RandWPSO 算法。

表 8.22　例题 1) Boulton 模型 LFePSO 算法 A、B 组曲线优化配线计算表

A 组曲线	r/D	f_v	T /(m^2/d)	u^*	B 组曲线	f_{v2}	T /(m^2/d)	u	η	$1/\alpha$
$N=100$ $maxgen=100$ $c_1=c_2=1.49618$ $\omega_{start}=0.9$ $\omega_{end}=0.4$	0.6227	3.798×10^{-4}	350.6	3.926×10^{-4}	$N2=100$ $maxgen2=100$ $c_1=c_2=1.49618$ $\omega_{start}=0.9$ $\omega_{end}=0.4$	8.896×10^{-5}	362.0	6.940×10^{-2}	177.8	1.779×10^{3}
	0.6227	3.798×10^{-4}	350.6	3.926×10^{-4}		8.882×10^{-5}	362.0	6.940×10^{-2}	177.8	1.779×10^{3}
	0.6227	3.798×10^{-4}	350.6	3.926×10^{-4}		8.896×10^{-5}	362.0	6.940×10^{-2}	177.8	1.779×10^{3}
	0.6225	3.835×10^{-4}	350.8	3.927×10^{-4}		8.914×10^{-5}	362.3	6.934×10^{-2}	177.6	1.778×10^{3}
	0.6231	3.803×10^{-4}	350.5	3.926×10^{-4}		8.888×10^{-5}	361.9	6.947×10^{-2}	177.9	1.780×10^{3}
	0.6225	3.835×10^{-4}	350.8	3.927×10^{-4}		8.914×10^{-5}	362.3	6.934×10^{-2}	177.6	1.778×10^{3}
	0.6225	3.835×10^{-4}	350.8	3.927×10^{-4}		8.914×10^{-5}	362.3	6.934×10^{-2}	177.6	1.778×10^{3}
	0.6232	3.836×10^{-4}	350.5	3.927×10^{-4}		8.882×10^{-5}	361.8	6.948×10^{-2}	178.0	1.780×10^{3}
	0.6231	3.802×10^{-4}	350.5	3.927×10^{-4}		8.888×10^{-5}	361.9	6.947×10^{-2}	177.9	1.780×10^{3}
	0.6231	3.803×10^{-4}	350.5	3.926×10^{-4}		8.888×10^{-5}	361.9	6.947×10^{-2}	177.9	1.780×10^{3}

表 8.23　例题 2) Boulton 模型 LFePSO 算法 A、B 组曲线优化配线计算表

A 组曲线	r/D	f_v	T /(m^2/d)	u^*	B 组曲线	f_{v2}	T /(m^2/d)	u	η	$1/\alpha$
$N=100$ $maxgen=100$ $c_1=c_2=1.49618$ $\omega_{start}=0.9$ $\omega_{end}=0.4$	0.5283	4.149×10^{-2}	999.1	5.797×10^{-4}	$N2=100$ $maxgen2=100$ $c_1=c_2=1.49618$ $\omega_{start}=0.9$ $\omega_{end}=0.4$	1.450×10^{-2}	755.2	4.160×10^{-2}	72.77	2.302×10^{3}
	0.5283	4.149×10^{-2}	999.1	5.797×10^{-4}		1.450×10^{-2}	755.2	4.160×10^{-2}	72.77	2.302×10^{3}
	0.5283	4.149×10^{-2}	999.1	5.797×10^{-4}		1.450×10^{-2}	755.2	4.160×10^{-2}	72.77	2.302×10^{3}
	0.5294	4.140×10^{-2}	998.6	5.788×10^{-4}		1.445×10^{-2}	753.8	4.176×10^{-2}	73.15	2.306×10^{3}
	0.5294	4.140×10^{-2}	998.6	5.788×10^{-4}		1.445×10^{-2}	753.8	4.176×10^{-2}	73.15	2.306×10^{3}
	0.5294	4.140×10^{-2}	998.6	5.788×10^{-4}		1.445×10^{-2}	753.8	4.176×10^{-2}	73.15	2.306×10^{3}
	0.5289	4.138×10^{-2}	1006.1	5.753×10^{-4}		1.447×10^{-2}	754.4	4.169×10^{-2}	73.48	2.304×10^{3}
	0.5289	4.138×10^{-2}	1006.1	5.753×10^{-4}		1.447×10^{-2}	754.4	4.169×10^{-2}	73.48	2.304×10^{3}
	0.5289	4.138×10^{-2}	1006.1	5.753×10^{-4}		1.447×10^{-2}	754.4	4.169×10^{-2}	73.48	2.304×10^{3}
	0.5279	4.138×10^{-2}	1006.4	5.756×10^{-4}		1.452×10^{-2}	755.7	4.155×10^{-2}	73.18	2.301×10^{3}

表 8.24　例题 3) Boulton 模型 LFePSO 算法 A、B 组曲线优化配线计算表

A 组曲线	r/D	f_v	T /(m^2/d)	u^*	B 组曲线	f_{v2}	T /(m^2/d)	u	η	$1/\alpha$
$N=100$ $maxgen=100$ $c_1=c_2=1.49618$ $\omega_{start}=0.9$ $\omega_{end}=0.4$	0.5249	2.114×10^{-2}	120.2	2.424×10^{-3}	$N2=100$ $maxgen2=100$ $c_1=c_2=1.49618$ $\omega_{start}=0.9$ $\omega_{end}=0.4$	5.393×10^{-2}	99.12	4.594×10^{-1}	1.905×10^{2}	8.200×10^{3}
	0.5212	2.149×10^{-2}	120.5	2.413×10^{-3}		5.375×10^{-2}	99.48	4.632×10^{-1}	1.930×10^{2}	8.357×10^{3}
	0.5253	2.118×10^{-2}	119.9	2.462×10^{-3}		5.283×10^{-2}	98.34	4.591×10^{-1}	1.874×10^{2}	8.248×10^{3}
	0.5227	2.085×10^{-2}	120.4	2.445×10^{-3}		5.277×10^{-2}	98.77	4.601×10^{-1}	1.891×10^{2}	8.312×10^{3}
	0.5253	2.118×10^{-2}	119.9	2.462×10^{-3}		5.283×10^{-2}	98.34	4.591×10^{-1}	1.874×10^{2}	8.248×10^{3}
	0.5206	2.130×10^{-2}	121.0	2.410×10^{-3}		5.306×10^{-2}	99.03	4.593×10^{-1}	1.916×10^{2}	8.344×10^{3}
	0.5304	2.130×10^{-2}	118.8	2.437×10^{-3}		5.312×10^{-2}	98.20	4.583×10^{-1}	1.891×10^{2}	8.341×10^{3}
	0.5243	2.114×10^{-2}	120.5	2.432×10^{-3}		5.273×10^{-2}	98.57	4.592×10^{-1}	1.898×10^{2}	8.263×10^{3}
	0.5243	2.114×10^{-2}	120.5	2.432×10^{-3}		5.273×10^{-2}	98.57	4.592×10^{-1}	1.898×10^{2}	8.263×10^{3}
	0.5196	2.123×10^{-2}	120.8	2.417×10^{-3}		5.306×10^{-2}	99.30	4.590×10^{-1}	1.909×10^{2}	8.346×10^{3}

表 8.25　例题 4) Boulton 模型 LFePSO 算法 A、B 组曲线优化配线计算表

A 组曲线	r/D	f_v	T /(m^2/d)	u^*	B 组曲线	f_{v2}	T /(m^2/d)	u	η	$1/\alpha$
N=100 $maxgen$ =100 $c_1=c_2=$ 1.49618 ω_{start}=0.9 ω_{end}=0.4	0.3367	3.140×10^{-2}	413.3	8.455×10^{-4}	$N2$=100 $maxgen2$ =100 $c_1=c_2=$ 1.49618 ω_{start}=0.9 ω_{end}=0.4	5.215×10^{-1}	382.2	1.416×10^{-2}	17.75	1.694×10^{3}
	0.3368	3.146×10^{-2}	414.3	8.394×10^{-4}		5.209×10^{-1}	382.0	1.415×10^{-2}	17.85	1.693×10^{3}
	0.3370	3.146×10^{-2}	414.3	8.395×10^{-4}		5.208×10^{-1}	382.1	1.419×10^{-2}	17.90	1.696×10^{3}
	0.3369	3.154×10^{-2}	412.1	8.454×10^{-4}		5.211×10^{-1}	383.1	1.419×10^{-2}	17.79	1.692×10^{3}
	0.3370	3.140×10^{-2}	413.3	8.457×10^{-4}		5.197×10^{-1}	382.3	1.417×10^{-2}	17.75	1.691×10^{3}
	0.3369	3.157×10^{-2}	413.3	8.491×10^{-4}		5.203×10^{-1}	382.7	1.418×10^{-2}	17.70	1.692×10^{3}
	0.3370	3.157×10^{-2}	412.5	8.502×10^{-4}		5.203×10^{-1}	381.9	1.416×10^{-2}	17.65	1.693×10^{3}
	0.3367	3.161×10^{-2}	411.7	8.483×10^{-4}		5.227×10^{-1}	383.5	1.421×10^{-2}	1775	1.693×10^{3}
	0.3368	3.162×10^{-2}	413.1	8.500×10^{-4}		5.207×10^{-1}	382.7	1.417×10^{-2}	17.67	1.692×10^{3}
	0.3368	3.141×10^{-2}	413.2	8.433×10^{-4}		5.212×10^{-1}	382.3	1.417×10^{-2}	17.80	1.694×10^{3}

表 8.26　例题 5) Boulton 模型 LFePSO 算法 A、B 组曲线优化配线计算表

A 组曲线	r/D	f_v	T /(m^2/d)	u^*	B 组曲线	f_{v2}	T /(m^2/d)	u	η	$1/\alpha$
N=100 $maxgen$ =100 $c_1=c_2=$ 1.49618 ω_{start}=0.9 ω_{end}=0.4	0.6056	4.710×10^{-3}	2297.0	2.741×10^{-3}	$N2$=100 $maxgen2$ =100 $c_1=c_2=$ 1.49618 ω_{start}=0.9 ω_{end}=0.4	4.036×10^{-1}	2009.1	4.292×10^{-1}	157.6	4.152×10^{2}
	0.6056	4.866×10^{-3}	2298.9	2.754×10^{-3}		4.036×10^{-1}	2009.1	4.292×10^{-1}	156.9	4.152×10^{2}
	0.6057	5.811×10^{-3}	2325.4	2.701×10^{-3}		4.036×10^{-1}	2009.1	4.292×10^{-1}	159.9	4.152×10^{2}
	0.6056	4.990×10^{-3}	2303.5	2.750×10^{-3}		4.036×10^{-1}	2009.2	4.292×10^{-1}	157.1	4.152×10^{2}
	0.6056	4.814×10^{-3}	2303.4	2.738×10^{-3}		4.036×10^{-1}	2009.1	4.292×10^{-1}	157.7	4.152×10^{2}
	0.6056	4.966×10^{-3}	2309.6	2.725×10^{-3}		4.036×10^{-1}	2009.1	4.292×10^{-1}	158.5	4.152×10^{2}
	0.6056	4.879×10^{-3}	2299.2	2.724×10^{-3}		4.036×10^{-1}	2009.3	4.291×10^{-1}	158.5	4.152×10^{2}
	0.6056	4.711×10^{-3}	2297.2	2.741×10^{-3}		4.036×10^{-1}	2009.1	4.292×10^{-1}	157.6	4.152×10^{2}
	0.6056	4.727×10^{-3}	2299.0	2.738×10^{-3}		4.036×10^{-1}	2009.2	4.292×10^{-1}	157.7	4.152×10^{2}
	0.6056	4.747×10^{-3}	2300.7	2.737×10^{-3}		4.036×10^{-1}	2009.2	4.291×10^{-1}	157.8	4.152×10^{2}

(2) Boulton 模型引入变异算子的(LFeHPSO)算法

如果粒子群优化算法陷入早熟收敛或达到全局收敛，粒子群中的粒子将聚集在搜索空间的一个或几个特定位置，赵志刚和常成(2011)提出群体适应度方差 σ^2 的概念：

$$\sigma^2 = \frac{1}{n}\sum_{i=1}^{n}\left(\frac{f_i - f_{avg}}{f}\right)$$

式中，n 为粒子个数；f_i 为第 i 个粒子的适应度；f_{avg} 为粒子群目前的平均适应度，其中 f 为归一化定标因子，其作用是限制 σ^2 的大小。f 的取值为

$$f = \max\{1, \max|f_i - f_{avg}|\}, \quad i \in [1, n]$$

群体适应度方差 σ^2 反映了粒子群的聚集程度，其值越小，群体越趋于收敛；反之，粒子群则处于随机搜索阶段。当 PSO 算法陷入局部最优时，算法收敛但又未获得理论全局最优解，群体适应度方差 σ^2 等于零或趋于零(如小于某个阈值)，当前粒子群找到的全局极值 g_{best} 是局部最优解，算法出现了所谓的早熟收敛现象。如果此时对全局极值 g_{best} 进行某种变异操作，则可以改变粒子的前进方向，让粒子进入搜索空间中的其他区域搜索，使算法有可能

发现新的个体极值 p_{best} 以及全局极值 g_{best}。如此反复迭代,算法就很可能找到全局最优解。

当 PSO 算法出现早熟收敛时,对当前全局极值 g_{best} 增加随机扰动,即对 g_{best} 执行如下变异操作:

$$g_{\text{best}} = g_{\text{best}} \times (1 + \mu \times 0.5)$$

式中,μ 是服从标准正态分布的随机变量。对 g_{best} 进行随机变异可提高 PSO 算法跳出局部最优解的能力(赵志刚和常成,2011)。

本小节结合定点喂食思路,采用自然指数惯性权重及变异操作(赵志刚和常成,2011),简称 LFeHPSO 算法。计算同样采用上一小节的 5 个例题,设置的计算参数如下:

阈值设定为粒子个数 $N=50$、最大迭代次数 $maxgen=50$、$c_1=c_2=1.49618$、$\omega_{\text{start}}=0.9$、$\omega_{\text{end}}=0.4$、$\sigma^2=xgm=10^{-5}$。

表 8.27 ~ 表 8.31 为上一小节各例题的 LFeHPSO 算法计算结果,计算精度及收敛速度明显提高(接近上小节 $N=100$,$maxgen=100$ 的结果)。

表 8.27　例题 1) Boulton 模型 LFeHPSO 算法 A、B 组曲线优化配线计算表

A 组曲线	r/D	f_v	T /(m²/d)	u^*	B 组曲线	f_{v2}	T /(m²/d)	u	η	$1/\alpha$
	0.6231	3.836×10^{-4}	350.5	3.927×10^{-4}		8.886×10^{-5}	361.9	6.947×10^{-2}	177.9	1.780×10^{3}
$N=50$	0.6233	4.126×10^{-4}	351.2	3.922×10^{-4}	$N2=50$	8.877×10^{-5}	361.8	6.951×10^{-2}	178.2	1.780×10^{3}
$maxgen$	0.6225	3.829×10^{-4}	350.8	3.926×10^{-4}	$maxgen2$	8.913×10^{-5}	362.3	6.934×10^{-2}	177.6	1.778×10^{3}
$=50$	0.6228	3.836×10^{-4}	350.7	3.927×10^{-4}	$=50$	8.899×10^{-5}	362.1	6.941×10^{-2}	177.8	1.779×10^{3}
$c_1=c_2=$	0.6228	3.836×10^{-4}	350.7	3.927×10^{-4}	$c_1=c_2=$	8.899×10^{-5}	362.1	6.941×10^{-2}	177.8	1.779×10^{3}
1.49618	0.6231	3.836×10^{-4}	350.5	3.927×10^{-4}	1.49618	8.885×10^{-5}	361.9	6.947×10^{-2}	177.9	1.780×10^{3}
$\omega_{\text{start}}=0.9$	0.6229	3.836×10^{-4}	350.6	3.927×10^{-4}	$\omega_{\text{start}}=0.9$	8.896×10^{-5}	362.0	6.942×10^{-2}	177.8	1.779×10^{3}
$\omega_{\text{end}}=0.4$	0.6231	3.836×10^{-4}	350.5	3.927×10^{-4}	$\omega_{\text{end}}=0.4$	8.884×10^{-5}	361.9	6.947×10^{-2}	177.9	1.780×10^{3}
$xgm=10^{-5}$	0.6224	3.817×10^{-4}	350.9	3.927×10^{-4}	$xgm=10^{-5}$	8.919×10^{-5}	362.3	6.933×10^{-2}	177.5	1.778×10^{3}
	0.6230	3.836×10^{-4}	350.6	3.927×10^{-4}		8.892×10^{-5}	362.0	6.944×10^{-2}	177.8	1.780×10^{3}

表 8.28　例题 2) Boulton 模型 LFeHPSO 算法 A、B 组曲线优化配线计算表

A 组曲线	r/D	f_v	T /(m²/d)	u^*	B 组曲线	f_{v2}	T /(m²/d)	u	η	$1/\alpha$
	0.5294	4.132×10^{-2}	1002.5	5.760×10^{-4}		1.445×10^{-2}	753.7	4.176×10^{-2}	73.51	2.306×10^{3}
$N=50$	0.5289	4.134×10^{-2}	1003.3	5.767×10^{-4}	$N2=50$	1.447×10^{-2}	754.4	4.169×10^{-2}	73.29	2.304×10^{3}
$maxgen$	0.5289	4.136×10^{-2}	1005.4	5.755×10^{-4}	$maxgen2$	1.448×10^{-2}	754.5	4.168×10^{-2}	73.43	2.304×10^{3}
$=50$	0.5293	4.135×10^{-2}	1001.1	5.769×10^{-4}	$=50$	1.446×10^{-2}	753.9	4.174×10^{-2}	73.35	2.305×10^{3}
$c_1=c_2=$	0.5288	4.140×10^{-2}	1005.9	5.771×10^{-4}	$c_1=c_2=$	1.448×10^{-2}	754.6	4.167×10^{-2}	73.20	2.304×10^{3}
1.49618	0.5288	4.140×10^{-2}	1005.9	5.771×10^{-4}	1.49618	1.448×10^{-2}	754.6	4.167×10^{-2}	73.20	2.304×10^{3}
$\omega_{\text{start}}=0.9$	0.5293	4.134×10^{-2}	1001.4	5.767×10^{-4}	$\omega_{\text{start}}=0.9$	1.446×10^{-2}	753.9	4.174×10^{-2}	73.39	2.305×10^{3}
$\omega_{\text{end}}=0.4$	0.5293	4.133×10^{-2}	1003.8	5.767×10^{-4}	$\omega_{\text{end}}=0.4$	1.445×10^{-2}	753.9	4.175×10^{-2}	73.39	2.305×10^{3}
$xgm=10^{-5}$	0.5294	4.134×10^{-2}	1004.0	5.768×10^{-4}	$xgm=10^{-5}$	1.445×10^{-2}	753.8	4.175×10^{-2}	73.39	2.305×10^{3}
	0.5183	4.175×10^{-2}	1018.4	5.773×10^{-4}		1.498×10^{-2}	768.6	4.014×10^{-2}	70.54	2.268×10^{3}

表 8.29　例题 3) Boulton 模型 LFeHPSO 算法 A、B 组曲线优化配线计算表

A 组曲线	r/D	f_v	T /(m^2/d)	u^*	B 组曲线	f_{v2}	T /(m^2/d)	u	η	$1/\alpha$
	0.5289	2.118×10^{-2}	119.3	2.447×10^{-3}		5.412×10^{-2}	98.321	4.471×10^{-1}	183.7	7.927×10^{3}
$N=50$	0.5264	2.173×10^{-2}	119.2	2.424×10^{-3}	$N2=50$	5.440×10^{-2}	99.03	4.572×10^{-1}	189.6	8.121×10^{3}
maxgen	0.5307	2.160×10^{-2}	119.4	2.445×10^{-3}	*maxgen2*	5.316×10^{-2}	98.16	4.578×10^{-1}	188.2	8.075×10^{3}
$=50$	0.5411	2.193×10^{-2}	117.3	2.424×10^{-3}	$=50$	5.849×10^{-2}	97.51	4.515×10^{-1}	187.3	7.710×10^{3}
$c_1=c_2=$	0.5224	2.156×10^{-2}	121.0	2.405×10^{-3}	$c_1=c_2=$	5.395×10^{-2}	99.30	4.462×10^{-1}	186.5	8.026×10^{3}
1.49618	0.5237	2.259×10^{-2}	120.3	2.495×10^{-3}	1.49618	5.300×10^{-2}	98.89	4.554×10^{-1}	183.5	8.185×10^{3}
$\omega_{start}=0.9$	0.5312	2.142×10^{-2}	119.2	2.434×10^{-3}	$\omega_{start}=0.9$	5.342×10^{-2}	97.54	4.555×10^{-1}	188.2	8.068×10^{3}
$\omega_{end}=0.4$	0.5488	2.280×10^{-2}	115.2	2.420×10^{-3}	$\omega_{end}=0.4$	6.522×10^{-2}	96.58	4.283×10^{-1}	178.0	7.179×10^{3}
$xgm=10^{-5}$	0.5245	2.238×10^{-2}	118.6	2.477×10^{-3}	$xgm=10^{-5}$	5.267×10^{-2}	98.79	4.612×10^{-1}	187.2	8.275×10^{3}
	0.5554	2.316×10^{-2}	114.3	2.474×10^{-3}		6.124×10^{-2}	95.20	4.441×10^{-1}	180.5	7.372×10^{3}

表 8.30　例题 4) Boulton 模型 LFeHPSO 算法 A、B 组曲线优化配线计算表

A 组曲线	r/D	f_v	T /(m^2/d)	u^*	B 组曲线	f_{v2}	T /(m^2/d)	u	η	$1/\alpha$
	0.3367	3.177×10^{-2}	412.1	8.530×10^{-4}		5.216×10^{-1}	382.0	1.416×10^{-2}	17.60	1.695×10^{3}
$N=50$	0.3370	3.155×10^{-2}	412.0	8.455×10^{-4}	$N2=50$	5.201×10^{-1}	381.9	1.416×10^{-2}	17.74	1.692×10^{3}
maxgen	0.3368	3.148×10^{-2}	412.3	8.469×10^{-4}	*maxgen2*	5.208×10^{-1}	381.9	1.415×10^{-2}	17.71	1.693×10^{3}
$=50$	0.3369	3.140×10^{-2}	413.9	8.417×10^{-4}	$=50$	5.205×10^{-1}	382.4	1.417×10^{-2}	17.83	1.693×10^{3}
$c_1=c_2=$	0.3369	3.205×10^{-2}	410.7	8.558×10^{-4}	$c_1=c_2=$	5.223×10^{-1}	382.9	1.423×10^{-2}	17.63	1.697×10^{3}
1.49618	0.3368	3.226×10^{-2}	411.4	8.407×10^{-4}	1.49618	5.219×10^{-1}	381.6	1.417×10^{-2}	17.85	1.697×10^{3}
$\omega_{start}=0.9$	0.3367	3.276×10^{-2}	410.7	8.613×10^{-4}	$\omega_{start}=0.9$	5.215×10^{-1}	382.2	1.416×10^{-2}	17.44	1.694×10^{3}
$\omega_{end}=0.4$	0.3370	3.187×10^{-2}	410.6	8.517×10^{-4}	$\omega_{end}=0.4$	5.208×10^{-1}	383.2	1.420×10^{-2}	17.67	1.692×10^{3}
$xgm=10^{-5}$	0.3369	3.141×10^{-2}	412.9	8.441×10^{-4}	$xgm=10^{-5}$	5.205×10^{-1}	383.0	1.419×10^{-2}	17.81	1.691×10^{3}
	0.3369	3.260×10^{-2}	409.5	8.477×10^{-4}		5.204×10^{-1}	381.9	1.416×10^{-2}	17.71	1.693×10^{3}

表 8.31　例题 5) Boulton 模型 LFeHPSO 算法 A、B 组曲线优化配线计算表

A 组曲线	r/D	f_v	T /(m^2/d)	u^*	B 组曲线	f_{v2}	T /(m^2/d)	u	η	$1/\alpha$
	0.6056	4.734×10^{-3}	2296.7	2.736×10^{-3}		4.036×10^{-1}	2009.2	4.292×10^{-1}	157.9	4.152×10^{2}
$N=50$	0.6056	4.734×10^{-3}	2296.7	2.736×10^{-3}	$N2=50$	4.036×10^{-1}	2009.2	4.292×10^{-1}	157.9	4.152×10^{2}
maxgen	0.6056	6.489×10^{-3}	2334.0	2.695×10^{-3}	*maxgen2*	4.036×10^{-1}	2009.1	4.292×10^{-1}	160.3	4.152×10^{2}
$=50$	0.6056	4.702×10^{-3}	2295.5	2.744×10^{-3}	$=50$	4.036×10^{-1}	2009.3	4.291×10^{-1}	157.4	4.152×10^{2}
$c_1=c_2=$	0.6056	6.489×10^{-3}	2334.0	2.695×10^{-3}	$c_1=c_2=$	4.036×10^{-1}	2009.1	4.292×10^{-1}	160.3	4.152×10^{2}
1.49618	0.6056	5.293×10^{-3}	2300.8	2.765×10^{-3}	1.49618	4.036×10^{-1}	2009.1	4.292×10^{-1}	156.2	4.152×10^{2}
$\omega_{start}=0.9$	0.6056	4.756×10^{-3}	2295.3	2.735×10^{-3}	$\omega_{start}=0.9$	4.036×10^{-1}	2009.1	4.292×10^{-1}	157.9	4.152×10^{2}
$\omega_{end}=0.4$	0.6056	4.702×10^{-3}	2295.5	2.744×10^{-3}	$\omega_{end}=0.4$	4.036×10^{-1}	2009.3	4.291×10^{-1}	157.4	4.152×10^{2}
$xgm=10^{-5}$	0.6056	5.617×10^{-3}	2322.8	2.710×10^{-3}	$xgm=10^{-5}$	4.036×10^{-1}	2009.2	4.292×10^{-1}	159.4	4.152×10^{2}
	0.6056	5.293×10^{-3}	2300.8	2.765×10^{-3}		4.036×10^{-1}	2009.1	4.292×10^{-1}	156.2	4.152×10^{2}

表 8.32 ~ 表 8.36 为采用 LFeHPSO 算法，增加粒子个数 $N=100$，增加最大迭代次数 $maxgen=100$ 的计算结果。由离差平方和最小值 f_v 的变化，可以看出计算精度明显提高，说明增加粒子个数及迭代次数对提高计算精度是有效的。

表 8.32　例题 1）Boulton 模型 LFeHPSO 算法 A、B 组曲线优化配线计算表

A 组曲线	r/D	f_v	T /(m^2/d)	u^*	B 组曲线	f_{v2}	T /(m^2/d)	u	η	$1/\alpha$
$N=100$ $maxgen$ $=100$ $c_1=c_2=$ 1.49618 $\omega_{start}=0.9$ $\omega_{end}=0.4$ $xgm=10^{-5}$	0.6227	3.798×10^{-4}	350.6	3.926×10^{-4}	$N2=100$ $maxgen2$ $=100$ $c_1=c_2=$ 1.49618 $\omega_{start}=0.9$ $\omega_{end}=0.4$ $xgm=10^{-5}$	8.896×10^{-5}	362.0	6.940×10^{-2}	177.8	1.779×10^3
	0.6225	3.835×10^{-4}	383.5	3.927×10^{-4}		8.914×10^{-5}	362.3	6.934×10^{-2}	177.6	1.778×10^3
	0.6231	3.803×10^{-4}	350.5	3.926×10^{-4}		8.888×10^{-5}	361.9	6.947×10^{-2}	177.9	1.780×10^3
	0.6227	3.798×10^{-4}	350.6	3.926×10^{-4}		8.896×10^{-5}	362.0	6.940×10^{-2}	177.8	1.779×10^3
	0.6227	3.798×10^{-4}	350.6	3.926×10^{-4}		8.896×10^{-5}	362.0	6.940×10^{-2}	177.8	1.779×10^3
	0.6232	3.836×10^{-4}	350.5	3.927×10^{-4}		8.882×10^{-5}	361.8	6.948×10^{-2}	178.0	1.780×10^3
	0.6225	3.835×10^{-4}	350.8	3.927×10^{-4}		8.914×10^{-5}	362.3	6.934×10^{-2}	177.6	1.778×10^3
	0.6225	3.835×10^{-4}	350.8	3.927×10^{-4}		8.914×10^{-5}	362.3	6.934×10^{-2}	177.6	1.778×10^3
	0.6230	3.836×10^{-4}	350.5	3.927×10^{-4}		8.888×10^{-5}	361.9	6.946×10^{-2}	177.9	1.780×10^3
	0.6226	3.835×10^{-4}	350.8	3.927×10^{-4}		8.909×10^{-5}	362.2	6.936×10^{-2}	177.6	1.779×10^3

表 8.33　例题 2）Boulton 模型 LFeHPSO 算法 A、B 组曲线优化配线计算表

A 组曲线	r/D	f_v	T /(m^2/d)	u^*	B 组曲线	f_{v2}	T /(m^2/d)	u	η	$1/\alpha$
$N=100$ $maxgen$ $=100$ $c_1=c_2=$ 1.49618 $\omega_{start}=0.9$ $\omega_{end}=0.4$ $xgm=10^{-5}$	0.5292	4.137×10^{-2}	1006.1	5.753×10^{-4}	$N2=100$ $maxgen2$ $=100$ $c_1=c_2=$ 1.49618 $\omega_{start}=0.9$ $\omega_{end}=0.4$ $xgm=10^{-5}$	1.446×10^{-2}	754.1	4.172×10^{-2}	73.52	2.305×10^3
	0.5294	4.134×10^{-2}	1000.8	5.781×10^{-4}		1.445×10^{-2}	753.8	4.175×10^{-2}	73.22	2.306×10^3
	0.5294	4.134×10^{-2}	1000.8	5.781×10^{-4}		1.445×10^{-2}	753.8	4.175×10^{-2}	73.22	2.306×10^3
	0.5292	4.137×10^{-2}	1006.1	5.753×10^{-4}		1.446×10^{-2}	754.1	4.172×10^{-2}	73.52	2.305×10^3
	0.5292	4.135×10^{-2}	1005.2	5.756×10^{-4}		1.446×10^{-2}	754.0	4.173×10^{-2}	73.50	2.305×10^3
	0.5292	4.135×10^{-2}	1005.2	5.756×10^{-4}		1.446×10^{-2}	754.0	4.173×10^{-2}	73.50	2.305×10^3
	0.5294	4.134×10^{-2}	1000.8	5.781×10^{-4}		1.445×10^{-2}	753.8	4.175×10^{-2}	73.22	2.306×10^3
	0.5294	4.133×10^{-2}	1003.8	5.756×10^{-4}		1.445×10^{-2}	753.7	4.176×10^{-2}	73.55	2.306×10^3
	0.5292	4.135×10^{-2}	1005.2	5.756×10^{-4}		1.446×10^{-2}	754.0	4.173×10^{-2}	73.50	2.305×10^3
	0.5294	4.133×10^{-2}	1003.8	5.756×10^{-4}		1.445×10^{-2}	753.7	4.176×10^{-2}	73.55	2.306×10^3

表 8.34　例题 3) Boulton 模型 LFeHPSO 算法 A、B 组曲线优化配线计算表

A 组曲线	r/D	f_v	T /(m^2/d)	u^*	B 组曲线	f_{v2}	T /(m^2/d)	u	η	$1/\alpha$
	0. 5253	2.118×10^{-2}	119. 9	2.462×10^{-3}		5.283×10^{-2}	98. 34	4.591×10^{-1}	187. 4	8.248×10^{3}
$N=100$	0. 5253	2.118×10^{-2}	119. 9	2.462×10^{-3}	$N2=100$	5.283×10^{-2}	98. 34	4.591×10^{-1}	187. 4	8.248×10^{3}
maxgen	0. 5243	2.114×10^{-2}	120. 5	2.432×10^{-3}	*maxgen2*	5.273×10^{-2}	98. 57	4.592×10^{-1}	189. 8	8.263×10^{3}
$=100$	0. 5253	2.118×10^{-2}	119. 9	2.462×10^{-3}	$=100$	5.283×10^{-2}	98. 34	4.591×10^{-1}	187. 4	8.248×10^{3}
$c_1=c_2=$	0. 5244	2.205×10^{-2}	120. 3	2.480×10^{-3}	$c_1=c_2=$	5.264×10^{-2}	98. 68	4.595×10^{-1}	186. 2	8.254×10^{3}
1. 49618	0. 5243	2.114×10^{-2}	120. 5	2.432×10^{-3}	1. 49618	5.273×10^{-2}	98. 57	4.592×10^{-1}	189. 8	8.263×10^{3}
$\omega_{start}=0.9$	0. 5203	1.198×10^{-2}	120. 3	2.443×10^{-3}	$\omega_{start}=0.9$	5.309×10^{-2}	99. 19	4.574×10^{-1}	188. 2	8.304×10^{3}
$\omega_{end}=0.4$	0. 5244	2.205×10^{-2}	120. 3	2.480×10^{-3}	$\omega_{end}=0.4$	5.264×10^{-2}	98. 68	4.595×10^{-1}	186. 2	8.254×10^{3}
$xgm=10^{-5}$	0. 5261	2.117×10^{-2}	120. 1	2.441×10^{-3}	$xgm=10^{-5}$	5.266×10^{-2}	98. 57	4.594×10^{-1}	189. 2	8.209×10^{3}
	0. 5244	2.205×10^{-2}	120. 3	2.480×10^{-3}		5.264×10^{-2}	98. 68	4.595×10^{-1}	186. 2	8.254×10^{3}

表 8.35　例题 4) Boulton 模型 LFeHPSO 算法 A、B 组曲线优化配线计算表

A 组曲线	r/D	f_v	T /(m^2/d)	u^*	B 组曲线	f_{v2}	T /(m^2/d)	u	η	$1/\alpha$
	0. 3367	3.140×10^{-2}	413. 3	8.455×10^{-4}		5.215×10^{-1}	382. 2	1.416×10^{-2}	17. 75	1.694×10^{3}
$N=100$	0. 3367	3.140×10^{-2}	413. 3	8.455×10^{-4}	$N2=100$	5.215×10^{-1}	382. 2	1.416×10^{-2}	17. 75	1.694×10^{3}
maxgen	0. 3370	3.146×10^{-2}	414. 3	8.395×10^{-4}	*maxgen2*	5.208×10^{-1}	382. 1	1.419×10^{-2}	17. 90	1.696×10^{3}
$=100$	0. 3369	3.157×10^{-2}	413. 3	8.491×10^{-4}	$=100$	5.203×10^{-1}	382. 7	1.418×10^{-2}	17. 70	1.692×10^{3}
$c_1=c_2=$	0. 3368	3.141×10^{-2}	413. 2	8.433×10^{-4}	$c_1=c_2=$	5.212×10^{-1}	382. 3	1.417×10^{-2}	17. 80	1.694×10^{3}
1. 49618	0. 3370	3.146×10^{-2}	414. 3	8.395×10^{-4}	1. 49618	5.208×10^{-1}	382. 1	1.419×10^{-2}	17. 90	1.696×10^{3}
$\omega_{start}=0.9$	0. 3369	3.150×10^{-2}	412. 4	8.444×10^{-4}	$\omega_{start}=0.9$	5.215×10^{-1}	381. 9	1.419×10^{-2}	17. 80	1.697×10^{3}
$\omega_{end}=0.4$	0. 3367	3.177×10^{-2}	412. 1	8.530×10^{-4}	$\omega_{end}=0.4$	5.216×10^{-1}	382. 0	1.416×10^{-2}	17. 60	1.695×10^{3}
$xgm=10^{-5}$	0. 3369	3.157×10^{-2}	413. 3	8.491×10^{-4}	$xgm=10^{-5}$	5.203×10^{-1}	382. 7	1.418×10^{-2}	17. 70	1.692×10^{3}
	0. 3367	3.139×10^{-2}	414. 0	8.431×10^{-4}		5.214×10^{-1}	382. 3	1.417×10^{-2}	17. 81	1.694×10^{3}

表 8.36　例题 5) Boulton 模型 LFeHPSO 算法 A、B 组曲线优化配线计算表

A 组曲线	r/D	f_v	T /(m^2/d)	u^*	B 组曲线	f_{v2}	T /(m^2/d)	u	η	$1/\alpha$
	0. 6056	4.866×10^{-3}	2298. 9	2.754×10^{-3}		4.036×10^{-1}	2009. 1	4.292×10^{-1}	156. 9	4.152×10^{2}
$N=100$	0. 6056	4.990×10^{-3}	2303. 5	2.750×10^{-3}	$N2=100$	4.036×10^{-1}	2009. 2	4.292×10^{-1}	157. 1	4.152×10^{2}
maxgen	0. 6056	4.866×10^{-3}	2298. 9	2.754×10^{-3}	*maxgen2*	4.036×10^{-1}	2009. 1	4.292×10^{-1}	156. 9	4.152×10^{2}
$=100$	0. 6056	4.866×10^{-3}	2298. 9	2.754×10^{-3}	$=100$	4.036×10^{-1}	2009. 1	4.292×10^{-1}	156. 9	4.152×10^{2}
$c_1=c_2=$	0. 6056	4.966×10^{-3}	2309. 6	2.725×10^{-3}	$c_1=c_2=$	4.036×10^{-1}	2009. 1	4.292×10^{-1}	158. 5	4.152×10^{2}
1. 49618	0. 6056	4.990×10^{-3}	2303. 5	2.750×10^{-3}	1. 49618	4.036×10^{-1}	2009. 2	4.292×10^{-1}	157. 1	4.152×10^{2}
$\omega_{start}=0.9$	0. 6056	4.882×10^{-3}	2307. 0	2.729×10^{-3}	$\omega_{start}=0.9$	4.036×10^{-1}	2009. 2	4.292×10^{-1}	158. 2	4.152×10^{2}
$\omega_{end}=0.4$	0. 6056	4.990×10^{-3}	2303. 5	2.750×10^{-3}	$\omega_{end}=0.4$	4.036×10^{-1}	2009. 2	4.292×10^{-1}	157. 1	4.152×10^{2}
$xgm=10^{-5}$	0. 6056	4.749×10^{-3}	2300. 5	2.735×10^{-3}	$xgm=10^{-5}$	4.036×10^{-1}	2009. 1	4.292×10^{-1}	157. 9	4.152×10^{2}
	0. 6056	4.866×10^{-3}	2298. 9	2.754×10^{-3}		4.036×10^{-1}	2009. 1	4.292×10^{-1}	156. 9	4.152×10^{2}

(3) Boulton 模型引入变异算子及随机扰动因子位置公式的粒子群优化算法

以基本粒子群算法中的位置更新公式为基础，在粒子原位置附近产生另一个虚拟位置（在粒子尚未达到最优点时，对连续函数来说在它附近存在比它更优的点），改进后位置公式为

$$x(t+1)=x(t)+rand\times v(t+1)$$

式中，$rand$ 是服从 0 ~ 1 均匀分布的随机数（赵志刚，2011）。

在 LFeHPSO 算法中增加随机扰动因子位置公式，简称 LFreHPSO 算法。

设置粒子个数 $N=50$、最大迭代次数 $maxgen=50$、$c_1=c_2=1.49618$、$\omega_{start}=0.9$、$\omega_{end}=0.4$、$\sigma^2=xgm=10^{-5}$，表 8.37 ~ 表 8.41 为上一小节各例题的 LFreHPSO 算法计算结果，与相同粒子个数和最大迭代次数的表 8.27 ~ 表 8.31 结果相比，只有部分例题计算精度明显提高。

表 8.37　例题 1) Boulton 模型 LFreHPSO 算法 A、B 组曲线优化配线计算表

A 组曲线	r/D	f_v	T /(m²/d)	u^*	B 组曲线	f_{v2}	T /(m²/d)	u	η	$1/\alpha$
$N=50$ $maxgen=50$ $c_1=c_2=1.49618$ $\omega_{start}=0.9$ $\omega_{end}=0.4$ $xgm=10^{-5}$	0.6232	3.836×10^{-4}	350.5	3.927×10^{-4}	$N2=50$ $maxgen2=50$ $c_1=c_2=1.49618$ $\omega_{start}=0.9$ $\omega_{end}=0.4$ $xgm=10^{-5}$	8.883×10^{-5}	361.9	6.948×10^{-2}	177.9	1.780×10^3
	0.6227	3.830×10^{-4}	350.7	3.926×10^{-4}		8.903×10^{-5}	362.1	6.939×10^{-2}	177.8	1.779×10^3
	0.6229	3.836×10^{-4}	350.6	3.927×10^{-4}		8.893×10^{-5}	362.0	6.943×10^{-2}	177.8	1.780×10^3
	0.6231	3.836×10^{-4}	350.5	3.927×10^{-4}		8.884×10^{-5}	361.9	6.947×10^{-2}	177.9	1.780×10^3
	0.6229	3.831×10^{-4}	350.6	3.927×10^{-4}		8.893×10^{-5}	362.0	6.944×10^{-2}	177.8	1.780×10^3
	0.6228	3.811×10^{-4}	350.7	3.926×10^{-4}		8.894×10^{-5}	362.0	6.942×10^{-2}	177.8	1.780×10^3
	0.6230	3.818×10^{-4}	350.6	3.925×10^{-4}		8.886×10^{-5}	361.9	6.945×10^{-2}	177.9	1.780×10^3
	0.6232	3.836×10^{-4}	350.5	3.927×10^{-4}		8.883×10^{-5}	361.9	6.948×10^{-2}	177.9	1.780×10^3
	0.6221	3.836×10^{-4}	351.0	3.927×10^{-4}		8.930×10^{-5}	362.5	6.927×10^{-2}	177.4	1.778×10^3
	0.6231	3.836×10^{-4}	350.5	3.927×10^{-4}		8.887×10^{-5}	361.9	6.946×10^{-2}	177.9	1.780×10^3

表 8.38　例题 2) Boulton 模型 LFreHPSO 算法 A、B 组曲线优化配线计算表

A 组曲线	r/D	f_v	T /(m²/d)	u^*	B 组曲线	f_{v2}	T /(m²/d)	u	η	$1/\alpha$
$N=50$ $maxgen=50$ $c_1=c_2=1.49618$ $\omega_{start}=0.9$ $\omega_{end}=0.4$ $xgm=10^{-5}$	0.5294	4.133×10^{-2}	1001.5	5.779×10^{-4}	$N2=50$ $maxgen2=50$ $c_1=c_2=1.49618$ $\omega_{start}=0.9$ $\omega_{end}=0.4$ $xgm=10^{-5}$	1.445×10^{-2}	753.7	4.176×10^{-2}	73.27	2.306×10^3
	0.5294	4.178×10^{-2}	1012.9	5.700×10^{-4}		1.445×10^{-2}	753.7	4.176×10^{-2}	74.27	2.306×10^3
	0.5130	4.203×10^{-2}	1025.9	5.776×10^{-4}		1.524×10^{-2}	775.9	3.938×10^{-2}	69.18	2.250×10^3
	0.5286	4.149×10^{-2}	998.93	5.776×10^{-4}		1.449×10^{-2}	754.9	4.164×10^{-2}	73.09	2.303×10^3
	0.5294	4.133×10^{-2}	1004.3	5.756×10^{-4}		1.445×10^{-2}	753.8	4.176×10^{-2}	73.54	2.306×10^3
	0.5294	4.133×10^{-2}	1003.8	5.761×10^{-4}		1.445×10^{-2}	753.7	4.176×10^{-2}	73.49	2.306×10^3
	0.5052	4.244×10^{-2}	1036.1	5.795×10^{-4}		1.563×10^{-2}	786.8	3.826×10^{-2}	67.03	2.223×10^3
	0.5293	4.145×10^{-2}	997.40	5.799×10^{-4}		1.445×10^{-2}	753.8	4.175×10^{-2}	73.00	2.306×10^3
	0.5294	4.133×10^{-2}	1004.3	5.761×10^{-4}		1.445×10^{-2}	753.7	4.176×10^{-2}	73.49	2.306×10^3
	0.5293	4.132×10^{-2}	1002.1	5.759×10^{-4}		1.446×10^{-2}	753.9	4.175×10^{-2}	73.50	2.305×10^3

表 8.39　例题 3) Boulton 模型 LFreHPSO 算法 A、B 组曲线优化配线计算表

A 组曲线	r/D	f_v	T /(m²/d)	u^*	B 组曲线	f_{v2}	T /(m²/d)	u	η	$1/\alpha$
	0.5317	2.171×10^{-2}	119.4	2.422×10^{-3}		5.298×10^{-2}	97.68	4.561×10^{-1}	189.3	8.053×10^{3}
$N=50$	0.5479	2.235×10^{-2}	116.1	2.450×10^{-3}	$N2=50$	5.751×10^{-2}	95.99	4.477×10^{-1}	183.7	7.573×10^{3}
maxgen	0.5370	2.222×10^{-2}	118.6	2.417×10^{-3}	*maxgen2*	5.414×10^{-2}	97.19	4.520×10^{-1}	188.0	7.861×10^{3}
$=50$	0.5346	2.157×10^{-2}	118.1	2.459×10^{-3}	$=50$	5.337×10^{-2}	97.43	4.547×10^{-1}	185.9	7.962×10^{3}
$c_1=c_2=$	0.5345	2.264×10^{-2}	117.3	2.430×10^{-3}	$c_1=c_2=$	5.349×10^{-2}	97.37	4.540×10^{-1}	187.8	7.956×10^{3}
1.49618	0.5409	2.198×10^{-2}	117.0	2.422×10^{-3}	1.49618	5.490×10^{-2}	96.77	4.515×10^{-1}	187.4	7.774×10^{3}
$\omega_{start}=0.9$	0.5367	2.190×10^{-2}	117.9	2.415×10^{-3}	$\omega_{start}=0.9$	5.378×10^{-2}	97.15	4.535×10^{-1}	188.8	7.902×10^{3}
$\omega_{end}=0.4$	0.5242	2.103×10^{-2}	120.4	2.440×10^{-3}	$\omega_{end}=0.4$	5.262×10^{-2}	98.73	4.601×10^{-1}	189.6	8.269×10^{3}
$xgm=10^{-5}$	0.5295	2.203×10^{-2}	119.7	2.461×10^{-3}	$xgm=10^{-5}$	5.407×10^{-2}	98.50	4.511×10^{-1}	184.3	7.963×10^{3}
	0.5431	2.248×10^{-2}	115.8	2.449×10^{-3}		5.562×10^{-2}	96.59	4.508×10^{-1}	185.0	7.713×10^{3}

表 8.40　例题 4) Boulton 模型 LFreHPSO 算法 A、B 组曲线优化配线计算表

A 组曲线	r/D	f_v	T /(m²/d)	u^*	B 组曲线	f_{v2}	T /(m²/d)	u	η	$1/\alpha$
	0.3368	3.254×10^{-2}	413.0	8.338×10^{-4}		5.212×10^{-1}	382.8	1.418×10^{-2}	18.00	1.693×10^{3}
$N=50$	0.3369	3.226×10^{-2}	410.5	8.577×10^{-4}	$N2=50$	5.200×10^{-1}	382.2	1.416×10^{-2}	17.50	1.691×10^{3}
maxgen	0.3370	3.142×10^{-2}	414.3	8.408×10^{-4}	*maxgen2*	5.198×10^{-1}	382.5	1.417×10^{-2}	17.85	1.691×10^{3}
$=50$	0.3368	3.221×10^{-2}	410.2	8.478×10^{-4}	$=50$	5.211×10^{-1}	382.3	1.416×10^{-2}	17.70	1.693×10^{3}
$c_1=c_2=$	0.3370	3.146×10^{-2}	414.3	8.395×10^{-4}	$c_1=c_2=$	5.199×10^{-1}	382.1	1.416×10^{-2}	17.86	1.691×10^{3}
1.49618	0.3368	3.247×10^{-2}	409.8	8.588×10^{-4}	1.49618	5.208×10^{-1}	382.7	1.418×10^{-2}	17.51	1.693×10^{3}
$\omega_{start}=0.9$	0.3367	3.251×10^{-2}	414.4	8.533×10^{-4}	$\omega_{start}=0.9$	5.214×10^{-1}	382.3	1.416×10^{-2}	17.60	1.694×10^{3}
$\omega_{end}=0.4$	0.3368	3.160×10^{-2}	411.8	8.464×10^{-4}	$\omega_{end}=0.4$	5.208×10^{-1}	382.3	1.416×10^{-2}	17.74	1.693×10^{3}
$xgm=10^{-5}$	0.3370	3.146×10^{-2}	412.6	8.478×10^{-4}	$xgm=10^{-5}$	5.199×10^{-1}	382.6	1.417×10^{-2}	17.71	1.691×10^{3}
	0.3368	3.146×10^{-2}	414.3	8.394×10^{-4}		5.208×10^{-1}	382.6	1.417×10^{-2}	17.88	1.693×10^{3}

表 8.41　例题 5) Boulton 模型 LFreHPSO 算法 A、B 组曲线优化配线计算表

A 组曲线	r/D	f_v	T /(m²/d)	u^*	B 组曲线	f_{v2}	T /(m²/d)	u	η	$1/\alpha$
	0.6057	4.706×10^{-3}	2296.0	2.742×10^{-3}		4.036×10^{-1}	2009.1	4.293×10^{-1}	157.6	4.152×10^{2}
$N=50$	0.6056	4.702×10^{-3}	2295.3	2.745×10^{-3}	$N2=50$	4.036×10^{-1}	2009.2	4.292×10^{-1}	157.4	4.152×10^{2}
maxgen	0.6056	4.722×10^{-3}	2298.5	2.739×10^{-3}	*maxgen2*	4.036×10^{-1}	2009.1	4.292×10^{-1}	157.7	4.152×10^{2}
$=50$	0.6056	4.704×10^{-3}	2295.0	2.746×10^{-3}	$=50$	4.036×10^{-1}	2009.1	4.292×10^{-1}	157.3	4.152×10^{2}
$c_1=c_2=$	0.6056	4.701×10^{-3}	2295.0	2.744×10^{-3}	$c_1=c_2=$	4.036×10^{-1}	2009.1	4.292×10^{-1}	157.4	4.152×10^{2}
1.49618	0.6056	4.729×10^{-3}	2295.8	2.749×10^{-3}	1.49618	4.036×10^{-1}	2009.1	4.292×10^{-1}	157.1	4.152×10^{2}
$\omega_{start}=0.9$	0.6056	4.701×10^{-3}	2295.0	2.744×10^{-3}	$\omega_{start}=0.9$	4.036×10^{-1}	2009.2	4.292×10^{-1}	157.4	4.152×10^{2}
$\omega_{end}=0.4$	0.6056	4.724×10^{-3}	2295.0	2.750×10^{-3}	$\omega_{end}=0.4$	4.036×10^{-1}	2009.2	4.292×10^{-1}	157.1	4.152×10^{2}
$xgm=10^{-5}$	0.6056	4.701×10^{-3}	2295.0	2.745×10^{-3}	$xgm=10^{-5}$	4.036×10^{-1}	2009.2	4.292×10^{-1}	157.3	4.152×10^{2}
	0.6056	4.704×10^{-3}	2296.1	2.743×10^{-3}		4.036×10^{-1}	2009.3	4.292×10^{-1}	157.4	4.152×10^{2}

采用 LFreHPSO 算法，增加粒子个数 $N=100$，最大迭代次数 $maxgen=100$，计算结果见表 8.42 ~ 表 8.46，对比表 8.37 ~ 表 8.41 的计算结果，可以看出计算精度明显提高，说明增加粒子个数及迭代次数对提高计算精度是有效的。

表 8.42　例题 1）Boulton 模型 LFreHPSO 算法 A、B 组曲线优化配线计算表

A 组曲线	r/D	f_v	T /(m²/d)	u^*	B 组曲线	f_{v2}	T /(m²/d)	u	η	$1/\alpha$
$N=100$ $maxgen=100$ $c_1=c_2=1.49618$ $\omega_{start}=0.9$ $\omega_{end}=0.4$ $xgm=10^{-5}$	0.6223	3.724×10^{-4}	351.1	3.927×10^{-4}	$N2=100$ $maxgen2=100$ $c_1=c_2=1.49618$ $\omega_{start}=0.9$ $\omega_{end}=0.4$ $xgm=10^{-5}$	8.931×10^{-5}	362.5	6.930×10^{-2}	177.5	1.777×10^3
	0.6223	3.724×10^{-4}	351.1	3.927×10^{-4}		8.931×10^{-5}	362.5	6.930×10^{-2}	177.5	1.777×10^3
	0.6223	3.724×10^{-4}	351.1	3.511×10^{-4}		8.931×10^{-5}	362.5	6.930×10^{-2}	177.5	1.777×10^3
	0.6221	3.836×10^{-4}	351.0	3.927×10^{-4}		8.930×10^{-5}	362.5	6.927×10^{-2}	177.4	1.778×10^3
	0.6232	3.834×10^{-4}	350.4	3.927×10^{-4}		8.879×10^{-5}	361.8	6.950×10^{-2}	178.0	1.780×10^3
	0.6223	3.724×10^{-4}	351.1	3.927×10^{-4}		8.931×10^{-5}	362.5	6.930×10^{-2}	177.5	1.777×10^3
	0.6221	3.836×10^{-4}	351.0	3.510×10^{-4}		8.930×10^{-5}	362.5	6.927×10^{-2}	177.4	1.778×10^3
	0.6232	3.833×10^{-4}	350.4	3.927×10^{-4}		8.880×10^{-5}	361.8	6.949×10^{-2}	178.0	1.780×10^3
	0.6230	3.836×10^{-4}	350.4	3.927×10^{-4}		8.888×10^{-5}	361.8	6.946×10^{-2}	178.0	1.780×10^3
	0.6226	3.835×10^{-4}	350.9	3.927×10^{-4}		8.909×10^{-5}	362.4	6.936×10^{-2}	177.5	1.779×10^3

表 8.43　例题 2）Boulton 模型 LFreHPSO 算法 A、B 组曲线优化配线计算表

A 组曲线	r/D	f_v	T /(m²/d)	u^*	B 组曲线	f_{v2}	T /(m²/d)	u	η	$1/\alpha$
$N=100$ $maxgen=100$ $c_1=c_2=1.49618$ $\omega_{start}=0.9$ $\omega_{end}=0.4$ $xgm=10^{-5}$	0.5294	4.132×10^{-2}	1003.1	5.763×10^{-4}	$N2=100$ $maxgen2=100$ $c_1=c_2=1.49618$ $\omega_{start}=0.9$ $\omega_{end}=0.4$ $xgm=10^{-5}$	1.445×10^{-2}	753.7	4.176×10^{-2}	73.47	2.306×10^3
	0.5294	4.132×10^{-2}	1018.2	5.763×10^{-4}		1.445×10^{-2}	753.7	4.176×10^{-2}	73.47	2.306×10^3
	0.5137	4.192×10^{-2}	1018.2	5.847×10^{-4}		1.519×10^{-2}	774.5	3.949×10^{-2}	68.53	2.254×10^3
	0.5294	4.132×10^{-2}	1003.1	5.763×10^{-4}		1.445×10^{-2}	753.7	4.176×10^{-2}	73.47	2.306×10^3
	0.5294	4.132×10^{-2}	1003.3	5.763×10^{-4}		1.445×10^{-2}	753.7	4.176×10^{-2}	73.47	2.306×10^3
	0.5137	4.192×10^{-2}	1018.2	5.847×10^{-4}		1.519×10^{-2}	774.5	3.949×10^{-2}	68.53	2.254×10^3
	0.5137	4.192×10^{-2}	1018.2	5.847×10^{-4}		1.519×10^{-2}	774.5	3.949×10^{-2}	68.53	2.254×10^3
	0.5211	4.152×10^{-2}	1013.5	5.774×10^{-4}		1.483×10^{-2}	764.6	4.055×10^{-2}	71.23	2.278×10^3
	0.5294	4.132×10^{-2}	1003.3	5.763×10^{-4}		1.445×10^{-2}	753.7	4.176×10^{-2}	73.47	2.306×10^3
	0.5294	4.132×10^{-2}	1003.3	5.763×10^{-4}		1.445×10^{-2}	753.7	4.176×10^{-2}	73.47	2.306×10^3

表 8.44　例题 3) Boulton 模型 LFreHPSO 算法 A、B 组曲线优化配线计算表

A 组曲线	r/D	f_v	T /(m²/d)	u^*	B 组曲线	f_{v2}	T /(m²/d)	u	η	$1/\alpha$
	0.5317	2.171×10^{-2}	119.4	2.422×10^{-3}		5.295×10^{-2}	97.88	4.571×10^{-1}	189.7	8.052×10^{3}
$N=100$	0.5243	2.114×10^{-2}	120.5	2.432×10^{-3}	$N2=100$	5.257×10^{-2}	98.70	4.609×10^{-1}	190.5	8.283×10^{3}
$maxgen$	0.5293	2.123×10^{-2}	119.1	2.433×10^{-3}	$maxgen2$	5.268×10^{-2}	98.09	4.579×10^{-1}	189.2	8.125×10^{3}
$=100$	0.5267	2.132×10^{-2}	119.2	2.469×10^{-3}	$=100$	5.267×10^{-2}	98.53	4.601×10^{-1}	187.4	8.207×10^{3}
$c_1=c_2=$	0.5263	2.117×10^{-2}	119.5	2.462×10^{-3}	$c_1=c_2=$	5.255×10^{-2}	98.41	4.596×10^{-1}	187.6	8.219×10^{3}
1.49618	0.5321	2.157×10^{-2}	119.1	2.425×10^{-3}	1.49618	5.295×10^{-2}	97.74	4.565×10^{-1}	189.2	8.040×10^{3}
$\omega_{start}=0.9$	0.5302	2.129×10^{-2}	119.2	2.442×10^{-3}	$\omega_{start}=0.9$	5.278×10^{-2}	98.00	4.574×10^{-1}	188.3	8.094×10^{3}
$\omega_{end}=0.4$	0.5193	2.070×10^{-2}	121.1	2.441×10^{-3}	$\omega_{end}=0.4$	5.296×10^{-2}	99.27	4.636×10^{-1}	190.9	8.443×10^{3}
$xgm=10^{-5}$	0.5326	2.144×10^{-2}	118.3	2.456×10^{-3}	$xgm=10^{-5}$	5.303×10^{-2}	97.70	4.561×10^{-1}	186.7	8.025×10^{3}
	0.5201	2.100×10^{-2}	120.3	2.468×10^{-3}		5.287×10^{-2}	99.18	4.632×10^{-1}	188.7	8.419×10^{3}

表 8.45　例题 4) Boulton 模型 LFreHPSO 算法 A、B 组曲线优化配线计算表

A 组曲线	r/D	f_v	T /(m²/d)	u^*	B 组曲线	f_{v2}	T /(m²/d)	u	η	$1/\alpha$
	0.3367	3.140×10^{-2}	413.3	8.455×10^{-4}		5.214×10^{-1}	382.1	1.415×10^{-2}	17.74	1.694×10^{3}
$N=100$	0.3369	3.141×10^{-2}	414.1	8.438×10^{-4}	$N2=100$	5.200×10^{-1}	382.4	1.416×10^{-2}	17.79	1.691×10^{3}
$maxgen$	0.3367	3.140×10^{-2}	413.3	8.455×10^{-4}	$maxgen2$	5.214×10^{-1}	382.1	1.415×10^{-2}	17.74	1.694×10^{3}
$=100$	0.3369	3.147×10^{-2}	412.3	8.465×10^{-4}	$=100$	5.202×10^{-1}	382.5	1.417×10^{-2}	17.73	1.692×10^{3}
$c_1=c_2=$	0.3370	3.146×10^{-2}	412.6	8.478×10^{-4}	$c_1=c_2=$	5.198×10^{-1}	382.2	1.416×10^{-2}	17.70	1.691×10^{3}
1.49618	0.3370	3.143×10^{-2}	412.9	8.438×10^{-4}	1.49618	5.199×10^{-1}	381.8	1.414×10^{-2}	17.76	1.691×10^{3}
$\omega_{start}=0.9$	0.3369	3.141×10^{-2}	414.1	8.438×10^{-4}	$\omega_{start}=0.9$	5.200×10^{-1}	382.4	1.416×10^{-2}	17.79	1.691×10^{3}
$\omega_{end}=0.4$	0.3367	3.139×10^{-2}	413.5	8.445×10^{-4}	$\omega_{end}=0.4$	5.214×10^{-1}	382.2	1.416×10^{-2}	17.76	1.694×10^{3}
$xgm=10^{-5}$	0.3368	3.168×10^{-2}	411.6	8.460×10^{-4}	$xgm=10^{-5}$	5.210×10^{-1}	382.4	1.416×10^{-2}	17.74	1.693×10^{3}
	0.3370	3.146×10^{-2}	412.6	8.478×10^{-4}		5.198×10^{-1}	382.2	1.416×10^{-2}	17.70	1.691×10^{3}

表 8.46　例题 5) Boulton 模型 LFreHPSO 算法 A、B 组曲线优化配线计算表

A 组曲线	r/D	f_v	T /(m²/d)	u^*	B 组曲线	f_{v2}	T /(m²/d)	u	η	$1/\alpha$
	0.6056	4.701×10^{-3}	2295.0	2.744×10^{-3}		4.036×10^{-1}	2009.1	4.292×10^{-1}	157.40	4.152×10^{2}
$N=100$	0.6056	4.701×10^{-3}	2295.0	2.745×10^{-3}	$N2=100$	4.036×10^{-1}	2009.1	4.292×10^{-1}	157.37	4.152×10^{2}
$maxgen$	0.6056	4.701×10^{-3}	2295.0	2.744×10^{-3}	$maxgen2$	4.036×10^{-1}	2009.1	4.292×10^{-1}	157.40	4.152×10^{2}
$=100$	0.6056	4.701×10^{-3}	2295.0	2.744×10^{-3}	$=100$	4.036×10^{-1}	2009.1	4.292×10^{-1}	157.40	4.152×10^{2}
$c_1=c_2=$	0.6056	4.701×10^{-3}	2295.0	2.745×10^{-3}	$c_1=c_2=$	4.036×10^{-1}	2009.1	4.292×10^{-1}	157.37	4.152×10^{2}
1.49618	0.6056	4.701×10^{-3}	2295.0	2.745×10^{-3}	1.49618	4.036×10^{-1}	2009.1	4.292×10^{-1}	157.37	4.152×10^{2}
$\omega_{start}=0.9$	0.6056	4.701×10^{-3}	2295.0	2.745×10^{-3}	$\omega_{start}=0.9$	4.036×10^{-1}	2009.1	4.292×10^{-1}	157.38	4.152×10^{2}
$\omega_{end}=0.4$	0.6056	4.701×10^{-3}	2295.0	2.745×10^{-3}	$\omega_{end}=0.4$	4.036×10^{-1}	2009.1	4.292×10^{-1}	157.37	4.152×10^{2}
$xgm=10^{-5}$	0.6056	4.702×10^{-3}	2295.1	2.743×10^{-3}	$xgm=10^{-5}$	4.036×10^{-1}	2009.3	4.291×10^{-1}	157.43	4.151×10^{2}
	0.6056	4.701×10^{-3}	2295.0	2.745×10^{-3}		4.036×10^{-1}	2009.1	4.292×10^{-1}	157.39	4.152×10^{2}

将表 8.42 ~ 表 8.46 的计算结果与具有相同粒子个数和最大迭代次数的表 8.32 ~ 表 8.36的计算结果相比,可以看出 A 组配线计算精度有所提高,B 组配线计算精度提高不太明显,说明随机扰动因子位置公式对 A 组配线寻优是有效的。

第三节　考虑含水层各向异性及迟后疏干的纽曼(Neuman)模型

一、Neuman 配线法

(一) Neuman 配线法基本原理

美国学者 Neuman 研究潜水完整井非稳定运动时,考虑了流速的垂直分量和弹性释水,把潜水面视为可移动的边界,建立了有关潜水面变动的连续性方程,得到潜水面边界条件的近似表达式。通过 Laplace 和 Hankel 积分变换,求得的潜水问题的定解为

$$s(r,z,t)=\frac{Q}{4\pi T}\int_0^{\infty}4yJ_0(y\beta^{1/2})\left[\omega_0(y)+\sum_{n=1}^{\infty}\omega_n(y)\right]\mathrm{d}y=\frac{Q}{4\pi T}s_{\mathrm{D}} \tag{8.18}$$

$$\omega_0(y)=\frac{\{1-\exp[-t_s\beta(y^2-\gamma_0^2)]\}\operatorname{ch}(\gamma_0 z_{\mathrm{d}})}{\{y^2+(1+\sigma)\gamma_0^2-[(y^2-\gamma_0^2)^2/\sigma]\}\operatorname{ch}(\gamma_0)} \tag{8.19}$$

$$\omega_n(y)=\frac{\{1-\exp[-t_s\beta(y^2-\gamma_n^2)]\}\cos(\gamma_n z_{\mathrm{d}})}{\{y^2+(1+\sigma)\gamma_n^2-[(y^2-\gamma_n^2)^2/\sigma]\}\cos(\gamma_n)} \tag{8.20}$$

其中,γ_0,γ_n 分别为下列两个方程的根:

$$\sigma\gamma_0\operatorname{sh}(\gamma_0)-(y^2-\gamma_0^2)\operatorname{ch}(\gamma_0)=0,\quad \gamma_0^2<y^2 \tag{8.21}$$

$$\sigma\gamma_n\sin(\gamma_n)+(y^2+\gamma_n^2)\cos(\gamma_n)=0 \tag{8.22}$$

此处

$$(2n-1)\frac{\pi}{2}<\gamma_n<n\pi,n\geqslant 1$$

$$\sigma=\frac{\mu^*}{\mu},K_{\mathrm{d}}=\frac{K_z}{K_r},z_{\mathrm{d}}=\frac{z}{H_0},h_{\mathrm{d}}=\frac{H_0}{r},t_s=\frac{Tt}{\mu^*r^2},t_y=\frac{Tt}{\mu r^2},t_y=\sigma t_s,\beta=\frac{K_{\mathrm{d}}}{h_{\mathrm{d}}^2}=\frac{r^2K_z}{H_0^2K_r}$$

式中,$s(r,z,t)$ 为任意位置观测到的水位降深;r 为观测点至抽水井的径向距离;z 为观测点的水位标高;t 为观测时间;s_{D} 为 Neuman 井函数,μ^* 为贮水系数;μ 为给水度;K_r 为水平径向渗透系数;K_z 为垂向渗透系数;H_0 为潜水含水层初始厚度。

在实际工作中,在完整观测孔所观测到的水位降深是降深在整个含水层厚度上的平均值,式(8.19)和式(8.20)可重新定义为

$$\omega_0(y)=\frac{\{1-\exp[-t_s\beta(y^2-\gamma_0^2)]\}\tanh(\gamma_0)}{\left\{y^2+(1+\sigma)\gamma_0^2-\left[\frac{1}{\sigma}(y^2-\gamma_0^2)^2\right]\right\}\gamma_0} \tag{8.23}$$

$$\omega_n(y)=\frac{\{1-\exp[-t_s\beta(y^2+\gamma_n^2)]\}\tan(\gamma_n)}{\left\{y^2-(1+\sigma)\gamma_n^2-\left[\frac{1}{\sigma}(y^2+\gamma_n^2)^2\right]\right\}\gamma_n} \tag{8.24}$$

(二)Neuman 标准曲线

当抽水井和观测孔都是完整井时,井孔中平均降深与 z 无关,由式(8.18)确定的观测孔中的降深 s 包括 3 个独立的无量纲参数,分别为 α、β 和 t_s 或 t_y,无量纲时间 t_s 和 t_y 的关系是 $t_y=\sigma t_s$。一般地讲,它们不能绘在一张图纸上。为了减少独立参数的个数,设 μ^* 远小于 μ,令 $\sigma=0$,使独立参数减为两个,以便得到的标准曲线能够用于参数求解,Neuman(1975)建议取 $\sigma=10^{-9}$ 来绘制标准曲线,这样的误差是可以接受的,由此获得以 β 为参变量的 A、B 两组标准系列数据,据此绘制出两组标准曲线(Neuman,1975),分别为 A 组标准曲线(图 8.32 的左侧)和 B 组标准曲线(图 8.32 的右侧)。与 A 组标准曲线对应的坐标(t_s)标在图的上端;与 B 组标准曲线对应的坐标(t_y)标在图的下端。它们分别用来分析抽水早期和后期的降深资料。

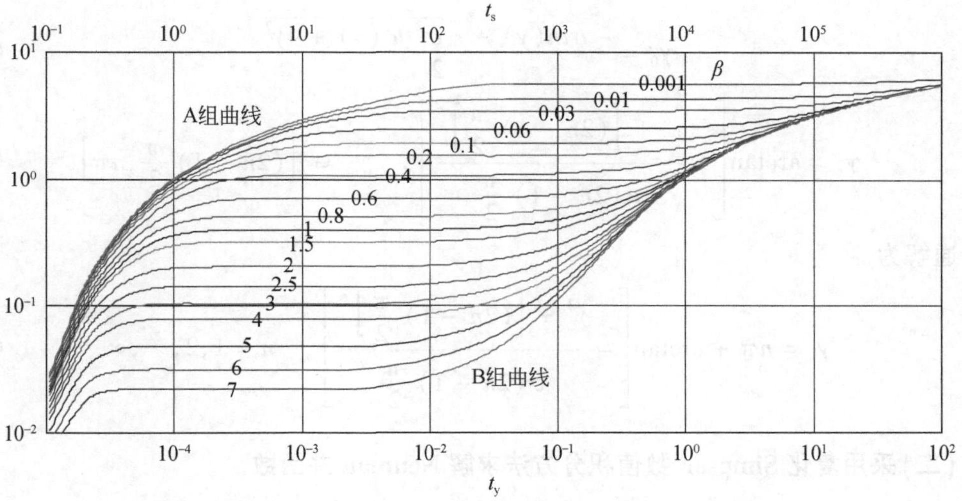

图 8.32　潜水含水层完整井定流量抽水时的 Neuman 标准曲线

二、Neuman 井函数的求解

Neuman 井函数的计算相当复杂,既存在复杂无穷积分问题同时还存在无穷求和的问题,无解析解,只能采用数值解。

(一)Neuman 井函数 s_D

$$s_D=\int_0^{\infty}4\gamma J_0(\gamma\beta^{1/2})\left[\omega_0(\gamma)+\sum_{n=1}^{\infty}\omega_n(\gamma)\right]\mathrm{d}\gamma \tag{8.25}$$

$$\omega_0(\gamma)=\frac{\{1-\exp[-t_s\beta(\gamma^2-\gamma_0^2)]\}\tanh(\gamma_0)}{\left\{\gamma^2+(1+\sigma)\gamma_0^2-\left[\frac{1}{\sigma}(\gamma^2-\gamma_0^2)^2\right]\right\}\gamma_0}$$

$$\omega_n(y)=\frac{\{1-\exp[-t_s\beta(y^2+\gamma_n^2)]\}\tan(\gamma_n)}{\left\{y^2-(1+\sigma)\gamma_n^2-\left[\frac{1}{\sigma}(y^2+\gamma_n^2)^2\right]\right\}\gamma_n}$$

式中，s_D为 Neuman 井函数；$\omega_0(y)$、$\omega_n(y)$两公式中的γ_0、γ_n分别为非线性方程式(8.21)和式(8.22)的根。求解 Neuman 井函数的关键是求取γ_0、γ_n的值，可用近似解或采用牛顿迭代公式求取。

Neuman 井函数有三个独立的自变量，分别为σ、β、t_s或t_y，无量纲时间t_s、t_y的关系为$t_y=\sigma t_s$。Neuman 井函数的 A 组标准曲线用t_s，井函数的 B 组标准曲线用t_y。为了减少变量的个数，使得计算的标准曲线能够用于配线求参数，Neuman(1975)建议采用$\sigma=10^{-9}$来绘制标准曲线，因为对于大多数实际情况来说，潜水的贮水系数μ^*远小于给水度μ，取值$\sigma=10^{-9}$的误差是可接受的。

李凤玲等(2008)给出了γ_0、γ_n的近似解：

$$\gamma_0=\frac{-\sigma th(y)+\sqrt{\sigma^2th^2(y)+4y^2}}{2} \tag{8.26}$$

$$\gamma_n=\arctan\left[-\frac{y^2+\left[(2n-1)\frac{\pi}{2}\right]^2}{\sigma(2n-1)\frac{\pi}{2}}\right],\quad \gamma_n\in\left[(2n-1)\frac{\pi}{2},n\pi\right] \tag{8.27}$$

γ_n的通解为

$$\gamma_n=n\pi+\arctan\left[-\frac{y^2+\left[(2n-1)\frac{\pi}{2}\right]^2}{\sigma(2n-1)\frac{\pi}{2}}\right],\quad n=1,2,\cdots,\infty \tag{8.28}$$

(二)采用复化 Simpson 数值积分方法求解 Neuman 井函数

设$f(x)$在区间(a,b)上有四阶连续导数，取$2m+1$个等距节点：

$$x_k=a+kh,\quad k=0,1,\cdots,2m,\quad h=\frac{b-a}{2m}$$

式中，h为积分区间(a,b)划分的等距子区间的宽度；$2m$为划分的子区间的个数。

则复化 Simpson 求积公式为

$$\int_a^b f(x)\,\mathrm{d}x\approx\frac{h}{3}\left[f(a)+f(b)+4\sum_{i=1}^{m}f(x_{2i-1})+2\sum_{i=1}^{m-1}f(x_{2i})\right]$$

针对 Neuman 井函数，给定数值积分函数$f(x)$为

$$f(x)=4yJ_0(y\beta^{1/2})\left[\omega_0(y)+\sum_{n=1}^{\infty}\omega_n(y)\right]$$

具体推导过程可参考第三章中井函数$W(u)$的数值解，直接编程进行数值积分。

由于 Neuman 井函数为半无限积分并含有无穷级数，在进行数值积分时可采用对积分上限进行区间截断的近似计算方法，将无穷区间截去“尾巴”转化为有限区间，使得

$$\left|\int_R^\infty f(x)\,\mathrm{d}x\right|\leqslant\varepsilon,\text{则 } I=\int_0^\infty f(x)\,\mathrm{d}x=\int_0^R f(x)\,\mathrm{d}x+\int_R^\infty f(x)\,\mathrm{d}x$$

在满足精度要求的情况下,忽略公式中的第二项,只要计算右端第一个积分即可。

李凤玲等(2008)建议积分上限取 $R=100$,式(8.25)中 $\sum_{n=1}^{\infty}\omega_n(\gamma)$ 的级数项取值 $n=5$,这样的 $\omega_n(\gamma)$ 的数量级为 10^{-5},满足计算精度要求。

(三)基于复化 Simpson 数值积分的 Neuman 井函数 A 组曲线 MATLAB. m 文件

(1)A 组曲线主程序 W2_ts. m

```
clc
clear all
warning off
up=1000;                                %设置积分上限
lo=10^-20;                              %设置积分下限
m =1000;                                %设置数值积分条分个数
h =(up-lo)/(2* m);                      %数值积分条分宽度 h
beta =4;                                %曲线参变量β
ts =1;                                  %A 曲线族 X 轴变量
sigma =1e-9;                            %σ 值,Neuman 建议 σ=1e-9
n=10;                                   %井函数中级数求和截断个数
flo = 0.000000000000000001;             %井函数积分下限计算值
r0=up;                                  %用简化公式,伽马 0 的计算值都是等于积分上限
                    %%%%%%%%%%%%%%%%%%%%%%%%%%%%%%%%%%%%%%%%%%%%%%%%%%%
w0 =((1-exp(-ts .*beta .*(up.^2-(r0).^2))).*tanh(r0))/((up.^2 +(1 + sigma).*(r0).^
    2-((1 / sigma).*(up.^2-(r0).^2).^2)).*(r0));
wn=0;
    for j=1:n
        rn = j.*  pi +atan(-(up ^2 +((2.*j-1).*0.5.*pi).^2)./(sigma.*(2.*j-1).*0.5.*pi));
        wn =wn +((1-exp(-(ts).*beta.*(up.^2 +(rn).^2))).*tan(rn))/((up.^2-(1 +
            sigma).* (rn).^2-((1 / sigma).*(up.^2 +(rn).^2).^2)).*(rn));
    end
fup=(4.*up.*besselj(0,up.*beta.^0.5)).*(w0 + wn);        %井函数积分上限计算值
sd =(h./3).*(flo+fup+4.*WW2_ts(m,h,beta,ts,sigma,n)+2.*WW3_ts(m,h,beta,ts,sigma,n))
```

(2)复化 Simpson 数值积分求和程序 WW2_ts

```
function f1=WW2_ts(m,h,beta,ts,sigma,n)
sum = 0;
for i=1:m
    wn=0;
    y=(2.*i-1).*h;
    r0 = 0.5.*(-sigma.*tanh(y)+(sigma.*sigma.*tanh(y).*tanh(y)+4.*y.*y).^0.5);
    w0 =((1-exp(-ts.*beta.*(y.^2-(r0).^2))).*tanh(r0))/((y.^2 +(1 + sigma).*
        (r0).^2-((1 / sigma).*(y.^2-(r0).^2).^2)).*(r0));
```

```
    for j =1:n
        rn=j .*   pi +atan(-(y ^ 2 +((2 .*j-1). *0.5 .*pi). ^ 2). /(sigma .*(2 .*j-1). *0.5 .
           *pi));
        wn =wn +((1-exp(-(ts). *beta .*(y .^ 2 +(rn). ^ 2))). *tan(rn))/((y .^ 2-(1 +
            sigma). *(rn). ^ 2-((1 / sigma). *(y .^ 2 +(rn). ^ 2). ^ 2)). *(rn));
    end
    sum = sum +(4 .*y .*besselj(0,y .*beta .^ 0.5)). *(w0 + wn);
end
f1 =sum;
```

（3）复化 Simpson 数值积分求和程序 WW3_ts

```
function f2 =WW3_ts(m,h,beta,ts,sigma,n)
sum = 0;
for i =1:m-1
    wn = 0;
    y =(2*i)*h;
    r0 = 0.5 *(-sigma *tanh(y)+(sigma *sigma *tanh(y)*tanh(y)+ 4 *y *y)^ 0.5);
    w0 =((1-exp(-ts *beta *(y ^ 2-(r0)^ 2)))*tanh(r0))/((y ^ 2 +(1 + sigma)*(r0)^ 2-
        ((1 / sigma)*(y ^ 2-(r0)^ 2)^ 2))*(r0));
    for j =1:n
        rn=j .*pi + atan(-(y .^ 2 +((2 .*j-1). *0.5 .*pi). ^ 2)/(sigma .*(2 .*j-1). *0.5 .
           *pi));
        wn = wn +((1-exp(-ts .*beta .*(y .^ 2 +(rn). ^ 2))). *tan(rn)). /((y .^ 2-(1 +
             sigma). *(rn). ^ 2-((1 / sigma). *(y .^ 2 +(rn). ^ 2). ^ 2)). *(rn));
    end
    sum = sum +(4*y*besselj(0,y*beta ^ 0.5))*(w0 + wn);
end
f2 =sum;
```

对于 B 组曲线主程序 W2_ty. m，可根据 t_s、t_y 的关系式 $t_y=\sigma t_s$ 简单换算即可。

表 8.47～表 8.51 为采用复化 Simpson 数值积分计算的 Neuman 井函数 A 组曲线数值表，采用无穷区间截断的计算方法，忽略截断误差，表 8.47～表 8.51 分别为设置积分上限 $up=100$、1000、2000、10000、100000，积分矩形条分宽度 $h=0.05$，式（8.25）中 $\sum_{n=1}^{\infty}\omega_n(y)$ 的级数项取值 $n=10$ 的计算结果。可见，截断区间设置积分上限为 100000 计算精度较高，但是计算耗时也是最大的，单次计算耗时达到 3.17s。从实用的角度，同时考虑到人工智能计算反复寻优迭代计算耗时较多，作者认为，李凤玲等（2008）给出的积分上限取 100 的建议计算误差较大，尤其对于 β 值较小的情况误差范围较大，根据各表的计算情况，作者认为取积分上限 $up=2000$ 作为截断区间是比较合适的，这样即可以满足计算精度要求，又可以缩减计算时间。

表 8.47　Neuman 井函数 A 组复化 Simpson 数值积分计算表 1

β / t_s	0.001		0.01		0.1		1		2		4	
	原表值	本次计算	原表值	本次计算	原表值	本次计算	原表值	本次计算	原表值	本次计算	原表值	本次计算
0.1	0.0248	0.175	0.0241	0.0412	0.0224	0.0173	0.017	0.0155	0.0138	0.0144	0.00933	0.0088
0.2	0.145	0.3442	0.14	0.1573	0.127	0.1218	0.0849	0.0835	0.0603	0.0609	0.0317	0.0312
0.35	0.358	0.5706	0.345	0.3618	0.304	0.2987	0.175	0.1735	0.107	0.1074	0.0445	0.044
0.6	0.662	0.8753	0.633	0.6492	0.54	0.5342	0.256	0.254	0.133	0.1338	0.0476	0.0471
1	1.02	1.2319	0.963	0.9814	0.79	0.7866	0.3	0.2984	0.14	0.1409	0.0478	0.0473
2	1.57	1.7857	1.46	1.4821	1.12	1.1179	0.317	0.3148	0.141	0.1418	—	—
3.5	2.05	2.2645	1.88	1.897	1.34	1.3318	—	—	—	—	—	—
6	2.52	2.7355	2.27	2.2834	1.47	1.4653	—	—	—	—	—	—
10	2.97	3.1806	2.61	2.622	1.53	1.5256	—	—	—	—	—	—
20	3.56	3.7696	3	3.0125	1.55	1.5452	—	—	—	—	—	—
35	4.01	4.2218	3.23	3.2458	—	—	—	—	—	—	—	—
60	4.42	4.6279	3.37	3.3863	—	—	—	—	—	—	—	—
100	4.77	4.9767	3.43	3.4485	—	—	—	—	—	—	—	—
200	5.16	5.3736	3.45	3.4685	—	—	—	—	—	—	—	—
350	5.4	5.6091	3.46	3.4695	—	—	—	—	—	—	—	—
600	5.54	5.7503	—	—	—	—	—	—	—	—	—	—
1000	5.59	5.8126	—	—	—	—	—	—	—	—	—	—
2000	5.62	5.8327	—	—	—	—	—	—	—	—	—	—
3500	5.62	5.8337	—	—	—	—	—	—	—	—	—	—

原表值为 Neuman(1975)数据，本次计算设置数值积分上限 $up=100$，$m=1000$，$h=0.05$，单次计算耗时 0.019s。

表 8.48　Neuman 井函数 A 组复化 Simpson 数值积分计算表 2

β / t_s	0.001		0.01		0.1		1		2		4	
	原表值	本次计算	原表值	本次计算	原表值	本次计算	原表值	本次计算	原表值	本次计算	原表值	本次计算
0.1	0.0248	0.0187	0.0241	0.0222	0.0224	0.0229	0.017	0.0171	0.0138	0.0137	0.00933	0.0093
0.2	0.145	0.1374	0.14	0.1382	0.127	0.1274	0.0849	0.085	0.0603	0.0603	0.0317	0.0317
0.35	0.358	0.3492	0.345	0.3427	0.304	0.3043	0.175	0.1751	0.107	0.1068	0.0445	0.0445
0.6	0.662	0.6516	0.633	0.6301	0.54	0.5398	0.256	0.2555	0.133	0.1332	0.0476	0.0476
1	1.02	1.0081	0.963	0.9623	0.79	0.7922	0.3	0.3	0.14	0.1403	0.0478	0.0479
2	1.57	1.5619	1.46	1.4631	1.12	1.1235	0.317	0.3164	0.141	0.1411	—	—
3.5	2.05	2.0407	1.88	1.8779	1.34	1.3373	—	—	—	—	—	—
6	2.52	2.5117	2.27	2.2643	1.47	1.4709	—	—	—	—	—	—
10	2.97	2.9569	2.61	2.603	1.53	1.5312	—	—	—	—	—	—
20	3.56	3.5458	3	2.9934	1.55	1.5508	—	—	—	—	—	—
35	4.01	3.998	3.23	3.2267	—	—	—	—	—	—	—	—

续表

t_s \ β	0. 001		0. 01		0. 1		1		2		4	
	原表值	本次计算	原表值	本次计算	原表值	本次计算	原表值	本次计算	原表值	本次计算	原表值	本次计算
60	4. 42	4. 4041	3. 37	3. 3672	—	—	—	—	—	—	—	—
100	4. 77	4. 753	3. 43	3. 4294	—	—	—	—	—	—	—	—
200	5. 16	5. 1499	3. 45	3. 4494	—	—	—	—	—	—	—	—
350	5. 4	5. 3853	3. 46	3. 4504	—	—	—	—	—	—	—	—
600	5. 54	5. 5265	—	—	—	—	—	—	—	—	—	—
1000	5. 59	5. 5888	—	—	—	—	—	—	—	—	—	—
2000	5. 62	5. 6089	—	—	—	—	—	—	—	—	—	—
3500	5. 62	5. 6099	—	—	—	—	—	—	—	—	—	—

原表值为 Neuman(1975)数据,本次计算设置数值积分上限 $up=1000$,$m=10000$,$h=0.05$,单次计算耗时 0. 05s。

表 8. 49　Neuman 井函数 A 组复化 Simpson 数值积分计算表 3

t_s \ β	0. 001		0. 01		0. 1		1		2		4	
	原表值	本次计算	原表值	本次计算	原表值	本次计算	原表值	本次计算	原表值	本次计算	原表值	本次计算
0. 1	0. 0248	0. 0261	0. 0241	0. 0224	0. 0224	0. 0223	0. 017	0. 0171	0. 0138	0. 0138	0. 00933	0. 00932
0. 2	0. 145	0. 1447	0. 14	0. 1385	0. 127	0. 1269	0. 0849	0. 085	0. 0603	0. 0603	0. 0317	0. 0317
0. 35	0. 358	0. 3566	0. 345	0. 343	0. 304	0. 3038	0. 175	0. 1751	0. 107	0. 1068	0. 0445	0. 0445
0. 6	0. 662	0. 659	0. 633	0. 6304	0. 54	0. 5393	0. 256	0. 2555	0. 133	0. 1332	0. 0476	0. 0476
1	1. 02	1. 0154	0. 963	0. 9626	0. 79	0. 7917	0. 3	0. 3	0. 14	0. 1403	0. 0478	0. 0478
2	1. 57	1. 5692	1. 46	1. 4634	1. 12	1. 123	0. 317	0. 3164	0. 141	0. 1411	—	—
3. 5	2. 05	2. 0481	1. 88	1. 8782	1. 34	1. 3368	—	—	—	—	—	—
6	2. 52	2. 519	2. 27	2. 2646	1. 47	1. 4703	—	—	—	—	—	—
10	2. 97	2. 9642	2. 61	2. 6033	1. 53	1. 5307	—	—	—	—	—	—
20	3. 56	3. 5531	3	2. 9937	1. 55	1. 5503	—	—	—	—	—	—
35	4. 01	4. 0053	3. 23	3. 227	—	—	—	—	—	—	—	—
60	4. 42	4. 4115	3. 37	3. 3675	—	—	—	—	—	—	—	—
100	4. 77	4. 7603	3. 43	3. 4297	—	—	—	—	—	—	—	—
200	5. 16	5. 1572	3. 45	3. 4497	—	—	—	—	—	—	—	—
350	5. 4	5. 3926	3. 46	3. 451	—	—	—	—	—	—	—	—
600	5. 54	5. 5338	—	—	—	—	—	—	—	—	—	—
1000	5. 59	5. 5962	—	—	—	—	—	—	—	—	—	—
2000	5. 62	5. 6163	—	—	—	—	—	—	—	—	—	—
3500	5. 62	5. 6173	—	—	—	—	—	—	—	—	—	—

原表值为 Neuman(1975)数据,本次计算设置数值积分上限 $up=2000$,$m=20000$,$h=0.05$,单次计算耗时 0. 09s。

表 8.50　Neuman 井函数 A 组复化 Simpson 数值积分计算表 4

t_s \ β	0.001		0.01		0.1		1		2		4	
	原表值	本次计算	原表值	本次计算	原表值	本次计算	原表值	本次计算	原表值	本次计算	原表值	本次计算
0.1	0.0248	0.0303	0.0241	0.0231	0.0224	0.0223	0.017	0.0171	0.0138	0.0137	0.00093	0.0093
0.2	0.145	0.1489	0.14	0.1392	0.127	0.1268	0.0849	0.085	0.0603	0.0603	0.0317	0.0317
0.35	0.358	0.3608	0.345	0.3437	0.304	0.3037	0.175	0.1751	0.107	0.1068	0.0445	0.0445
0.6	0.662	0.6632	0.633	0.6311	0.54	0.5392	0.256	0.2555	0.133	0.1332	0.0476	0.0476
1	1.02	1.0196	0.963	0.9633	0.79	0.5392	0.3	0.3	0.14	0.1403	0.0478	0.0478
2	1.57	1.5734	1.46	1.464	1.12	1.1229	0.317	0.3164	0.141	0.1411	—	—
3.5	2.05	2.0523	1.88	1.8789	1.34	1.3368	—	—	—	—	—	—
6	2.52	2.5232	2.27	2.2653	1.47	1.4703	—	—	—	—	—	—
10	2.97	2.9684	2.61	2.6039	1.53	1.5306	—	—	—	—	—	—
20	3.56	3.5573	3	2.9943	1.55	1.5502	—	—	—	—	—	—
35	4.01	4.0095	3.23	3.2277	—	—	—	—	—	—	—	—
60	4.42	4.4157	3.37	3.3682	—	—	—	—	—	—	—	—
100	4.77	4.7645	3.43	3.4304	—	—	—	—	—	—	—	—
200	5.16	5.1614	3.45	3.4504	—	—	—	—	—	—	—	—
350	5.4	5.3968	3.46	3.4514	—	—	—	—	—	—	—	—
600	5.54	5.538	—	—	—	—	—	—	—	—	—	—
1000	5.59	5.6004	—	—	—	—	—	—	—	—	—	—
2000	5.62	5.6205	—	—	—	—	—	—	—	—	—	—
3500	5.62	5.6215	—	—	—	—	—	—	—	—	—	—

原表值为 Neuman(1975)数据，本次计算设置数值积分上限 $up=10000$，$m=100000$，$h=0.05$，单次计算耗时 0.34s。

表 8.51　Neuman 井函数 A 组复化 Simpson 数值积分计算表 5

t_s \ β	0.001		0.01		0.1		1		2		4	
	原表值	本次计算	原表值	本次计算	原表值	本次计算	原表值	本次计算	原表值	本次计算	原表值	本次计算
0.1	0.0248	0.0303	0.0241	0.0231	0.0224	0.0223	0.017	0.0171	0.0138	0.0137	0.00933	0.0093
0.2	0.145	0.149	0.14	0.1392	0.127	0.1268	0.0849	0.085	0.0603	0.0603	0.0317	0.0317
0.35	0.358	0.3608	0.345	0.3437	0.304	0.3037	0.175	0.1751	0.107	0.1068	0.0445	0.0445
0.6	0.662	0.6633	0.633	0.6311	0.54	0.5392	0.256	0.2555	0.133	0.1332	0.0476	0.0476
1	1.02	1.0197	0.963	0.9633	0.79	0.7916	0.3	0.3	0.14	0.1403	0.0478	0.0478
2	1.57	1.5735	1.46	1.464	1.12	1.1229	0.317	0.3164	0.141	0.1411	—	—
3.5	2.05	2.0523	1.88	1.8789	1.34	1.3368	—	—	—	—	—	—
6	2.52	2.5233	2.27	2.2653	1.47	1.4703	—	—	—	—	—	—
10	2.97	2.9685	2.61	2.6039	1.53	1.5306	—	—	—	—	—	—
20	3.56	3.5574	3	2.9944	1.55	1.5502	—	—	—	—	—	—
35	4.01	4.0096	3.23	3.2277	—	—	—	—	—	—	—	—

续表

t_s \ β	0.001		0.01		0.1		1		2		4	
	原表值	本次计算	原表值	本次计算	原表值	本次计算	原表值	本次计算	原表值	本次计算	原表值	本次计算
60	4.42	4.4157	3.37	3.3682	—	—	—	—	—	—	—	—
100	4.77	4.7646	3.43	3.4304	—	—	—	—	—	—	—	—
200	5.16	5.1615	3.45	3.4504	—	—	—	—	—	—	—	—
350	5.4	5.3969	3.46	3.4514	—	—	—	—	—	—	—	—
600	5.54	5.5381	—	—	—	—	—	—	—	—	—	—
1000	5.59	5.6005	—	—	—	—	—	—	—	—	—	—
2000	5.62	5.6205	—	—	—	—	—	—	—	—	—	—
3500	5.62	5.6215	—	—	—	—	—	—	—	—	—	—

原表值为 Neuman(1975)数据，本次计算设置数值积分上限 $up=100000$，$m=1000000$，$h=0.05$，单次计算耗时 3.17s。

(四)直接调用 MATLAB 内置数值积分计算 Neuman 井函数 A 组曲线值

```
clc
clear
warning off
sigma=1e-9;                    %σ值,Neuman建议σ=1e-9
beta=4;                        %曲线参变量β值
ts=1;                          %A曲线族X轴变量
syms n y
rn=@(y,n)  n.*pi + atan((-y.^2-((2.*n-1).*(pi./2)).^2)./(sigma.*(2.*n-1).*(pi./2)));
wn =@(y,n)((1-exp(-(ts).*beta.*(y.^2 +(n.*pi + atan((-y.^2-((2.*n-1).*(pi./2)).^
    2)./(sigma.*(2.*n-1).*(pi./2)))).^2))).*tan(n.*pi + atan((-y.^2-((2.*n-1).*
    (pi./2)).^2)./(sigma.*(2.*n-1).*(pi./2)))))/((y.^2-(1 + sigma).*(n.*pi + atan
    ((-y.^2-((2.*n-1).*(pi./2)).^2)./(sigma.*(2.*n-1).*(pi./2)))).^2-((1 /
    sigma).*(y.^2 +(n.*pi + atan((-y.^2-((2.*n-1).*(pi./2)).^2)./(sigma.*(2.*n-
    1).*(pi./2)))).^2).^2)).*(n.*pi + atan((-y.^2-((2.*n-1).*(pi./2)).^2)./
    (sigma.*(2.*n-1).*(pi./2)))));
w0=@(y)((1-exp(-(ts).*beta.*(y.^2-(0.5.*(-sigma.*tanh(y)+(sigma.*sigma.*tanh
    (y).*tanh(y)+4.*y.*y).^0.5)).^2))).*tanh(0.5.*(-sigma.*tanh(y)+(sigma.*
    sigma.*tanh(y).*tanh(y)+4.*y.*y).^0.5)))/((y.^2 +(1 + sigma).*(0.5.*(-sigma.*
    tanh(y)+(sigma.*sigma.*tanh(y).*tanh(y)+4.*y.*y).^0.5)).^2-((1 / sigma).*
    (y.^2-(0.5.*(-sigma.*tanh(y)+(sigma.*sigma.*tanh(y).*tanh(y)+4.*y.*y).^
    0.5)).^2).^2)).*(0.5.*(-sigma.*tanh(y)+(sigma.*sigma.*tanh(y).*tanh(y)+4.
    *y.*y).^0.5)));
funSD1=matlabFunction(4.*y.*besselj(0,y.*sqrt(beta)).*(w0+symsum(wn,n,1,10)),
       'vars',y);
integral(funSD1,0,inf)
```

上述代码为根据式(8.25)～式(8.28)编制的 Neuman 井函数 A 组曲线的 MATLAB 计算程序,作者编制了基于复化 Simpson 数值积分计算的 Neuman 井函数,计算中发现 $\omega_0(\gamma)$ 近似等于零,$\omega_0(\gamma)$ 对计算结果几乎无影响,为方便计算,可令 $\omega_0(\gamma)=0$,对计算结果影响不大。表 8.52～表 8.57 为直接调用 MATLAB 内置数值积分计算的 Neuman 井函数 A 组曲线值,分别采用无穷区间截断的计算方法,忽略截断误差,积分上限分别设定为 100、1000、2000、3000、5000、8000 及∞,式(8.25)中 $\sum_{n=1}^{\infty}\omega_n(\gamma)$ 的级数项取值 $n=10$。从计算结果来看,积分上限设置只要大于 2000,计算结果与 Neuman(1975)给出的计算结果已经相差不大,对于 Neuman 井函数 B 组曲线,可根据 t_s、t_y 的关系式 $t_y=\sigma t_s$ 简单换算即可,但 $\omega_0(\gamma)$ 对计算结果影响较大,不可忽略,井函数计算中需要将 $\omega_0(\gamma)$ 的计算添加到程序中。

表 8.52　Neuman 井函数 A 组数值积分计算表 1

β / t_s	0.001		0.01		0.1		1		2		4	
	原表值	本次计算	原表值	本次计算	原表值	本次计算	原表值	本次计算	原表值	本次计算	原表值	本次计算
0.1	0.0248	0.175	0.0241	0.0412	0.0224	0.0173	0.017	0.0155	0.0138	0.0144	0.00933	0.0088
0.2	0.145	0.3442	0.14	0.1573	0.127	0.1218	0.0849	0.0835	0.0603	0.0609	0.0317	0.0312
0.35	0.358	0.5705	0.345	0.3618	0.304	0.2987	0.175	0.1735	0.107	0.1074	0.0445	0.044
0.6	0.662	0.8753	0.633	0.6492	0.54	0.5342	0.256	0.254	0.133	0.1338	0.0476	0.0471
1	1.02	1.2318	0.963	0.9814	0.79	0.7866	0.3	0.2984	0.14	0.1409	0.0478	0.0473
2	1.57	1.7856	1.46	1.4821	1.12	1.1179	0.317	0.3148	0.141	0.1418	—	—
3.5	2.05	2.2644	1.88	1.897	1.34	1.3318	—	—	—	—	—	—
6	2.52	2.7353	2.27	2.2834	1.47	1.4653	—	—	—	—	—	—
10	2.97	3.1805	2.61	2.622	1.53	1.5256	—	—	—	—	—	—
20	3.56	3.7694	3	3.0125	1.55	1.5453	—	—	—	—	—	—
35	4.01	4.2217	3.23	3.2458	—	—	—	—	—	—	—	—
60	4.42	4.6278	3.37	3.3863	—	—	—	—	—	—	—	—
100	4.77	4.9766	3.43	3.4485	—	—	—	—	—	—	—	—
200	5.16	5.3735	3.45	3.4685	—	—	—	—	—	—	—	—
350	5.4	5.6089	3.46	3.4695	—	—	—	—	—	—	—	—
600	5.54	5.7501	—	—	—	—	—	—	—	—	—	—
1000	5.59	5.8125	—	—	—	—	—	—	—	—	—	—
2000	5.62	5.8326	—	—	—	—	—	—	—	—	—	—
3500	5.62	5.8336	—	—	—	—	—	—	—	—	—	—

原表值为 Neuman(1975)数据,本次计算设置数值积分上限 $up=100$,单次计算耗时 0.22～0.24s。

表 8.53　Neuman 井函数 A 组数值积分计算表 2

β / t_s	0.001		0.01		0.1		1		2		4	
	原表值	本次计算	原表值	本次计算	原表值	本次计算	原表值	本次计算	原表值	本次计算	原表值	本次计算
0.1	0.0248	0.0192	0.0241	0.0225	0.0224	0.0227	0.017	0.017	0.0138	0.0138	0.00933	0.0093

续表

β / t_s	0.001		0.01		0.1		1		2		4	
	原表值	本次计算	原表值	本次计算	原表值	本次计算	原表值	本次计算	原表值	本次计算	原表值	本次计算
0.2	0.145	0.1379	0.14	0.1386	0.127	0.1272	0.0849	0.085	0.0603	0.0603	0.0317	0.0317
0.35	0.358	0.3497	0.345	0.3431	0.304	0.3041	0.175	0.175	0.107	0.1068	0.0445	0.0445
0.6	0.662	0.6521	0.633	0.6305	0.54	0.5396	0.256	0.2555	0.133	0.1332	0.0476	0.0476
1	1.02	1.0086	0.963	0.9627	0.79	0.792	0.3	0.3	0.14	0.1403	0.0478	0.0479
2	1.57	1.5623	1.46	1.4634	1.12	1.1234	0.317	0.3164	0.141	0.1411	—	—
3.5	2.05	2.0412	1.88	1.8783	1.34	1.3372	—	—	—	—	—	—
6	2.52	2.5121	2.27	2.2647	1.47	1.4707	—	—	—	—	—	—
10	2.97	2.9573	2.61	2.6033	1.53	1.531	—	—	—	—	—	—
20	3.56	3.5462	3	2.9938	1.55	1.5507	—	—	—	—	—	—
35	4.01	3.9984	3.23	3.2271	—	—	—	—	—	—	—	—
60	4.42	4.4046	3.37	3.3676	—	—	—	—	—	—	—	—
100	4.77	4.7534	3.43	3.4298	—	—	—	—	—	—	—	—
200	5.16	5.1503	3.45	3.4498	—	—	—	—	—	—	—	—
350	5.4	5.3857	3.46	3.4508	—	—	—	—	—	—	—	—
600	5.54	5.5269	—	—	—	—	—	—	—	—	—	—
1000	5.59	5.5893	—	—	—	—	—	—	—	—	—	—
2000	5.62	5.6093	—	—	—	—	—	—	—	—	—	—
3500	5.62	5.6103	—	—	—	—	—	—	—	—	—	—

原表值为 Neuman(1975)数据，本次计算设置数值积分上限 $up=1000$，单次计算耗时 0.23～0.24s。

表 8.54　Neuman 井函数 A 组数值积分计算表 3

β / t_s	0.001		0.01		0.1		1		2		4	
	原表值	本次计算	原表值	本次计算	原表值	本次计算	原表值	本次计算	原表值	本次计算	原表值	本次计算
0.1	0.0248	0.0232	0.0241	0.0235	0.0224	0.0224	0.017	0.017	0.0138	0.0138	0.00933	0.0093
0.2	0.145	0.1418	0.14	0.1396	0.127	0.127	0.0849	0.085	0.0603	0.0603	0.0317	0.0317
0.35	0.358	0.3537	0.345	0.3441	0.304	0.3038	0.175	0.1751	0.107	0.1068	0.0445	0.0445
0.6	0.662	0.6561	0.633	0.6315	0.54	0.5393	0.256	0.2555	0.133	0.1332	0.0476	0.0476
1	1.02	1.0125	0.963	0.9637	0.79	0.7917	0.3	0.3	0.14	0.1403	0.0478	0.0478
2	1.57	1.5663	1.46	1.4644	1.12	1.1231	0.317	0.3164	0.141	0.1411	—	—
3.5	2.05	2.0451	1.88	1.8793	1.34	1.3369	—	—	—	—	—	—
6	2.52	2.5161	2.27	2.2657	1.47	1.4704	—	—	—	—	—	—
10	2.97	2.9612	2.61	2.6043	1.53	1.5307	—	—	—	—	—	—
20	3.56	3.5502	3	2.9947	1.55	1.5504	—	—	—	—	—	—
35	4.01	4.0024	3.23	3.2281	—	—	—	—	—	—	—	—
60	4.42	4.4085	3.37	3.3686	—	—	—	—	—	—	—	—

续表

t_s \ β	0.001		0.01		0.1		1		2		4	
	原表值	本次计算	原表值	本次计算	原表值	本次计算	原表值	本次计算	原表值	本次计算	原表值	本次计算
100	4.77	4.7573	3.43	3.4308	—	—	—	—	—	—	—	—
200	5.16	5.1542	3.45	3.4508	—	—	—	—	—	—	—	—
350	5.4	5.3896	3.46	3.4518	—	—	—	—	—	—	—	—
600	5.54	5.5309	—	—	—	—	—	—	—	—	—	—
1000	5.59	5.5932	—	—	—	—	—	—	—	—	—	—
2000	5.62	5.6133	—	—	—	—	—	—	—	—	—	—
3500	5.62	5.6143	—	—	—	—	—	—	—	—	—	—

原表值为 Neuman(1975)数据,本次计算设置数值积分上限 $up=2000$,单次计算耗时 0.22～0.24s。

表 8.55　Neuman 井函数 A 组数值积分计算表 4

t_s \ β	0.001		0.01		0.1		1		2		4	
	原表值	本次计算	原表值	本次计算	原表值	本次计算	原表值	本次计算	原表值	本次计算	原表值	本次计算
0.1	0.0248	0.0246	0.0241	0.0241	0.0224	0.0224	0.017	0.017	0.0138	0.0138	0.00933	0.0093
0.2	0.145	0.1432	0.14	0.1401	0.127	0.127	0.0849	0.085	0.0603	0.0603	0.0317	0.0317
0.35	0.358	0.3551	0.345	0.3447	0.304	0.3038	0.175	0.175	0.107	0.1068	0.0445	0.0445
0.6	0.662	0.6575	0.633	0.6321	0.54	0.5393	0.256	0.2555	0.133	0.1332	0.0476	0.0476
1	1.02	1.0139	0.963	0.9642	0.79	0.7918	0.3	0.2999	0.14	0.1403	0.0478	0.0478
2	1.57	1.5677	1.46	1.465	1.12	1.1231	0.317	0.3163	0.141	0.1411	—	—
3.5	2.05	2.0465	1.88	1.8798	1.34	1.3369	—	—	—	—	—	—
6	2.52	2.5174	2.27	2.2662	1.47	1.4704	—	—	—	—	—	—
10	2.97	2.9626	2.61	2.6049	1.53	1.5307	—	—	—	—	—	—
20	3.56	3.5515	3	2.9953	1.55	1.5504	—	—	—	—	—	—
35	4.01	4.0038	3.23	3.2287	—	—	—	—	—	—	—	—
60	4.42	4.4099	3.37	3.3692	—	—	—	—	—	—	—	—
100	4.77	4.7587	3.43	3.4314	—	—	—	—	—	—	—	—
200	5.16	5.1556	3.45	3.4514	—	—	—	—	—	—	—	—
350	5.4	5.391	3.46	3.4524	—	—	—	—	—	—	—	—
600	5.54	5.5322	—	—	—	—	—	—	—	—	—	—
1000	5.59	5.5946	—	—	—	—	—	—	—	—	—	—
2000	5.62	5.6147	—	—	—	—	—	—	—	—	—	—
3500	5.62	5.6157	—	—	—	—	—	—	—	—	—	—

原表值为 Neuman(1975)数据,本次计算设置数值积分上限 $up=5000$,单次计算耗时 0.22～0.25s。

表 8.56　Neuman 井函数 A 组数值积分计算表 5

t_s \ β	0.001		0.01		0.1		1		2		4	
	原表值	本次计算	原表值	本次计算	原表值	本次计算	原表值	本次计算	原表值	本次计算	原表值	本次计算
0.1	0.0248	0.0247	0.0241	0.0241	0.0224	0.0224	0.017	0.017	0.0138	0.0138	0.00933	0.0093
0.2	0.145	0.1433	0.14	0.1402	0.127	0.127	0.0849	0.085	0.0603	0.0603	0.0317	0.0317
0.35	0.358	0.3552	0.345	0.3447	0.304	0.3039	0.175	0.175	0.107	0.1068	0.0445	0.0445
0.6	0.662	0.6576	0.633	0.6321	0.54	0.5393	0.256	0.2555	0.133	0.1332	0.0476	0.0476
1	1.02	1.014	0.963	0.9643	0.79	0.7918	0.3	0.3	0.14	0.1403	0.0478	0.0478
2	1.57	1.5678	1.46	1.465	1.12	1.1231	0.317	0.3164	0.141	0.1411	—	—
3.5	2.05	2.0466	1.88	1.8799	1.34	1.3369	—	—	—	—	—	—
6	2.52	2.5176	2.27	2.2663	1.47	1.4704	—	—	—	—	—	—
10	2.97	2.9627	2.61	2.6049	1.53	1.5307	—	—	—	—	—	—
20	3.56	3.5517	3	2.9953	1.55	1.5504	—	—	—	—	—	—
35	4.01	4.0039	3.23	3.2287	—	—	—	—	—	—	—	—
60	4.42	4.41	3.37	3.3692	—	—	—	—	—	—	—	—
100	4.77	4.7588	3.43	3.4314	—	—	—	—	—	—	—	—
200	5.16	5.1557	3.45	3.4514	—	—	—	—	—	—	—	—
350	5.4	5.3911	3.46	3.4524	—	—	—	—	—	—	—	—
600	5.54	5.5324	—	—	—	—	—	—	—	—	—	—
1000	5.59	5.5947	—	—	—	—	—	—	—	—	—	—
2000	5.62	5.6148	—	—	—	—	—	—	—	—	—	—
3500	5.62	5.6158	—	—	—	—	—	—	—	—	—	—

原表值为 Neuman(1975)数据,本次计算设置数值积分上限 $up=8000$,单次计算耗时 0.22 ~ 0.25s。

表 8.57　Neuman 井函数 A 组数值积分计算表 6

t_s \ β	0.001		0.01		0.1		1		2		4	
	原表值	本次计算	原表值	本次计算	原表值	本次计算	原表值	本次计算	原表值	本次计算	原表值	本次计算
0.1	0.0248	0.0244	0.0241	0.0241	0.0224	0.0224	0.017	0.017	0.0138	0.0137	0.00933	0.0093
0.2	0.145	0.1430	0.14	0.1401	0.127	0.127	0.0849	0.085	0.0603	0.0603	0.0317	0.0317
0.35	0.358	0.3549	0.345	0.3446	0.304	0.3038	0.175	0.175	0.107	0.1067	0.0445	0.0445
0.6	0.662	0.6573	0.633	0.632	0.54	0.5393	0.256	0.2555	0.133	0.1332	0.0476	0.0476
1	1.02	1.0137	0.963	0.9642	0.79	0.7918	0.3	0.2999	0.14	0.1403	0.0478	0.0478
2	1.57	1.5675	1.46	1.465	1.12	1.1231	0.317	0.3163	0.141	0.1411	—	—
3.5	2.05	2.0463	1.88	1.8798	1.34	1.3369	—	—	—	—	—	—
6	2.52	2.5172	2.27	2.2662	1.47	1.4704	—	—	—	—	—	—
10	2.97	2.9624	2.61	2.6049	1.53	1.5307	—	—	—	—	—	—
20	3.56	3.5513	3	2.9953	1.55	1.5504	—	—	—	—	—	—
35	4.01	4.0036	3.23	3.2286	—	—	—	—	—	—	—	—

续表

t_s \ β	0.001		0.01		0.1		1		2		4	
	原表值	本次计算	原表值	本次计算	原表值	本次计算	原表值	本次计算	原表值	本次计算	原表值	本次计算
60	4.42	4.4097	3.37	3.3691	—	—	—	—	—	—	—	—
100	4.77	4.7585	3.43	3.4313	—	—	—	—	—	—	—	—
200	5.16	5.1554	3.45	3.4514	—	—	—	—	—	—	—	—
350	5.4	5.3908	3.46	3.4523	—	—	—	—	—	—	—	—
600	5.54	5.532	—	—	—	—	—	—	—	—	—	—
1000	5.59	5.5944	—	—	—	—	—	—	—	—	—	—
2000	5.62	5.6145	—	—	—	—	—	—	—	—	—	—
3500	5.62	5.6155	—	—	—	—	—	—	—	—	—	—

原表值为 Neuman(1975)数据，本次计算设置数值积分上限 $up=\infty$，单次计算耗时 0.34 ~0.42s。

三、先配 B 曲线后配 A 曲线配线法计算步骤及计算例题

(一)配线法计算步骤

1)将观测孔中的不同时间实测的水位降深资料，在相同模数的双对数坐标纸上汇出 s-t 曲线(s 为纵坐标 t 为横坐标)。

2)将 s-t 曲线叠置在标准曲线上，保持坐标轴相互平行，使得后期的 s-t 曲线尽可能多地与 B 组某一曲线重合，记下该曲线配线参变量 β 值，在曲线重叠部位任选一个匹配点，读出两个坐标系中匹配点的 s、s_D、t、t_y 的相应坐标代入式(8.29)和式(8.30)，计算导水系数 T_B、给水度 μ 值。

3)平行移动 s-t 曲线，使得前期的 s-t 曲线尽可能多地与 A 组曲线重合，保持 A 组标准曲线的 β 与 B 组曲线的 β 值相同，在曲线重叠部位任选一个匹配点，读出两个坐标系中匹配点的 s、s_D、t、t_s 的相应坐标，求出 T_A，代入式(8.31)计算贮水系数 μ^*，两次求出的导水系数 T 应相差不大，取其平均值 T_p，由式(8.32)计算径向渗透系数 K_r，并根据式(8.33)，确定各向异性主渗透系数的比值 K_d，由式(8.34)计算垂向渗透系数 K_z，σ 值由式(8.35)计算。

4)曲线叠合过程中，应使 s-t 曲线中没有被重合的中间部分位于标准曲线的直线段上。

5)各水文地质参数计算公式如下：

$$T_B = \frac{Qs_D}{4\pi s} = 0.08 \times \frac{Qs_D}{s} \tag{8.29}$$

$$\mu = \frac{T_B t}{r^2 t_y} \tag{8.30}$$

$$\mu^* = \frac{T_A t}{r^2 t_s} \tag{8.31}$$

$$K_r = \frac{T_p}{h_0} \tag{8.32}$$

$$K_d = \beta \frac{h_0^2}{r^2} \tag{8.33}$$

$$K_z = K_r \times K_d \tag{8.34}$$

$$\sigma = \frac{\mu}{\mu^*} \tag{8.35}$$

(二)计算例题 8.2

使用例题 8.1 的数据,并采用 Neuman 配线法计算含水层的水文地质参数(蒋辉等,2009)。

在双对数透明坐标纸上绘制 s-t 曲线,如图 8.2 所示。将图 8.2 中实测 s-t 曲线的后半部分(右边部分)与纽曼的 B 组理论曲线进行配线,最好与 $\beta=0.03$ 的一条曲线重合,任选一匹配点,在两张纸上读取匹配点的坐标为 $[s]=0.15\text{m}$, $[t]=10\text{min}$, $[s_D]=2$, $[t_y]=1$,代入式(8.29)和式(8.30),则有

$$T_B = \frac{Q[s_D]}{4\pi[s]} = \frac{1.5\times 86.4\times 2}{4\times\pi\times 0.15} = 137.5098\text{m}^2/\text{d}$$

$$\mu = \frac{T_B[t]}{r^2[t_y]} = \frac{137.5098\times 10/1440}{10^2\times 1} = 9.549\times 10^{-3}$$

在上一步骤完成后,将 s-t 实测曲线的前半部分(左边部分)沿着 $\beta=0.03$ 的纽曼 A 组理论曲线进行配线,配线完成后,选取匹配点,读出坐标为 $[s]=0.17\text{m}$, $[t]=1\text{min}$, $[s_D]=2$, $[t_s]=1$,代入式(8.25)和式(8.27),则有

$$T_A = \frac{Q[s_D]}{4\pi[s]} = \frac{1.5\times 86.4\times 2}{4\times\pi\times 0.17} = 121.3322\text{m}^2/\text{d}$$

$$\mu^* = \frac{T_A[t]}{r^2[t_s]} = \frac{121.3322\times 1/1440}{10^2\times 1} = 8.42585\times 10^{-3}$$

T 取平均值　　$$T_p = \frac{137.5098+121.3322}{2} = 129.421\text{m}^2/\text{d}$$

一般情况下,为确保计算的精度,在配线时,先配后期曲线,再配前期曲线。对两次计算的导水系数,一般取后期的计算结果或取平均值。

计算其他参数:

$$K_r = \frac{T_p}{h_0} = \frac{129.421}{8.24} = 15.706\text{m/d}$$

$$K_d = \beta\frac{h_0^2}{r^2} = 0.03\times\frac{8.24^2}{10^2} = 0.02$$

$$K_z = K_r \times K_r = 0.02\times 15.706 = 0.31412\text{m/d}$$

(三)RandWPSO 算法优化配线求解 Neuman 模型(先 B 后 A)

本小节采用随机权重粒子群优化配线算法,实现 Neuman 模型降深–时间(s-t)试验曲线与 s_D-t_y、s_D-t_s 的 Neuman 模型标准曲线的优化配线。

首先用 s-t 试验曲线的后半段对 B 组标准曲线进行优化配线,未知变量为试验曲线配线

坐标纵横移动值 a、b 及曲线配线参变量 β，粒子的维数 $D=3$，B 组曲线族为多维三元函数寻优计算。B 组曲线配线完成后，确定标准曲线的配线参变量 β 值，用 s-t 试验曲线的前半段与配线参变量等于 β 值的 A 组标准曲线进行优化配线，此时 A 组曲线为单一曲线，优化配线转化为二元函数寻优计算，粒子的维数 $D=2$。

步骤如下：

1）首先进行 B 组曲线的配线，设置粒子数目 N、学习因子 c_1 和 c_2、随机权重平均值的最大值 *mean_max*、随机权重平均值的最小值 *mean_min*、随机权重的方差 *sigma*、最大迭代次数 *maxgen*、粒子的维数 D。

2）限定粒子移动范围在标准曲线附近移动，随机初始化种群中各粒子的位置和速度，计算井函数 s_D 及适应度值。

3）评价每个粒子的适应度，将当前各粒子的位置和适应度值存储在各粒子的 p_{best}（个体最优位置）中，将所有 p_{best} 中适应度值最优个体位置和适应度值存储于 g_{best}（群体最优）中。

4）更新权重。

$$\begin{cases}\mu = mean\_min + (mean\_max - mean\_min) \times rand(0,1) \\ \omega = \mu + sigma \times N(0,1)\end{cases}$$

式中，$N(0,1)$ 表示标准正态分布的随机数；$rand(0,1)$ 表示 0 到 1 之间的随机数；*sigma* 为随机权重的方差。

5）用下式更新粒子的速度和位移：

$$v_{id}=\omega\times v_{id}+c_1r_1(p_{id}-x_{id})+c_2r_2(g_{id}-x_{id})$$

$$x_{id}=x_{id}+v_{id}$$

6）对每个粒子，将其适应度值与其经历过的最好位置作比较，如果较好，则将其作为当前的最好位置。

7）比较当前所有 p_{best} 和 g_{best} 的值，更新 g_{best}。

8）若满足停止条件（通常为预设的运算精度或迭代次数），搜索停止，选取匹配点，输出配线坐标纵横移动值 a、b、B 组曲线配线参变量 β 值、配线离差平方和最小值 f_v、匹配点参数值、输出导水系数 T_B 和给水度 μ，否则返回步骤 4）继续搜索。

根据 B 组曲线优化配线确定的 β 值，进行 A 组曲线的优化配线计算。由于已确定配线参变量 β 值，此时 A 组曲线为配线参变量等于 β 的单一标准曲线，配线属于二元函数寻优计算，粒子的维数 $D=2$。

9）A 组曲线的优化配线计算与步骤 1）~7）一致。

10）若满足停止条件（通常为预设的运算精度或迭代次数），搜索停止，选取匹配点，输出 A 组曲线的配线坐标纵横移动值 a_2、b_2、目标函数最小离差平方和 f_{v2}、匹配点参数值，输出导水系数 T_A 和贮水系数 μ^*，以及 K_r、K_d、K_z、σ 值和前后期配线计算的导水系数算数平均值 T_p，否则返回步骤 4）继续搜索。

11）绘制两次配线原始曲线图、配线过程图、最终优化配线图。

（四）Neuman 模型 RandWPSO 算法优化配线计算实例

为方便对比分析，本次计算同样采用例题 8.1 的数据（表 8.3）。

(1)Neuman 模型 RandWPSO 算法优化配线输入的参数

B 组曲线优化配线输入的参数：

粒子数目 N、学习因子 c_1 和 c_2、随机权重平均值的最大值 *mean_max*、随机权重平均值的最小值 *mean_min*、随机权重的方差 *sigma*、最大迭代次数 *maxgen*、粒子的维数 D。

A 组曲线优化配线输入的参数：

粒子数目 $N2$、学习因子 c_{12} 和 c_{22}、随机权重平均值的最大值 *mean_max*2、随机权重平均值的最小值 *mean_min*2、随机权重的方差 *sigma*2、最大迭代次数 *maxgen*2、粒子的维数 D。

(2)构建目标函数

Neuman 模型 B 组标准曲线 s_D-t_y 为与配线参变量 β 值有关的曲线族，基于最小二乘法的目标函数为三元函数寻优计算，目标函数可采用如下公式：

$$\min F(a,b,\beta)=f_v=\sum_{i=1}^{n}\left[s_D(10^{(\lg t_i+\lg a)},\beta)-10^{(\lg s_i+\lg b)}\right]^2 \tag{8.36}$$

Neuman 模型 A 组曲线配线，配线参变量 β 值已经通过 B 组曲线优化配线获得，A 组标准曲线 s_D-t_s 为配线参变量等于 β 的一条具体曲线，目标函数为二元函数寻优计算，目标函数可采用如下公式：

$$\min F(a_2,b_2)=f_v=\sum_{i=1}^{n}\left[s_D(10^{(\lg t_i+\lg a_2)},\beta)-10^{(\lg s_i+\lg b_2)}\right]^2 \tag{8.37}$$

(3)设计编程

1)打开 MATLAB 程序，设定 Neuman 模型随机权重粒子群计算目录路径。

2)构建抽水试验观测数据 B 组曲线配线数据文件 S2R2. mat，形成两行(t_i,s_i)、m(抽水试验观测个数)例的数据文件，构建抽水试验观测数 A 组曲线配线数据文件 S1R2. mat。将抽水试验的降深值接近水平线的观测点，作为 A、B 两组曲线配线数据的分割点。本次计算采用前 28 组数据[去掉第一个(0,0)观测点，至(20,0. 228)观测点]划归 A 组曲线配线数据文件 S1R2. mat，去掉中间段(观测时间 21 ~ 29min 的 9 个数据)，后面的数据(观测时间 30min 以后的 60 个观测数据)划归 B 组曲线配线数据文件 S2R2. mat。

3)编制 B 组曲线配线目标函数计算程序 fit. m，对 a、b 及 β 进行初始赋值，编制 A 组曲线配线目标函数计算程序 fit2. m，对 a_2、b_2 进行初始赋值。

4)编制 Neuman 模型 B 组曲线配线随机权重粒子群计算主程序 RandWPSO. m，编制 Neuman 模型 A 组曲线配线随机权重粒子群计算主程序 RandWPSO2. m。

5)编制 B 组标准曲线井函数计算程序 W2_ts. m、A 组标准曲线井函数计算程序 W2_ty. m。

6)编制复化 Simpson 数值积分求和函数 WW2_ts. m、WW2_ty. m 和 WW3_ts、WW3_ty. m(后期将 WW2_ts. m、WW2_ty. m 和 WW3_ts、WW3_ty. m 合并为 WW_ts. m)。

(4)优化计算过程

为直观了解 Neuman 模型 RandWPSO 算法优化配线计算过程，运行 MATLAB 程序，在当前路径窗口选取 Neuman 模型 RandWPSO 配线法计算路径，在当前文件夹窗口，找到随机权重粒子群算法执行程序 RandWPSO. m，右键打开 RandWPSO. m，可在编辑器中查看、修改程序中的输入设置参数，第一步 B 组曲线配线参数和第二步 A 组曲线配线参数的修改设置均在此文件中。

对于井函数 s_D，B 组曲线标准井函数计算程序 W2_ts. m 及 A 组曲线标准井函数计算程序 W2_ty. m 均采用前面作者编制的复化 Simpson 数值积分进行计算，积分上限设置为 $up=2000$，$m=20000$，$h=0.05$。

B 组曲线配线参数为：

粒子数目 $N=80$、学习因子 $c_1=c_2=1.49618$、随机权重平均值的最大值 $mean\_max=0.8$、随机权重平均值的最小值 $mean\_min=0.4$、随机权重的方差 $sigma=0.2$、最大迭代次数 $maxgen=100$、粒子的维数 $D=3$。

A 组曲线配线参数为：

粒子数目 $N2=80$、学习因子 $c_{12}=c_{22}=1.49618$、随机权重平均值的最大值 $mean\_max2=0.8$、随机权重平均值的最小值 $mean\_min2=0.4$、随机权重的方差 $sigma2=0.2$、最大迭代次数 $maxgen2=100$、粒子的维数 $D=2$（直接写在程序中，不需要输入）。

1）第一步先进行 B 组曲线配线：

计算中修改最大迭代次数 $maxgen$ 值的大小，以了解 Neuman 模型 RandWPSO 算法优化配线迭代计算收敛情况，设置最大迭代次数 $maxgen=5$、50、100、200 等，其他参数不作调整。迭代计算一开始，如果设定最大迭代次数 $maxgen=5$，试验曲线即快速搜索靠近最优标准曲线（图 8.33 和图 8.34），配线离差平方和最小值 $f_v=0.83174503816\sim1.46830112630$，计算的配线参数 β 值 $=0.017001\sim0.026124$，变化较大。图 8.34～图 8.38 为不同迭代次数下的配线状态曲线及适应度函数变化曲线，表 8.58 为不同迭代次数下随机 10 次的计算结果。经过 50 次迭代计算，离差平方和最小值 $f_v=0.814490743148268\sim0.815925629509614$，一般情况下，经过 $maxgen=100$ 次迭代计算，配线离差平方和最小值 $f_v=0.814490453134679\sim0.814490755727486$，计算的导水系数 T_B、给水度 u 已相对稳定，设置最大迭代次数 $maxgen=200$，计算结果基本稳定，B 组曲线配线计算耗时约 69min。

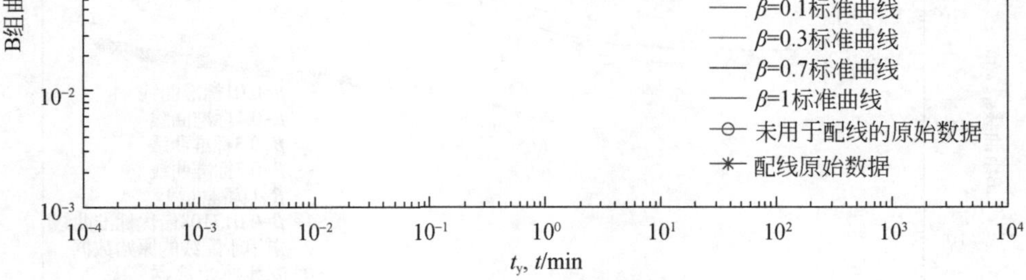

图 8.33　Neuman 井函数部分 B 组曲线及原始数据

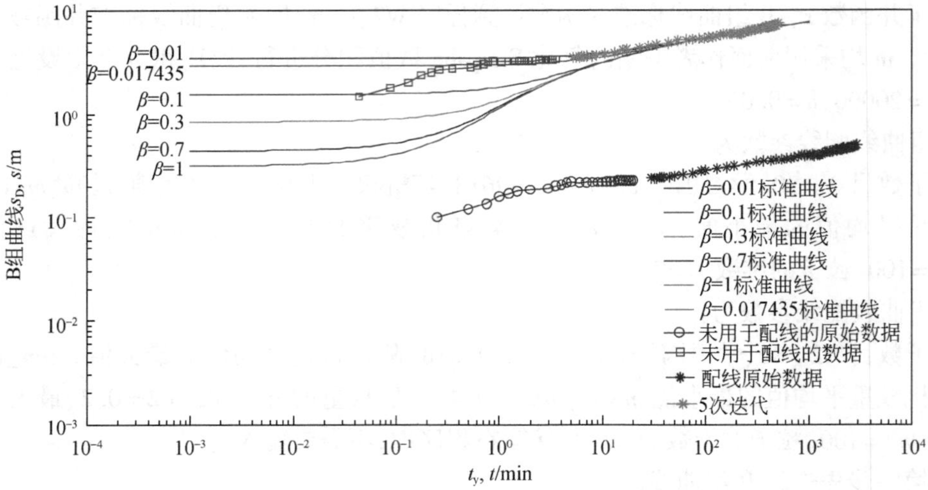

图 8.34　B 组曲线 5 次优化迭代配线

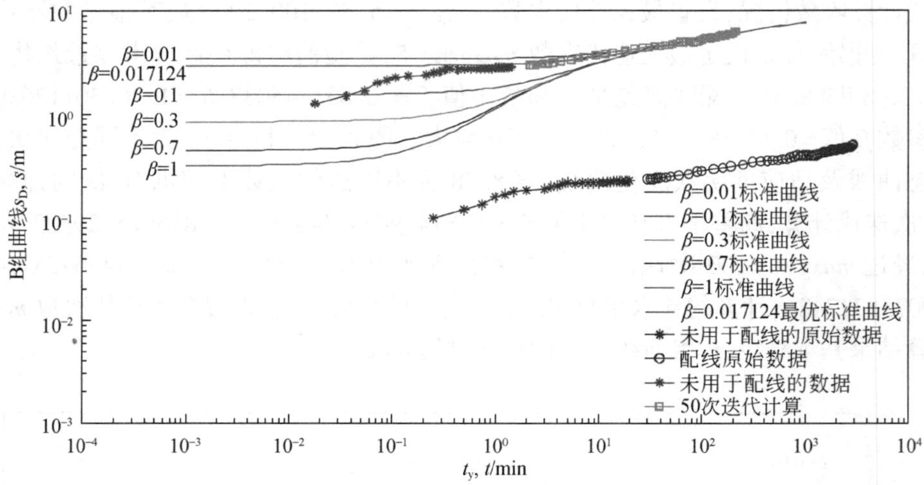

图 8.35　B 组曲线 50 次优化迭代配线

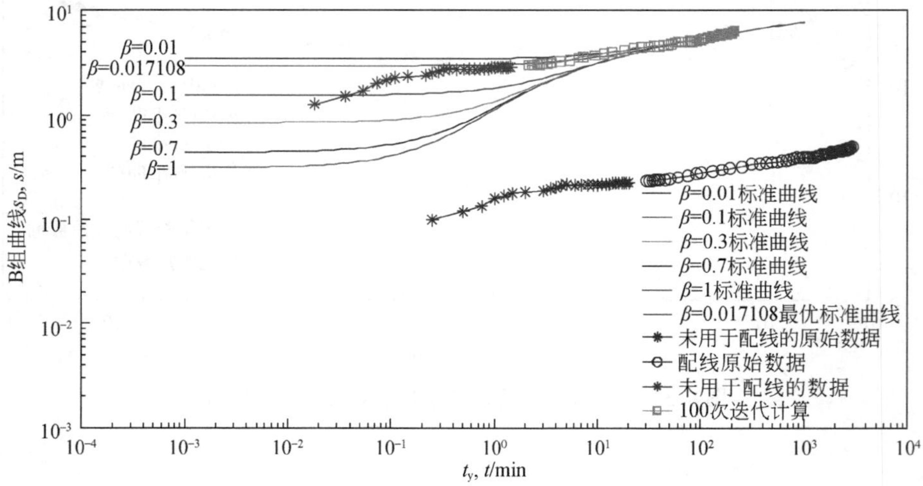

图 8.36　B 组曲线 100 次优化迭代配线

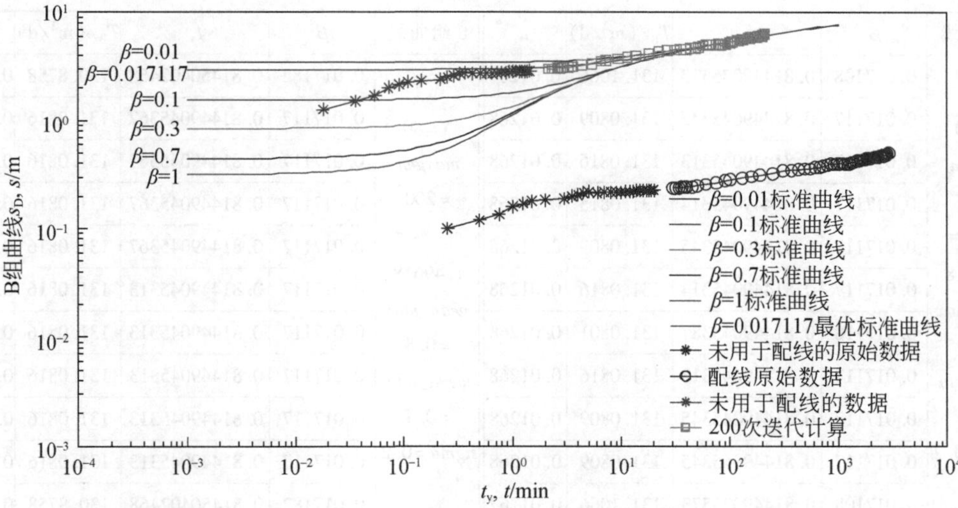

图 8.37　B 组曲线 200 次优化迭代配线

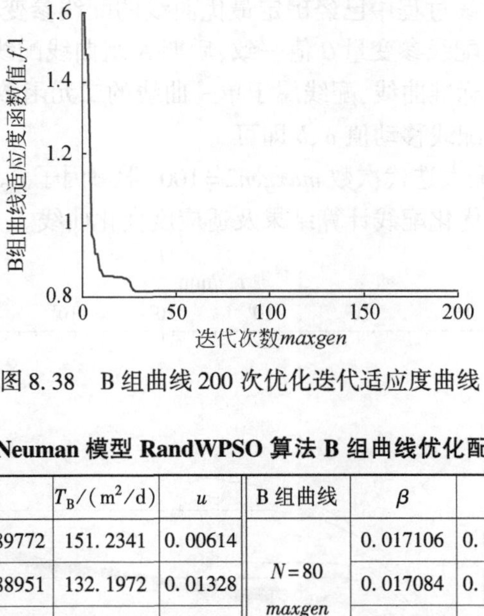

图 8.38　B 组曲线 200 次优化迭代适应度曲线

表 8.58　Neuman 模型 RandWPSO 算法 B 组曲线优化配线计算表

B 组曲线	β	f_v	$T_B/(m^2/d)$	u	B 组曲线	β	f_v	$T_B/(m^2/d)$	u
$N=80$ *maxgen* $=5$ $c_1=c_2=$ 1.49618 *mean_max* =0.8 *mean_min* =0.4 *sigma*=0.2	0.017361	1.32550989772	151.2341	0.00614	$N=80$ *maxgen* $=50$ $c_1=c_2=$ 1.49618 *mean_max* =0.8 *mean_min* =0.4 *sigma*=0.2	0.017106	0.81449092095	131.1208	0.01266
	0.017001	1.12717088951	132.1972	0.01328		0.017084	0.81449954953	131.1751	0.01264
	0.018248	0.97128813711	134.1807	0.01074		0.017124	0.81449095513	131.0675	0.01268
	0.017160	1.46830112629	156.6248	0.00505		0.017124	0.81449095513	131.0675	0.01268
	0.026124	0.96539074777	114.9145	0.02277		0.017230	0.81461643899	130.7793	0.01283
	0.017449	0.83174503815	131.5347	0.01267		0.017017	0.81462856447	131.3122	0.01260
	0.017001	1.09003430615	140.7104	0.00840		0.017847	0.81592562950	128.8186	0.01376
	0.018463	0.83340160410	129.2996	0.01326		0.017391	0.81506880677	129.9328	0.01323
	0.026106	0.94101865409	114.5019	0.02205		0.017300	0.81592031226	129.7764	0.01328
	0.020587	0.86452088534	125.3489	0.01520		0.017111	0.81449074314	131.0896	0.01268

续表

B 组曲线	β	f_v	$T_B/(m^2/d)$	u	B 组曲线	β	f_v	$T_B/(m^2/d)$	u
$N=80$ $maxgen=100$ $c_1=c_2=1.49618$ $mean\_max=0.8$ $mean\_min=0.4$ $sigma=0.2$	0.017108	0.81449075573	131.1066	0.01267	$N=80$ $maxgen=200$ $c_1=c_2=1.49618$ $mean\_max=0.8$ $mean\_min=0.4$ $sigma=0.2$	0.017182	0.81450402468	130.8758	0.01277
	0.017117	0.81449045345	131.0809	0.01268		0.017117	0.81449045367	131.0816	0.01268
	0.017117	0.81449045313	131.0816	0.01268		0.017117	0.81449045367	131.0816	0.01268
	0.017117	0.81449045314	131.0815	0.01268		0.017117	0.81449045367	131.0816	0.01268
	0.017117	0.81449045345	131.0809	0.01268		0.017117	0.81449045367	131.0816	0.01268
	0.017117	0.81449045314	131.0816	0.01268		0.017117	0.81449045313	131.0816	0.01268
	0.017118	0.81449045387	131.0801	0.01268		0.017117	0.81449045313	131.0816	0.01268
	0.017117	0.81449045313	131.0816	0.01268		0.017117	0.81449045313	131.0816	0.01268
	0.017117	0.81449045345	131.0809	0.01268		0.017117	0.81449045313	131.0816	0.01268
	0.017117	0.81449045345	131.0809	0.01268		0.017117	0.81449045313	131.0816	0.01268
	0.017108	0.81449075573	131.1066	0.01267		0.017182	0.81450402468	130.8758	0.01277

2)第二步进行 A 组曲线配线：

在第一步 B 组曲线配线过程中已经确定最优曲线的配线参变量 β 值，第二步 A 组曲线配线 β 值必须跟 B 组曲线配线参变量 β 值一致，后期 A 组曲线配线就相对简单一些，所配曲线为一条已经确定 β 值的标准曲线，配线属于单一曲线的二元函数寻优计算，只需确定试验曲线前期数据的纵横坐标配线移动值 a、b 即可。

图 8.39 ~ 图 8.41 为最大迭代次数 $maxgen2=100$、学习因子 $c_{12}=c_{22}=1.49618$ 时，A 组曲线及原始观测数据曲线的优化配线计算结果及适应度变化曲线。

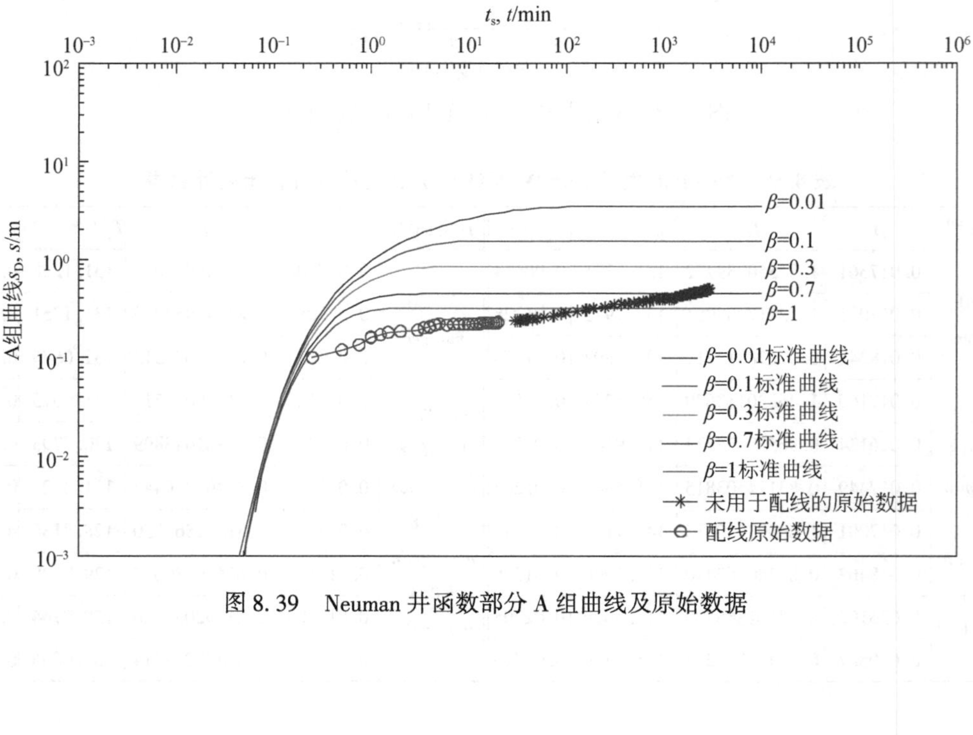

图 8.39　Neuman 井函数部分 A 组曲线及原始数据

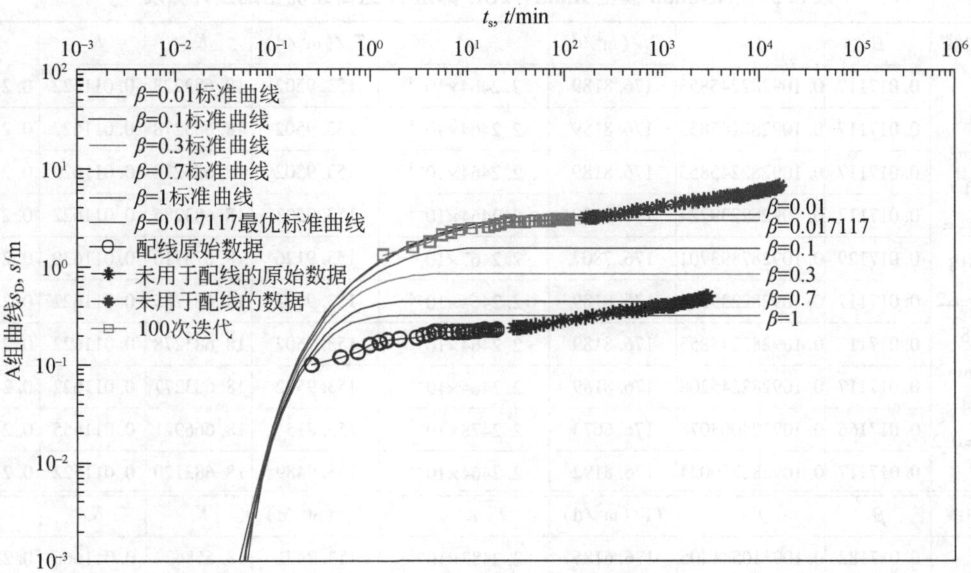

图 8.40　A 组曲线 100 次优化迭代配线

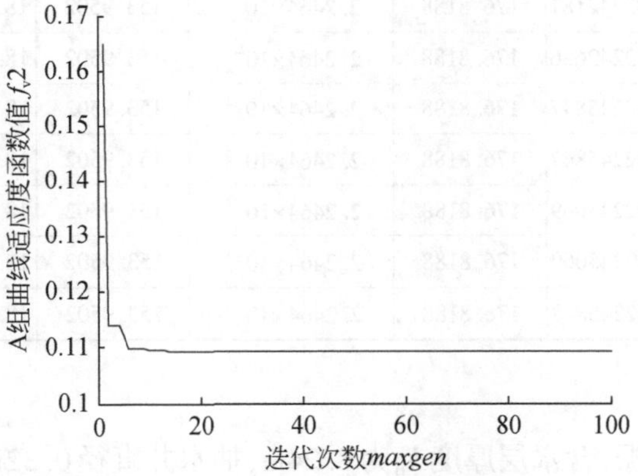

图 8.41　A 组曲线 100 次优化迭代适应度曲线

后期的 A 组配线为单一标准曲线的二维寻优计算，计算相对简单，表 8.59 为最大迭代次数 *maxgen*2＝50、100 时，随机 10 次的计算结果，一般经过 50 次迭代计算，基本就可以达到最优计算结果，目标函数离差平方和最小值 f_{v2}＝ 0.108368035932995～0.108368037138798，对导水系数 T_A和贮水系数 μ^* 的计算已经基本没有影响。*maxgen*2＝100，配线离差平方和最小值 f_{v2}＝0.108368035928826～0.108368036891895，配线精度并未提高很多，说明再增加迭代计算次数，对导水系数 T_A和贮水系数 μ^* 的计算无实际意义。

表 8.59　Neuman 模型 RandWPSO 算法 A 组曲线优化配线计算表

A 组曲线	β	f_{v2}	$T_A/(m^2/d)$	u^*	$T_p/(m^2/d)$	K_r	K_d	K_z
N2=80 maxgen2=50 $c_{12}=c_{22}=$ 1.49618 mean_max2=0.8 mean_min2=0.4 sigma2=0.2	0.017117	0.109282245853	176.8189	2.2464×10^{-4}	153.9502	18.683278	0.011622	0.217138
	0.017117	0.109282245853	176.8189	2.2464×10^{-4}	153.9502	18.683278	0.011622	0.217138
	0.017117	0.109282245853	176.8189	2.2464×10^{-4}	153.9502	18.683278	0.011622	0.217138
	0.017117	0.109282239224	176.8189	2.2464×10^{-4}	153.9503	18.683285	0.011622	0.217138
	0.017129	0.109287893701	176.7807	2.2467×10^{-4}	153.9126	18.678716	0.011630	0.217239
	0.017117	0.109282239224	176.8189	2.2464×10^{-4}	153.9503	18.683285	0.011622	0.217138
	0.017117	0.109282245853	176.8189	2.2464×10^{-4}	153.9502	18.683278	0.011622	0.217138
	0.017117	0.109282245208	176.8189	2.2464×10^{-4}	153.9502	18.683277	0.011622	0.217138
	0.017166	0.109304003078	176.6673	2.2478×10^{-4}	153.8154	18.666921	0.011655	0.217565
	0.017117	0.109282200024	176.8192	2.2464×10^{-4}	153.9489	18.683120	0.011622	0.217135
A 组曲线	β	f_{v2}	$T_A/(m^2/d)$	u^*	$T_p/(m^2/d)$	K_r	K_d	K_z
N2=80 maxgen2=100 $c_{12}=c_{22}=$ 1.49618 mean_max2=0.8 mean_min2=0.4 sigma2=0.2	0.017182	0.109310541405	176.6185	2.2483×10^{-4}	153.7471	18.658634	0.011666	0.217672
	0.017117	0.109282242686	176.8188	2.2464×10^{-4}	153.9502	18.683278	0.011622	0.217138
	0.017117	0.109282242686	176.8188	2.2464×10^{-4}	153.9502	18.683278	0.011622	0.217138
	0.017117	0.109282242181	176.8188	2.2464×10^{-4}	153.9502	18.683278	0.011622	0.217138
	0.017117	0.109282242686	176.8188	2.2464×10^{-4}	153.9502	18.683278	0.011622	0.217138
	0.017117	0.109282245847	176.8188	2.2464×10^{-4}	153.9502	18.683276	0.011622	0.217138
	0.017117	0.109282245847	176.8188	2.2464×10^{-4}	153.9502	18.683276	0.011622	0.217138
	0.017117	0.109282245069	176.8188	2.2464×10^{-4}	153.9502	18.683276	0.011622	0.217138
	0.017117	0.109282245069	176.8188	2.2464×10^{-4}	153.9502	18.683276	0.011622	0.217138
	0.017117	0.109282245847	176.8188	2.2464×10^{-4}	153.9502	18.683276	0.011622	0.217138

(5)计算结果

采用例题8.1的数据,含水层厚度 h_0 为8.24m,抽水井直径0.32m,井深13.75m,滤水管长度基本等于含水层厚度(置于6～13.75m),抽水进行了2930min,抽水量 Q 平均为1.5L/s(129.6m^3/d)。

本次计算前后配线的参数设置相同,第一步 B 组曲线配线设置最大迭代次数 $maxgen=200$,第二步 A 组曲线配线设置最大迭代次数 $maxgen=100$。

全部优化配线计算完成后总耗时约94min,其中 B 组曲线配线耗时约68min,A 组曲线配线耗时约26min。

对于第一步 B 组曲线配线,选取观测时间为60min 的数据点作为 B 组曲线配线的匹配点,坐标值如下:

$$[t]=60\text{min},[s]=0.258\text{m},[t_y]=4.307650,[s_D]=3.279187$$

200 次迭代计算完成后,B 组曲线配线计算结果为:

导水系数 $T_B=1.310816\times10^2 m^2/d$;

给水度 $\mu=1.267915\times10^{-2}$;

配线参变量 $\beta=0.01711704$；

$a=0.071794171493824, b=12.710028398664791$；

配线离差平方和最小值 $f_v=0.814490453673975$。

对于第二步 A 组曲线配线，选取观测时间为 3.5min 的数据点作为 A 组曲线配线的匹配点，坐标值如下：

$$[t]=3.5\text{min}, [s]=0.2\text{m}, [t_s]=327.9703, [s_D]=3.428968$$

100 次迭代计算完成后，A 组曲线配线计算结果为：

导水系数 $T_A=1.768188\times10^2\text{m}^2/\text{d}$；

导水系数平均值 $T_p=1.539502\times10^2\text{m}^2/\text{d}$；

贮水系数 $\mu^*=2.246378\times10^{-4}$；

径向渗透系数 $K_r=18.683278134842084\text{m/d}$；

各向异性主渗透系数的比值 $K_d=0.011622056436851$；

垂向渗透系数 $K_z=0.217138112908525\text{m/d}$；

$a_2=5.466172288661187, b_2=13.290572994966162$；

配线离差平方和最小值 $f_{v2}=0.109282242685734$。

本例题人工配线选取的配线参变量 $\beta=0.03$，随机权重粒子群给出的配线参变量 $\beta=0.01711704$，显然，人工配线不可能达到如此高的计算精度，这也更显示出智能配线的计算优势。

本例题 Neuman 模型人工配线计算结果（蒋辉等，2009）：

$$T_D=\frac{Qs_D}{4\pi s}=\frac{1.5\times86.4\times2}{4\times\pi\times0.15}=137.5098\text{m}^2/\text{d}$$

$$\mu=\frac{Tt}{r^2t_y}=\frac{137.5098\times10/1440}{10^2\times1}=9.549\times10^{-3}$$

$$T_A=\frac{Qs_D}{4\pi s}=\frac{1.5\times86.4\times2}{4\times\pi\times0.17}=121.3322\text{m}^2/\text{d}$$

$$\mu^*=\frac{T_pt}{r^2t_s}=\frac{121.3322\times1/1440}{10^2\times1}=8.42585\times10^{-3}$$

T 平均值

$$T_p=\frac{137.5098+121.3322}{2}=129.421\text{m}^2/\text{d}$$

$$K_r=\frac{T}{h_0}=\frac{129.421}{8.24}=15.706\text{m/d}$$

$$K_d=\beta\frac{h_0^2}{r^2}=0.03\times\frac{8.24^2}{10^2}=0.02$$

$$K_z=K_r\times K_r=0.02\times15.706=0.31412\text{m/d}$$

Neuman 模型配线方法与 Boulton 模型的配线方法不同，Boulton 模型是先进行 A 组曲线的配线，确定配线参变量 r/D，然后再进行 B 组曲线的配线，Neuman 模型的配线方法正相反，它是先进行 B 组曲线的配线，确定配线参变量 β，然后再进行 A 组曲线的配线，B 组曲线是抽水试验后期较长时间的降深-时间曲线，接近于 $W(u)$ 标准曲线的后半段，曲线形式为上凹转下凹,应用定点喂食确定其曲率的办法效果不好,因此,Neuman 模型是采用随机粒子群直接进行三维函数寻优,加大迭代计算次数可提高计算精度,但计算耗时很长,这需要再开发针对多维函数寻优计算的智能优化方法。

(五)计算结果分析总结

(1)井函数 s_D的计算采用复化 Simpson 数值积分编程计算

对于井函数 s_D,B 组曲线标准井函数计算程序 W2_ts. m 及 A 组曲线标准井函数计算程序 W2_ty. m 均采用前面作者编制的复化 Simpson 数值积分进行计算,式(8.25)中 $\sum_{n=1}^{\infty}\omega_n(\gamma)$ 的级数项取值 $n=10$。

积分上限设置为 $up=2000$,$m=20000$,$h=0.05$,优化配线计算总耗时约 94min,其中 B 组曲线配线耗时约 68min、A 组曲线配线耗时约 26min。

采用复化 Simpson 数值积分进行计算,积分上限设置为 $up=5000$,$m=50000$,$h=0.05$,优化配线计算总耗时约 220min,其中 B 组曲线配线耗时约 160min、A 组曲线配线耗时约 60min。

采用复化 Simpson 数值积分进行计算,积分上限设置为 $up=8000$,$m=80000$,$h=0.05$,优化配线计算总耗时约 352min,其中 B 组曲线配线耗时 252min、A 组曲线配线耗时 100min。

表 8.60 为积分上限分别为 $up=2000$、5000、8000,其他参数与前面一致的计算结果,积分上限增加后,配线离差平方和最小值 f_v 计算精度有所提高,但计算的水文地质参数 T_B、T_A、u 等变化不大,因此,积分上限设置为 $up=2000$ 是合理的。

表 8.60　Neuman 模型 RandWPSO 算法优化配线计算值(采用复化 Simpson 数值积分计算 s_D)

积分上限	β	f_v	T_B /(m²/d)	u	f_{v2}	T_A /(m²/d)	u^*	K_r	K_d	K_z
$up=2000$	0.01711704	0.814490453134	131.0816	0.0126792	0.109282245069	176.8188	2.24637×10^{-4}	18.683276	0.0116221	0.2171381
$up=5000$	0.01709138	0.814466041989	131.1301	0.0126518	0.109294066656	176.8680	2.24452×10^{-4}	18.689204	0.0116046	0.2168815
$up=8000$	0.01711618	0.814468557239	131.0414	0.0126906	0.109303350145	176.7929	2.24532×10^{-4}	18.679271	0.0116215	0.2170807

(2)直接调用 MATLAB 内置数值积分计算井函数

对于井函数 s_D,B 组曲线标准井函数计算程序 Neuman_ty. m 及 A 组曲线标准井函数计算程序 Neuman_ts. m 直接调用 MATLAB 内置数值积分进行计算,式(8.25)中 $\sum_{n=1}^{\infty}\omega_n(\gamma)$ 的级数项取值 $n=10$。直接调用 MATLAB 内置数值积分计算井函数是可以的。由于 Neuman 井函数的复杂性,程序编制中公式循环嵌套过多,采用向量化编程可解决函数嵌套过多问题,但调用内置数值积分计算 Neuman 井函数,用于人工智能优化配线耗时相当惊人,几乎不可完成,需要进一步研究改进。

四、先配 A 曲线后配 B 曲线配线法计算步骤及计算例题

(一)计算步骤(Kruseman and Ridder,2000)

1)将观测孔中的不同时间实测的水位降深资料,在相同模数的双对数坐标纸上汇出 s-t 曲线(s 为纵坐标 t 为横坐标)。

2)将 s-t 曲线叠置在标准曲线上,保持坐标轴相互平行,使得早期的 s-t 曲线尽可能多的与 A 组某一曲线重合,记下该曲线配线参变量 β 值,在曲线重叠部位任选一个配合点,读出两个坐标系中配合点的 s、s_D、t、t_s 的相应坐标,代入式(8.29)求出导水系数 T_A,代入式(8.31)计算贮水系数 μ^*。

3)平行移动 s-t 曲线,使得后期的 s-t 曲线尽可能多的重合与 B 组曲线重合,保持 B 组标准曲线的 β 值与 A 组曲线配线获得的 β 值相同,在曲线重叠部位任选一个配合点,读出两个坐标系中配合点的 s、s_D、t、t_y 的相应坐标,式(8.29)计算导水系数计算导水系数 T_B;代入式(8.30)计算给水度 μ 值;导水系数取其平均值 T_p,由式(8.32)计算径向渗透系数 K_r,并根据式(8.33),确定各向异性主渗透系数的比值 K_d,由式(8.34)式计算垂向渗透系数 K_z,σ 值由式(8.35)式计算。

4)曲线叠合过程中,应使 s-t 曲线中没有被重合的中间部分位于标准曲线的直线段上。

(二)计算例题 8.3

计算例题采用本章第二节例题 2)的数据,观测资料列于表 8.12,观测孔距抽水井 $r=90$m,含水层厚度 $h_0=21$m,抽水井流量为 $Q=873\text{m}^3/\text{d}$。

根据上述资料,双对数在透明纸上作 s-t 曲线,如图 8.42 所示。将 s-t 曲线叠置于标准曲线上,保持 s 轴平行于 s_D轴,t 轴平行于 t_s轴,使得早期的 s-t 曲线尽可能多地与 A 组曲线重合,发现与 $\beta=0.01$ 的一根曲线重合较好,任取一匹配点,读出配合点的坐标值分别为

代入式(8.29)、式(8.31)计算导水系数 T_A 和弹性贮水系数 μ^*。

$$T_A = \frac{Q}{4\pi s}s_D = \frac{873}{4\times\pi\times0.048}\times1 = 1447\text{m}^2/\text{d}$$

$$\mu^* = \frac{4Tt}{r^2 t_s} = \frac{4\times1447\times7.3\times10^{-3}}{90^2\times10} = 5.2\times10^{-4}$$

平行移动 s-t 曲线,使得 s-t 曲线尽可能多地与 B 组曲线重合,保持 $\beta=0.01$ 与 A 组曲线的值相同,任选一配合点,读出两个坐标系中配合点的相应坐标分别为

$$[s]=0.043\text{m},[t]=880\text{min}=6.1\times10^{-1}\text{d},[s_D]=1,[t_y]=100$$

代入公式(8.29)~式(8.35)计算水文地质参数。

$$T_B = \frac{Q}{4\pi[s]}[s_D] = \frac{873}{4\times\pi\times0.043}\times1 = 1616\text{m}^2/\text{d}$$

$$\mu = \frac{4T[t]}{[r^2]t_y} = \frac{4\times1616\times6.1\times10^{-1}}{90^2\times10^2} = 4.9\times10^{-3}$$

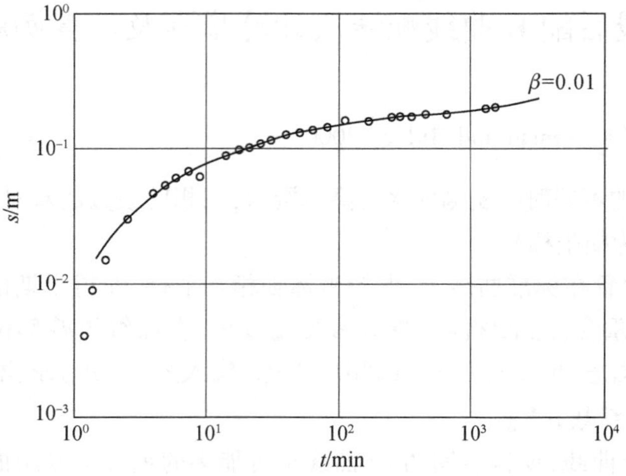

图 8.42　距离 $r=90\text{m}$ 观测孔抽水试验观测数据

$$K_r = \frac{T_p}{h_0} = \frac{(1447 + 1616)/2}{21} = 73\text{m/d}$$

$$K_d = \beta \frac{h_0^2}{r^2} = 0.01 \times \frac{21^2}{90^2} = 5.44 \times 10^{-4}$$

$$K_z = K_d \times K_r = 5.44 \times 10^{-4} \times 73 = 3.97 \times 10^{-2}\text{m/d}$$

(三)RandWPSO 算法优化配线求解 Neuman 模型

(1)Neuman 模型 RandWPSO 算法优化配线输入的参数

A 组曲线优化配线输入的参数：

粒子数 N、学习因子 c_1、c_2、随机权重平均值的最大值 *mean_max*1、随机权重平均值的最小值 *mean_min*1、随机权重的方差 *sigma*1、最大迭代次数 *maxgen*、粒子的维数 D。

B 组曲线优化配线输入的参数：

粒子数目 $N2$、学习因子 c_{12}、c_{22}、随机权重平均值的最大值 *mean_max*2、随机权重平均值的最小值 *mean_min*2、随机权重的方差 *sigma*2、最大迭代次数 *maxgen*2、问题的维数 D。

(2)构建目标函数

Neuman 模型 A 组标准曲线 s_D-t_S 为与配线参变量 β 值有关的曲线族，基于最小二乘法的目标函数为三元函数寻优计算，目标函数可采用式(3.37)：

$$\min F(a,b,\beta) = f_v = \sum_{i=1}^{n} [s_D(10^{(\lg t_i + \lg a)}, \beta) - 10^{(\lg s_i + \lg b)}]^2$$

Neuman 模型 B 组曲线配线，配线参变量 β 值已经通过 A 组曲线优化配线获得，B 组标准曲线 s_D-t_y 为配线参变量等于 β 的一条具体曲线，目标函数为二元函数寻优计算，目标函数可采用式(3.36)：

$$\min F(a_2,b_2) = f_v = \sum_{i=1}^{n} [s_D(10^{(\lg t_i + \lg a_2)}, \beta) - 10^{(\lg s_i + \lg b_2)}]^2$$

(3)设计编程

1)打开 MATLAB 程序,设定 Neuman 模型随机权重粒子群 RandWPSO 计算目录路径。

2)构建抽水试验观测数据 A 组曲线配线数据文件 S1R2. mat,形成两行(t_i,s_i)、m 列(抽水试验观测个数)的数据文件,构建抽水试验观测数 B 组曲线配线数据文件 S2R2. mat。将抽水试验的降深值接近水平线的观测点,作为 A、B 两组曲线配线数据的分割点。本次计算采用全部观测数据,观测点(65,0. 141)及前面的 17 组数据划归 A 组曲线配线数据文件 S1R2. mat,后面的 12 组数据划归 B 组曲线配线数据文件 S2R2. mat。

3)编制 A 组曲线配线目标函数计算程序 fit. m,对 a、b 及 β 进行初始赋值,编制 B 组曲线配线目标函数计算程序 fit2. m,对 a_2、b_2进行初始赋值。

4)编制 Neuman 模型 A 组曲线配线随机权重粒子群 RandWPSO 计算主程序 RandWPSO. m,编制 Neuman 模型 B 组曲线配线随机权重粒子群 RandWPSO 计算主程序 RandWPSO2. m。

5)编制 A 组标准曲线井函数计算程序 W2_ts. m、B 组标准曲线井函数计算程序 W2_ty. m。

6)编制复化 Simpson 数值积分求和函数 W2_ts. m、W2_ty. m 和 WW_ts. m)。

(4)优化计算过程

为直观了解 Neuman 模型 RandWPSO 算法优化配线计算过程,运行 MATLAB 程序,在当前路径窗口选取 Neuman 模型 RandWPSO 配线法计算路径,在当前文件夹窗口,找到随机权重粒子群算法执行程序 RandWPSO. m,右键打开 RandWPSO. m,可在编辑器中查看、修改程序中的输入设置参数,第一步 A 组曲线配线参数和第二步 B 组曲线配线参数的修改设置均在此文件中。

对于井函数 s_D,A 组曲线标准井函数计算程序 W2_ts. m 及 B 组曲线标准井函数计算程序 W2_ty. m 均采用前面作者编制的复化 Simpson 数值积分进行计算,积分上限设置为 $up=2000$,$m=20000$,$h=0.05$[h 为数值积分区间(a,b)划分的等距子区间的宽度,$2m$ 为划分的子区间的个数]。

A 组曲线配线参数为:

粒子数目 $N=100$、学习因子 $c_1=c_2=1.49618$、随机权重平均值的最大值 $mean\_max1=0.8$、随机权重平均值的最小值 $mean\_min1=0.4$、随机权重的方差 $sigma1=0.2$、最大迭代次数 $maxgen=100$、问题的维数 $D=3$。

B 组曲线配线参数为:

粒子数目 $N2=100$、学习因子 $c_{12}=c_{22}=1.49618$、随机权重平均值的最大值 $mean\_max2=0.8$、随机权重平均值的最小值 $mean\_min2=0.4$、随机权重的方差 $sigma2=0.2$、最大迭代次数 $maxgen2=100$、问题的维数 $D=2$(直接写在程序中,不需要输入)。

分析及优化计算过程与前面的计算类似,这里不再重复,表 8.61 为 Neuman 模型 RandWPSO 算法优化配线随机 10 次的计算结果。

表 8.61　Neuman 模型 RandWPSO 算法优化配线计算值

f_{vA}	$T_A/(m^2/d)$	u^*	β	f_{vB}	$T_B/(m^2/d)$	u
0.06727110	1295.18	5.6306×10^{-4}	0.01495163	0.12136944	1386.86	8.4364×10^{-3}

续表

f_{vA}	$T_A/(m^2/d)$	u^*	β	f_{vB}	$T_B/(m^2/d)$	u
0.06739888	1294.60	5.6361×10^{-4}	0.01483549	0.12170789	1389.98	8.3659×10^{-3}
0.06727670	1295.30	5.6324×10^{-4}	0.01493965	0.12140301	1387.17	8.4292×10^{-3}
0.06731599	1293.52	5.6533×10^{-4}	0.01493296	0.12142185	1387.35	8.4251×10^{-3}
0.06725060	1293.80	5.6402×10^{-4}	0.01499987	0.12123669	1385.63	8.4654×10^{-3}
0.06725166	1294.58	5.6350×10^{-4}	0.01499132	0.12125998	1385.85	8.4603×10^{-3}
0.06725801	1295.04	5.6274×10^{-4}	0.01499113	0.12126051	1385.85	8.4602×10^{-3}
0.06724903	1294.45	5.6371×10^{-4}	0.01499900	0.12123906	1385.65	8.4649×10^{-3}
0.06731840	1295.98	5.6311×10^{-4}	0.01488341	0.12156450	1388.67	8.3951×10^{-3}

全部优化配线计算完成后总耗时约 316min，其中 A 组曲线配线耗时约 188min、B 组曲线配线耗时约 128min。计算值优化配线计算结果如下：

对于第一步 A 组曲线配线，选取观测时间为 9min 的数据点作为 A 组曲线配线的配合点，坐标值如下：

$$[t]=9\text{min},[s]=0.064\text{m},[t_s]=1.769947,[s_D]=1.191914$$

100 次迭代计算完成后，A 组曲线配线计算结果为：

导水系数 $T_A=1.293806\times10^3\text{m}^2/\text{d}$；

贮水系数 $\mu^*=5.640322\times10^{-4}$；

配线参变量 $\beta=0.01499987$；

$a=0.196660764704672$、$b=18.623648823743803$；

配线离差平方和最小值 $f_v=0.067250600135949$。

对于第二步 B 组曲线配线，选取观测时间为 665min 的数据点作为 B 组曲线配线的配合点，坐标值如下：

$$[t]=665\text{min},[s]=0.182\text{m},[t_y]=9.331937,[s_D]=3.630065$$

100 次迭代计算完成后，B 组曲线配线计算结果为：

导水系数 $T_B=1.385630\times10^3\text{m}^2/\text{d}$；

导水系数均值 $T_p=1.399718\times10^3\ \text{m}^2/\text{d}$；

给水度 $u=8.465444\times10^{-3}$；

径向渗透系数 $K_r=63.796\text{m/d}$，$K_d=8.1666\times10^{-4}$，垂向渗透系数 $K_z=5.21\times10^{-2}\text{m/d}$；

$a_2=0.014032988238514$、$b_2=19.945413784924224$；

配线离差平方和最小值 $f_{v2}=0.121236685697835$。

本例题人工配线选取的配线参变量 $\beta=0.01$，随机权重粒子群（RandWPSO）给出的配线参变量 $\beta=0.01499987$，显然，由于所配标准曲线不同，计算结果会有较大差异，人工配线不可能达到如此高的配线精度，这也更显示出智能配线的计算优势。

第四节　不同 Neuman 配线法求解的差异性分析

Neuman（1975）建议取 $\sigma=10^{-9}$ 来绘制标准曲线，由此获得以 β 为参变量的 A、B 两组标准系列数据,据此绘制出两组标准曲线,分别为A组标准曲线和B组标准曲线。与A组标准曲线对应的坐标(t_s)标在图的上端;与B组标准曲线对应的坐标(t_y)标在图的下端。它们分别用来分析抽水早期和后期的降深资料。

一、Neuman配线法的配线类型

(1)方法1:先配B组曲线、确定β值,后配相同β值的A组曲线

1)首先将同相同比例尺的实测的s-t曲线的后半部分与B组曲线进行配线,使得观测曲线的后期资料与B组曲线中的某一条曲线做最优拟合,记下该曲线的β值,任选一配合点,记下坐标s,t,s_D和t_y,应用公式计算导水系数T_B和给水度u。

2)在保持与上一步的β值相同的前提下,将实测的s-t曲线的前半部分与A组曲线做最优拟合,记下坐标s,t,s_D和t_s,应用公式计算导水系数T_A和贮水系数u^*。

3)两次求得的导水系数T_A和T_B值应大体相近。

4)根据上述计算结果求取其他水文地质参数。

(2)方法2:先配A组曲线、确定β值,后配相同β值的B组曲线

Kruseman和Ridder(2000)出版的Analysis and Evaluation of Pumping Test Data(2nd Edition)采用的此方法。

1)首先将同相同比例尺的实测的s-t曲线的前半部分与A组曲线进行配线,使得观测曲线的前期资料与A组曲线中的某一条曲线做最优拟合,记下该曲线的β值,任选一配合点,记下坐标s,t,s_D和t_s,应用公式计算导水系数T_A和贮水系数u^*。

2)在保持与上一步的β值相同的前提下,将实测的s-t曲线的后半部分与B组曲线做最优拟合,记下坐标s,t,s_D和t_y,应用公式计算导水系数T_B和给水度u。

3)两次求得的导水系数T_A和T_B值应大体相近。

4)根据上述计算结果求取其他水文地质参数。

(3)方法3:先配B组曲线、后配A组曲线,查看前后配线获得的β值是否相同(王洪涛,2008;陈崇希和林敏,1999)

1)首先将同相同比例尺的实测的s-t曲线的后半部分与B组曲线进行配线,使得观测曲线的后期资料与B组曲线中的某一条曲线做最优拟合,记下该曲线的β值,任选一配合点,记下坐标s,t,s_D和t_y,应用公式计算导水系数T_B和给水度u。

2)将实测的s-t曲线的前半部分与A组曲线中的某一条曲线做最优拟合,检查两次配线获得的β值是否相同,若不同,重复前面的步骤,直到所获得的β值相同为止。记下坐标s,t,s_D和t_s,应用公式计算导水系数T_A和贮水系数u^*。

3)两次求得的导水系数T_A和T_B值应大体相近。

4)根据上述计算结果求取其他水文地质参数。

二、不同Neuman配线方法计算结果分析

为分析不同Neuman配线法计算结果的差异,选取了两套抽水试验观测数据进行对比分

析，一套为本章例题 8.2 的数据，另一套为本章例题 8.3 的数据。表 8.62、表 8.63 为这两个例题不同配线方法的计算结果。

表 8.62　例题 8.2 不同配线法 Neuman 模型 RandWPSO 算法优化配线计算结果

配线方法	A 配线参数	f_{vA}	T_A	$u*$	β	B 配线参数	f_{vB}	T_B	u
方法 1	$N=100$ $maxgen=200$	0.10929558	176.73	0.000225	0.01714619	$N=100$ $maxgen=100$	0.81455597	130.82	0.012802
方法 2	$N=100$ $maxgen=200$	0.18084372	139.28	0.000196	0.01498523	$N=100$ $maxgen=100$	0.82794830	137.55	0.010109

表 8.63　例题 8.3 不同配线法 Neuman 模型 RandWPSO 算法优化配线计算结果

配线方法	A 配线参数	f_{vA}	T_A	u^*	β	B 配线参数	f_{vB}	T_B	u
方法 1	$N=100$ $maxgen=200$	0.06203121	3503.72	0.0016001	0.02018104	$N=100$ $maxgen=100$	0.10736011	1263.20	0.011586
方法 2	$N=100$ $maxgen=100$	0.06725060	1293.80	0.0005640	0.01499987	$N=100$ $maxgen=100$	0.12123669	1385.63	0.008465

由表 8.62、表 8.63 的计算结果可以看出，显然对于 Neuman 模型，采用方法 1 的配线方法，即先进行 B 组曲线的配线，确定配线参变量 β 值后，后期配线再采用相同的 β 值完成 A 组曲线的配线，前后配线计算出的导水系数 T_A 和 T_B 值差别较大，而采用方法 2，则前后配线计算出的导水系数 T_A 和 T_B 值差别不大，可见方法 2 的计算结果更符合实际情况。

方法 3 的计算属于多目标寻优计算，因时间限制，目前软件的开发正在进行中，本书未能给出方法 3 的数据对比结果。

第九章 承压非完整井非稳定流抽水试验

第一节 承压非完整井标准曲线配线法基本原理

一、承压非完整井非稳定流基本方程

承压非完整井的渗流特征与承压完整井不同,前者是三维流后者一般是二维流。在非完整井附近,渗透速度有垂直方向的分速度。对于承压含水层中的非完整井。假设条件如下:

1)含水层上部、下部均覆盖以隔水层,无越流补给。

2)过滤器安装在含水层下部,观测孔的过滤器安装在同一部位。它离抽水井的距离 $r<1.5M$(M 为含水层厚度)。

3)含水层是均质,各向同性,无限延伸的,厚度保持不变。

4)水头降落时,立即有水从贮存中释放出来。

5)抽水前承压水面是水平的,定流量抽水,井径无限小。

Hantush 把越流量作为发生在主含水层中的垂向等效补给量处理,从而含水层顶、底板视为绝对隔水的(李义昌等,1995),如图 9.1 所示,其近似解为

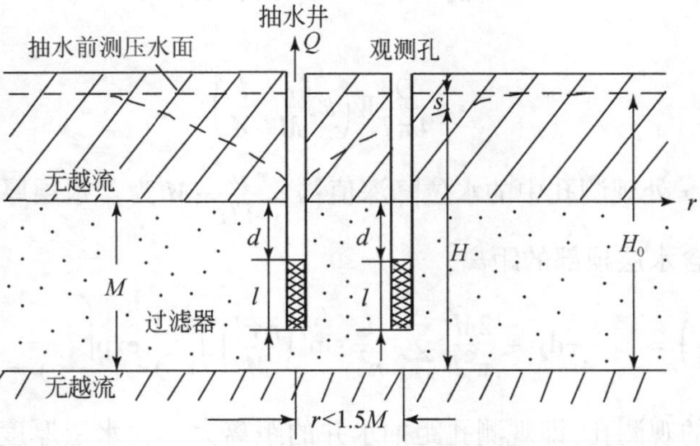

图 9.1 无越流补给承压含水层中的不完整井

$$s=\frac{Q}{4\pi T}\left\{W\left(u,\frac{r}{B}\right)+\xi\left(u,\frac{l}{M},\frac{r}{M},\frac{r}{B}\right)\right\} \tag{9.1}$$

式中,ξ 为非完整井阻力系数;l 为过滤器长度。

$$\xi\left(u,\frac{l}{M},\frac{r}{M},\frac{r}{B}\right)=\frac{2M^2}{\pi^2l^2}\sum_{n=1}^{\infty}\frac{1}{n^2}\sin^2\left(\frac{n\pi d}{M}\right)\int_u^{\infty}\frac{1}{y}\exp\left(-y-\frac{\left(\frac{n\pi r}{M}\right)^2+\left(\frac{r}{B}\right)^2}{4y}\right)\mathrm{d}y$$

这就是有越流补给时,过滤器位于含水层中某个位置,承压非完整井非稳定流计算公式。

式(9.1)由两部分组成,前一部分$\frac{Q}{4\pi T}\left\{W\left(u,\frac{r}{B}\right)\right\}$表示有越流的完整井的降深,第二部分$\frac{Q}{4\pi T}\xi\left(u,\frac{l}{M},\frac{r}{M},\frac{r}{B}\right)$表示由于井的非完整性引起的附加降深。Hantush 认为三维水流影响区的范围大约为$r\leqslant1.5M$,在此范围之外,可忽略水流的垂向渗流,当做水平径流的二维流。

1)无越流时,降深的近似解为

$$s=\frac{Q}{4\pi T}\left\{W(u)+\xi\left(u,\frac{l}{M},\frac{r}{M}\right)\right\}\tag{9.2}$$

$$\xi\left(u,\frac{l}{M},\frac{r}{M}\right)=\frac{2M^2}{\pi^2l^2}\sum_{n=1}^{\infty}\frac{1}{n^2}\sin^2\left(\frac{n\pi d}{M}\right)\int_u^{\infty}\frac{1}{y}\exp\left(-y-\frac{\left(\frac{n\pi r}{M}\right)^2}{4y}\right)\mathrm{d}y$$

2)$d=0$,即过滤器靠近顶板时,有越流时,降深的近似解为

$$s=\frac{Q}{4\pi T}\left\{W\left(u,\frac{r}{B}\right)+\xi\left(u,\frac{l}{M},\frac{r}{M},\frac{r}{B}\right)\right\}\tag{9.3}$$

$$\xi\left(u,\frac{l}{M},\frac{r}{M},\frac{r}{B}\right)=\frac{2M^2}{\pi^2l^2}\sum_{n=1}^{\infty}\frac{1}{n^2}\sin^2\left(\frac{n\pi l}{M}\right)\int_u^{\infty}\frac{1}{y}\exp\left(-y-\frac{\left(\frac{n\pi r}{M}\right)^2+\left(\frac{r}{B}\right)^2}{4y}\right)\mathrm{d}y$$

3)$d=0$,即过滤器靠近顶板,无越流时,降深的近似解为

$$s=\frac{Q}{4\pi T}\left\{W(u)+\xi\left(u,\frac{l}{M},\frac{r}{M}\right)\right\}\tag{9.4}$$

简化为

$$s=\frac{Q}{4\pi T}W\left(u,\frac{r}{M},\frac{l}{M}\right)\tag{9.5}$$

式中,s为离抽水井r处观测孔中的水位降深值;$u=\frac{r^2\mu^*}{4Tt}$;M为含水层厚度;l为过滤器长度,d为过滤器顶部到含水层顶部的距离。

$$W\left(u,\frac{r}{M},\frac{l}{M}\right)=\int_u^{\infty}\frac{e^{-y}}{y}\mathrm{d}y+\frac{2M^2}{\pi^2l^2}\sum_{n=1}^{\infty}\frac{1}{n^2}\sin^2\left(\frac{n\pi l}{M}\right)\int_u^{\infty}\frac{1}{y}\exp\left(-y-\frac{\left(\frac{n\pi r}{M}\right)^2}{4y}\right)\mathrm{d}y\tag{9.6}$$

对于$r>1.5M$的观测孔,即观测孔距抽水井的距离大于含水层厚度的1.5倍时,流线接近于平行层面,水流以水平的径向分速度为主,可以采用完整井的公式来计算。

二、非完整井井函数的求解

由式(9.1)可以看出,承压非完整井井函数表达式比较复杂,没有解析解,只能采用数值积分的方法获得近似解,作者利用 MATLAB 内置数值积分,编制了不同条件下的非完整井井

函数的计算公式。

1)有越流补给时,过滤器位于含水层中某个位置,承压非完整井井函数:

$$W\left(u,\frac{l}{M},\frac{r}{M},\frac{r}{B}\right)=W\left(u,\frac{r}{B}\right)+\frac{2M^2}{\pi^2 l^2}\sum_{n=1}^{\infty}\frac{1}{n^2}\sin^2\left(\frac{n\pi d}{M}\right)\int_u^{\infty}\frac{1}{y}\exp\left(-y-\frac{\left(\frac{n\pi r}{M}\right)^2+\left(\frac{r}{B}\right)^2}{4y}\right)\mathrm{d}y \tag{9.7}$$

编制的 MATLAB 计算程序如下:

```
      %%%%%%%%%%%%%%%%%% 有越流、滤水管位于含水层中部不完整井井函数%%%%%%%%%%%%%%%
clear;
clc;
close all;
lm=0.25;                                      %滤管长度 l 与含水层厚度 M 的比值
rm=0.001;                                     %观测孔到抽水孔的距离 r 与含水层厚度 M 的比值
dm=0.1;                                       %过滤器顶部到含水层顶板的距离与含水层厚度 M 的比值
rb=0.001;                                     %越流曲线配线参变量
u=0.001;
n=1000;                                       %给定的公式中的求和次数
result=0;
w1=@ (y)exp(-y-((1./4*y)*rb.^2))./y;%有越流补给完整井井函数
for i=1:n
  result=result+1./(i.^2).*(sin(i.*pi.*(dm))).^2.*integral(@(y)1./y.*exp(-y-
((i.*pi.*rm).^2+rb.^2)./(4.*y)),u,inf);
end
W=integral(w1,u,inf)+2./((lm.*pi).^2).*result
           %%%%%%%%%%%%%%%%%%%%%%%%%%%%%   End  %%%%%%%%%%%%%%%%%%%%%%%%%%%%
```

2)无越流补给时,过滤器位于含水层中某个位置,承压非完整井井函数:

$$W\left(u,\frac{l}{M},\frac{r}{M}\right)=W(u)+\frac{2M^2}{\pi^2 l^2}\sum_{n=1}^{\infty}\frac{1}{n^2}\sin^2\left(\frac{n\pi d}{M}\right)\int_u^{\infty}\frac{1}{y}\exp\left(-y-\frac{\left(\frac{n\pi r}{M}\right)^2}{4y}\right)\mathrm{d}y \tag{9.8}$$

编制的 MATLAB 计算程序如下:

```
      %%%%%%%%%%%%%%%%%%无越流、滤水管位于含水层中部不完整井井函数%%%%%%%%%%%%%%%
clear;
clc;
close all;
lm=0.25;                                      %滤管长度 l 与含水层厚度 M 的比值
rm=0.001;                                     %观测孔到抽水孔的距离 r 与含水层厚度 M 的比值
dm=0.1;                                       %过滤器顶部到含水层顶板的距离与含水层厚度 M 的比值
u=0.001;
n=1000;                                       %给定的公式中的求和次数
result=0;
```

```
w1=@ (y) exp(-y)./y;                         % 完整井井函数
for i=1:n
  result=result+1./(i.^2).*(sin(i.*pi.*(dm))).^2.*integral(@ (y)1./y.*exp(-y-
((i.*pi.*rm).^2)./(4.*y)),u,inf);
 end
W=integral(w1,u,inf)+2./((lm.*pi).^2).*result
          %%%%%%%%%%%%%%%%%%%%%%%%%%   End  %%%%%%%%%%%%%%%%%%%%%%%%
```

3)有越流补给时,过滤器靠近含水层顶板,承压非完整井井函数:

$$W\left(u,\frac{l}{M},\frac{r}{M},\frac{r}{B}\right)=W\left(u,\frac{r}{B}\right)+\frac{2M^2}{\pi^2 l^2}\sum_{n=1}^{\infty}\frac{1}{n^2}\sin^2\left(\frac{n\pi l}{M}\right)\int_u^{\infty}\frac{1}{y}\exp\left(-y-\frac{\left(\frac{n\pi r}{M}\right)^2+\left(\frac{r}{B}\right)^2}{4y}\right)dy \tag{9.9}$$

编制的 MATLAB 计算程序如下:

```
%%%%%%%%%%% 有越流补给时,过滤器靠近含水层顶板,承压非完整井井函数%%%%%%%%%%
clear;
clc;
close all;
lm=0.25;                                      %滤管长度 l 与含水层厚度 M 的比值
rm=0.001;                                     %观测孔到抽水孔的距离 r 与含水层厚度 M 的比值
rb=0.01;                                      %越流曲线配线参变量
u=0.001;
n=10000;                                      %给定的公式中的求和次数
result=0;
w1=@ (y) exp(-y-((1./4*y)*rb.^2))./y;        %有越流补给完整井井函数
for i=1:n
  result =result+1./(i.^2).*(sin(i.*pi.*(lm))).^2.*integral(@ (y)1./y.*exp(-y-
((i.*pi.*rm).^2+rb.^2)./(4.*y)),u,inf);
end
W=integral(w1,u,inf)+2./((lm.*pi).^2).*result
       %%%%%%%%%%%%%%%%%%%%%%%%%%   End  %%%%%%%%%%%%%%%%%%%%%%%%%%
```

4)无越流补给时,过滤器靠近含水层顶板,$d=0$,承压非完整井井函数:

井函数 $W\left(u,\frac{r}{M},\frac{l}{M}\right)$ 计算如式(9.2),编制的 MATLAB 计算程序如下:

```
%%%%%%%%%%%%%%%%%%%滤水管位于含水层顶部不完整井井函数%%%%%%%%%%%%%%%%%
clear;
clc;
close all;
lm=0.25;                                      %滤管长度 l 与含水层厚度 M 的比值
rm=0.001;                                     %观测孔到抽水孔的距离 r 与含水层厚度 M 的比值
u=0.00001;
```

```
n=100000;                                       %给定的公式中的求和次数
result=0;
w1=@ (y) exp(-y)./y;                            %完整井井函数
for i=1:n
  result=result+1./(i.^2).* (sin(i.*pi.*(lm))).^2.*integral(@ (y)1./y.*exp(-y-
(i.*pi.*rm).^2./(4.*y)),u,inf);
end
W=integral(w1,u,inf)+2./((lm.*pi).^2).*result
                %%%%%%%%%%%%%%%%%%%%%%   End   %%%%%%%%%%%%%%%%%%%%%%%%%
```

对于为 $d=0$ 情况的下推导出的无越流补给、均质各向同性、承压含水层非完整井井函数 $W\left(u,\frac{r}{M},\frac{l}{M}\right)$，一般教材都给出的是 $\frac{l}{M}$ 为 0.25、0.5、0.75，以及 u、$\frac{r}{M}$ 均在常用范围内的井函数值(表 9.1)。

表 9.1　非完整井井函数 $W\left(u,\frac{r}{M},\frac{l}{M}\right)$ 数值表

l/M	0.25						
u \ r/M	1.00	0.75	0.20	0.10	0.03	0.01	0.001
10^{-6}	13.3385	13.9367	16.2123	18.9845	25.1707	31.4176	44.9781
10^{-5}	11.0395	11.6341	13.9097	16.6837	22.8681	29.1150	40.7960
10^{-4}	8.6334	9.3361	11.6072	14.3794	20.5656	26.7666	33.5338
10^{-3}	6.4317	7.0299	9.3055	12.0777	18.2045	22.6026	24.9428
10^{-2}	4.1381	4.7363	7.0119	9.7382	13.8971	15.3684	15.9702
10^{-1}	1.9231	2.5213	4.4451	5.7545	6.8298	7.1101	7.1913
1	0.2981	0.4959	0.7160	0.7856	0.8493	0.8549	0.8531
2	0.0806	0.1271	0.1675	0.1794	0.1900	0.1875	0.1893
3	0.0245	0.0366	0.0454	0.0472	0.0501	0.0481	0.0481
l/M	0.5						
u \ r/M	—	0.5	0.20	0.10	0.03	0.01	0.001
10^{-6}	—	13.5665	14.4689	15.4989	17.6358	19.7506	24.2954
10^{-5}	—	11.2639	12.1663	13.1963	15.3332	17.4498	21.1506
10^{-4}	—	8.9641	9.8638	10.8938	13.0307	15.1224	17.0340
10^{-3}	—	6.6597	7.5621	8.5921	10.6994	11.9812	12.5845
10^{-2}	—	4.3661	5.2685	6.2757	7.4555	7.8851	8.0462
10^{-1}	—	2.1511	2.8822	3.2620	3.5305	3.6050	3.6304
1	—	0.3384	0.3986	0.4185	0.4319	0.4349	0.4353
2	—	0.0808	0.0940	0.0942	0.0964	0.0966	0.0968
3	—	0.0223	0.0247	0.0252	0.0254	0.0254	0.0255

续表

u \ r/M \ l/M	0.75						
	—	—	—	0.10	—	0.01	0.001
10^{-6}	—	—	—	13.8767	—	15.2580	16.7637
10^{-5}	—	—	—	11.5741	—	12.9554	14.2530
10^{-4}	—	—	—	9.2716	—	10.6478	11.3995
10^{-3}	—	—	—	6.9699	—	8.1392	8.3991
10^{-2}	—	—	—	4.6712	—	5.2967	5.3635
10^{-1}	—	—	—	2.2597	—	2.4103	2.4193
1	—	—	—	0.2823	—	0.2898	0.2898
2	—	—	—	0.0634	—	0.0643	0.0645
3	—	—	—	0.0617	—	0.0169	0.0169

作者根据式(9.2)，利用 MATLAB 编制计算程序，公式中的求和 $\sum_{n=1}^{\infty}\frac{1}{n^2}\sin^2\left(\frac{n\pi l}{M}\right)$ 采用近似的 $n=1\sim100$ 求和代替，计算的井函数 $W\left(u,\frac{r}{M},\frac{l}{M}\right)$ 结果见表 9.2。

表 9.2　根据 MATLAB 计算的 $W\left(u,\frac{r}{M},\frac{l}{M}\right)$ 数值表

u \ r/M \ l/M	0.25						
	1.00	0.75	0.2	0.10	0.03	0.01	0.001
10^{-6}	13.3355	13.4865	16.1758	18.9785	25.1576	31.4357	45.0438
10^{-5}	11.0329	11.1840	13.8733	16.6759	22.8550	29.1332	40.8856
10^{-4}	8.7304	8.8815	11.5708	14.3734	20.5525	26.7885	33.6239
10^{-3}	6.4287	6.5798	9.2691	12.0717	18.1923	22.6321	25.0342
10^{-2}	4.1351	4.2862	6.9755	9.7363	13.8988	15.3998	16.0543
10^{-1}	1.9201	2.0712	4.4176	5.7595	6.8311	7.1380	7.2593
1	0.2972	0.3724	0.7167	0.7971	0.8534	0.8693	0.8739
2	0.0816	0.1012	0.1684	0.1820	0.1915	0.1942	0.1948
3	0.0248	0.0301	0.0461	0.0491	0.0513	0.0519	0.0520
u \ r/M \ l/M	0.5						
	—	0.5	0.20	0.10	0.03	0.01	0.001
10^{-6}	—	13.5555	14.4667	15.4942	17.6347	19.7530	24.2957
10^{-5}	—	11.2530	12.1641	13.1916	15.3322	17.4505	21.1562
10^{-4}	—	8.9505	9.8616	10.8891	13.0297	15.1269	17.0392
10^{-3}	—	6.6488	7.5599	8.5874	10.6987	11.9887	12.5901
10^{-2}	—	4.3552	5.2663	6.2729	7.5121	7.8879	8.0515
10^{-1}	—	2.1400	2.8813	3.2620	3.5307	3.6074	3.6378
1	—	0.3384	0.3986	0.4187	0.4327	0.4367	0.4379
2	—	0.0808	0.0910	0.0944	0.0968	0.0974	0.0976
3	—	0.0223	0.0246	0.0253	0.0259	0.0260	0.0260

续表

l/M \ r/M \ u				0.75			
	—	—	—	0.10	—	0.01	0.001
10^{-6}	—	—	—	13.8761	—	15.2602	16.7722
10^{-5}	—	—	—	11.5735	—	12.9577	14.2635
10^{-4}	—	—	—	9.2710	—	10.6505	11.4100
10^{-3}	—	—	—	6.9693	—	8.1427	8.4096
10^{-2}	—	—	—	4.6711	—	5.3004	5.3731
10^{-1}	—	—	—	2.2603	—	2.4135	2.4270
1	—	—	—	0.2836	—	0.2916	0.2921
2	—	—	—	0.0637	—	0.0650	0.0651
3	—	—	—	0.0171	—	0.0174	0.0174

对于级数 $\sum_{n=1}^{\infty}\frac{1}{n^2}\sin^2\left(\frac{n\pi l}{M}\right)$，采用近似的 $n=1\sim100$ 代替 $n=1\sim\infty$ 求和，从精度上来讲也满足要求，增加求和迭代次数，对计算结果的影响不大，作者测试了表 9.2 中的几个计算结果，将迭代求和的次数 n 从 1 加大到 10^8，计算结果显示 n 从 $1\sim10^2$ 后，在 MATLAB format long 语句对双精度浮点保留 15 位显示状态下，计算结果无变化（表 9.3）。但是循环计算次数越多，耗时越长。因此，在确保计算精度的情况下，可适当降低求和次数，以寻求计算速度。

表 9.3　根据 MATLAB 计算的 $W\left(u,\frac{r}{M},\frac{l}{M}\right)$ 不同求和次数计算结果

l/M	r/M	u	$n=1\sim10$	$n=1\sim10^2$	$n=1\sim10^6$
0.25	0.1	10^{-6}	18.977323536786262	18.978473055213556	18.978473055213556
0.5			15.493770675523525	15.494204987356671	15.494204987356671
0.75			13.875965631407567	13.876093355677266	13.876093355677266

有了 $W\left(u,\frac{r}{M},\frac{l}{M}\right)$ 井函数 MATLAB 计算程序，就可以不受 r/M 和 l/M 的变化限制，根据实际情况来计算井函数的值，用于优化配线。

同样，针对过滤器位于含水层中某个位置、有越流、无越流等情况，均可利用作者给出的井函数的计算程序计算相应的井函数值，用于配线计算。

第二节　根据抽水试验资料确定水文地质参数

在非完整井抽水试验中，$r>1.5M$ 区内有观测孔，则可根据相应的完整井公式计算，因此，第三章中介绍的各种求参数的方法，在这里都有效。

在 $r<1.5M$ 区内有抽水井和观测孔时，必须按相应的非完整井公式计算。因为非完整井

的井函数包含变量较多,目前还没能做出通用的标准曲线供求参数使用,所以下面以无越流补给的非完整井为例,简要介绍据抽水试验资料确定参数的方法。

$r<1.5M$ 区内,如有一个观测孔或多个观测孔的长时间观测资料,均可用标准曲线配线法求参。

一、承压非完整井配线计算步骤

1)在双对数纸上绘制三张 l/M 分别为 0.25、0.5、0.75 的 $W\left(u,\dfrac{r}{M},\dfrac{l}{M}\right)$-$\dfrac{1}{u}$标准曲线(图 9.2 为 $l/M=0.5$ 的标准曲线),然后在相同模数的双对数纸上绘制 s-t 曲线。r 为观测孔至抽水孔的距离,l 为滤管长度。

2)根据具体的 l/M 值,选取适当的标准曲线,根据 r/M 值从曲线中选出一条标准曲线,把实测的 s-t 曲线叠置在它上面,保持坐标轴相互平行,使得观测点与标准曲线重合。

3)任选一个匹配点,读出 $W\left(u,\dfrac{r}{M},\dfrac{l}{M}\right)$、$\dfrac{1}{u}$、$s$、$t$ 的坐标,代入公式计算 T 值和 S 值。

4)计算公式如下:

$$T=\frac{Q}{4\pi s}W\left(u,\frac{r}{M},\frac{l}{M}\right) \tag{9.10}$$

$$S=\frac{4Tt}{r^2\dfrac{1}{u}} \tag{9.11}$$

由于式(9.6)过于复杂,涉及的变量较多,不可能绘制出所有标准曲线,目前的教科书也仅是给出了 l/M 分别为 0.25、0.5、0.75 时的三个 $W\left(u,\dfrac{r}{M},\dfrac{l}{M}\right)$-$\dfrac{1}{u}$标准曲线。对于 l/M、r/M 取值不在上述范围之内时则无能为力,需要单独计算井函数,绘制标准曲线。因此烦琐的操作步骤限制了该方法的使用。

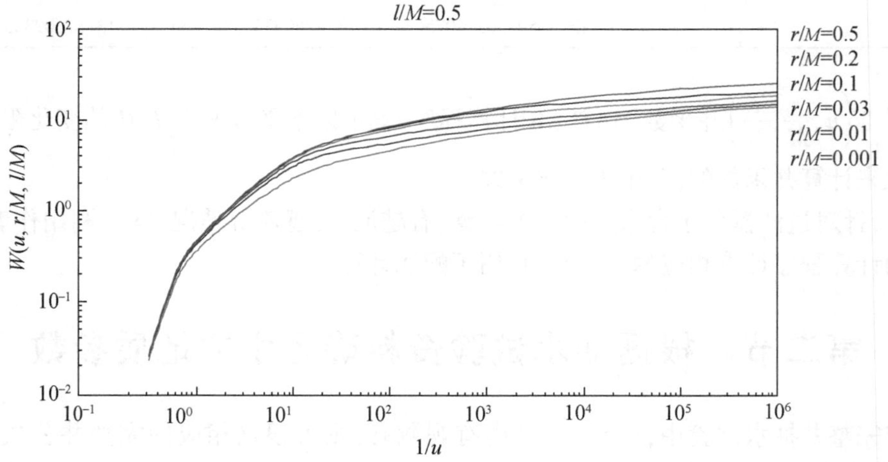

图 9.2　无越流承压含水层不完整井 $l/M=0.5$ 标准曲线

二、承压非完整井计算例题 9.1

某厚度 140m 的承压含水层中有 1 口非完整抽水井，过滤器长 70m，与隔水顶板相接。现以 $1000m^3/d$ 的流量进行抽水，在距抽水井 28m 处有 1 个与过滤器长度相等的观测孔，观测孔的水位降深值见表 9.4。试用配线法计算含水层的水文地质参数（蒋辉等，2009）。

表 9.4　抽水试验观测数据

抽水持续时间/min	水位降深/m	抽水持续时间/min	水位降深/m	抽水持续时间/min	水位降深/m
2	0.17	10	0.48	80	0.79
2.53	0.2	15	0.55	90	0.80
3	0.24	20	0.61	100	0.82
4	0.3	25	0.64	120	0.84
5	0.35	30	0.67	150	0.86
6	0.38	40	0.7	200	0.90
7	0.41	50	0.73	250	0.93
8	0.44	60	0.75	300	0.95
9	0.46	70	0.77	—	—

解：将表 9.4 资料，在透明双对数坐标纸上绘制 s-t 曲线（图 9.3），由于 $l/M=0.5$，$r/M=0.2$，故将 s-t 曲线与 $l/M=0.5$，$r/M=0.2$ 的标准曲线进行拟合，任取一匹配点，读出坐标为

$$\left[W\left(u,\frac{r}{M},\frac{l}{M}\right)\right]=10^0,\left[\frac{1}{u}\right]=10^2,[s]=0.15\mathrm{m},[t]=70\mathrm{min}$$

代入式(9.10)和式(9.11)，有

$$T=\frac{Q}{4\pi[s]}\left[W\left(u,\frac{r}{M},\frac{l}{M}\right)\right]=\frac{1000}{4\times3.14\times0.15}=530.79\mathrm{m}^2/\mathrm{d}$$

$$S=\frac{4T[t]}{r^2\left[\frac{1}{u}\right]}=\frac{4\times530.79\times70}{28^2\times100\times1440}=1.32\times10^{-3}$$

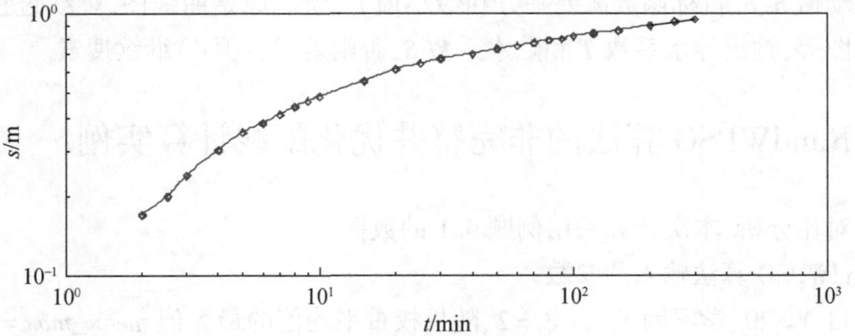

图 9.3　承压含水层非完整井抽水试验 s-t 曲线

第三节 随机权重粒子群非完整井优化配线求解文地质参数

一、基于随机权重粒子群非完整井优化配线求解水文地质参数

本节采用随机权重粒子群,实现无越流承压非完整井降深 - 时间(s-t)实际资料曲线与 $W\left(u,\frac{r}{M},\frac{l}{M}\right)$-$\frac{1}{u}$标准曲线的优化配线。

RandWPSO 算法优化配线法计算步骤如下。

1)设置粒子数目 N、学习因子 c_1 和 c_2、随机权重平均值的最大值 $mean\_max$、随机权重平均值的最小值 $mean\_min$、随机权重的方差 $sigma$、最大迭代次数 $maxgen$、粒子的维数 D。

2)随机初始化种群中各粒子的位置和速度,计算井函数 $W\left(u,\frac{r}{M},\frac{l}{M}\right)$ 及适应度值。

3)评价每个粒子的适应度,将当前各粒子的位置和适应度值存储在各粒子的 p_{best}(个体最优位置)中,将所有 p_{best} 中适应度值最优个体的位置和适应度值存储于 g_{best}(群体最优)中。

4)更新权重。

$$\begin{cases}\mu=mean\_min+(mean\_max-mean\_min)\times rand(0,1)\\ \omega=\mu+sigma\times N(0,1)\end{cases}$$

式中,$mean\_max$、$mean\_min$ 为随机权重平均值的最大值和最小值,$N(0,1)$ 表示标准正态分布的随机数,$rand(0,1)$ 表示 0 到 1 之间的随机数,$sigma$ 为随机权重的方差。

5)用下式更新粒子的速度和位移:

$$v_{id}=\omega\times v_{id}+c_1r_1(p_{id}-x_{id})+c_2r_2(g_{id}-x_{id})$$

$$x_{id}=x_{id}+v_{id}$$

6)对每个粒子,将其适应度值与其经历过的最好位置作比较,如果较好,则将其作为当前的最好位置。

7)比较当前所有 p_{best} 和 g_{best} 的值,更新 g_{best}。

8)若满足停止条件(通常为预设的运算精度或迭代次数),搜索停止,选取匹配点,输出配线纵横移动值 a、b、目标函数离差平方和最小值 f_{v},绘制原始曲线图、配线过程曲线图、最终优化配线图等,输出导水系数 T 和贮水系数 S,否则返回步骤 4)继续搜索。

二、基于 RandWPSO 算法的非完整井优化配线计算实例

为方便对比分析,本次计算采用例题 9.1 的数据。

(1)RandWPSO 算法输入的参数

粒子数目 $N=20$、学习因子 $c_1=c_2=2$、随机权重平均值的最大值 $mean\_max=0.8$、随机权重平均值的最小值 $mean\_min=0.4$、随机权重的方差 $sigma=0.2$、最大迭代次数 $maxgen=200$、粒子的维数 $D=2$、$l/M=0.5$、$r/M=0.2$。

(2)构建目标函数

对于已知的 l/M、r/M,非完整井井函数 $W\left(u,\frac{r}{M},\frac{l}{M}\right)$ 为一条具体的标准曲线,优化问题为二元函数寻优,相对简单一些,公式如下:

$$\min F(a,b)=f_{\mathrm{v}}=\sum_{i=1}^{n}\left[W\left(\frac{1}{10^{(\lg t_i+\lg a)}},\frac{r}{M},\frac{l}{M}\right)-10^{(\lg s_i+\lg b)}\right]^2 \tag{9.12}$$

$W\left(u,\frac{r}{M},\frac{l}{M}\right)$ 可采用式(9.2),并调用 MATLAB 内置求和积分函数求解。

(3)设计编程

1)打开 MATLAB 程序,设定无越流承压非完整井优化配线随机权重粒子群计算目录路径。

2)构建抽水试验观测数据文件 S1R2. mat,形成两行(t_i,s_i)、m(抽水试验观测个数)列的数据文件。

3)编制目标函数计算程序 fit. m,对 a、b 进行初始赋值。

4)编制无越流承压非完整井,随机权重粒子群优化配线计算主程序 RandWPSO. m。

(4)优化计算过程

为直观了解 RandWPSO 算法优化配线计算过程,运行 MATLAB 程序,在当前路径窗口选取无越流承压非完整井 RandWPSO 计算路径,在当前文件夹窗口,找到随机权重粒子群算法执行程序 RandWPSO. m,右键打开 RandWPSO. m,可在编辑器中查看、修改程序中的输入设置参数。

目标函数计算中,式(9.6)中间部分的求和项 $\sum_{n=1}^{\infty}\frac{1}{n^2}\sin^2\left(\frac{n\pi l}{M}\right)$ 采用近似截断计算,取值为 $n=1\sim10$。

计算中修改最大迭代计算次数 *maxgen* 的大小,设置最大迭代计算次数 *maxgen*=5、10、50、100、200,其他参数不作调整。迭代计算一开始,*maxgen*=5,试验曲线即快速搜索靠近标准曲线(图 9.4 和图 9.5),但计算不稳定,每次计算给出的配线离差平方和最小值 f_{v} 值都不同、变化较大。表 9.5 和表 9.6 分别为 *maxgen*=5、10、20、50、100、200 时随机计算 10 次的计算结果,图 9.5 ~ 图 9.10 为不同迭代次数下的配线状态曲线及适应度函数变化曲线,图中很清楚地反映出 RandWPSO 算法快速迭代配线的过程,一般情况下,经过 50 次迭代计算后,计算结果大部分与最终结果基本一致,*maxgen* = 100,离差平方和最小值基本稳定在 f_{v} = 0. 303078912112173;*maxgen*=200,配线离差平方和最小值稳定在 f_{v} = 0. 3030789055461,计算结果稳定。

表 9.5　*maxgen*=5、10、20 的计算结果

maxgen=5			*maxgen*=10			*maxgen*=20		
f_{v}	$T/(\mathrm{m^2/d})$	S	f_{v}	$T/(\mathrm{m^2/d})$	S	f_{v}	$T/(\mathrm{m^2/d})$	S
3. 6269211	603. 89	1.3399×10^{-3}	1. 1616470	584. 47	1.2166×10^{-3}	0. 3266309	540. 94	1.4783×10^{-3}
8. 7045707	616. 23	6.1018×10^{-4}	3. 7412939	638. 35	8.6268×10^{-4}	0. 3119778	539. 37	1.4409×10^{-3}
0. 7520104	531. 59	1.3419×10^{-3}	0. 3887275	530. 12	1.4516×10^{-3}	0. 3108983	530. 80	1.5252×10^{-3}

续表

maxgen=5			maxgen=10			maxgen=20		
f_v	$T/(m^2/d)$	S	f_v	$T/(m^2/d)$	S	f_v	$T/(m^2/d)$	S
0.3224679	537.99	1.5038×10^{-3}	0.3068600	538.55	1.4560×10^{-3}	0.3048159	536.89	1.4668×10^{-3}
15.3666595	734.85	3.4700×10^{-4}	0.3960313	546.99	1.3475×10^{-3}	0.3114358	531.19	1.5305×10^{-3}
0.3095279	538.24	1.4834×10^{-3}	0.3265531	543.92	1.4311×10^{-3}	0.3361643	541.66	1.4800×10^{-3}
0.4858322	558.64	1.3436×10^{-3}	0.3680869	522.92	1.5502×10^{-3}	0.3063012	538.44	1.4709×10^{-3}
0.5252315	515.07	1.5591×10^{-3}	0.3229534	541.52	1.4188×10^{-3}	0.3037981	534.26	1.4922×10^{-3}
0.5915633	559.18	1.2445×10^{-3}	0.5499413	562.18	1.3272×10^{-3}	0.3252791	540.47	1.4820×10^{-3}
0.3666111	526.54	1.5003×10^{-3}	0.3908386	540.99	1.5219×10^{-3}	0.3121914	535.13	1.4633×10^{-3}

表 9.6　maxgen=50、100、200 的计算结果

maxgen=50			maxgen=100			maxgen=200		
f_v	$T/(m^2/d)$	S	f_v	$T/(m^2/d)$	S	f_v	$T/(m^2/d)$	S
0.3273015	527.50	1.5605×10^{-3}	0.3030789	535.60	1.4855×10^{-3}	0.3030789	535.59	1.4856×10^{-3}
0.3030790	535.58	1.4857×10^{-3}	0.3030789	535.59	1.4855×10^{-3}	0.3030789	535.59	1.4856×10^{-3}
0.3030789	535.59	1.4856×10^{-3}	0.3030789	535.59	1.4856×10^{-3}	0.3030789	535.59	1.4856×10^{-3}
0.3032482	536.18	1.4792×10^{-3}	0.3030789	535.59	1.4856×10^{-3}	0.3030789	535.59	1.4856×10^{-3}
0.3463741	543.43	1.3899×10^{-3}	0.3030789	535.60	1.4855×10^{-3}	0.3030789	535.59	1.4856×10^{-3}
0.3030790	535.60	1.4855×10^{-3}	0.3030789	535.59	1.4856×10^{-3}	0.3030789	535.59	1.4856×10^{-3}
0.3035423	535.25	1.4937×10^{-3}	0.3030789	535.59	1.4856×10^{-3}	0.3030789	535.59	1.4856×10^{-3}
0.3031226	535.53	1.4843×10^{-3}	0.3030789	535.59	1.4855×10^{-3}	0.3030789	535.59	1.4856×10^{-3}
0.3030880	535.48	1.4858×10^{-3}	0.3031577	535.23	1.4898×10^{-3}	0.3030789	535.59	1.4856×10^{-3}
0.3030789	535.59	1.4856×10^{-3}	0.3030789	535.59	1.4856×10^{-3}	0.3030789	535.59	1.4856×10^{-3}

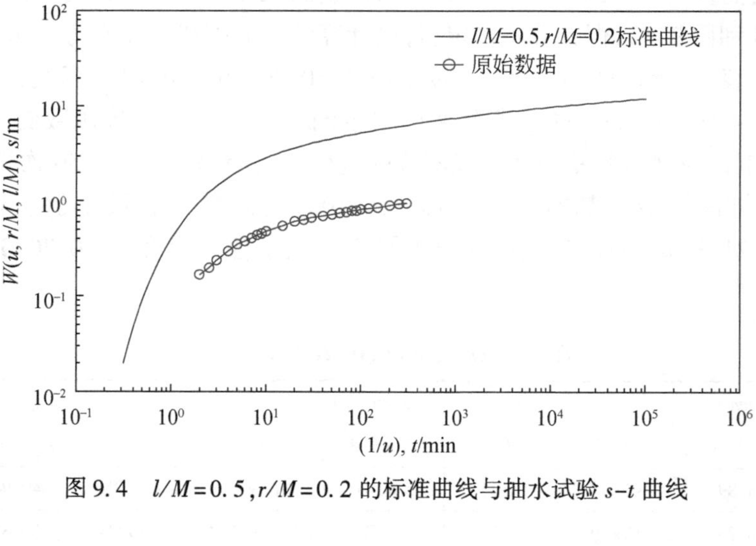

图 9.4　$l/M=0.5$, $r/M=0.2$ 的标准曲线与抽水试验 $s-t$ 曲线

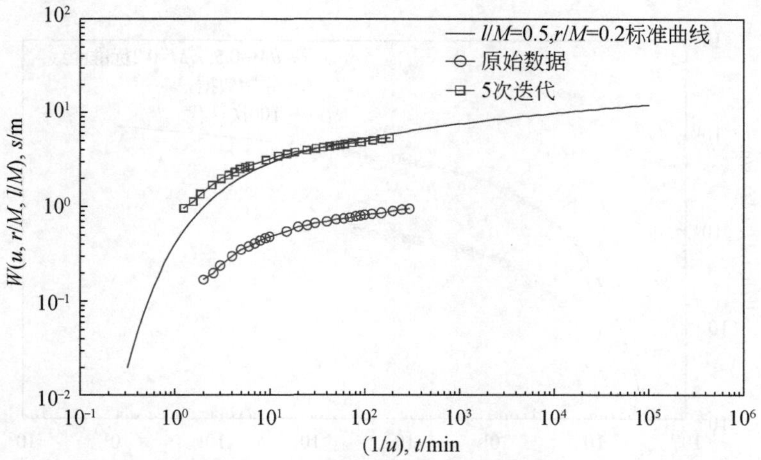

图 9.5　优化迭代图 9.4 原始数据 5 次

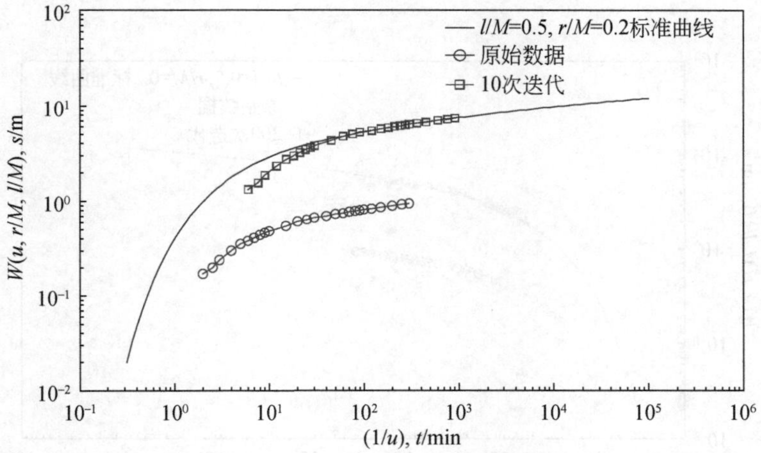

图 9.6　优化迭代图 9.4 原始数据 10 次

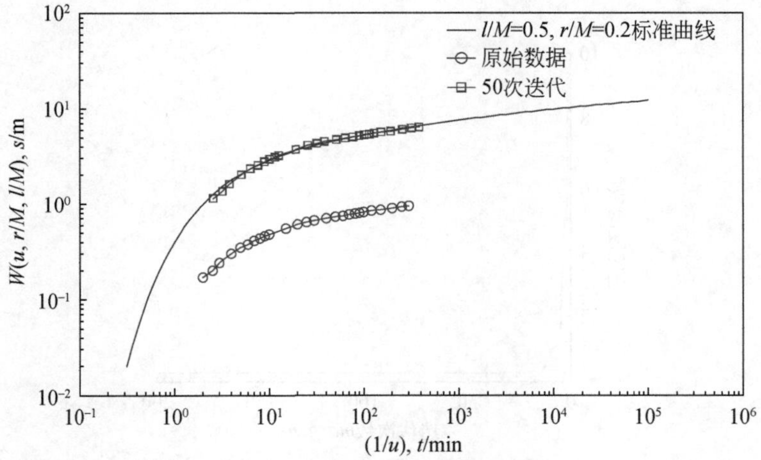

图 9.7　优化迭代图 9.4 原始数据 50 次

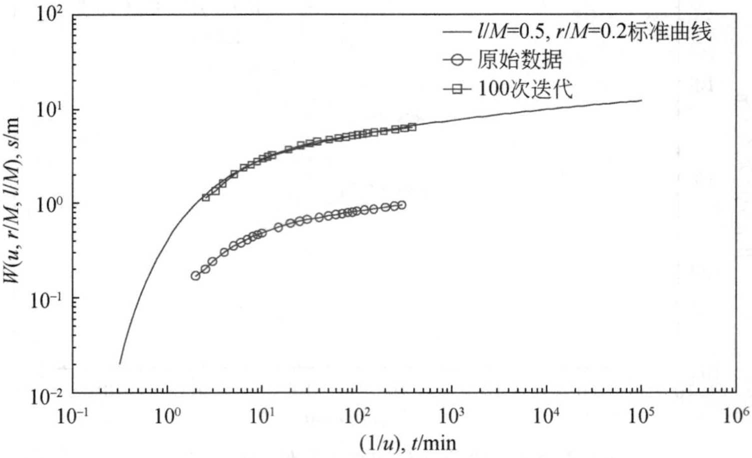

图 9.8　优化迭代图 9.4 原始数据 100 次

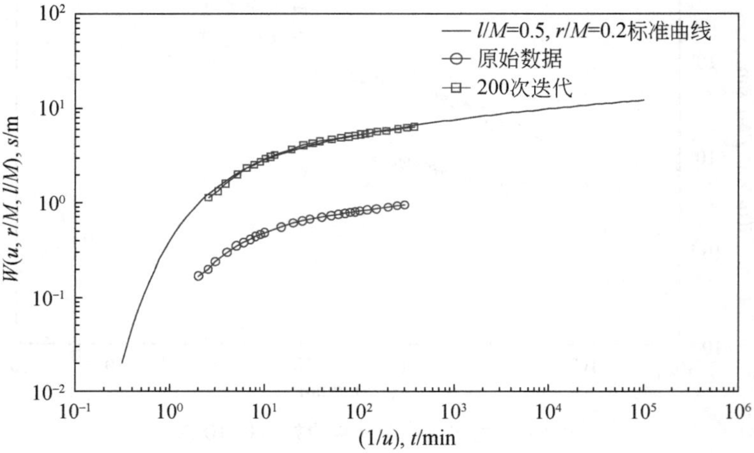

图 9.9　优化迭代图 9.4 原始数据 200 次

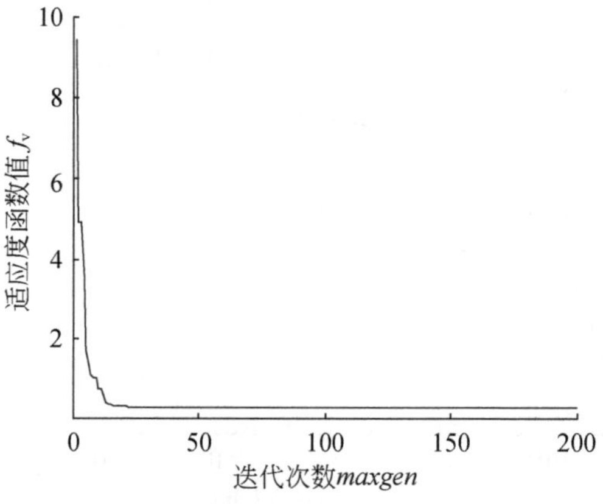

图 9.10　非完整井配线 RandWPSO 适应度变化曲线

(5)计算结果

经 200 次优化迭代计算,RandWPSO 算法优化配线完成后,选取匹配点的坐标值如下:

$$[s]=0.77\text{m},[t]=70\text{min},\left[\frac{1}{u}\right]=89.41839,\left[W\left(u,\frac{r}{M},\frac{l}{M}\right)\right]=5.182450$$

计算耗时 5.65min,计算结果如下:

导水系数 $T=535.592518232412\text{m}^2/\text{d}$;

贮水系数 $S=0.001485549542943$;

配线离差平方和最小值 $f_v=0.303078905574304$。

例题 9.1 人工配线的计算结果为

$$T=\frac{Q}{4\pi[s]}\left[W\left(u,\frac{r}{M},\frac{l}{M}\right)\right]=\frac{1000}{4\times3.14\times0.15}=530.79\text{m}^2/\text{d}$$

$$S=\frac{4T[t]}{r^2\left[\frac{1}{u}\right]}=\frac{4\times530.79\times70}{28^2\times100\times1440}=1.32\times10^{-3}$$

显而易见,人工智能优化配线计算结果比人工配线的计算结果更为精确。

如果目标函数计算中,式 9.6 中间部分的求和项 $\sum_{n=1}^{\infty}\frac{1}{n^2}\sin^2\left(\frac{n\pi l}{M}\right)$ 取值 $n=1\sim100$ 近似截断计算,采用上述相同的计算参数,经 200 次迭代计算,计算耗时 51.9min,计算结果如下:

导水系数 $T=535.5926259555631\text{m}^2/\text{d}$;

贮水系数 $S=0.001485560723429$;

配线离差平方和最小值 $f_v=0.303078407443298$。

对比前面的计算结果,配线离差平方和最小值 f_v 计算精度略有提高,但对导水系数和贮水系数的计算精度似乎可以忽略不计,而且耗时惊人。因此,在确保计算精度的前提下,实用就好。

第十章　其他水文地质参数智能优化求解

第一节　承压含水层微水试验

微水试验(slug test)也称冲击试验、瞬时抽(注)水试验、振荡式抽水试验,是指将一定体积的水瞬时注入含水层中或瞬时取出一定体积的水,使得井(孔)中水位与含水层水头之间突然出现某个水头差,随后井中水位在短期内恢复,根据恢复期间井(孔)中水位的变化,可以求得井(孔)附近含水层水文地质参数(陈崇希和林敏,1999)。

一、承压含水层微水试验配线法求解水文地质参数

(一)基本原理

适用条件为:承压完整井,井(孔)内瞬时注水(或瞬时抽水),试验中水位变化位于含水层顶板以上的套管范围内(图 10.1)。

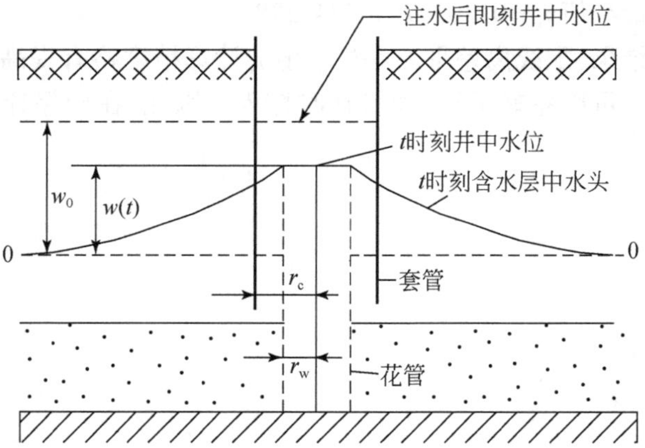

图 10.1　承压含水层中微水试验示意图

微水试验井流问题在数学上可描述为

$$
\begin{cases}
\alpha\left(\dfrac{\partial^2 w}{\partial r^2}+\dfrac{1}{r}\dfrac{\partial w}{\partial r}\right)=\dfrac{\partial w}{\partial t}\\
w(r,0)=0\\
w(0)=w_0\\
w(\infty,t)=0\\
w(r_w,t)=w(t)
\end{cases}
$$

$$2\pi r_w T\frac{\partial w(r_w,t)}{\partial r}=\pi r_c^2\frac{\partial w(t)}{\partial t}$$

井内水位上升值的解析解为(Cooper et al.,1967)

$$w=w_0F(\alpha,\beta) \tag{10.1}$$

而 $\alpha=\frac{r_w^2S}{r_c^2};\beta=\frac{Tt}{r_c^2};w_0=\frac{V}{\pi r_c^2},F(\alpha,\beta)=\frac{8\alpha}{\pi^2}\int_0^\infty\frac{\exp(-\beta u^2/\alpha)}{uf(u,\alpha)}\mathrm{d}u,u=\frac{r^2S}{4Tt}$

$$f(u,\alpha)=[uJ_0(u)-2\alpha J_1(u)]^2+[uY_0(u)-2\alpha Y_1(u)]^2$$

式中,w 为瞬时抽(注)水之后,t 时刻井中水位;w_0为瞬时抽(注)水体积 V 之后,即刻的井中水位;r_w为井孔工作段半径或滤管半径;r_c为井孔水位升降段的套管半径;J_0和 J_1为零阶和一阶第一类贝塞尔函数;Y_0和 Y_1为零阶和一阶第二类贝塞尔函数。国内很多教科书及规程书中 $f(u,\alpha)$的关系式书写错误,本书已作修改。

(二)配线法计算步骤

1)根据式(10.1)进行数值积分,计算得到的 w/w_0值列于表 10.1,以 α 为参变量在单对数纸上绘制 $F(\alpha,\beta)$-lgβ 标准曲线族(图 10.2)。

表 10.1 w/w_0-lgβ 数值表

β	w/w_0				
	$\alpha=1.0\times10^{-1}$	$\alpha=1.0\times10^{-2}$	$\alpha=1.0\times10^{-3}$	$\alpha=1.0\times10^{-4}$	$\alpha=1.0\times10^{-5}$
0.00100	0.997100	0.992000	0.996900	0.998500	0.999200
0.00215	0.965800	0.987600	0.994900	0.997400	0.998500
0.00464	0.949000	0.980700	0.991400	0.995400	0.997000
0.01000	0.923800	0.969300	0.985300	0.991500	0.994200
0.02150	0.886000	0.950500	0.974400	0.984100	0.988800
0.04640	0.829300	0.918700	0.954500	0.970100	0.978100
0.10000	0.746000	0.865500	0.918300	0.943400	0.957200
0.21500	0.628900	0.778200	0.853800	0.893500	0.916700
0.46400	0.478200	0.643600	0.743600	0.803100	0.841000
1.00000	0.311700	0.459800	0.572900	0.652000	0.708000
2.15000	0.166500	0.259700	0.354300	0.436400	0.503800
4.64000	0.074150	0.108600	0.155400	0.208200	0.262000
7.00000	0.046250	0.062040	0.085190	0.116100	0.152100
10.0000	0.030650	0.037800	0.048210	0.063550	0.083780
14.0000	0.020920	0.024140	0.028440	0.034920	0.044260
21.5000	0.012970	0.014140	0.015450	0.017230	0.019990
30.0000	0.009070	0.009615	0.010160	0.010830	0.011690

续表

β	w/w_0				
	$\alpha=1.0\times10^{-1}$	$\alpha=1.0\times10^{-2}$	$\alpha=1.0\times10^{-3}$	$\alpha=1.0\times10^{-4}$	$\alpha=1.0\times10^{-5}$
46. 4000	0. 005711	0. 005919	0. 006111	0. 006319	0. 006554
70. 0000	0. 003722	0. 003809	0. 003884	0. 003962	0. 004046
100. 000	0. 002577	0. 002618	0. 002653	0. 002688	0. 002725
215. 000	0. 001179	0. 001187	0. 001194	0. 001201	0. 001208

2）求 w/w_0 的值，在与标准曲线相同模数的半对数坐标纸上绘出 w/w_0-t 实测曲线。

3）将实测曲线和标准曲线进行拟合，选择一个易于计算的匹配点，记录该点对应实测曲线的时间 t。

4）根据式（10. 2）和式（10. 3）计算水文地质参数：

$$T=\frac{\beta\times r_c^2}{t} \tag{10.2}$$

$$S=\frac{\alpha\times r_c^2}{r_w^2} \tag{10.3}$$

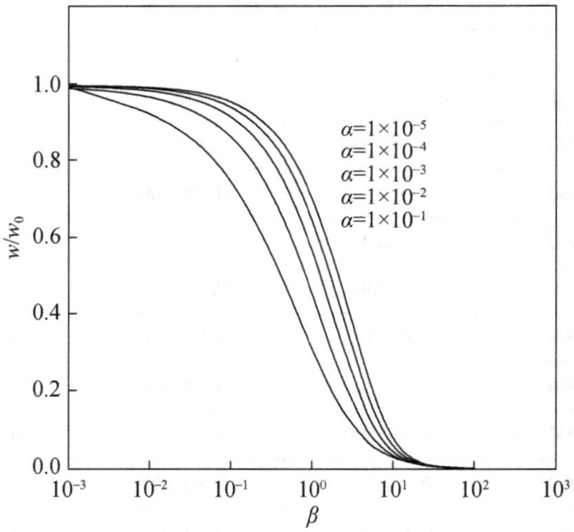

图 10. 2　微水试验 $F(\alpha,\beta)$-lgβ 标准曲线族

（三）计算例题 10. 1

在某水井内，用直径 15. 2cm 的套管下到 24m 深处，并以 15. 2cm 的孔径打到 122m 深度。将重量为 10. 16kg 的加重浮筒放入井内任其自由飘浮，经过一定时间之后水位稳定下来，然后，突然提升此浮筒，使它离开水面。根据阿基米德原理，这相当于瞬时抽取 $V=0.01016\text{m}^3$ 的水，初始井中水位下降值为（Cooper et al. ，1967）

$$w_0=\frac{V}{\pi r_c^2}=\frac{0.01016}{3.14\times\left(\frac{0.152}{2}\right)^2}=0.56\text{m}$$

由题意可知，$r_c=r_w=0.152/2=0.076$m，井中水位 w 恢复数据列于表 10.2 中。

表 10.2　瞬时抽水井流试验水位恢复数据

t/s	w/m	w/w_0	t/s	w/m	w/w_0
0	0.560	1	33	0.149	0.266
3	0.457	0.816	36	0.14	0.25
6	0.392	0.7	39	0.131	0.234
9	0.345	0.616	42	0.112	0.2
12	0.308	0.55	45	0.108	0.193
15	0.280	0.5	48	0.093	0.166
18	0.252	0.45	51	0.089	0.159
21	0.224	0.4	54	0.082	0.146
24	0.205	0.366	57	0.075	0.134
27	0.187	0.334	60	0.071	0.127
30	0.168	0.3	63	0.065	0.116

计算含水层参数的步骤如下：

1）在与标准曲线相同模数的半对数坐标纸上绘出 w/w_0-lg$t$ 实测曲线；

2）将绘制的 w/w_0-lg$t$ 实测曲线与 $F(\alpha,\beta)$-lgβ 标准曲线拟合，在对应的 w/w_0 值保持一致的前提下左右平移实测曲线，找出最佳拟合位置（图 10.3）；

3）任取一匹配点，取 $\beta=1.0$ 最简单，本例与此点对应的 $t=11s=1.2731\times10^{-4}$d；

4）计算导水系数 T、贮水系数 S。

$$T=\frac{\beta\times r_c^2}{t}=\frac{1\times0.076^2}{1.2731\times10^{-4}}=45.4\text{m}^2/\text{d}$$

$$S=\frac{\alpha\times r_c^2}{r_w^2}=\frac{10^{-3}\times0.076^2}{0.076^2}=10^{-3}$$

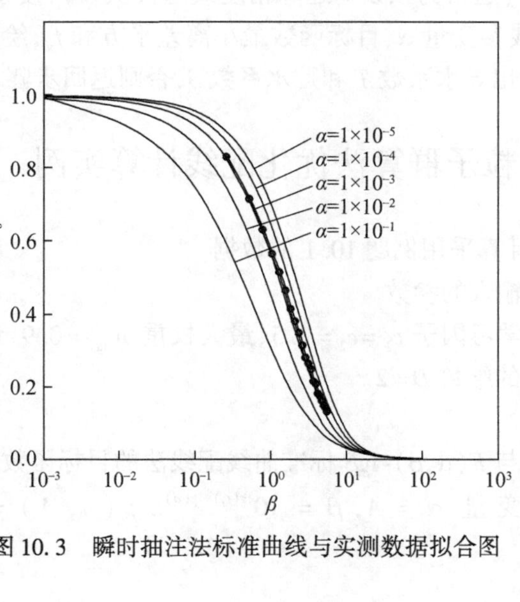

图 10.3　瞬时抽注法标准曲线与实测数据拟合图

从标准曲线可以看出,当配线参变量 α 相差一个数量级时,标准曲线的形状仅有微小的变化,因此,采用手动配线这种方法,由于观测误差较大,确定含水层的 S 值是不可靠的。

T 值的确定与 S 值不同,前者对标准曲线的选择并不敏感。当实测曲线从一条标准曲线移到另一条时,确定的 S 值可以差一个数量级,而 T 值差别却不是很大(陈崇希和林敏,1999)。

二、基于线性递减权重粒子群优化(LinWPSO)配线求解水文地质参数

本小节采用改进的线性递减权重粒子群优化算法,实现 w/w_0-lg$t$ 实测曲线与 $F(\alpha,\beta)$-lgβ 标准曲线的优化配线。

LinWPSO 算法计算步骤如下。

1)设置粒子数目 N、学习因子 c_1 和 c_2、最大权重 $\omega_{\max}$、最小权重 $\omega_{\min}$、最大迭代次数 M、问题的维数 D。

2)随机初始化种群中各粒子的位置和速度,计算井函数 $F(\alpha,\beta)$ 及适应度值。

3)评价每个粒子的适应度,将当前各粒子的位置和适应度值存储在各粒子的 p_{best}(个体最优位置)中,将所有 p_{best} 中适应度值最优个体的位置和适应度值存储于 g_{best}(群体最优)中。

4)用下式更新粒子的速度和位移:

$$v_{id}=\omega\times v_{id}+c_1r_1(p_{id}-x_{id})+c_2r_2(g_{id}-x_{id})$$

$$x_{id}=x_{id}+v_{id}$$

5)更新权重。

$$\omega=\omega_{\max}-\frac{t\times(\omega_{\max}-\omega_{\min})}{t_{\max}}$$

6)对每个粒子,将其适应度值与其经历过的最好位置作比较,如果较好,则将其作为当前的最好位置。

7)比较当前所有 p_{best} 和 g_{best} 的值,更新 g_{best}。

8)若满足停止条件(通常为预设的运算精度或迭代次数),搜索停止,选取匹配点,输出配线横向移动值 a、配线参变量 α、目标函数最小离差平方和 f_v,绘制原始曲线图、配线过程图、最终优化配线图,输出导水系数 T 和贮水系数 S,否则返回步骤4)继续搜索。

三、线性递减权重粒子群算法优化配线计算实例

为对比分析,本次计算采用例题10.1的数据。

(1)LinWPSO 算法输入的参数

粒子数目 $N=100$、学习因子 $c_1=c_2=1.5$、最大权重 $\omega_{\max}=0.9$、最小权重 $\omega_{\min}=0.4$、最大迭代次数 $M=500$、问题的维数 $D=2$。

(2)目标函数

w/w_0-lg$t$ 实测曲线与 $F(\alpha,\beta)$-lgβ 标准曲线配线法的目标函数采用式(10.4)。

令标准曲线参变量 $\alpha=A$, $\beta=10^{\lg(t_i)+\lg(a)}$, $f(u,A)=[uJ_0(u)-2AJ_1(u)]^2+$

$[uY_0(u)-2AY_1(u)]^2$,则目标函数可按下式计算:

$$\min F(a,A)=f_v=\sum_{i=1}^{n}\left[\frac{8A}{\pi^2}\int_0^{\infty}\frac{\exp(-\beta u^2/A)}{uf(u,A)}du-(w/w_0)_i\right]^2 \tag{10.4}$$

式中,a 为实测曲线水平移动值;$A=\alpha$ 为标准曲线参变量。由于限定曲线只可水平移动进行配线,目标函数 $f_v=\min F(a,A)$ 为二元函数寻优。

(3)设计编程

1)打开 MATLAB 程序,设定微水试验 LinWPSO 计算目录路径;

2)构建观测孔抽水试验观测数据文件 data01. mat,形成两行($w_i/w_0,t_i$)、m(水位恢复观测数据个数)列的数据文件,w 为瞬时抽(注)水之后 t 时刻井中水位,w_0 为瞬时抽(注)水体积 V 之后即刻的井中水位,t 为观测时间;

3)编制瞬时抽(注)水井函数 $F(\alpha,\beta)$ 数值积分计算程序 f1. m;

```
        %%%%%%%%%%%%%%%%%%%%    Slug test F(α,β)    %%%%%%%%%%%%%%%%%%%%
function F=f1(B,A)                              %F 即 F(α,β)
A=0.0001;                                       %A 表示 α,B 表示 β
B=0.001;
fff=@(u)exp((-B.*u.*u)./A)./(u.*((u.*besselj(0,u)-2.*A.*besselj(1,u)).^2+...
  (u.*bessely(0,u)-2.*A.*bessely(1,u)).^2));
ff=integral(fff,0,inf);
F=(8.*A./(pi.*pi)).*ff;
            %%%%%%%%%%%%%%%%%%%%%%%%    End    %%%%%%%%%%%%%%%%%%%%%%%%
```

4)编制目标函数计算程序 func1. m,对 a、A 进行初始赋值;

5)编制承压水微水试验 LinWPSO 算法计算主程序 LinWPSO. m。

(4)优化计算过程

运行 MATLAB 程序,在当前路径窗口选取 w/w_0-lg$t$ 实测曲线与 $F(\alpha,\beta)$-lgβ 标准曲线配线法计算路径,在当前文件夹窗口,找到线性递减权重粒子群优化算法计算程序 LinWPSO. m,右键打开 LinWPSO. m 文件,可在编辑器中查看、修改程序计算输入的参数。

为分析 LinWPSO 算法微水试验优化配线迭代计算过程,计算中设置了不同的最大迭代次数 $M=10$、100、500,其他参数不作调整。设置 $M=10$,迭代计算一开始,试验数据曲线即快速靠近标准曲线,并在最终标准曲线附近搜寻最优拟合曲线(图 10.4 和图 10.5),但计算不稳定。表 10.3 为最大迭代次数 $M=10$、100、500 情况下,随机计算 10 次的计算结果,可以看出,$M=10$,每次计算给出的离差平方和最小值 f_v 都不同,$f_v=0.0011774\sim0.0021785$,计算的导水系数 T 和贮水系数 S、配线参变量 α 变化也较大,显示出寻优计算未达到最优结果。图 10.5 ~ 图 10.8 为迭代计算及适应度函数变化曲线,图中很清楚地反映出微水试验采用 LinWPSO 算法快速迭代配线计算过程,经 $M=100$ 次迭代计算,配线离差平方和最小值 $f_v=0.0011120\sim0.0011430$,已接近最优迭代结果。$M=500$ 时,配线离差平方和最小值基本稳定在 $f_v=0.00111$,计算精度足以满足实际要求,反映出该方法迭代计算收敛速度较快、计算结果相对稳定。

表 10.3　最大迭代次数 $M=10$、100、500 计算结果

$M=10$				$M=100$				$M=500$			
f_v	T/(m²/d)	$S\times10^{-3}$	$\alpha\times10^{-3}$	f_v	T/(m²/d)	$S\times10^{-3}$	$\alpha\times10^{-3}$	f_v	T/(m²/d)	$S\times10^{-3}$	$\alpha\times10^{-3}$
0.0016610	37.71	3.37	3.37	0.0011173	41.33	1.65	1.65	0.0011120	40.89	1.78	1.78
0.0021785	34.45	5.14	5.14	0.0011179	41.37	1.65	1.65	0.0011133	40.61	1.86	1.86
0.0012763	43.42	1.11	1.11	0.0011430	39.61	2.20	2.20	0.0011176	40.30	1.96	1.96
0.0016303	36.19	3.92	3.92	0.0011264	39.99	2.07	2.07	0.0011119	40.82	1.80	1.80
0.0013858	43.82	1.16	1.16	0.0011320	39.84	2.12	2.12	0.0011127	40.97	1.75	1.75
0.0012244	38.66	2.64	2.64	0.0011120	40.83	1.80	1.80	0.0011146	40.64	1.87	1.87
0.0014335	39.39	2.07	2.07	0.0011226	40.10	2.03	2.03	0.0011127	40.65	1.85	1.85
0.0019913	36.45	3.32	3.32	0.0011162	40.49	1.89	1.89	0.0011128	40.78	1.80	1.80
0.0011774	40.47	1.82	1.82	0.0011125	40.88	1.79	1.79	0.0011128	41.04	1.74	1.74
0.0012775	41.14	1.57	1.57	0.0011126	40.64	1.85	1.85	0.0011119	40.84	1.80	1.80

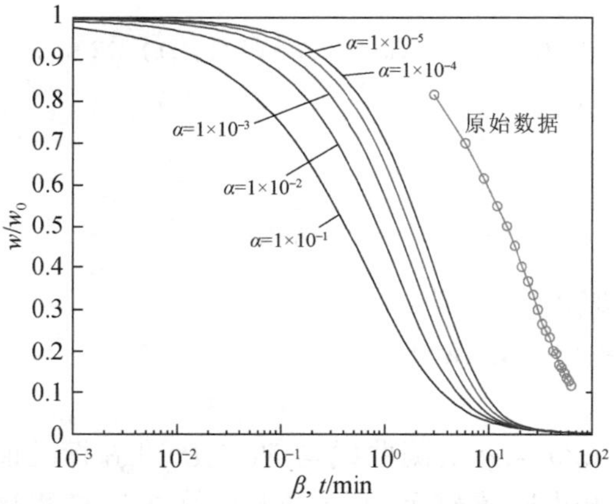

图 10.4　瞬时抽注法标准曲线与试验数据曲线

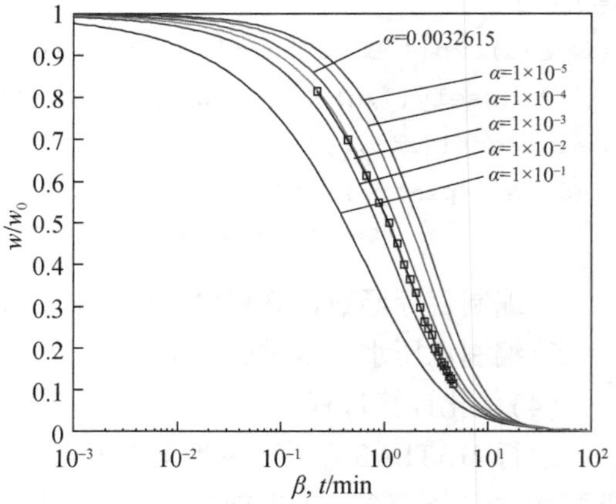

图 10.5　迭代计算 10 次

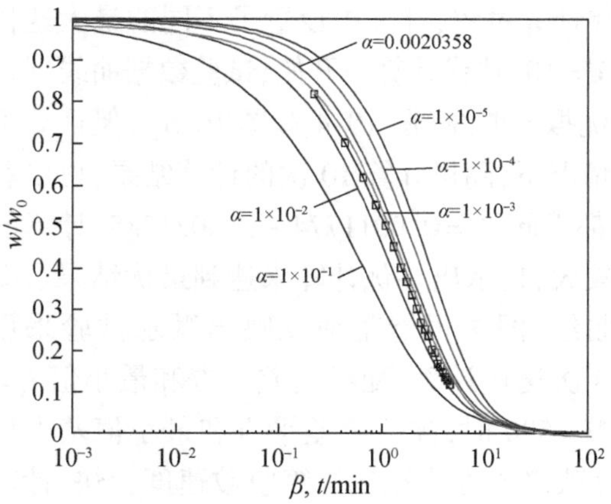

图 10.6　迭代计算 100 次

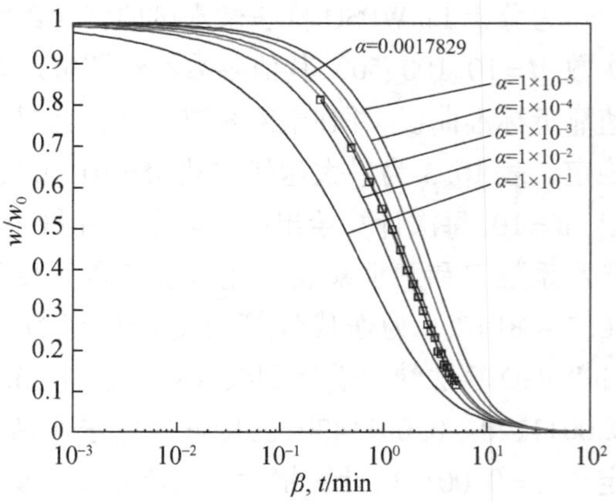

图 10.7　迭代计算 500 次

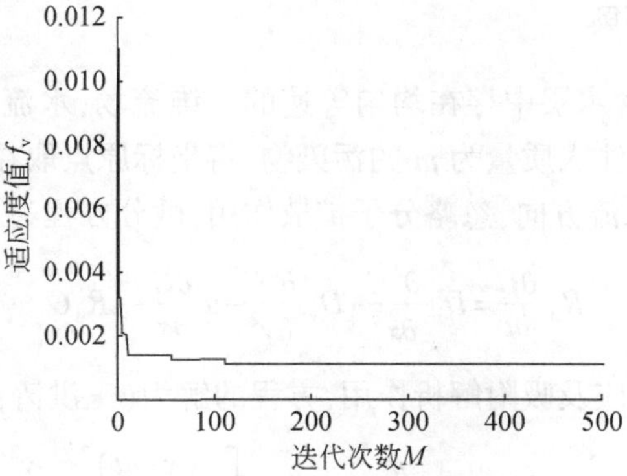

图 10.8　适应度变化曲线

(5)计算结果

slug test 标准曲线 $F(\alpha,\beta)$ 可直接调用 MATLAB 内置积分函数求解，经 500 次迭代计算，LinWPSO 算法优化配线完成后，选取表 10.2 中观测时间为 12s 的数据作为匹配点，坐标值如下：

$[t]=12\mathrm{s}=1.388889\times10^{-4}\mathrm{d}$，$[\beta]=9.818147\times10^{-1}$，$[\alpha]=1.799678\times10^{-3}$

计算耗时 14.5min，计算结果如下：

导水系数 $T=40.830924441935167\mathrm{m}^2/\mathrm{d}$；

贮水系数 $S=0.001799677613698$；

横向平移值 $a=0.08181789$；

配线离差平方和最小值 $f_v=1.111951\times10^{-3}$。

原人工配线的计算结果为(Cooper et al.，1967)：

$$T=\frac{[\beta]\times r_c^2}{[t]}=\frac{1\times0.076^2}{1.2731\times10^{-4}}=45.4\mathrm{m}^2/\mathrm{d}$$

$$S=\frac{[\alpha]\times r_c^2}{r_w^2}=\frac{10^{-3}\times0.076^2}{0.076^2}=10^{-3}$$

人工配线选取的配线参变量 $\alpha=10^{-3}$，智能配线选取的配线参变量 $\alpha=1.799678\times10^{-3}$，可见，靠人的眼力配线，除配线计算结果因人而异以外，永远达不到最优结果。对于曲线族的配线，人工智能算法就显示出了其优越性。

第二节　弥散系数智能优化配线法

一、标准曲线配线法

点源瞬时注入污染物在沿水流方向迁移的同时，还发生横向弥散，属于一维水流运动的二维弥散问题，点源瞬时或较短时间注入污染物的二维迁移是野外条件下进行示踪剂试验遇到的问题(王洪涛，2008)。

(一)数学模型及解析解

在均质、各向同性的含水层中存在均匀等速的一维流场,水流流速 u 为常数,在整个含水层厚度的注入井内瞬时注入质量为 m 的污染物,将坐标原点取在注入井位置,地下水流方向设为 x 向,y 轴垂直于水流方向,忽略分子扩散作用,微分方程为

$$R_{\mathrm{d}}\frac{\partial C}{\partial t}=D_x\frac{\partial^2 C}{\partial x^2}+D_y\frac{\partial^2 C}{\partial y^2}-u\frac{\partial C}{\partial x}-\lambda R_{\mathrm{d}}C \tag{10.5}$$

忽略固相中的化学反应及吸附解析作用,方程的解为(王洪涛,2008)

$$C(x,y,t)=\frac{m}{4\pi nbt\sqrt{D_xD_y}}\exp\left[-\frac{(x-ut)^2}{4D_xt}-\frac{y^2}{4D_yt}\right] \tag{10.6}$$

式中,$C(x,y,t)$为在点(x,y)处 t 时刻的示踪剂浓度值,mg/L;u 为地下水实际流速,m/s;m 为含水层中注入污染物的质量,mg;R_{d} 为滞留因子;λ 为一级反应常数;n 为含水层有效孔隙率;b 为含水层厚度,m;D_x为纵向弥散系数;D_y为横向弥散系数。

忽略分子扩散系数,则 $D_x=D_{\mathrm{L}}=a_{\mathrm{L}}u$,$D_y=D_{\mathrm{T}}=a_{\mathrm{T}}u$,代入上式得

$$C(x,y,t)=\frac{m}{4\pi nbtu\sqrt{\alpha_{\mathrm{L}}\alpha_{\mathrm{T}}}}\exp\left[-\frac{(x-ut)^2}{4\alpha_{\mathrm{L}}ut}-\frac{y^2}{4\alpha_{\mathrm{T}}ut}\right] \tag{10.7}$$

式中,a_{L}为纵向弥散度,m;a_{T}为横向弥散度,m;其他符号同前。

令其关于 t 的导数为零,可得到对应最大浓度的时间 t_{m}:

$$t_{\mathrm{m}}=\frac{-2\alpha_{\mathrm{L}}+\alpha_{\mathrm{L}}\sqrt{4+\frac{x^2}{\alpha_{\mathrm{L}}^2}+\frac{y^2}{\alpha_{\mathrm{L}}\alpha_{\mathrm{T}}}}}{u}=\frac{-2\alpha_{\mathrm{L}}+\alpha_{\mathrm{L}}\sqrt{4+A^2}}{u} \tag{10.8}$$

式中

$$A=\sqrt{\frac{x^2}{\alpha_{\mathrm{L}}^2}+\frac{y^2}{\alpha_{\mathrm{L}}\alpha_{\mathrm{T}}}} \tag{10.9}$$

当 $y=0$ 时,由式(10.8)解得

$$u=\frac{-2\alpha_{\mathrm{L}}+\sqrt{4\alpha_{\mathrm{L}}^2+x^2}}{t_{\mathrm{m}}} \tag{10.10}$$

引入无量纲时间 t_{D}

$$t_{\mathrm{D}}=\frac{ut}{\alpha_{\mathrm{L}}} \tag{10.11}$$

则最大浓度无量纲时间 t_{Dm}为

$$t_{\mathrm{Dm}}=\frac{ut_{\mathrm{m}}}{\alpha_{\mathrm{L}}}=\sqrt{4+A^2}-2 \tag{10.12}$$

将 t_{Dm}代入式(10.7),得到最大浓度值 C_{m},定义无量纲浓度 C_{D}为瞬时浓度与最大浓度的比值,即

$$C_{\mathrm{D}}(A,t_{\mathrm{D}})=\frac{C}{C_{\mathrm{m}}}=\frac{k_{\mathrm{m}}}{t_{\mathrm{D}}}\exp\left[-\frac{A^2+t_{\mathrm{D}}^2}{4t_{\mathrm{D}}}\right] \tag{10.13}$$

$$k_m = t_{Dm} \exp\left[\frac{A^2 + t_{Dm}^2}{4t_{Dm}}\right]$$

由式(10.13)可知,C为实时实测浓度,C_m为最大浓度,C_D只依赖于曲线参变量A和t_D两个无量纲参数,对于不同的曲线参变量A值,以t_D为横坐标(采用半对数坐标)、C_D为纵坐标绘制一系列C_D-t_D标准曲线族(图10.9)。

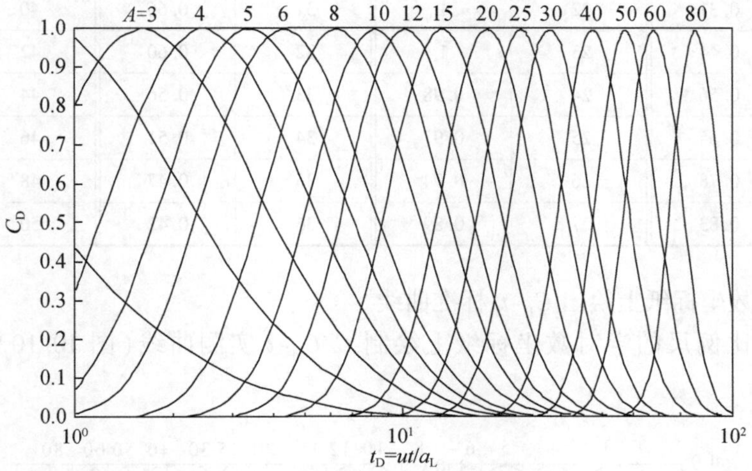

图10.9　瞬时注入污染物二维迁移问题标准曲线

(二)计算步骤

1)在半对数坐标纸上绘出C_D-t_D标准曲线。

2)在相同比例尺的半对数坐标纸上绘制C/C_m-t实测曲线。

3)保持横坐标轴重合,将实测曲线与标准曲线进行拟合配线,选取拟合最好的曲线,记下曲线参变量A值,任意选取匹配点,记录其坐标t、t_D。

4)采用式(10.14)和式(10.15)或式(10.16)计算纵向弥散度a_L和横向弥散度a_T。

$$\alpha_L = \frac{ut}{t_D} \tag{10.14}$$

或

$$\alpha_L = \frac{ut_m}{\sqrt{4+A^2}-2} \tag{10.15}$$

$$\alpha_T = \frac{y^2 \alpha_L}{A^2 \alpha_L^2 - x^2} \tag{10.16}$$

(三)计算例题10.2

在含水层中进行二维瞬时水动力弥散试验,地下水实际流速为86.4m/d,以注水井为坐标原点,地下水流方向为x轴方向,监测井的坐标为x=1.3m,y=0.3m,观测到的示踪剂浓度与其浓度最大值的比值列于表10.4中,忽略示踪剂的吸附和反应,试用配线法求其弥散参数(王洪涛,2008)。

表 10.4　示踪剂观测时间与示踪剂相对浓度观测结果

t/min	C/C_m	t/min	C/C_m	t/min	C/C_m	t/min	C/C_m
10	0.04	19	0.90	28	0.84	37	0.39
11	0.15	20	0.95	29	0.78	38	0.35
12	0.20	21	0.98	30	0.71	39	0.32
13	0.31	22	1	31	0.66	40	0.28
14	0.44	23	1	32	0.60	42	0.21
15	0.56	24	0.98	33	0.56	44	0.18
16	0.65	25	0.97	34	0.51	46	0.14
17	0.78	26	0.94	35	0.47	48	0.10
18	0.83	27	0.89	36	0.42	50	0.09

1)在半对数坐标纸上绘出 C_D-t_D 标准曲线。

2)在相同比例尺的半对数坐标纸上绘制 C/C_m-t 实测曲线(图 10.10)。由图可知，$t_m=22.5\text{min}$。

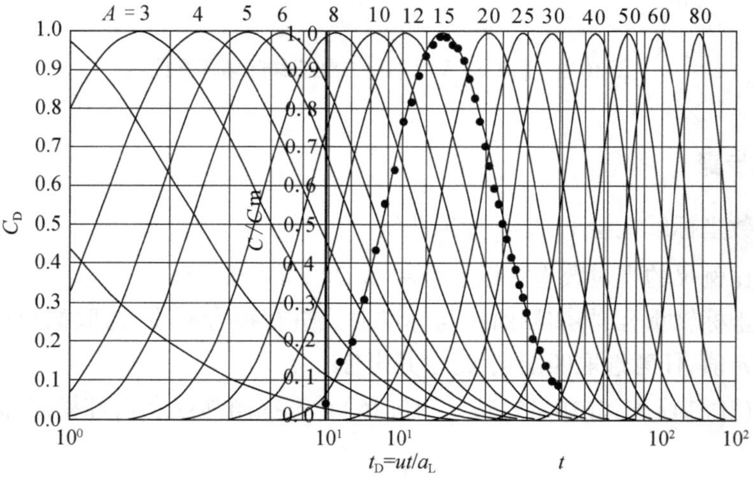

图 10.10　实测 C/C_m-t 曲线与标准曲线配线

3)保持横坐标轴重合,将实测曲线与标准曲线进行拟合配线,选取拟合最好的曲线,记下曲线参变量 A 值,本例题拟合最好的曲线参变量 $A=15$,选取匹配点,其坐标为 $t=10$,$t_D=5.7$。

4)求纵向弥散度 a_L 和横向弥散度 a_T。

采用式(10.14)

$$\alpha_L=\frac{ut}{t_D}=\frac{86.4\times\left(\frac{10}{60\times24}\right)}{5.7}=0.105\text{m}$$

采用式(10.15)
$$\alpha_L=\frac{ut_m}{\sqrt{4+A^2}-2}=\frac{86.4\times\left(\frac{22.5}{60\times 24}\right)}{\sqrt{4+15^2}-2}=0.103\text{m}$$

$$\alpha_T=\frac{y^2\alpha_L}{A^2\alpha_L^2-x^2}=\frac{0.3^2\times 0.104}{15^2\times 0.104^2-1.3^2}=0.0126\text{m}$$

上式 a_T 计算公式中的 a_L 采用的是两式计算的平均值。

二、蚁群算法优化配线求解弥散系数

本小节采用蚁群算法，实现 C/C_m-t 实测曲线与 C_D-t_D 标准曲线的优化配线求解弥散系数。

根据曲线配线的特点，虽然 C_D-t_D 标准曲线为无穷曲线族，但实测 C/C_m-t 曲线仅在 x 方向水平移动寻找最优匹配曲线，因此该配线实际简化为二元函数寻优，仅需要求出实测曲线的配线平移值及标准曲线参变量 A 值即可，情况较为简单，但与前述的二元函数寻优不同的是，寻优的标准曲线不是唯一确定的标准曲线。随着曲线参变量 A 值的不同，标准曲线是变化的，这就决定了每一次迭代计算过程中试验数据匹配的标准曲线是不一样的，只有最后迭代计算的次数达到计算稳定的要求次数后，离差平方和最小值 f_v 计算稳定，计算结束后，匹配的曲线才是最标准曲线。

蚁群算法优化配线计算步骤如下：

1)设置蚂蚁个数 m、最大迭代次数 G、信息素蒸发系数 Rho、转移概率常数 P_0，设置搜索范围，给定局部搜索步长 step；

2)随机产生蚂蚁的初始位置，计算适应度函数值，设为初始信息素，计算状态转移概率；

3)进行位置更新：当状态转移概率小于转移概率常数时，进行局部搜索，当状态转移概率大于转移概率常数时，进行全局搜索，产生新的蚂蚁位置，并利用边界吸收方式进行边界处理，将蚂蚁位置界定在取值范围内；

4)更新蚂蚁的位置和适应度值，判断蚂蚁是否移动，更新信息素；

5)若满足停止条件(通常为预设的运算精度或迭代次数)，搜索停止，输出配线坐标轴方向的配线移动值 a 及标准曲线参变量 A、目标函数离差平方和最小值 f_v，绘制原始曲线图、配线过程图、最终优化配线图，输出纵向弥散度 α_L 和横向弥散度 α_T 等水文地质参数，否则返回步骤 2)继续搜索。

三、基于蚁群算法的弥散系数优化配线计算分析

为对比分析，计算采用例题 10.2 的数据。

(1)蚁群算法的弥散系数优化配线计算输入的参数

设置蚂蚁个数 m=600、最大迭代次数 G=600、信息素蒸发系数 Rho=0.9、转移概率常数 P_0=0.1、局部搜索步长 step=2。

(2)目标函数

因为点源瞬时注入污染物二维迁移问题 C_D-t_D 标准曲线是跟曲线参变量 A 有关的曲线族,基于最小二乘法的寻优函数为二元函数,对于示踪剂观测时间 t 与示踪剂相对浓度 C/C_m 观测的系列结果 $[t_i,(C/C_m)_i]$,则目标函数可采用如下公式:

$$\min F(a,A)=f_v=\sum_{i=1}^{n}\left[\frac{k_m}{t_D}\exp\left[-\frac{A^2+t_D^2}{4t_D}\right]-(C/C_m)_i\right]^2 \tag{10.17}$$

$$k_m=t_{Dm}\exp\left[\frac{A^2+t_{Dm}^2}{4t_{Dm}}\right],t_{Dm}=\sqrt{4+A^2}-2,t_D=10^{(\lg t_i+\lg a)}$$

式中,t_i 为示踪剂观测时间;$(C/C_m)_i$ 为对应时间 t_i 时的示踪剂相对浓度;a 为观测数据曲线配线移动值;A 为标准曲线参变量。

(3)设计编程

1)打开 MATLAB 程序,设定弥散系数蚁群算法优化配线计算目录路径;

2)构建现场弥散试验观测数据文件 data. mat,形成两行 $[t_i,(C/C_m)_i]$、m(弥散试验观测个数)列的数据文件。

3)根据式(10.17)编制目标函数计算程序 func. m,对 a、A 进行初始赋值。

4)编制蚁群算法弥散系数优化配线计算程序 ACO. m。

(4)优化计算过程

为直观了解蚁群算法弥散系数优化配线计算过程,运行 MATLAB 程序,在当前路径窗口选取蚁群算法弥散系数优化配线计算目录路径,右键打开 ACO. m 文件,可在编辑器中查看、修改程序中的输入数据。

为分析蚁群算法弥散系数优化配线迭代计算过程,计算中修改了最大迭代次数 G,用以了解配线迭代计算收敛情况,设置 G=10、50、100、400、600,其他参数不作调整。图 10.11 为配线开始时的试验数据曲线及部分标准曲线,为清楚起见,图中未画出大量的标准曲线,仅显示了曲线参变量 A=3、5、10、25、40、60 及 80 的标准曲线。设置 G=10,迭代计算一开始,原始数据曲线即快速靠近标准曲线(图 10.12),但计算不稳定,每次计算给出的配线离差平方和最小值 f_v 值都不同,f_v=0.006074240494915～0.016661739746629,计算结果变化也较大。图 10.12～图 10.17 为迭代计算过程及适应度函数变化曲线,反映出蚁群算法迭代配线过程,配线中,标准曲线参变量 A 值也在不断变化,A 值可以精确到小数点后很多位。经 G=50 次迭代计算,f_v=0.005248304191468～0.005546374770950,部分计算结果已经接近于最优迭代结果;G=100,f_v=0.005252455835792～0.005303138177233,配线范围收窄于 A=14.88 的标准曲线附近;G=400,f_v=0.005233995373828～0.005236098783941,配线范围进一步收窄于标准曲线附近;G=600,f_v=0.005233964525282～0.005255637278177,计算完成后,配线离差平方和最小值 f_v=0.005233964525282,随着迭代次数增加,计算精度并无太大改观,但只要计算结果达到 f_v=0.0054 左右,计算的纵向弥散度、横向弥散度误差在小数点后 3 位,也基本满足实际要求,可见针对蚁群算法,单纯增加迭代次数并不能增加计算精度。

(5)计算结果

采用蚁群算法,经过 600 次迭代计算,弥散系数优化配线计算完成后,选取的匹配点参数如下:

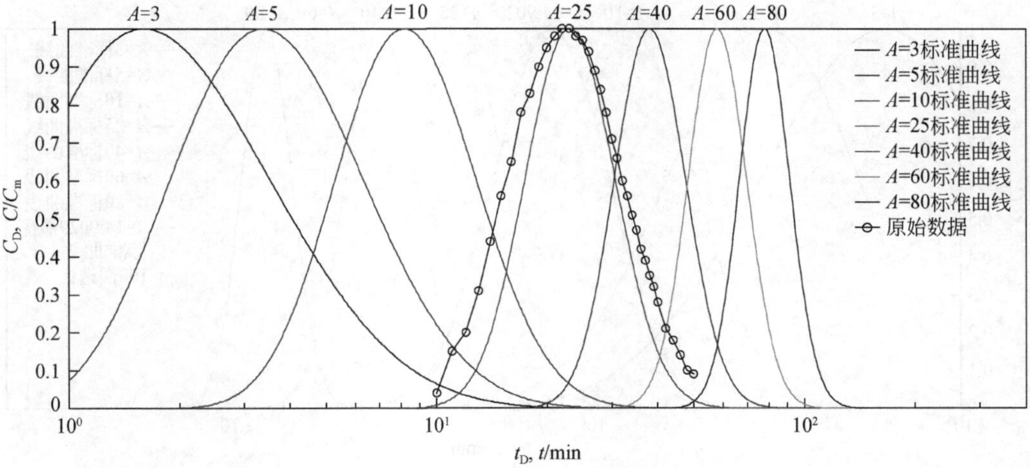

图 10.11　实测 C/C_m-t 曲线与标准曲线

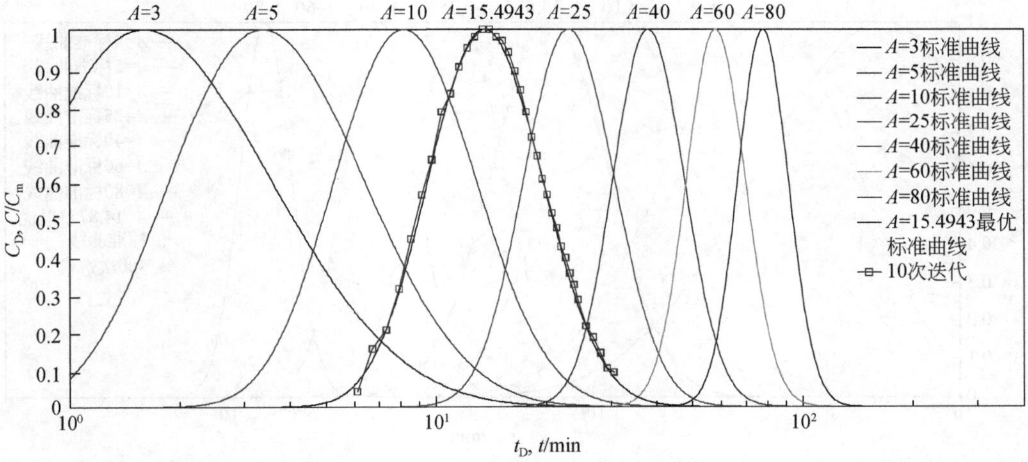

图 10.12　10 次迭代计算后 C/C_m-t 曲线与标准配线曲线($A=15.4943$)

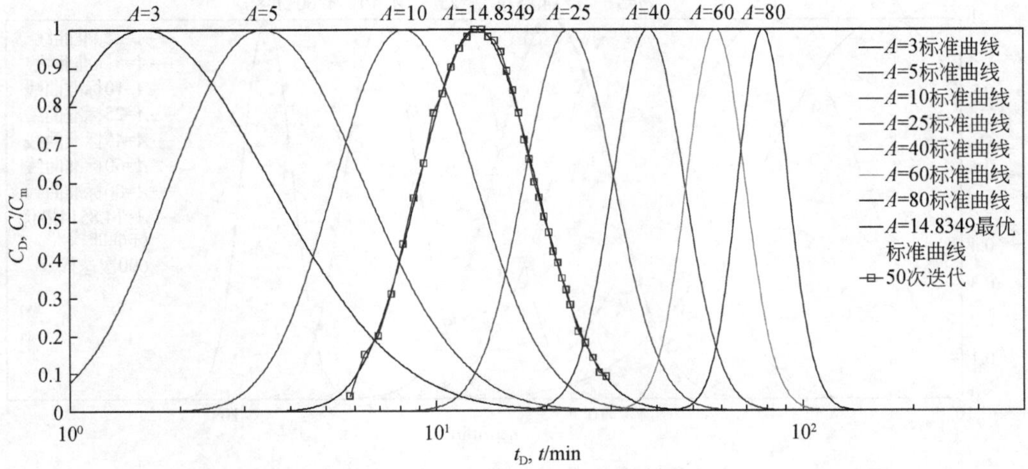

图 10.13　50 次迭代计算后 C/C_m-t 曲线与标准配线曲线($A=14.8349$)

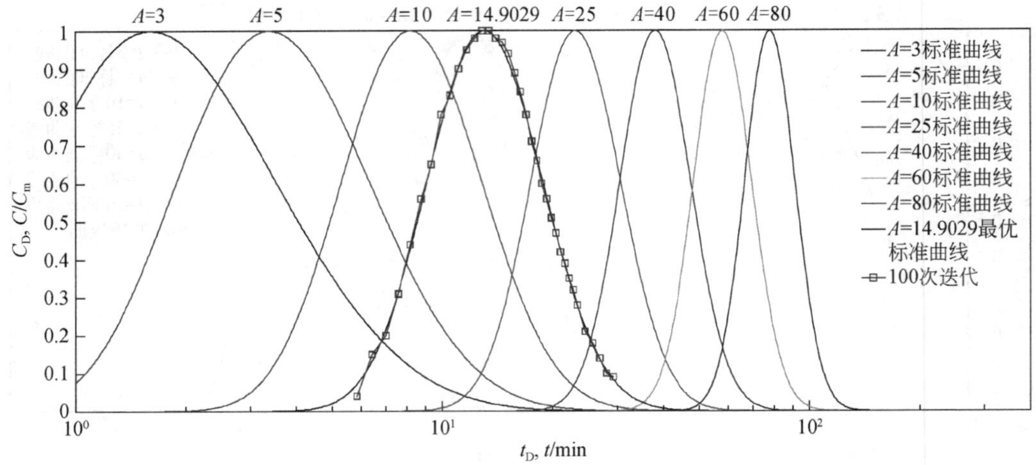

图 10.14　100 次迭代计算后 C/C_m-t 曲线与标准配线曲线($A=14.9029$)

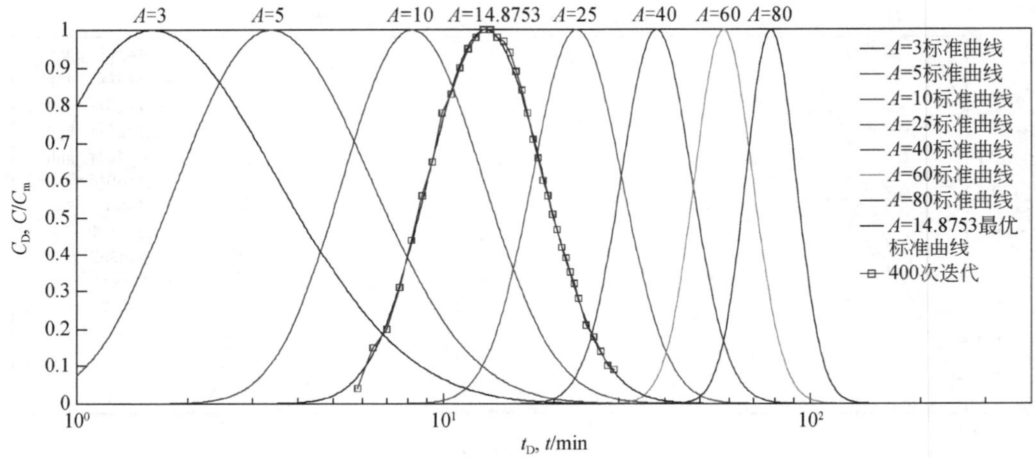

图 10.15　400 次迭代计算后 C/C_m-t 曲线与标准配线曲线($A=14.8753$)

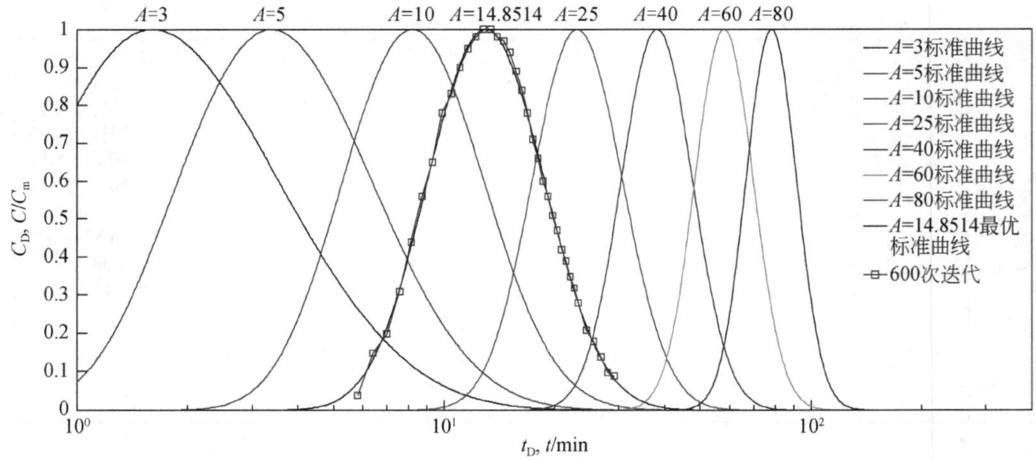

图 10.16　600 次迭代计算后 C/C_m-t 曲线与标准配线曲线($A=14.8514$)

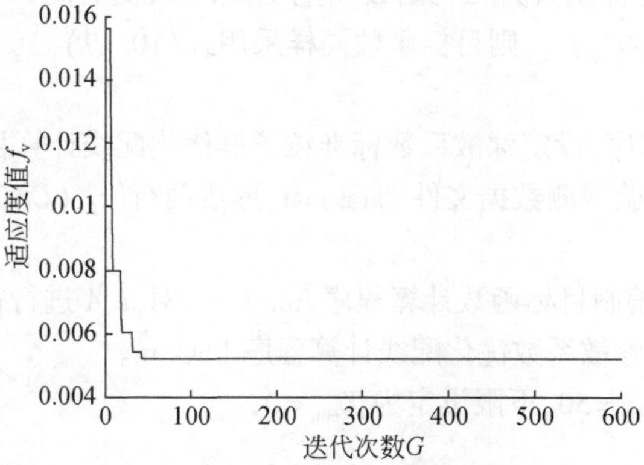

图 10.17　适应度函数变化曲线

$n=1$，配线水平移动值 $a=0.581875828691159$，标准曲线参变量 $A=14.851358326604345$。

计算耗时 21.9s，计算结果为：

纵向弥散度 $\alpha_L=1.031148\times10^{-1}$；

横向弥散度 $\alpha_T=1.416478\times10^{-2}$；

配线离差平方和最小值 $f_v=0.005234065820679$。

本例题 10.2 人工配线计算结果如下（王洪涛，2008）。

标准曲线配线参数 $A=15$，求纵向弥散度 a_L 和横向弥散度 a_T。

采用式(10.14)

$$\alpha_L=\frac{ut}{t_D}=\frac{86.4\times\left(\frac{10}{60\times24}\right)}{5.7}=0.105\text{m}$$

采用式(10.15)

$$\alpha_L=\frac{ut_m}{\sqrt{4+A^2}-2}=\frac{86.4\times\left(\frac{22.5}{60\times24}\right)}{\sqrt{4+15^2}-2}=0.103\text{m}$$

$$\alpha_T=\frac{y^2\alpha_L}{A^2\alpha_L^2-x^2}=\frac{0.3^2\times0.104}{15^2\times0.104^2-1.3^2}=0.0126\text{m}$$

显然，人工智能配线选取的标准曲线更为准确，计算结果更符合实际情况 。

四、基于标准粒子群（PSO）的弥散系数优化配线计算分析

为对比分析，计算同样采用例题 10.2 的数据。

(1)标准粒子群算法弥散系数优化配线计算输入的参数

粒子数目 $N=50$、学习因子 $c_1=c_2=2.05$、惯性权重 $\omega=0.6$、最大迭代次数 $M=200$、问题的维数 $D=2$。

(2)目标函数

因为点源瞬时注入污染物二维迁移问题 C_D-t_D 标准曲线是跟曲线参变量 A 有关的曲线

族,基于最小二乘法的寻优函数为二元函数,对于示踪剂观测时间 t 与示踪剂相对浓度 C/C_m 观测的系列结果$[t_i, (C/C_m)_i]$,则目标函数同样采用式(10.17)。

(3)设计编程

1)打开 MATLAB 程序,设定弥散系数标准粒子群优化配线计算目录路径;

2)构建现场弥散试验观测数据文件 data. mat,形成两行$[t_i,(C/C_m)_i]$、m(弥散试验观测个数)列的数据文件。

3)根据式(10.17)编制目标函数计算程序 func1. m,对 a、A 进行初始赋值。

4)编制标准粒子群弥散系数优化配线计算程序 PSO. m。

移动上限设定为 $X_{max}=50$,下限设定为 $X_{min}=0$,

(4)优化计算过程

标准粒子群算法相对比较成熟,具体迭代计算过程可参考前面章节的内容,下面直接给出标准粒子群弥散系数优化配线计算结果。

图 10.18 ~ 图 10.20 分别为 10、50、200 次迭代计算后 C/C_m-t 曲线与标准配线曲线,图 10.21 为适应度函数变化曲线。由适应度变化曲线可以看出,优化配线收敛速度很快,基本在迭代计算 50 次后,已达到最优计算结果。

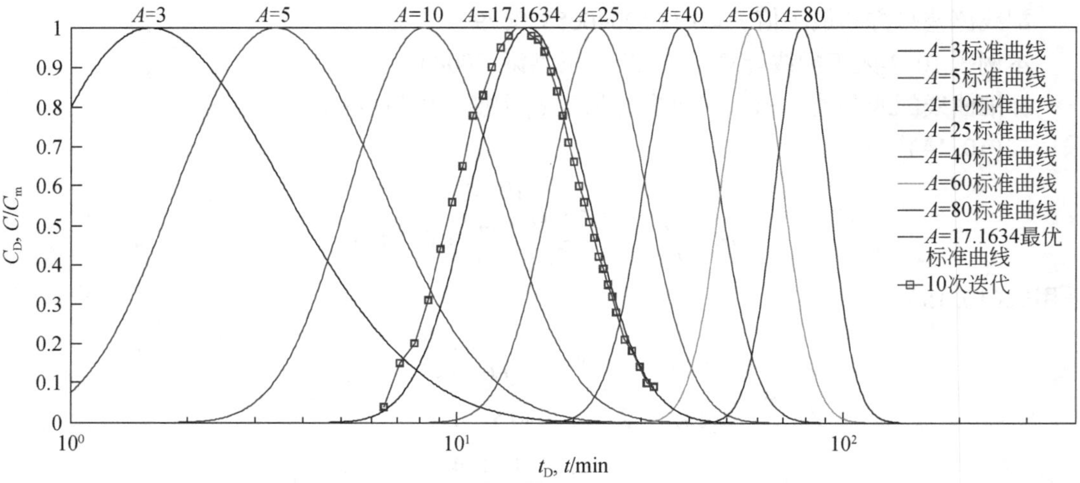

图 10.18　10 次迭代计算后 C/C_m-t 曲线与标准配线曲线($A=17.1634$)

(5)计算结果

经过 200 次迭代计算,PSO 算法弥散系数优化配线完成后,选取匹配点的参数如下:

$n=1$,配线水平移动值 $a=0.582029355024814$,标准曲线参变量 $A=14.854967357366986$。

计算耗时 1.91s,计算结果为:

纵向弥散度 $\alpha_L=1.030876\times10^{-1}$;

横向弥散度 $\alpha_T=1.416316\times10^{-2}$;

配线离差平方和最小值 $f_v=0.005233939097449$。

可见 PSO 算法相当成熟,计算耗时相当少,计算结果稳定,配线离差平方和最小值稳定在 $f_v=0.005233939097449$,其效率远高于蚁群算法。

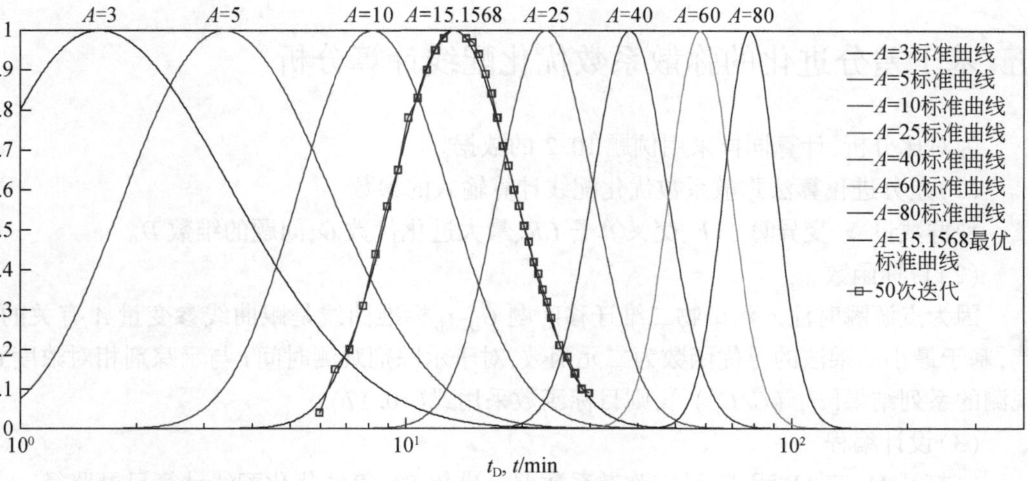

图 10.19　50 次迭代计算后 C/C_m-t 曲线与标准配线曲线($A=15.1568$)

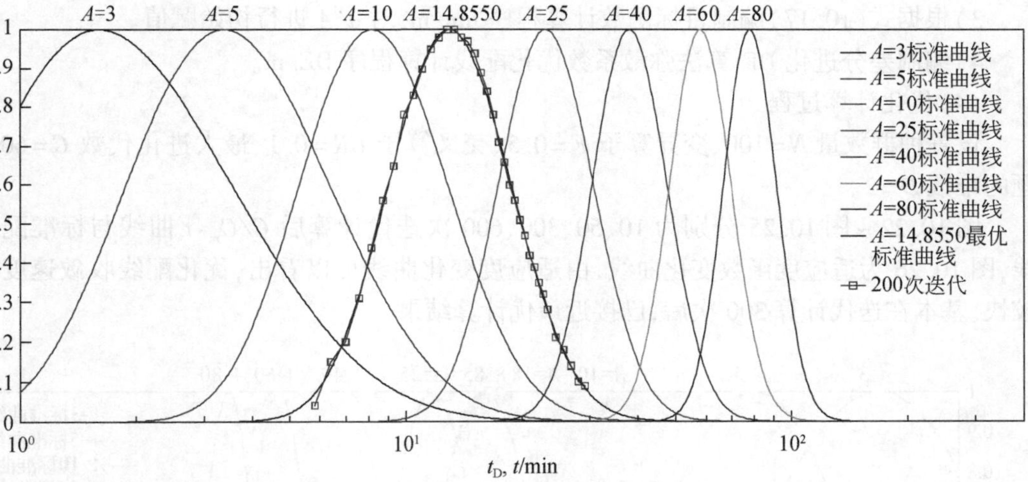

图 10.20　200 次迭代计算后 C/C_m-t 曲线与标准配线曲线($A=14.8550$)

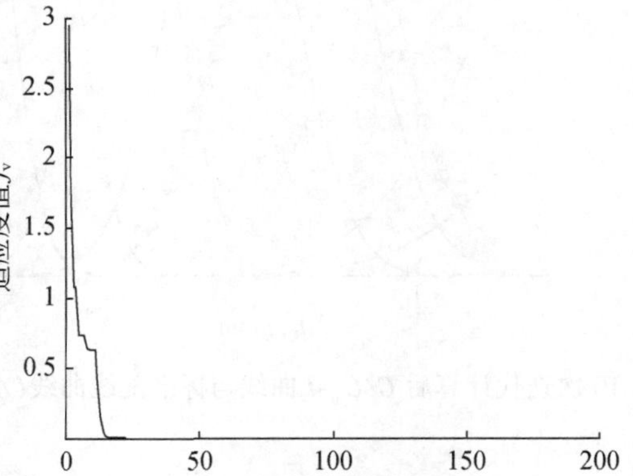

图 10.21　适应度函数变化曲线

五、基于差分进化的弥散系数优化配线计算分析

为对比分析，计算同样采用例题 10.2 的数据。

(1)差分进化算法弥散系数优化配线计算输入的参数

种群数量 N、变异算子 F、交叉算子 CR、最大进化代数 G、问题的维数 D。

(2)目标函数

因为点源瞬时注入污染物二维迁移问题 C_D-t_D 标准曲线是跟曲线参变量 A 有关的曲线族，基于最小二乘法的寻优函数为二元函数，对于示踪剂观测时间 t 与示踪剂相对浓度 C/C_m 观测的系列结果 $[t_i,\ (C/C_m)_i]$，则目标函数采用式(10.17)。

(3)设计编程

1)打开 MATLAB 程序，设定弥散系数差分进化 DE 算法优化配线计算目录路径；

2)构建现场弥散试验观测数据文件 data.mat，形成两行 $[t_i, (C/C_m)_i]$、m(弥散试验观测个数)列的数据文件。

3)根据式(10.17)编制目标函数计算程序 fun.m，对 a、A 进行初始赋值。

4)编制差分进化 DE 算法弥散系数优化配线计算程序 DE.m。

(4)优化计算过程

设置种群数量 $N=100$、变异算子 $F=0.5$、交叉算子 $CR=0.1$、最大进化代数 $G=600$、问题的维数 $D=2$。

图 10.22 ~ 图 10.25 分别为 10、50、300、600 次迭代计算后 C/C_m-t 曲线与标准配线曲线，图 10.26 为适应度函数变化曲线，由适应度变化曲线可以看出，优化配线收敛速度相对较快，基本在迭代计算 300 次后，已接近最优计算结果。

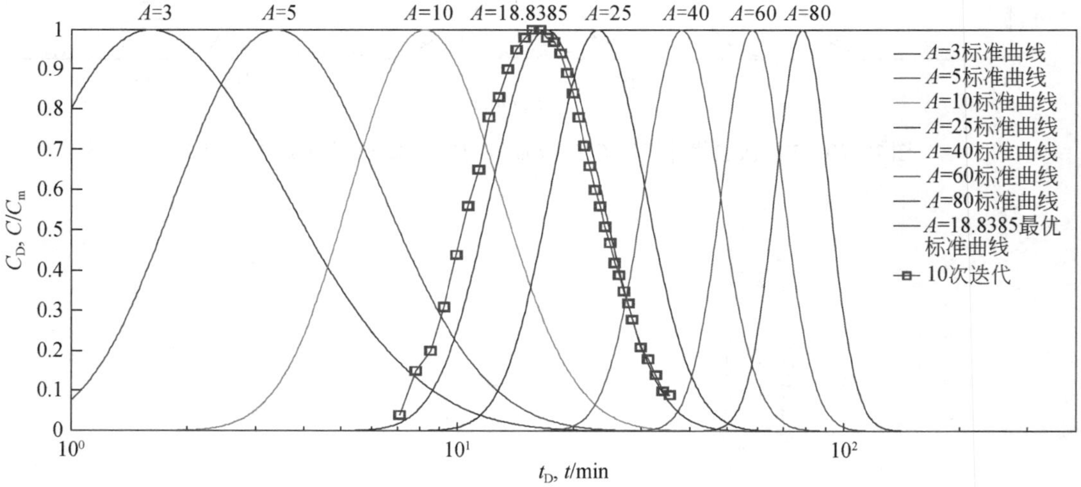

图 10.22　10 次迭代计算后 C/C_m-t 曲线与标准配线曲线($A=18.8385$)

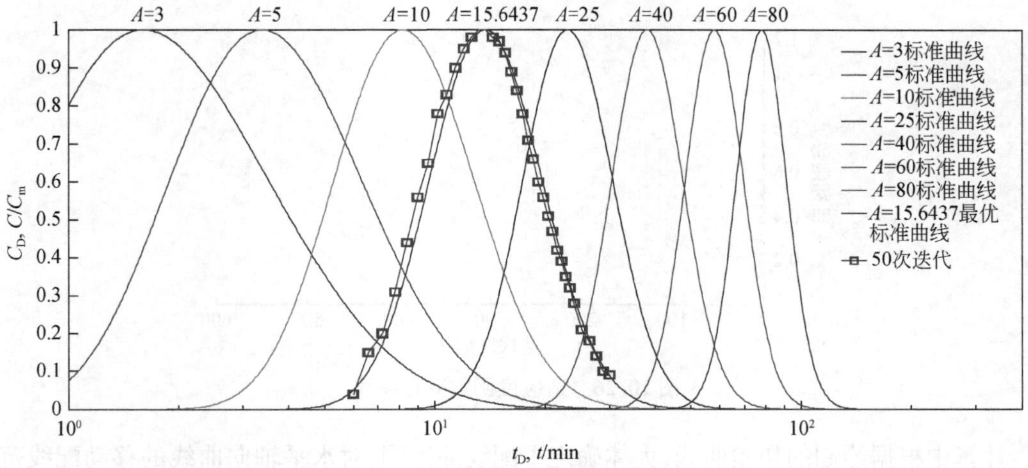

图 10.23　50 次迭代计算后 C/C_m-t 曲线与标准配线曲线（$A=15.6437$）

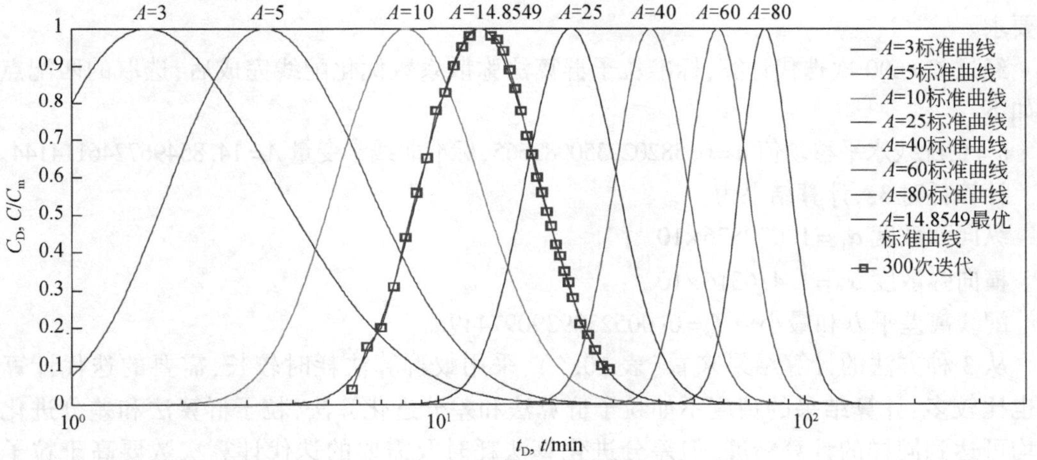

图 10.24　300 次迭代计算后 C/C_m-t 曲线与标准配线曲线（$A=14.8549$）

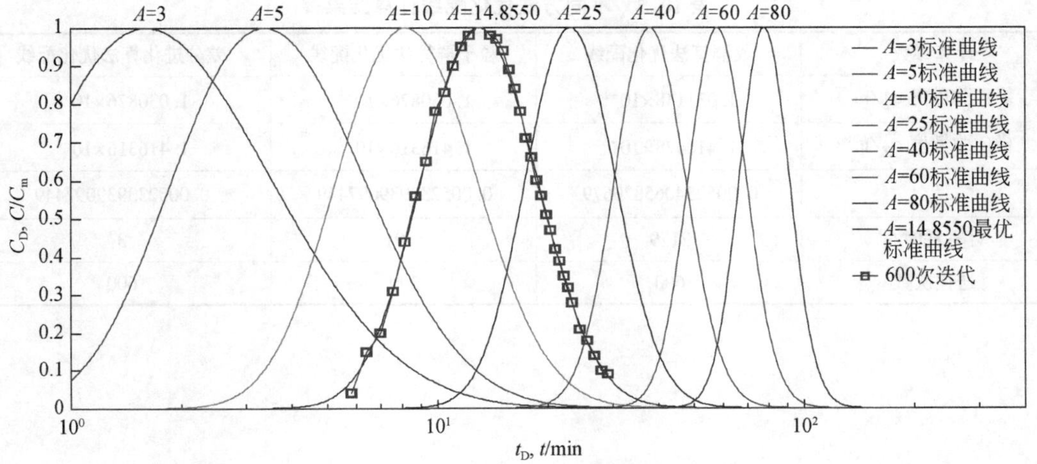

图 10.25　600 次迭代计算后 C/C_m-t 曲线与标准配线曲线（$A=14.8550$）

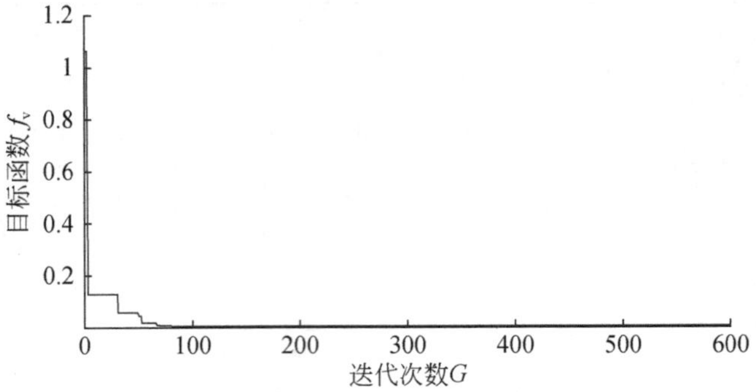

图 10.26　适应度函数变化曲线

计算中根据绘制的初始曲线,大体确定了配线的范围,对水平轴向曲线的移动配线范围做了限定,移动上限设定为 $X_{max}=50$,下限设定为 $X_{min}=0$,如果考虑程序的通用性,可将上限的值设得大一些,但同时带来的问题就是收敛速度变慢,需要增加迭代次数来满足寻优计算的要求。

经过 $G=600$ 次迭代计算,标准粒子群算法弥散系数优化配线完成后,选取的匹配点参数如下:

$n=1$,配线水平移动值 $a=0.582029350983665$,标准曲线参变量 $A=14.854967246114144$。

计算耗时 3s,计算结果为:

纵向弥散度 $\alpha_L=1.030876\times10^{-1}$;

横向弥散度 $\alpha_T=1.416316\times10^{-2}$;

配线离差平方和最小值 $f_v=0.005233939097449$。

从 3 种方法的计算结果来看(表 10.5),采用蚁群算法耗时较长,需要的迭代计算次数也比较多,计算结果的精度不如粒子群算法和差分进化算法,粒子群算法和差分进化算法均可达到同样的计算精度,但差分进化算法耗时及需要的迭代计算次数要高于粒子群算法。

表 10.5　不同方法优化配线计算结果

计算参数	蚁群算法优化配线	粒子群算法优化配线	差分进化算法优化配线
纵向弥散度 α_L/m	1.031148×10^{-1}	1.030876×10^{-1}	1.030876×10^{-1}
横向弥散度 α_T/m	1.416478×10^{-2}	1.416316×10^{-2}	1.416316×10^{-2}
f_v	0.005234065820679	0.005233939097449	0.005233939097449
计算耗时/s	21.9	1.91	3
迭代次数	600	200	600

参 考 文 献

包子阳,余继周.2016.智能优化算法及其MATLAB实例.北京:电子工业出版社.

陈崇希.1983.地下水不稳定井流计算方法.北京:地质出版社.

陈崇希,林敏.1999.地下水动力学.北京:中国地质大学出版社.

程先云,郑凡东,杨浩,等.2015.Theis井函数计算方法及井模型参数优化计算研究.水文,35(3):8-13.

段晓东,王存睿,刘向东.2007.粒子群算法及其应用.沈阳:辽宁大学出版社.

高岳林,刘军民.2009.差分进化算法的参数研究.黑龙江大学自然科学学报,26(1):81-85.

《工程地质手册》编委会.2007.工程地质手册(第四版).北京:中国建筑工业出版社.

龚纯,王正林.2009.精通MATLAB最优化计算.北京:电子工业出版社.

《供水水文地质手册》编写组. 1997.供水水文地质手册第二册——水文地质计算.北京:地质出版社.

江思珉,周念清,施小清,等.2010.利用大口径井抽水初期试验数据确定含水层参数. 工程勘察,(9):32-35.

蒋辉,曾波,潘宏雨,等.2009.地下水动力学.北京:地质出版社.

克鲁斯曼,德里德.1980.抽水试验资料的分析和评价.北京:地质出版社.

李凤玲,朝伦巴根,高瑞忠,等.2008.基于Neuman理论获取潜水含水层系统参数的简化方法.工程勘察,(4):33-37.

李俊亭,王愈吉.1987.地下水动力学.北京:地质出版社.

李义昌,李宾亭,赵林,等.1995.地下水动力学.徐州:中国矿业大学出版社.

刘朝安,张勇.2011.基坑降水设计.北京:地质出版社.

煤炭部地质勘探研究所水文地质室邯邢课题组,武汉地质学院水文地质系邯邢科研组.1977.用定降深井流试验确定均质各向同性含水层水文地质参数的方法.煤田地质与勘探,(3):61-70.

史峰,王辉,郁磊,等.2011.MATLAB智能算法30个案例分析.北京:北京航空航天大学出版社.

王洪涛.2008.多孔介质污染物迁移动力学.北京:高等教育出版社.

温正.2015.精通MATLAB智能算法.北京:清华大学出版社.

薛禹群,朱学愚.1979.地下水动力学.北京:地质出版社.

薛禹群,朱学愚,李同斌,等.1997.地下水动力学(第二版).北京:地质出版社.

余胜威.2014.MATLAB优化算法案例分析与应用.北京:清华大学出版社.

余胜威.2015.MATLAB优化算法案例分析与应用(进阶篇).北京:清华大学出版社.

张勇,高文龙,赵云云,等.2015.矿井涌水量分析预测.北京:地质出版社.

中国地质调查局. 2012.水文地质手册(第二版).北京:地质出版社.

卓金武.2014.MATLAB在数学建模中的应用(第2版).北京:北京航空航天大学出版社.

邹立芝.1991.地下水动力学习题集.北京:地质出版社.

Allen E E. 1954. Analytical approximations. Math. Tables Aids Comp. 8, no 48:240-241.

Amoshahy M J, Shamsi M, Sedaaghi M H. 2016. A novel flexible inertia weight particleswarm optimization algorithm. PLOS ONE, 11(8):1-42.

Bansal J C, Singh P K, Saraswat M, et al. 2011. Inertia weight strategies in particle swarm optimization. 2011 Third World Congress on Nature and Biologically Inspired Computing, NaBIC 2011, Salamanca, Spain.

Barry D A, ParlangeJ Y, Li L. 2000. Approximation for the exponential integral (Theis well function). Journal of Hydrology, 227(1-4): 287-291.

Carlisle A, Dozier G. 2001. An Off-The-Shelf PSO. Proceedings of the 2001 workshop on particle swarm optimization: 1-6, Indianapolis.

Cooper H H, Bredehoeft J D, Papadopulos I S, et al. 1967. Response of a finite-diameterwell to an instantaneous charge of water. Water Resources Research, 3(1): 263-269.

Dorigo M, Maniezzo V, Colorni A. 1996. Ant system: optimization by a colony of cooperating agents. IEEE Transactions on Systems, Man and Cybernetics, Part B, 26(1): 29-41.

Eberhart R C, Shi Y. 2000. Comparing inertia weights and constriction factors in particle swarm optimization. Proceedings of the 2000 Congress on Evolutionary Computation. La Jolla, California, USA.

Hantush M S. 1959. Nonsteady flow to flowing wells in leaky aquifers. Journal of Geophysical Research Atmospheres, 64(8): 1043-1052.

Hantush M S. 1960. Modification of the theory of leaky aquifers. Journal of Geophysical Research, 65 (11): 3713-3725.

Hantush M S, Jacob C E. 1955. Non-steady radial flow in an infinite leaky aquifer. Transactions, American Geophysical Union, 36(1): 95-100.

Harrison K R, Engelbrecht A P, Ombuki-Berman B M. 2016. Inertiaweight control strategies for particle swarm optimization. Swarm Intelligence, 10(4): 267-305.

Hastings J C. 1955. Approximations for Digital Computers. Princeton: Princeton University Press.

Jacob C E, Lohman S W. 1952. Nonsteady flow to a well of constant drawdown in an extensive aquifer. Transactions, American Geophysical Union, 33(4): 559-569.

Joseph S R, Gordon D B. 1984. Groundwater hydraulics. American Geophysical Union, Washington D. C.

Kennedy J. 1998. The behavior of particles. International Conference on Evolutionary Programming, San Diego, USA.

Kennedy J, Eberhart R. 1995. Particle swarm optimization. Proceedings of IEEE International Conference on Neural Networks IV, Perth, Australia.

Kirkpatrick S, Gelatt C D, Vecchi M P. 1983. Optimization by simulated annealing. Science, 220 (4598): 671-680.

Kruseman G P, Ridder N A. 1990. Analysis and evaluation of pumping test data 2nd edition. International Institute for Land Reclamation and Improvement (ILRI), Wageningen.

Lonhman S W. 1972. Ground water hydraulics (Second printing 1975). Washington: United States Government Printing Office.

Mahdavi S, Shiri M E, Rahnamayan S. 2015. Metaheuristics in large-scale global continues optimization: A survey. Information Sciences, 295: 407-428.

Neuman S P. 1975. Analysis of pumping test data from anisotropic unconfined aquifers considering delayed gravity response. Water Resource Research, 11 (2): 329-342.

Ojha C S P. 2004. Aquifer parameters estimation using artesian welltest data. Journal of Hydrologic Engineering, 9(1): 64-67.

Papadopulos I S. 1965. Nonsteady flow to a well in an infinite anisotropic aquifer. Proceedings of the Dubrovnik Symposium on the Hydrology of Fractured Rocks, Dubrovnik, Croatia.

Papadopulos I S, Cooper H H. 1967. Drawdown in a well of large diameter. Water Resources Research, 3 (1): 241-244.

Parsopoulos K, Plagianakos V P, Magoulas G D, et al. 2001. Stretching technique for obtaining global minimizers through Particle Swarm Optimization. Particle Swarm Optimization Workshop, Indianapolis.

Perrochet P. 2005. A simple solution to tunnel or well discharge underconstant drawdown. Hydrogeology Journal, 13(5-6): 886-888.

Prodanoff J H A, Mansur W J, Mascarenhas F C B. 2006. Numerical evaluation of Theis and Hantush-Jacob well functions. Journal of Hydrology,318(1-4):173-183.

Richariya L K, Mishra R. 2000. Pumping test analysis of large diameter wells in alluvialterrain around Jabalpur, using Papadopulas-Cooper method. Journal of Indian Water Works Association,32(1):45-48.

Shi Y, Eberhart R C. 1998. A modified particle swarm optimizer. Proceedings of the IEEE Congress on Evolutionary Computation, Piscataway.

Shi Y, Eberhart R C. 1999. Empirical study of particle swarm optimization. Proceedings of the IEEE Congress on Evolutionary Computation, Piscataway.

Singh, Sushil K. 2007. Simple approximation of well function for constant drawdown variable discharge artesian wells. Journal of Irrigation and Drainage Engineering,133(3): 282-285.

Srivastava R. 1995. Implications of using approximate expressions for well function. Journal of Irrigation and Drainage Engineering,121(6): 459-462.

Srivastava R, Guzman A. 1998. Practical approximations of the well function, Ground Water, 36(5):844-848.

Storn R, Price K. 1997. Differential evolution——a simple and efficient heuristic for global optimization over continuous spaces. Journal of Global Optimization,11: 341-359.

Swamee P K, Ojha C S P. 1990. Pump test analysis of confined aquifer. Journal of Irrigation and Drainage Engineering,116(1): 99-106.

Swamee P K, Mishra G C, Chahar B R. 2000. Simple approximation for flowing well problem. Journal of Irrigation and Drainage Engineering, 126(1):65-67.

Vatankhah A R. 2014. Full-range solution for Theis well function. Journal of Hydrologic Engineering, 19 (3): 649-653.

Veling E J M, Maas C. 2010. Hantush well function revisited. Journal of Hydrology,393 (3-4):381-388.

Wikramaratna R S. 1985. A new type curve method for the analysis of pumping tests in large-diameter wells. Water Resources Research,21(2): 261-264.

附　　录①

附录 1　降深-时间配线法

(1)抽水试验观测数据文件 data01. mat

打开 MATLAB,设定工作目录路径,在 Command Window 命令窗口或点击 File—New—Script 建立 data01mat 数据文件,输入抽水试验观测数据(t_i,s_i),单位分别为 t/min · s/m,例题 3. 1 的数据为观 15 孔 18 对观测数据,建立二维矩阵,利用 save 命令将观测数据矩阵存为 tata01. mat 数据文件待调用。输入的命令如下:

```
>>ts=[10  20  30  40  60  80  100  120  150  210  270  330  400  450  645  870
990 1185;
0.16  0.48  0.54  0.65  0.75  1.0  1.12  1.22  1.36  1.55  1.7  1.83  1.89  1.98
2.17  2.38  2.46  2.54]
>>save data01
```

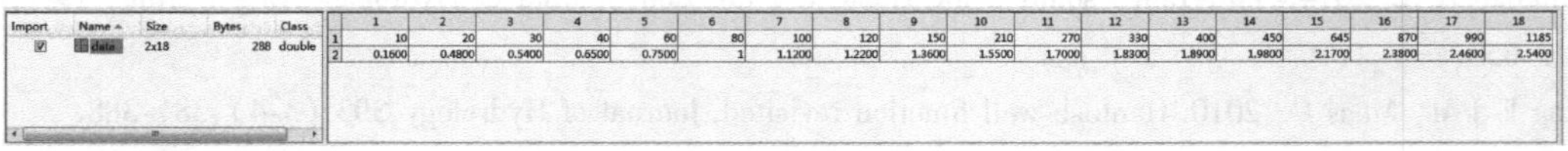

Import	Name	Size	Bytes	Class
☑	data	2x18	288	double

	1	2	3	4	5	6	7	8	9	10	11	12	13	14	15	16	17	18
1	10	20	30	40	60	80	100	120	150	210	270	330	400	450	645	870	990	1185
2	0.1600	0.4800	0.5400	0.6500	0.7500	1	1.1200	1.2200	1.3600	1.5500	1.7000	1.8300	1.8900	1.9800	2.1700	2.3800	2.4600	2.5400

(2)目标函数计算程序 fitness03. m

```
              %%%%%%%%%%%%%%%%%%%%%  W(u)目标函数计算  %%%%%%%%%%%%%%%%%%%%%
function F=fitness03(t,data)
%data 为一个两行的数据表格,第一行为抽水试验观测时间 t,第二行为对应的降深 s
x1(1,:)=data(1,:);
y1(1,:)=data(2,:);
a=t(1,1);
b=t(1,2);
u=1./10.^(log10(x1)+log10(a));
%%%%%%%采用 Allen (1954) 和 Hastings (1955)提出了井函数 W(u)的近似计算公式%%%%%%%%
 %if u<1
 %F0=-0.577216-log(u)+0.99999193.*u-0.24991055.*u.^2+0.05519968.*u.^3...
 %-0.00976004.* u.^4+0.00107857.* u.^5-10.^(log10(y1)+log10(b));
 %else
 %F0=(1/(u.*exp(u)))*((u.^4+8.5733287401.*u.^3+18.0590169730.*u.^2...
 %.*u.^2+21.0996530827.*u+3.9584969228))-10.^(log10(y1)+log10(b));
```

---

① 附录内容为针对第三章、第四章中的计算例题,基于 MATLAB 开发的程序代码。

```
%end
 %%%%%%%采用 Swamee 和 Ojha(1990)提出的井函数 W(u)的全域解近似计算公式%%%%%%%
F0=((log(((0.56146./u)+0.65).*(1+u))).^(-7.7)+(u.^4).*exp(7.7.* u).* ...
(2+u).^3.7).^(-0.13)-10.^(log10(y1)+log10(b));
          %%%%%%%%%%%%%%%%%% 调用 MATLAB 内置井函数 W(u)%%%%%%%%%%%%%%%%%%
%F0=mfun('Ei' ,1,u)-10.^(log10(y1)+log10(b));
                %%%%%%%%%%%%%%%%%%%%%%%%%%%%%%%%%%%%%%%%%%%%%%%%%%%%%%%%%%%%%%%%%%%%%%%%%%%%%%%%%%%%%%%%%%%%%%%%%%%%%%%%%%%%%%%%%%%%%%%%%%%%%%%%%%%%%%%%%%%%%%%%%%%%%%%%%%%%%%%%%%%%%%%%%%%%%%%%%%%%%%%%%%%%%%%%%%%%%
F1=F0.^2;
F2=sum(F1(1,:));
F=F2;
             %%%%%%%%%%%%%%%%%%%%%%%%   End    %%%%%%%%%%%%%%%%%%%%%%%%%
```

(3)标准粒子群算法计算主程序 PSO.m

```
          %%%%%%%%%%%%%%标准粒子群算法优化配线求解水文地质参数 %%%%%%%%%%%%%%%
%待优化的目标函数:fitness
%粒子数目:N=50
%学习因子 1:c1=2.05
%学习因子 2:c2=2.05
%#流量:a=60m3/h
%惯性权重:w=0.8
%最大迭代次数:M=200
%问题的维数:D=2
%观测孔据抽水试验孔的距离:r     /m
%a、b 取值:xm  配线完成后,观测点(ti,si)沿着横轴移动距离为 a,沿着纵轴移动距离为 b,
%离差平方和:fv    目标函数最小值
%data:fitnes 输入实测数据,两行表格
             %%%%%%%%%%%%%%%%%%%%%     主程序     %%%%%%%%%%%%%%%%%%%%%
function[xm,fv,Pbest,MM,rr]=PSO(fitness03,N,c1,c2,w,M,D,data,r)
             %%%%%%%%%%%%%%%%%%%%%     初始数据赋值    %%%%%%%%%%%%%%%%%%%%%
Pbest=zeros(M,1);  %适应度曲线绘制参数,M 代表的是迭代次数
data00=data;      %调用抽水试验数据
             %%%%%%%%%%%%%%%%%%%%%     随机速度、位置初始化 %%%%%%%%%%%%%%%%%%%%%
v=rand(N,D);
x(1:N,1)=10.^(rand(N,1)* 5-1);
x(1:N,2)=10.^(rand(N,1)* 3-2);
             %%%%%%%%%%%%%%%%%%%%%     个体最优值计算    %%%%%%%%%%%%%%%%%%%%%
for i=1:N
p(i)=fitness03(x(i,:),data00);
y(i,:)=x(i,:);
end
             %%%%%%%%%%%%%%%%%%%%%     全局最优值计算    %%%%%%%%%%%%%%%%%%%%%
pg=x(N,:);
```

```
for i=1:(N-1)
if fitness03(x(i,:),data00)< fitness03(pg,data00)          %更新完适应度对比
pg=x(i,:);
end
end
           %%%%%%%%%%%%%%%%%%%  更新速度和位置  %%%%%%%%%%%%%%%%%%%
for t=1:M   %更新速度和位置
for i=1:N
v(i,:)=w*v(i,:)+c1*rand*(y(i,:)- x(i,:))+c2*rand*(pg-x(i,:)); %速度更新
x(i,:)=x(i,:)+ v(i,:);
if x(i,1)<=0.1
x(i,1)=0.101;
end
if x(i,2)<=0.01
x(i,2)=0.01;
end
if fitness03(x(i,:),data00)<p(i)
p(i)=fitness03(x(i,:),data00);
y(i,:)=x(i,:);
end
if p(i)<fitness03(pg,data00)
pg=y(i,:);
end
end
Pbest(t)=fitness03(pg,data00);
end
          %%%%%%%%%%%%%%%a、b、fv 值输出及迭代次数绘图   %%%%%%%%%%%%%%%
xm=pg';
MM=M;
rr=r;
fv=fitness03(pg,data00);
           %%%%%%%%%%%%%%%%%%%%%%    End    %%%%%%%%%%%%%%%%%%%%%%
```

(4)执行程序 run0827. m

```
          %%%%%%%%%%%%%%%%%%%%%%%  执行程序  %%%%%%%%%%%%%%%%%%%%%%%
close all;            %清图
clc                   %清屏
clear                 %清除所有变量
load data01           %调用抽水试验原始数据
format long;
warning off           %不显示警告内容
tic
```

```
        %%%%%%%%%%%%%%%%%  给出绘图区间的最大值和最小值  %%%%%%%%%%%%%%%%%%
xLimits=[0.1 1e4];                    %# Limits for the x axis
yLimits=[1e-2 1e1];                   %# Limits for the y axis
        %%%%%%%%%%%%%%%%%  主程序输入参数及确定匹配点 %%%%%%%%%%%%%%%%%%
[xm,fv,Pbest,MM,rr]=PSO(@ fitness03,50,2.05,2.05,0.6,200,2,data,125);
n=1,Q=60 %选取的匹配点位数(1~m(m为试验数据个数),1为第一对观测数据,Q为流量,单位m^3/h
        %%%%%%%%%%%%%%%%%%       输出a、b值        %%%%%%%%%%%%%%%%%%
a=xm(1)                                                  %x轴配线移动值
b=xm(2)                                                  %y轴配线移动值
        %%%%%%%%%%%%%%%%%%      纵、横向平移计算     %%%%%%%%%%%%%%%%%%
times=size(data,2);
xy=zeros(2,times);
for i=1:times
xy(1,i)=10.^(log10(data(1,i))+log10(a));
xy(2,i)=10.^(log10(data(2,i))+log10(b));
end
        %%%%%%%%%%%%%%%%%  绘制标准曲线及原始数据图  %%%%%%%%%%%%%%%%%
figure(1)
u=logspace(-0.5,4);
ww=mfun('Ei',1,1./u);
p1=loglog(u,ww,data(1,:),data(2,:),'-o','linewidth',2.5,'markersize',12);
%原始曲线,观测点形状为圆形
logScale=diff(yLimits)/diff(xLimits);
powerScale=diff(log10(yLimits))/diff(log10(xLimits));
set(p1,'LineWidth',1.0);                                %确定线宽
%set(gca,'fontsize',20,'fontname','Times New Roman','xlim',xLimits,'ylim',
yLimits,'DataAspectRatio',[1 log
Scale/powerScale 1])                                    %字体和大小选择
xlabel('1/u ,t/(min)');                                 %x轴标注
ylabel('W(u),s/(m)');                                   %y轴标注
legend('标准曲线','原始数据');
grid on;set(gca,'gridlinestyle','-','minorgridlinestyle','-');
        %%%%%%%%%%%%%%%%%%       绘制优化配图      %%%%%%%%%%%%%%%%%%%%
figure(2)
p2=loglog(u,ww,data(1,:),data(2,:),'-o',xy(1,:),xy(2,:),'-s','linewidth',
2.5,'markersize',12);
set(p2,'LineWidth',1.0);
%set(gca,'fontsize',20,'fontname','Times New Roman','xlim',xLimits,'ylim',
yLimits,'DataAspectRatio',[1 log
Scale/powerScale 1]) %字体和大小选择
xlabel('1/u ,t/(min)');
ylabel('W(u),s/(m)');
```

```
legend('标准曲线','原始数据',[num2str(MM) '次迭代']);
grid on;set(gca,'gridlinestyle','-','minorgridlinestyle','-');
            %%%%%%%%%%%%%%%%%%%        绘制适应度曲线        %%%%%%%%%%%%%%%%%%%
figure(3)
p3=plot(Pbest);
%set(gca,'fontsize',14,'fontname','Times New Roman')      %选择字体格式和大小
title('适应度函数值曲线');
xlabel('迭代次数');
ylabel('适应度函数值');
            %%%%%%%%%%%%%%%%%%%      选取匹配点计算参数值     %%%%%%%%%%%%%%%%%%%
ww=[xy(1,:),xy(2,:)];
a=xm(1);                                              %x 轴配线移动值
b=xm(2);                                              %y 轴配线移动值
fv                                                    %离差平方和最小值
fprintf('匹配点 t 的值为%d\n',data(1,n))              %匹配点时间值
fprintf('匹配点 s 的值为%d\n',data(2,n))              %匹配点降深值
fprintf('匹配点 1/u 的值为%d\n',xy(1,n))              %匹配点 1/u 值
fprintf('匹配点 W(u)的值为%d\n',xy(2,n))              %匹配 W(u)值
            %%%%%%%%%%%%%%%%%%         计算水文地质参数        %%%%%%%%%%%%%%%%%%
T=(Q*24*xy(2,n))/(4*pi*data(2,n))                             %计算导水系数
S=(4*T*data(1,n))/(rr*rr*1440*xy(1,n))                         %计算贮水系数
                  %%%%%%%%%%%%%%%%%%%%%%%%%%%%%%%%%%%%%%%%%%%%%%%%%%%%%%%
load train
sound(y,Fs)
t=toc;
time=t/60
                %%%%%%%%%%%%%%%%%%%%%%%%     End     %%%%%%%%%%%%%%%%%%%%%%%%
```

附录 2　降深–距离配线法

(1) 抽水试验观测数据文件 S1R2. mat

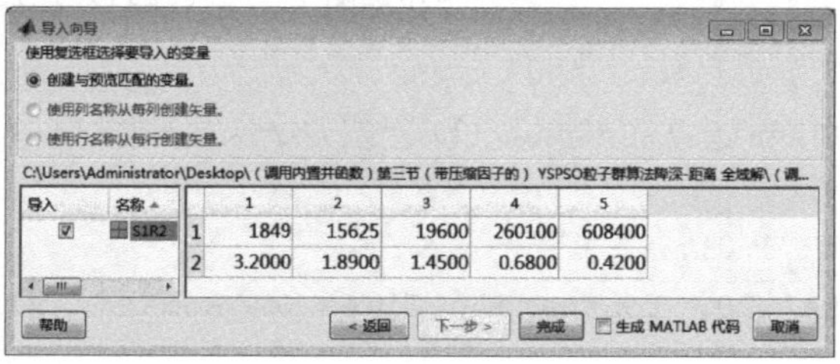

(2) 目标函数计算程序 fit. m

```
            %%%%%%%%%%%%%%%%%%%%     W(u)井函数计算     %%%%%%%%%%%%%%%%%%%%
function y=fit(x)
```

```
load S1R2
a=x(1);
b=x(2);
w=zeros(5,1);
f=zeros(5,1);
for i=1:5
u=10^(log10(S1R2(1,i))+log10(a));
   %%%%%%%%% Allen(1954)和Hastings(1955)提出的W(u)近似计算公式  %%%%%%%%%
 if u<1
 %  w(i)=-0.577216-log(u)+0.99999193*u-0.24991055*u^2+0.05519968*u^3-0.00976004*u^4+0.00107857*u^5;
 %  else
 %   w(i)=(1/(u*exp(u)))*((u^4+8.5733287401*u^3+18.0590169730*u^2+8.6347608925*u+0.2677737343)/(u^4+9.5733223454*u^3+25.6329561486*u^2+21.0996530827*u+3.9584969228));
 %end
   %%%%%%%%%%  Swamee和Ojha(1990)提出的W(u)的全域解近似计算公式  %%%%%%%%%%
 w(i)=((log(((0.56146/u)+0.65)*(1+u)))^(-7.7)+(u^4)*exp(7.7*u)*(2+u)^3.7)^(-0.13);
          %%%%%%%%%%%%%%%%  直接调用MATLAB内置井函数W(u)   %%%%%%%%%%%%%%%
 %  w(i)=mfun('Ei',1,u);%直接调用MATLAB内置井函数
              %%%%%%%%%%%%%%%%%%%%%%  离差f_v计算  %%%%%%%%%%%%%%%%%%%%%%%
 f(i)=w(i)-10^(log10(S1R2(2,i))+log10(b));
 end
              %%%%%%%%%%%%%%%%%%%%%%%%%%%%%%%%%%%%%%%%%%%%%%%%%%%%%%%%%%%%%%%%%%
y=sum(f.^2);
              %%%%%%%%%%%%%%%%%%%%%%%%%%%%%%%%%%%%%%%%%%%%%%%%%%%%%%%%%%%%%%%%%%
```

(3)带压缩因子粒子群优化算法计算主程序 YSPSO. m

```
         %%%%%%%%%%%%%%%%  带压缩因子YSPSO降深-距离配线法  %%%%%%%%%%%%%%%
close all;
clear;
clc
format long;                 %显示精度调整
warning off                  %不显示警告
             %%%%%%%%%%%%%%%%%%%%      输入参数      %%%%%%%%%%%%%%%%%%%%%
maxgen=200;                  %迭代次数
D=2;                         %粒子维数
 N=50;                       %粒子数目
 gen=1;                      %迭代下限值
 c1=2.05;                    %学习因子
 c2=2.05;                    %学习因子
```

```
n=4                          %选取观测点序号(以原始数据第三组,即观16孔为例)
t=400;                       %观测时间/min
Q=60;                        %流量值/m³.h⁻¹
tic
        %%%%%%%%%%%%%%%%%%%%    确定绘图范围    %%%%%%%%%%%%%%%%%%%%
xLimits=[0.0001 1e6];        %# Limits for the x axis
yLimits=[1e-3 1e2];          %# Limits for the y axis
      %%%%%%%%%%%%%%%%%%  初始化,限制粒子搜索范围  %%%%%%%%%%%%%%%%%%
x(:,1)=0.00001*rand(N,1);
x(:,2)=3*rand(N,1);
pbest=x;
aimx=zeros(N,1);
        %%%%%%%%%%%%%%%%%%%     适应度计算     %%%%%%%%%%%%%%%%%%%%
for i=1:N
aimx(i)=fit(x(i,:));
end
[a,b]=min(aimx);
aimp=aimx;
Gbest=x(b,:);
aimg=aimx(b);
Vid=zeros(N,D);
%c1=2.05;c2=2.05;
c=c1+c2;
phi=2/abs(2-c-sqrt(c^2-4*c));
        %%%%%%%%%%%%%%%%%%%%   更新速度和位移   %%%%%%%%%%%%%%%%%%%%
while(gen<maxgen)
for i=1:N
Vid(i,:)=Vid(i,:)+c1*rand*(Gbest-x(i,:))+c2*rand*(pbest(i,:)-x(i,:));
Vid(i,:)=Vid(i,:)*phi;
 x(i,:)=x(i,:)+Vid(i,:);
if(any(x(i,:)-[0,0]<0) ||any(x(i,:)-[0.00001,3]>0))
x(i,1)=0.00001*rand(1);
x(i,2)=3*rand(1);
end
aimx(i)=fit(x(i,:));
if(aimx(i)<aimp(i))
aimp(i)=aimx(i);
pbest(i,:)=x(i,:);
end
if(aimx(i)<aimg)
aimg=aimx(i);
Gbest=x(i,:);
```

```
end
end
f(gen)=fit(Gbest);
gen=gen+1;
end
            %%%%%%%%%%%%%%%%%%%%  结果输出  %%%%%%%%%%%%%%%%%%%%%
a=Gbest(1)              %横向平移值输出
b=Gbest(2)              %纵向平移值输出
Fv=aimg                 %最小离差平方和输出
           %%%%%%%%%%%%%%%%%%%  计算横向和纵向位移  %%%%%%%%%%%%%%%%%%%
load S1R2;
times=size(S1R2,2);
xy=zeros(2,times);
for i=1:times
xy(1,i)=10.^(log10(S1R2(1,i))+log10(a));
xy(2,i)=10.^(log10(S1R2(2,i))+log10(b));
end
           %%%%%%%%%%%%%$%%%%  绘制标准曲线、原始数据图  %%%%%%%%%%%%%%%%%%%
load Wu;
figure(1)
p1=loglog(Wu(1,:),Wu(2,:),S1R2(1,:),S1R2(2,:),'-o','linewidth',2.5,'markersize',12);
logScale=diff(yLimits)/diff(xLimits);
powerScale=diff(log10(yLimits))/diff(log10(xLimits));
set(p1,'LineWidth',2.5);
%set(gca,'fontsize',20,'fontname','Times New Roman','xlim',xLimits,'ylim',
yLimits,'DataAspectRatio',[1 logScale/powerScale 1]) MATLAB 18 版不支持
legend('标准曲线','原始数据');
xlabel('u ,r^2/(m^2)');
ylabel('W(u),s/(m)');
grid on;set(gca,'gridlinestyle','-','minorgridlinestyle','-');
            %%%%%%%%%%%%%%%%%%%%  绘制配线后曲线  %%%%%%%%%%%%%%%%%%%%%
figure(2)
p2=loglog(Wu(1,:),Wu(2,:),S1R2(1,:),S1R2(2,:),'-o',xy(1,:),xy(2,:),'-s',
'linewidth',2.5,'markersize',12);
set(p2,'LineWidth',2.5);
%set(gca,'fontsize',20,'fontname','Times New Roman','xlim',xLimits,'ylim',
yLimits,'DataAspectRatio',[1 logScale/powerScale 1]) MATLAB 18 版不支持
legend('标准曲线','原始数据',[num2str(maxgen) '次迭代']);
xlabel('u ,r^2/(m^2)');
ylabel('W(u),s/(m)');
grid on;set(gca,'gridlinestyle','-','minorgridlinestyle','-');
            %%%%%%%%%%%%%%%%%%%%%%绘制适应度函数曲线  %%%%%%%%%%%%%%%%%%%%
```

```
figure(3)
p3=plot(f);
%set(gca,'fontsize',14,'fontname','Times New Roman') MATLAB 18 版不支持
xlabel('迭代次数');
ylabel('适应度函数值');
         %%%%%%%%%%%%%%%%%%%     匹配点值及参数计算   %%%%%%%%%%%%%%%%%%%
 fprintf('匹配点 r^2 的值为%d \n',S1R2(1,n))        %匹配点 r^2 值
 fprintf('匹配点 s 的值为%d \n',S1R2(2,n))          %匹配点降深值
 fprintf('匹配点 u 的值为%d \n',xy(1,n))            %匹配点 u 值
 fprintf('匹配点 W(u)的值为%d \n',xy(2,n))          %匹配点 W'值
 T=(Q*24*xy(2,n))/(4*pi*S1R2(2,n))
 S=(4*T*t*xy(1,n))/(S1R2(1,n)*1440)
            %%%%%%%%%%%%%%%%%%%%%%    End   %%%%%%%%%%%%%%%%%%%%%%%%%
 load train
 sound(y,Fs)
 t=toc;
 time=t/60
            %%%%%%%%%%%%%%%%%%%%%%%%%%%%%%%%%%%%%%%%%%%%%%%%%%%%%%%%%%%
```

(4)标准曲线绘制调用 $W(u)$ 数据

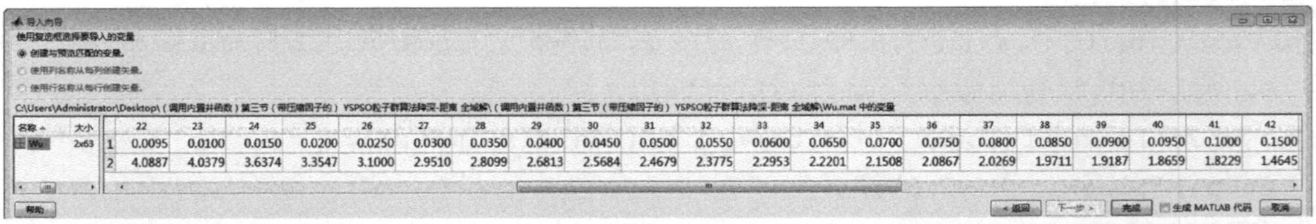

	22	23	24	25	26	27	28	29	30	31	32	33	34	35	36	37	38	39	40	41	42
1	0.0095	0.0100	0.0150	0.0200	0.0250	0.0300	0.0350	0.0400	0.0450	0.0500	0.0550	0.0600	0.0650	0.0700	0.0750	0.0800	0.0850	0.0900	0.0950	0.1000	0.1500
2	4.0887	4.0379	3.6374	3.3547	3.1000	2.9510	2.8099	2.6813	2.5684	2.4679	2.3775	2.2953	2.2201	2.1508	2.0867	2.0269	1.9711	1.9187	1.8659	1.8229	1.4645

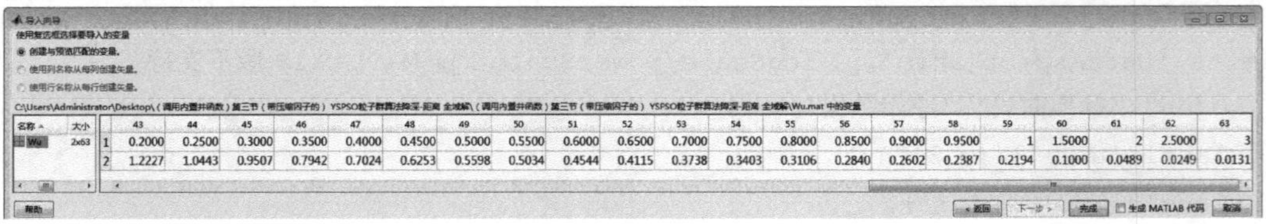

	43	44	45	46	47	48	49	50	51	52	53	54	55	56	57	58	59	60	61	62	63
1	0.2000	0.2500	0.3000	0.3500	0.4000	0.4500	0.5000	0.5500	0.6000	0.6500	0.7000	0.7500	0.8000	0.8500	0.9000	0.9500	1	1.5000	2	2.5000	3
2	1.2227	1.0443	0.9507	0.7942	0.7024	0.6253	0.5598	0.5034	0.4544	0.4115	0.3738	0.3403	0.3106	0.2840	0.2602	0.2387	0.2194	0.1000	0.0489	0.0249	0.0131

附录 3　降深–时间距离配线法

(1)抽水试验观测数据文件 data01. mat

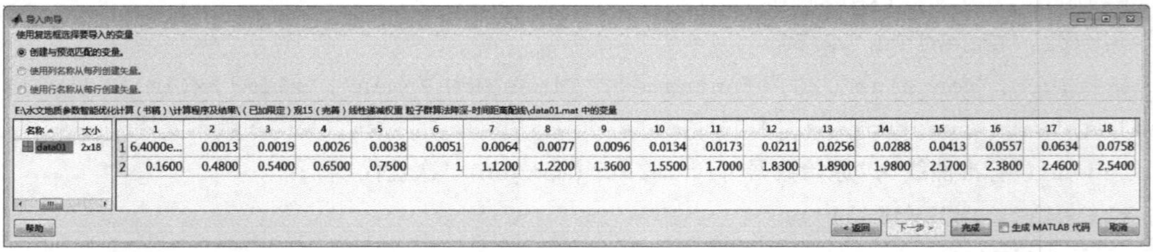

	1	2	3	4	5	6	7	8	9	10	11	12	13	14	15	16	17	18
1	6.4000e...	0.0013	0.0019	0.0026	0.0038	0.0051	0.0064	0.0077	0.0096	0.0134	0.0173	0.0211	0.0256	0.0288	0.0413	0.0557	0.0634	0.0758
2	0.1600	0.4800	0.5400	0.6500	0.7500	1	1.1200	1.2200	1.3600	1.5500	1.7000	1.8300	1.8900	1.9800	2.1700	2.3800	2.4600	2.5400

(2)目标函数计算程序 fitness03. m

```
          %%%%%%%%%%%%%%%%%%%%%  W(u)井函数计算   %%%%%%%%%%%%%%%%%%%%%
```

```
function F=fitness03(t,data)
%data为一个两行的数据表格
x1(1,:)=data(1,:);
y1(1,:)=data(2,:);
            %%%%%%%%%%%%%%%%%%%%    w(u)井函数可根据注释语句选用%%
a=t(1,1);
b=t(1,2);
u=1./10.^(log10(x1)+log10(a));
            %%%%%%%%%%%%%%%%%%%%    分段解    %%%%%%%%%%%%%%%%%%%%
 %if u<1
 %   F0=-0.577216-log(u)+0.99999193.*u-0.24991055.*u.^2+0.05519968.*u.^3-
0.00976004.*u.^4+0.00107857.*u.^5-10.^(log10(y1)+log10(b));
 %else
 %   F0=(1./(u.*exp(u))).*((u.^4+8.5733287401.*u.^3+18.0590169730.*u.^2+
8.6347608925.*u+0.2677737343)./(u.^4+9.5733223454.*u.^3+25.6329561486.*u.^2+
21.0996530827.*u+
3.9584969228))-10.^(log10(y1)+log10(b));
 %end
            %%%%%%%%%%%%%%%%%%%%%%    全域解    %%%%%%%%%%%%%%%%%%%%%%
 F0=((log(((0.56146./u)+0.65).*(1+u))).^(-7.7)+(u.^4).*exp(7.7.*u).*(2+u).^
3.7).^(-0.13)-10.^(log10(y1)+log10(b));
                %%%%%%%%%%%%%%%%%%%%%%%%%%%%%%%%%%%%%%%%%%%%%%%
 F1=F0.^2;
 F2=sum(F1(1,:));
 F=F2;
             %%%%%%%%%%%%%%%%%%%%%%%%   End   %%%%%%%%%%%%%%%%%%%%%%%%
```

(3)线性递减权重粒子群算法计算主程序 LinWPSO.m

```
        %%%%%%%%%%%%    线性递减权重粒子群算法优化配线求解水文地质参数    %%%%%%%%%%%
%待优化的目标函数:fitness
 %粒子数目:N=50
 %学习因子1:c1=2
 %学习因子2:c2=2
 %惯性权重最小值:wmin=0.4
 %惯性权重最大值:wmax=0.9
 %最大迭代次数:M=200
 %问题的维数:D=2
 %观测孔据抽水试验孔的距离:r/m
 %a、b取值:xm   配线完成后,观测点(ti,si)沿着横轴移动距离为a,沿着纵轴移动距离为b,
 %离差平方和:fv      目标函数最小值
 %data:fitnes输入实测数据,两行表格
            %%%%%%%%%%%%%%%%%%%%%%    主程序    %%%%%%%%%%%%%%%%%%%%%%
```

```
function[xm,fv,Pbest,MM]=LinWPSO(fitness03,N,c1,c2,wmax,wmin,M,D,data)
           %%%%%%%%%%%%%%%%%%%%   初始数据赋值   %%%%%%%%%%%%%%%%%%%%%%
Pbest=zeros(M,1);      %适应度曲线绘制参数,M代表的是迭代次数
data00=data;           %调用抽水试验数据
         %%%%%%%%%%%%%%%%%     随机速度、位置初始化      %%%%%%%%%%%%%%%%%%
v=rand(N,D);
x(1:N,1)=2000*rand(N,1)+2;
x(1:N,2)=2*rand(N,1)+3;
         %%%%%%%%%%%%%%%%%%      个体最优值计算       %%%%%%%%%%%%%%%%%%
for i=1:N
 p(i)=fitness03(x(i,:),data00);
y(i,:)=x(i,:);
end
         %%%%%%%%%%%%%%%%%%      全局最优值计算       %%%%%%%%%%%%%%%%%%
pg=x(N,:);
for i=1:(N-1)
if fitness03(x(i,:),data00)< fitness03(pg,data00) %更新完适应度对比
pg=x(i,:);
end
end
         %%%%%%%%%%%%%%%%%%      更新速度和位置       %%%%%%%%%%%%%%%%%%
for t=1:M
  for i=1:N
  w=wmax-(t-1)*(wmax-wmin)/(M-1);                                  %权重线性递减
    v(i,:)=w*v(i,:)+c1*rand*(y(i,:)- x(i,:))+c2*rand*(pg-x(i,:)); %速度更新
     x(i,:)=x(i,:)+ v(i,:);                                         %位置更新
              %%%%%%%%%%%%%%%%%%%%%%%%%%%%%%%%%%%%%%%%%%%%%%%%%%%%%
    if x(i,1)<=0.2
       x(i,1)=0.2;
  end
   if x(i,2)<=0.2
       x(i,2)=0.2;
  end
              %%%%%%%%%%%%%%%%%%%%%%%%%%%%%%%%%%%%%%%%%%%%%%%%%%%%%
 if fitness03(x(i,:),data00)<p(i)
   p(i)=fitness03(x(i,:),data00);
   y(i,:)=x(i,:);
  end
  if p(i)<fitness03(pg,data00)
     pg=y(i,:);
   end
  end
```

```
 Pbest(t)=fitness03(pg,data00);
end
          %%%%%%%%%%%%%%%%  a、b、Fv 值输出及迭代次数绘图  %%%%%%%%%%%%%%%%%
xm=pg';
MM=M;
 %rr=r;
 fv=fitness03(pg,data00);
             %%%%%%%%%%%%%%%%%%%%%%  End  %%%%%%%%%%%%%%%%%%%%%%%%%
```

(4)执行程序 Run. m

```
      %%%%%%%%%%% 观 15 孔线性递减权重 LinWPSO 粒子群算法执行程序     %%%%%%%%%%%%
close all;                                    %清图
clc                                           %清屏
clear                                         %清除所有变量
load data01                                   %调用抽水试验原始数据(以观 15 孔数据为例)
load W01                                      %W(u)井函数数据,用于绘井函数曲线
format long                                   %设定较长显示数字,注释后显示小数点后四位
warning off
tic
        %%%%%%%%%%%%%%%%%   给出绘图区间的最大值和最小值    %%%%%%%%%%%%%%%%%
 xLimits=[0.0001 10e4];                       %# Limits for the x axis
 yLimits=[1e-2 50];                           %# Limits for the y axis
          %%%%%%%%%%%%%%%%%   主程序输入参数及确定匹配点   %%%%%%%%%%%%%%%%%%
 [xm,fv,Pbest,MM]=LinWPSO(@ fitness03,50,2,2,0.9,0.4,200,2,data01);
 Q=60;                         %流量值
 n=2                           %选取的匹配点位数为 1~m(m 为试验数据个数,1 为第一对观测数据)
            %%%%%%%%%%%%%%%%%%%%   输出 a、b 值   %%%%%%%%%%%%%%%%%%%%%%%
 a=xm(1)                                      %x 轴配线移动值
 b=xm(2)                                      %y 轴配线移动值
            %%%%%%%%%%%%%%%%%%%%% 纵、横向平移计算  %%%%%%%%%%%%%%%%%%%%
 times=size(data01,2);
 xy=zeros(2,times);
 for i=1:times
   xy(1,i)=10.^(log10(data01(1,i))+log10(a));
   xy(2,i)=10.^(log10(data01(2,i))+log10(b));
 end
          %%%%%%%%%%%%%%%%%%   绘制标准曲线及原始数据图  %%%%%%%%%%%%%%%%%%
 figure(1)
 %p1=loglog(W(1,:),W(2,:),data01(1,:),data01(2,:),'-o');      %原始曲线,观测点形状为圆形
p1=loglog(W(1,:),W(2,:),data01(1,:),data01(2,:),'-o','linewidth',2.5,'markersize',12);%
```

```
logScale=diff(yLimits)/diff(xLimits);
powerScale=diff(log10(yLimits))/diff(log10(xLimits));
set(p1,'LineWidth',2.5);                    %确定线宽
set(gca,'fontsize',20,'fontname','Times New Roman','xlim',xLimits,'ylim',yLimits,'DataAspectRatio',[1 logScale/powerScale 1]) %字体和大小选择
xlabel('1/u ,t/r^2/(min/m^2)');             %x 轴标注
ylabel('W(u),s/(m)');                       %y 轴标注
legend('标准曲线','原始数据');
grid on
          %%%%%%%%%%%%%%%%%%  绘制优化配线图  %%%%%%%%%%%%%%%%%%
figure(2)
%p2=loglog(W(1,:),W(2,:),data01(1,:),data01(2,:),'-o',xy(1,:),xy(2,:),'-s');  %绘制配线图,选择观测点形状为圆形和正方形
p2=loglog(W(1,:),W(2,:),data01(1,:),data01(2,:),'-o',xy(1,:),xy(2,:),'-s','linewidth',2.5,'markersize',12);  %绘制配线图,选择观测点形状为圆形和正方形
set(p2,'LineWidth',2.5);                    %确定线宽
set(gca,'fontsize',20,'fontname','Times New Roman','xlim',xLimits,'ylim',yLimits,'DataAspectRatio',[1 logScale/powerScale 1]) %字体和大小选择
xlabel('1/u ,t/(min/m^2)');
ylabel('W(u),s/(m)');
legend('标准曲线','原始数据',[num2str(MM) '次迭代']);
grid on
          %%%%%%%%%%%%%%%%%%%  绘制适应度曲线  %%%%%%%%%%%%%%%%%%%%
figure(3)
p3=plot(Pbest);
set(gca,'fontsize',14,'fontname','Times New Roman')  %选择字体格式和大小
title('适应度函数值曲线');
xlabel('迭代次数');
ylabel('适应度函数值');
          %%%%%%%%%%%%%%%%%%  选取匹配点计算参数值  %%%%%%%%%%%%%%%%%%%
ww=[xy(1,:),xy(2,:)];
a=xm(1);                                    %x 轴配线移动值
b=xm(2);                                    %y 轴配线移动值
fv                                          %离差平方和最小值
fprintf('匹配点 t/r^2 的值为%d\n',data01(1,n))  %匹配点时间降深 t/r^2
fprintf('匹配点 s 的值为%d\n',data01(2,n))      %匹配点降深值
fprintf('匹配点 1/u 的值为%d\n',xy(1,n))        %匹配点 1/u 值
fprintf('匹配点 W(u)的值为%d\n',xy(2,n))        %匹配 W(u)值
          %%%%%%%%%%%%%%%%%%  计算水文地质参数  %%%%%%%%%%%%%%%%%%%
T=(Q*24*xy(2,n))/(4*pi*data01(2,n))         %计算导水系数
S=(4*T*data01(1,n))/(Q*24*xy(1,n))          %计算贮水系数
              %%%%%%%%%%%%%%%%%%%%%%%%%%%%%%%%%%%%%%%%%%%%%%%%%%%%
```

```
load train
sound(y,Fs)
t=toc;
time=t/60
%%%%%%%%%%%%%%%%%%%%%%%%%%    End   %%%%%%%%%%%%%%%%%%%%%%%%%%
```

(5)绘制 $W(u)$ 曲线调用数据 W01

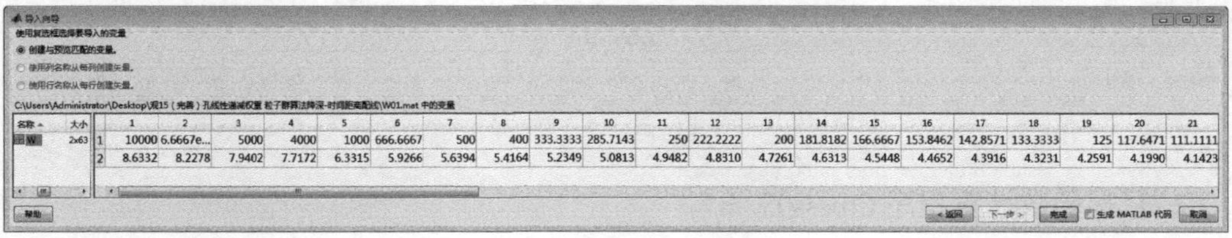

	1	2	3	4	5	6	7	8	9	10	11	12	13	14	15	16	17	18	19	20	21
1	10000	6.6667e...	5000	4000	1000	666.6667	500	400	333.3333	285.7143	250	222.2222	200	181.8182	166.6667	153.8462	142.8571	133.3333	125	117.6471	111.1111
2	8.6332	8.2278	7.9402	7.7172	6.3315	5.9266	5.6394	5.4164	5.2349	5.0813	4.9482	4.8310	4.7261	4.6313	4.5448	4.4652	4.3916	4.3231	4.2591	4.1990	4.1423

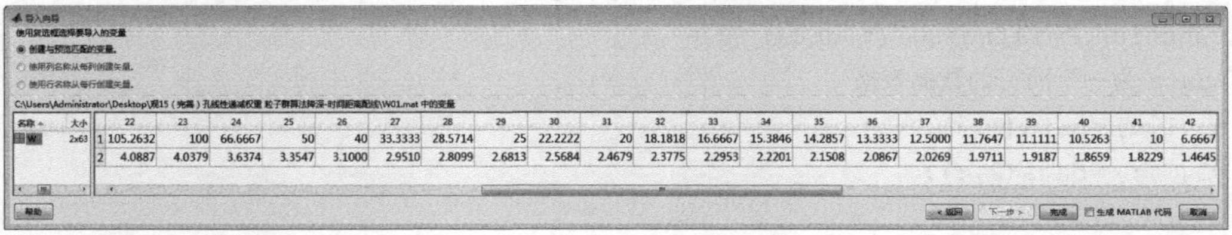

	22	23	24	25	26	27	28	29	30	31	32	33	34	35	36	37	38	39	40	41	42
1	105.2632	100	66.6667	50	40	33.3333	28.5714	25	22.2222	20	18.1818	16.6667	15.3846	14.2857	13.3333	12.5000	11.7647	11.1111	10.5263	10	6.6667
2	4.0887	4.0379	3.6374	3.3547	3.1000	2.9510	2.8099	2.6813	2.5684	2.4679	2.3775	2.2953	2.2201	2.1508	2.0867	2.0269	1.9711	1.9187	1.8659	1.8229	1.4645

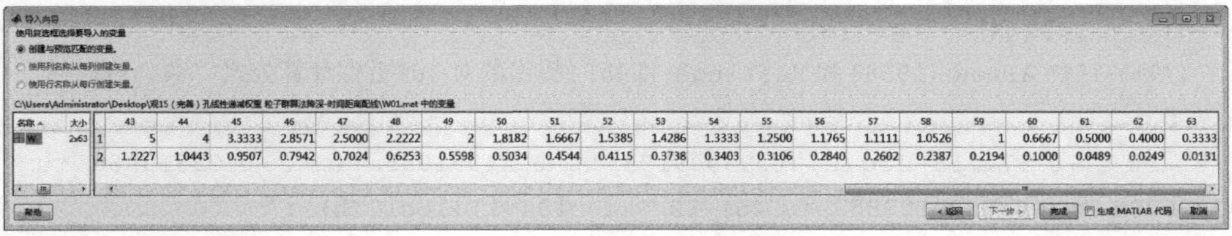

	43	44	45	46	47	48	49	50	51	52	53	54	55	56	57	58	59	60	61	62	63
1	5	4	3.3333	2.8571	2.5000	2.2222	2	1.8182	1.6667	1.5385	1.4286	1.3333	1.2500	1.1765	1.1111	1.0526	1	0.6667	0.5000	0.4000	0.3333
2	1.2227	1.0443	0.9507	0.7942	0.7024	0.6253	0.5598	0.5034	0.4544	0.4115	0.3738	0.3403	0.3106	0.2840	0.2602	0.2387	0.2194	0.1000	0.0489	0.0249	0.0131

附录 4　降深-距离时间配线法

(1)抽水试验观测数据文件 data01.mat

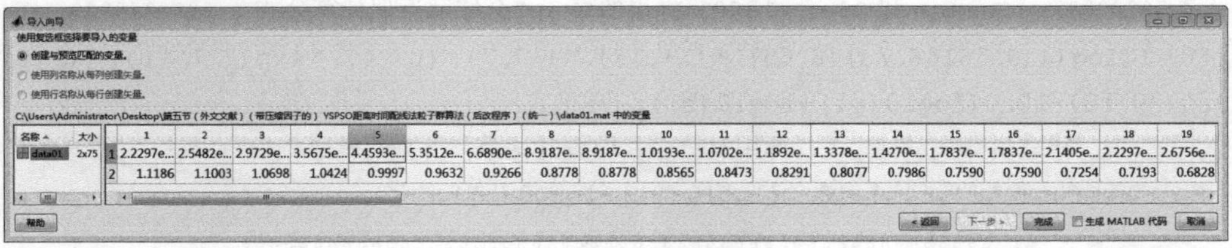

	1	2	3	4	5	6	7	8	9	10	11	12	13	14	15	16	17	18	19
1	2.2297e...	2.5482e...	2.9729e...	3.5675e...	4.4593e...	5.3512e...	6.6890e...	8.9187e...	8.9187e...	1.0193e...	1.0702e...	1.1892e...	1.3378e...	1.4270e...	1.7837e...	1.7837e...	2.1405e...	2.2297e...	2.6756e...
2	1.1186	1.1003	1.0698	1.0424	0.9997	0.9632	0.9266	0.8778	0.8778	0.8565	0.8473	0.8291	0.8077	0.7986	0.7590	0.7590	0.7254	0.7193	0.6828

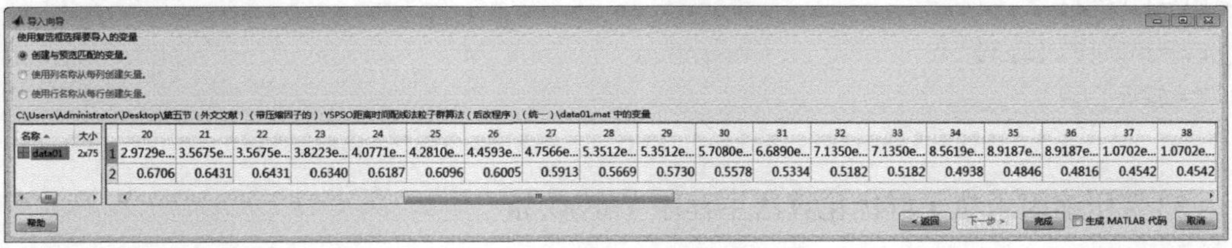

	20	21	22	23	24	25	26	27	28	29	30	31	32	33	34	35	36	37	38
1	2.9729e...	3.5675e...	3.5675e...	3.8223e...	4.0771e...	4.2810e...	4.4593e...	4.7566e...	5.3512e...	5.3512e...	5.7080e...	6.6890e...	7.1350e...	7.1350e...	8.5619e...	8.9187e...	8.9187e...	1.0702e...	1.0702e...
2	0.6706	0.6431	0.6431	0.6340	0.6187	0.6096	0.6005	0.5913	0.5669	0.5730	0.5578	0.5334	0.5182	0.5182	0.4938	0.4846	0.4816	0.4542	0.4542

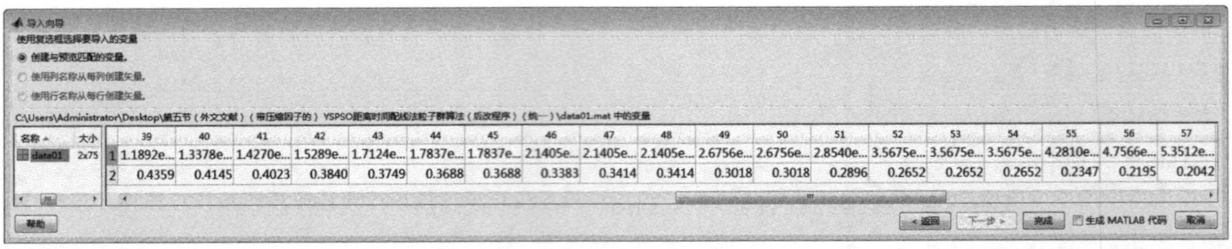

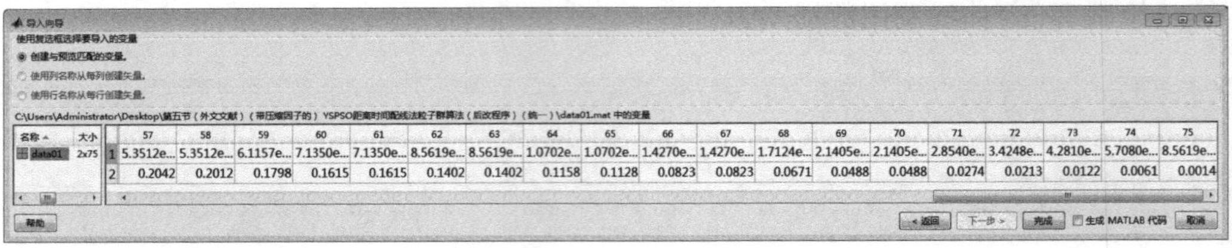

(2)目标函数计算程序 fitness03. m

```
              %%%%%%%%%%%%%%%%%%  W(u)井函数计算      %%%%%%%%%%%%%%%%%%
function F=fitness03(t,data)
%data 为一个两行的数据表格
x1(1,:)=data(1,:);
y1(1,:)=data(2,:);
a=t(1,1);
b=t(1,2);
u=10.^(log10(x1)+log10(a));
  %%%%%%%%%% Allen (1954)和 Hastings (1955)提出的 W (u)近似计算公式  %%%%%%%%%%
 %if u<1
 %   F0=(-0.577216-log(u)+0.99999193.*u-0.24991055.*u.^2+0.05519968.*u.^3-0.00976004.*u.^4+0.00107857.*u.^5)-10.^(log10(y1)+log10(b));
 %  else
 %   F0=((1./(u.*exp(u))).*((u.^4+8.5733287401.*u.^3+18.0590169730.*u.^2+8.6347608925.*u+0.2677737343)./(u.^4+9.5733223454.*u.^3+25.6329561486.*u.^2+21.0996530827.*u+3.9584969228)))-10.^(log10(y1)+log10(b));
 %end
   %%%%%%%%   Swamee 和 Ojha (1990) 提出的 W (u)全域解近似计算公式   %%%%%%%%%%
 F0=((log(((0.56146./u)+0.65).*(1+u))).^(-7.7)+(u.^4).*exp(7.7.*u).*(2+u).^3.7).^(-0.13)-10.^(log10(y1)+log10(b));
          %%%%%%%%%%%%%%%     调用 MATLAB 内置井函数     %%%%%%%%%%%%%%%%%
 %   F0=mfun('Ei',1,u)-10.^(log10(y1)+log10(b));
                %%%%%%%%%%%%%%%%%%%%%%%%%%%%%%%%%%%%%%%%%%%%%%%%%%%%%%%%%%%%
 F1=F0.^2;
 F2=sum(F1(1,:));
 F=F2;
                %%%%%%%%%%%%%%%%%%%%%%%%%    End    %%%%%%%%%%%%%%%%%%%%%%%%%%%
```

(3)带压缩因子粒子群优化算法主程序 YSPSO. m

```
    %%%%%%%%%%%%%  带压缩因子粒子群优化算法优化配线求解水文地质参数  %%%%%%%%%%%%%
```

```
%待优化的目标函数:fitness
%粒子数目:N=50
%学习因子 1:c1=2
%学习因子 2:c2=2
%最大迭代次数:M=200
%问题的维数:D=2
%观测孔据抽水试验孔的距离:r     /m
%a、b 取值:xm  配线完成后,观测点(ti,si)沿着横轴移动距离为 a,沿着纵轴移动距离为 b,
 %离差平方和:fv     目标函数最小值
%data:fitnes 输入实测数据,两行表格
                %%%%%%%%%%%%%%%%%%%%      主程序      %%%%%%%%%%%%%%%%%%%%%%
function[xm,fv,Pbest,MM]=YSPSO(fitness03,N,c1,c2,M,D,data)
               %%%%%%%%%%%%%%%%%%%%     初始数据赋值     %%%%%%%%%%%%%%%%%%%%%%
Pbest=zeros(M,1);          %适应度曲线绘制参数,M 代表的是迭代次数
data00=data;               %调用抽水试验数据
load data01
               %%%%%%%%%%%%%%%%%%%%     随机速度、位置初始化   %%%%%%%%%%%%%%%%%%%%
v=rand(N,D);
La=10^(-3)/data01(1,1);
Yb=10^(1)/data01(2,1);
x(1:N,1)=La*rand(N,1);
x(1:N,2)=Yb*rand(N,1);
               %%%%%%%%%%%%%%%%%%%%     个体最优值计算     %%%%%%%%%%%%%%%%%%%%%%
for i=1:N
p(i)=fitness03(x(i,:),data00);
y(i,:)=x(i,:);
end
               %%%%%%%%%%%%%%%%%%%%     全局最优值计算     %%%%%%%%%%%%%%%%%%%%%%
pg=x(N,:);
for i=1:(N-1)
if fitness03(x(i,:),data00)<fitness03(pg,data00)      %更新完适应度对比
pg=x(i,:);
end
end
c=c1+c2;
phi=2/abs(2-c-sqrt(c^2-4*c));
              %%%%%%%%%%%%%%%%%%%%     更新速度和位置     %%%%%%%%%%%%%%%%%%%%%%
for t=1:M
for i=1:N
  v(i,:)=v(i,:)+c1*rand*(y(i,:)-x(i,:))+c2*rand*(pg-x(i,:)); %速度更新
  v(i,:)=v(i,:)*phi;
 x(i,:)=x(i,:)+v(i,:);                                                 %位置更新
```

```
             %%%%%%%%%%%%%%%%%%          位置限定          %%%%%%%%%%%%%%%%%%%
if(any(x(i,:)-[0,0]<0) ||any(x(i,:)-[La,Yb]>0))
          x(i,1)=La*rand(1);
           x(i,2)=Yb*rand(1);
    end
                 %%%%%%%%%%%%%%%%%%%%%%%%%%%%%%%%%%%%%%%%%%%%%%%%%%%%%%%%%
if fitness03(x(i,:),data00)<p(i)
 p(i)=fitness03(x(i,:),data00);
 y(i,:)=x(i,:);
end
 if p(i)<fitness03(pg,data00)
pg=y(i,:);
end
end
Pbest(t)=fitness03(pg,data00);
end
         %%%%%%%%%%%%%%  a 、b 、fv 值输出及迭代次数绘图   %%%%%%%%%%%%%%%%
xm=pg';
MM=M;
fv=fitness03(pg,data00);
               %%%%%%%%%%%%%%%%%%%%%  End    %%%%%%%%%%%%%%%%%%%%%%%
```

(4)执行程序

```
          %%%%%%%%%%%%%%  YSPSO 粒子群算法优化配线执行程序   %%%%%%%%%%%%%%%
close all;                                          %清图
clc;                                                %清屏
clear                                               %清除所有变量
load data01                                         %调用抽水试验原始数据
warning off
format long
tic
        %%%%%%%%%%%%%%%%    给出绘图区间的最大值和最小值    %%%%%%%%%%%%%%%%%
xLimits=[0.0001 1e9];                               %# Limits for the x axis
yLimits=[1e-3 1e2];                                 %# Limits for the y axis
          %%%%%%%%%%%%%%%    主程序输入参数及确定匹配点    %%%%%%%%%%%%%%%%%
[xm,fv,Pbest,MM]=YSPSO(@ fitness03,100,2.05,2.05,200,2,data01);
Q=2718.4128000982;                                  %流量值
n=10                                                %选取的匹配点位数为 1 ~ m(m 为试验数据个数)
               %%%%%%%%%%%%%%%%%%%     输出 a、b 值   %%%%%%%%%%%%%%%%%%%%%%
a=xm(1)                                             %x 轴配线移动值
b=xm(2)                                             %y 轴配线移动值
```

```
Fv=fv
        %%%%%%%%%%%%%%%%%%  纵、横向平移计算  %%%%%%%%%%%%%%%%%%%
times=size(data01,2);
xy=zeros(2,times);
for i=1:times
    xy(1,i)=10.^(log10(data01(1,i))+log10(a));
   xy(2,i)=10.^(log10(data01(2,i))+log10(b));
end
        %%%%%%%%%%%%%%%  绘制标准曲线及原始数据图  %%%%%%%%%%%%%%%%%
figure(1)
u=logspace(-4,1);
ww=mfun('Ei',1,u);
p1=loglog(u,ww,data01(1,:),data01(2,:),'-o','linewidth',2.5,'markersize',12);
logScale=diff(yLimits)/diff(xLimits);
powerScale=diff(log10(yLimits))/diff(log10(xLimits));
set(p1,'LineWidth',2.5);
set(gca,'fontsize',20,'xlim',xLimits,'ylim',yLimits,'DataAspectRatio',[1 logScale/powerScale 1]);
set(gca,'gridlinestyle','-','minorgridlinestyle','-');
legend('标准曲线','原始数据');
xlabel('u ,r^2/t (m^2/d)');
ylabel('W(u),s/(m)');
grid on;
        %%%%%%%%%%%%%%%%%%  绘制配线后曲线  %%%%%%%%%%%%%%%%%%
figure(2)
p2=loglog(u,ww,data01(1,:),data01(2,:),'-o',xy(1,:),xy(2,:),'-s');
set(p2,'LineWidth',2.5);
set(gca,'fontsize',20,'xlim',xLimits,'ylim',yLimits,'DataAspectRatio',[1 logScale/powerScale 1]);
set(gca,'gridlinestyle','-','minorgridlinestyle','-');
legend('标准曲线','原始数据',[num2str(MM) '次迭代']);
xlabel('u ,r^2/t (m^2/d)');
ylabel('W(u),s/(m)');
grid on
        %%%%%%%%%%%%%%%%%%  绘制适应度函数曲线  %%%%%%%%%%%%%%%%%
figure(3)
p3=plot(Pbest);
set(gca,'fontsize',11)                    %选择字体格式和大小
title('适应度函数值曲线');
xlabel('迭代次数');
ylabel('适应度函数值');
        %%%%%%%%%%%%%%%%%%  匹配点值及参数计算  %%%%%%%%%%%%%%%%%
```

```
fprintf('匹配点 r^2/t 的值为%d\n',data01(1,n))          %匹配点 r^2/t 值
fprintf('匹配点 s 的值为%d\n',data01(2,n))              %匹配点降深值
fprintf('匹配点 u 的值为%d\n',xy(1,n))                  %匹配点 u 值
fprintf('匹配点 W(u)的值为%d\n',xy(2,n))                %匹配点 W'值
T=(Q*xy(2,n))/(4*pi*data01(2,n))
S=(4*T*xy(1,n))/(data01(1,n))
                        %%%%%%%%%%%%%%%%%%%%%%%%%%%%%%%%%%%%%%%%%%%%%%%%%%
load train
sound(y,Fs)
t=toc;
time=t/60
                       %%%%%%%%%%%%%%%%%%%%   End   %%%%%%%%%%%%%%%%%%%%%%%
```

附录 5　Jacob 降深-时间直线图解法

(1)抽水试验数据文件 data. mat

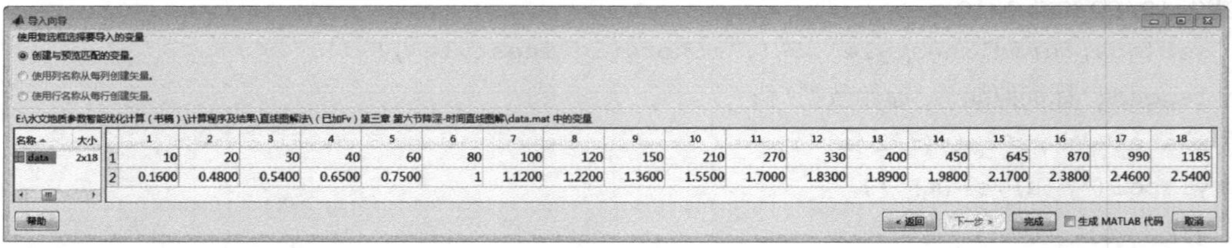

	1	2	3	4	5	6	7	8	9	10	11	12	13	14	15	16	17	18
1	10	20	30	40	60	80	100	120	150	210	270	330	400	450	645	870	990	1185
2	0.1600	0.4800	0.5400	0.6500	0.7500	1	1.1200	1.2200	1.3600	1.5500	1.7000	1.8300	1.8900	1.9800	2.1700	2.3800	2.4600	2.5400

(2)降深-时间直线图解法直线拟合计算程序 fitline. m

```
                  %%%%%%%%%%%%%% Jacob 降深-时间直线图解法    %%%%%%%%%%%%%%
clc
clear
close all
load data
format long
                 %%%%%%%%%%%%%%%%%%%%   初始参数设置   %%%%%%%%%%%%%%%%%%%%%
cx=data(1,:);                    %读取原始数据横坐标
cx=log10(cx);                    %横坐标数据取对数
 cy=data(2,:);                   %读取纵坐标数据
 l=zeros(5,1);                   %预设变量 l
 a=zeros(5,1);                   %预设变量 a
 Q=60;                           %流量值 m^3/h
 r=140;                          %距离抽水井距离 m
 k=0.02;                         %斜率变换率容许值
 for n=0:5
   x0=cx;                        %横坐标赋值到 x0
```

```
  y0=cy;                  %纵坐标赋值到 y0
[x,y]=dele(n,x0,y0);
y1=polyfit(x,y,1);        %拟合公式
y2=y1(1)*x+y1(2);         %拟合出的直线方程
l(n+1)=10^(-y1(2)/y1(1)); %拟合直线在横坐标上的截距
a(n+1)=y1(1);             %拟合直线在纵坐标上的截距
         %%%%%%%%%%%%%%%%%%%   斜率变化率判断   %%%%%%%%%%%%%%%%%%%
   if(n>0)
      if((a(n+1)-a(n))/a(n+1)<k)
          disp('去的点数为:')
           disp(n)
            disp('斜率 i 为:')
            disp(a(n+1))
            disp('截距 l 为:')
            disp(l(n+1))
            break
        end
   end
end
x=10.^x;
xx=0:2000;                                             %生成拟合曲线横坐标
yy=(polyval(y1,log10(xx)));                            %拟合曲线纵坐标
       %%%%%%%%%%%%%%%%%   求解离差平方和        %%%%%%%%%%%%%%%%%%%
disp('%%%%%%%%%%%%%%   最优去点数的离差平方和        %%%%%%%%%%%%%%%%%%')
aa=size(data,2);
for i=n+1:aa
   F(i)=data(2,i)-polyval(y1,log10(data(1,i)));
end
Fv=sum(F.^2)
          %%%%%%%%%%%%%%%%%%%%       绘图       %%%%%%%%%%%%%%%%%%%%
figure(1)
p2=semilogx(x,y,'o',xx,yy);
xlabel('时间 t/min')
ylabel('降深 s/m')
legend('原始数据点','最佳拟合直线')
set(p2,'LineWidth',2.5);
set(gca,'fontsize',20)
axis([10 10^4,0 3]);
set(gca,'ydir','reverse','xaxislocation','top');
set(gca,'gridlinestyle','-','minorgridlinestyle','-');
grid on
          %%%%%%%%%%%%%%%%%%%%%     参数计算    %%%%%%%%%%%%%%%%%%%%%
```

```
disp('%%%%%%%%%%%%%%%%%%          水文参数求解  %%%%%%%%%%%%%%%%%%%%%')
T=0.183*Q*24/a(n+1)
S=2.25*(T/1440)*l(n+1)/(r*r)
   %%%%%%%%%%%%%%%%%%%%                    去点图绘制   %%%%%%%%%%%%%%%%%%%%%
   %%%%%%%%%%%%%%%%%%%%                    去除一个点   %%%%%%%%%%%%%%%%%%%%%
t1=data(1,2:end);
s1=data(2,2:end);
L1=polyfit(log10(t1),s1,1);
tt1=0:2000;
ss1=(polyval(L1,log10(tt1)));
figure(2)
p3=semilogx(t1,s1,'o',tt1,ss1);
legend('原始数据点','去除一个点拟合曲线')
set(p3,'LineWidth',2.5);
set(gca,'fontsize',20)
axis([10 10^4,0 3]);
set(gca,'ydir','reverse','xaxislocation','top');
set(gca,'gridlinestyle','-','minorgridlinestyle','-');
xlabel('时间 t/min');
ylabel('降深 s/m');
grid on
disp('%%%%%%%%%%%%%%%   去除一个点离差平方和   %%%%%%%%%%%%%%%%%')
for j=2:aa
    F1(j)=data(2,j)-polyval(L1,log10(data(1,j)));
end
Fv1=sum(F1.^2)
           %%%%%%%%%%%%%%%%%         去除两个点      %%%%%%%%%%%%%%%%%%%%
t2=data(1,3:end);
s2=data(2,3:end);
L2=polyfit(log10(t2),s2,1);
tt2=0:2000;
ss2=(polyval(L2,log10(tt2)));
figure(3)
p3=semilogx(t2,s2,'o',tt2,ss2);
legend('原始数据点','去除两个点拟合曲线')
set(p3,'LineWidth',2.5);
set(gca,'fontsize',20)
axis([10 10^4,0 3]);
set(gca,'ydir','reverse','xaxislocation','top');
set(gca,'gridlinestyle','-','minorgridlinestyle','-');
xlabel('时间 t/min');
ylabel('降深 s/m');
```

```
grid on
disp('%%%%%%%%%%%%%%%% 去除两个点离差平方和  %%%%%%%%%%%%%%%%%%%')
for z=3:aa
  F2(z)=data(2,z)-polyval(L2,log10(data(1,z)));
end
Fv2=sum(F2.^2)
          %%%%%%%%%%%%%%%%%%    去除三个点    %%%%%%%%%%%%%%%%%%%%
t3=data(1,4:end);
s3=data(2,4:end);
L3=polyfit(log10(t3),s3,1);
tt3=0:2000;
ss3=(polyval(L3,log10(tt3)));
figure(4)
p4=semilogx(t3,s3,'o',tt3,ss3);
legend('原始数据点','去除三个点拟合曲线')
set(p4,'LineWidth',2.5);
set(gca,'fontsize',20)
axis([10 10^4,0 3]);
set(gca,'ydir','reverse','xaxislocation','top');
set(gca,'gridlinestyle','-','minorgridlinestyle','-');
xlabel('时间 t/min');
ylabel('降深 s/m');
grid on
disp('%%%%%%%%%%%%%%%n 去除三个点离差平方和  %%%%%%%%%%%%%%%%%%%')
for c=4:aa
   F3(c)=data(2,c)-polyval(L3,log10(data(1,c)));
end
Fv3=sum(F3.^2)
          %%%%%%%%%%%%%%%%%%    去除四个点    %%%%%%%%%%%%%%%%%%%%%
t4=data(1,5:end);
s4=data(2,5:end);
L4=polyfit(log10(t4),s4,1);
tt4=0:2000;
ss4=(polyval(L4,log10(tt4)));
figure(5)
p5=semilogx(t4,s4,'o',tt4,ss4);
legend('原始数据点','去除四个点拟合曲线')
set(p5,'LineWidth',2.5);
set(gca,'fontsize',20)
axis([10 10^4,0 3]);
set(gca,'ydir','reverse','xaxislocation','top');
set(gca,'gridlinestyle','-','minorgridlinestyle','-');
```

```
xlabel('时间 t/min');
ylabel('降深 s/m');
grid on
disp('%%%%%%%%%%%%%%   去除四个点离差平方和   %%%%%%%%%%%%%%%%%%')
for v=5:aa
   F4(v)=data(2,v)-polyval(L4,log10(data(1,v)));
end
Fv4=sum(F4.^2)
          %%%%%%%%%%%%%%%%%%%   全数据点   %%%%%%%%%%%%%%%%%%%%%%
t5=data(1,:);
s5=data(2,:);
L5=polyfit(log10(t5),s5,1);
tt5=0:2000;
ss5=(polyval(L5,log10(tt5)));
figure(6)
p6=semilogx(t5,s5,'o',tt5,ss5);
legend('原始数据点','全点拟合曲线')
set(p6,'LineWidth',2.5);
set(gca,'fontsize',20)
axis([10 10^4,0 3]);
set(gca,'ydir','reverse','xaxislocation','top');
set(gca,'gridlinestyle','-','minorgridlinestyle','-');
xlabel('时间 t/min');
ylabel('降深 s/m');
grid on
disp('%%%%%%%%%%%%%%%   全数据点离差平方和   %%%%%%%%%%%%%%%%%%%')
for ii=1:aa
    F5(ii)=data(2,ii)-polyval(L5,log10(data(1,ii)));
end
Fv5=sum(F5.^2)
            %%%%%%%%%%%%%%%%%%%%%   End   %%%%%%%%%%%%%%%%%%%%%%%
```

(3) dele. m

```
            %%%%%%%%%%%%%%%%%%%%%   dele.m   %%%%%%%%%%%%%%%%%%%%%%
function [x1,y1]=dele(n,x,y)
for i=1:n
  x(1)=[];
  y(1)=[];
end
x1=x;
y1=y;
            %%%%%%%%%%%%%%%%%%%%%   End   %%%%%%%%%%%%%%%%%%%%%%%
```

附录 6　Jacob 降深-距离直线图解法

(1)抽水试验观测数据文件 data. mat

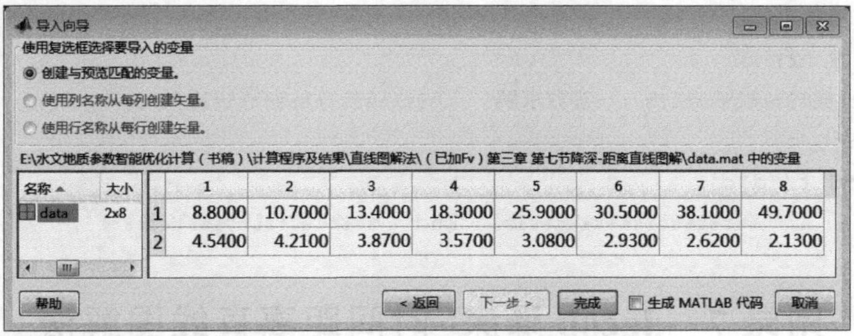

(2)Jacob 降深-距离直线图解法目标函数计算程序 fitline. m

```
            %%%%%%%%%%%%%%%  Jacob 降深-距离直线图解法   %%%%%%%%%%%%%
clc;
clear;
load data;
Q=1907;                                              %流量值 m^3/d
t=8.33*10^(-2);                                      %抽水总时间 d
r=data(1,:);                                         %原始数据距离值
s=data(2,:);                                         %原始数据降深值
l=polyfit(log10(r),s,1);                             %拟合出的直线方程
 i=abs(l(1))                                         %斜率绝对值
 v=l(2);                                             %拟合出的直线在纵坐标上的截距
 d=10^(-v/l(1));                                     %拟合出的直线在横坐标上的截距
 r0=d
 x1=r:10^3;
 y1=(polyval(l,log10(x1)));                          %原始横坐标在拟合直线上的点
            %%%%%%%%%%%%%%%%%%%%       绘图   %%%%%%%%%%%%%%%%%%%%%%
 figure(1)
 p1=semilogx(r,s,'o',x1,y1);
 set(p1,'LineWidth',2.5);
 set(gca,'fontsize',20)
 %set(gca,'fontsize',20,'fontname','Times New Roman')
 axis([10^0 10^3,0 5]);
 set(gca,'ydir','reverse','xaxislocation','top');
 set(gca,'gridlinestyle','-','minorgridlinestyle','-');
 legend('原始数据点','拟合曲线')
 xlabel('距离 r/m');
 ylabel('降深 s/m');
```

```
grid on
disp('%%%%%%%%%%%%%%%%%     离差平方和     %%%%%%%%%%%%%%%%%%%%%')
aa=size(data,2);
for ii=1:aa
   F(ii)=data(2,ii)-polyval(l,log10(data(1,ii)));
end
Fv=sum(F.^2)
disp('%%%%%%%%%%%%%%%%%     参数求解     %%%%%%%%%%%%%%%%%%%%%%')
T=0.366*Q/i
S=2.25*T*t/(d*d)
                 %%%%%%%%%%%%%%%%%%%%%%%%    End    %%%%%%%%%%%%%%%%%%%%%%%%%
```

附录 7　Jacob 降深-时间距离直线图解法

(1)抽水试验观测数据文件 data. mat

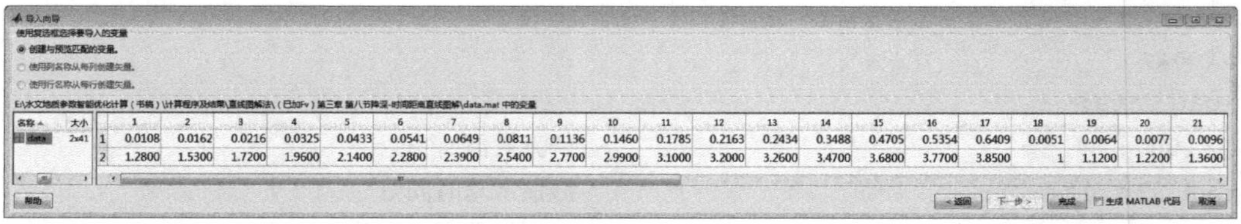

	1	2	3	4	5	6	7	8	9	10	11	12	13	14	15	16	17	18	19	20	21
1	0.0108	0.0162	0.0216	0.0325	0.0433	0.0541	0.0649	0.0811	0.1136	0.1460	0.1785	0.2163	0.2434	0.3488	0.4705	0.5354	0.6409	0.0051	0.0064	0.0077	0.0096
2	1.2800	1.5300	1.7200	1.9600	2.1400	2.2800	2.3900	2.5400	2.7700	2.9900	3.1000	3.2000	3.2600	3.4700	3.6800	3.7700	3.8500	1	1.1200	1.2200	1.3600

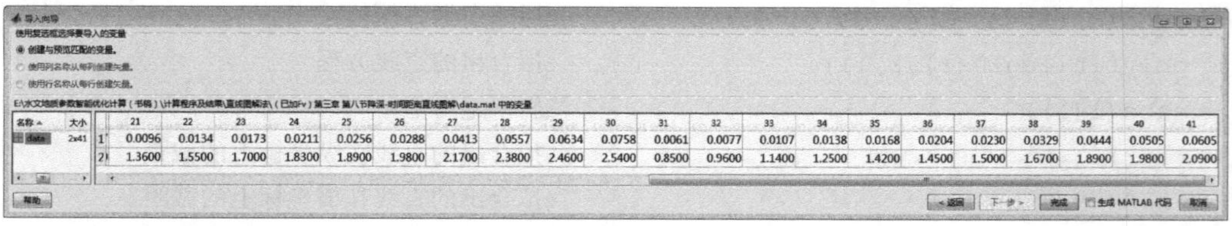

	21	22	23	24	25	26	27	28	29	30	31	32	33	34	35	36	37	38	39	40	41
1	0.0096	0.0134	0.0173	0.0211	0.0256	0.0288	0.0413	0.0557	0.0634	0.0758	0.0061	0.0077	0.0107	0.0138	0.0168	0.0204	0.0230	0.0329	0.0444	0.0505	0.0605
2	1.3600	1.5500	1.7000	1.8300	1.8900	1.9800	2.1700	2.3800	2.4600	2.5400	0.8500	0.9600	1.1400	1.2500	1.4200	1.4500	1.5000	1.6700	1.8900	1.9800	2.0900

(2)Jacob 降深-时间距离直线图解法直线拟合计算程序 fitline. m

```
              %%%%%%%%%%%%%   Jacob 降深-时间距离直线图解法   %%%%%%%%%%%%%
clc;
clear;
load data;
format long
Q=60;                                  %流量值 m^3/d
tr=data(1,:);                          %原始数据时间/距离值
s=data(2,:);                           %原始数据降深值
l=polyfit(log10(tr),s,1);              %拟合出的直线方程
 i=abs(l(1));                          %斜率绝对值
 v=l(2);                               %拟合出的直线在纵坐标上的截距
 d=10^(-v/l(1));                       %拟合出的直线在横坐标上的截距
 disp('%%%%%%%%%%%%%%%%%     计算结果     %%%%%%%%%%%%%%%%%%%%%%%%%')
```

```
fprintf('斜率 i=%d\n',i)
fprintf('横截距(t/r^2)o=%d\n',d)
x1=10^(-3):2;
y1=(polyval(l,log10(x1)));    %原始横坐标在拟合直线上的点
            %%%%%%%%%%%%%%%%%%%%%%%%%%% 绘图% %%%%%%%%%%%%%%%%%%%%%%%%%%%%
figure(1)
p1=semilogx(tr,s,'o',x1,y1,'markersize',10);
set(p1,'LineWidth',2.5);
set(gca,'fontsize',20)
%set(gca,'fontsize',20,'fontname','Times New Roman')
axis([10^(-3) 10,0 5]);
set(gca,'ydir','reverse','xaxislocation','top');
set(gca,'gridlinestyle','-','minorgridlinestyle','-');
legend('原始数据点','拟合曲线')
xlabel('距离 t/r^2 min/m^2');
ylabel('降深 s/m');
grid on
disp('%%%%%%%%%%%%%%%%%%%%%最小离差平方和%%%%%%%%%%%%%%%%%%%')
aa=size(data,2);
for ii=1:aa
    F(ii)=data(2,ii)-polyval(l,log10(data(1,ii)));
end
Fv=sum(F.^2)
disp('%%%%%%%%%%%%%%%%%%%    水文地质参数    %%%%%%%%%%%%%%%%%%%%%%%%%')
        %%%%%%%%%%%%%%%%%%%%%%%%%        参数求解        %%%%%%%%%%%%%%%%%%%%%%%%%%%%
T=(0.183*Q*24)/i
S=2.25*T*(d/1440)
            %%%%%%%%%%%%%%%%%%%%%%%%%%%  End  %%%%%%%%%%%%%%%%%%%%%%%%%%%%%%%
```

附录 8　水位恢复直线图解法

(1)抽水试验观测数据文件 data. mat

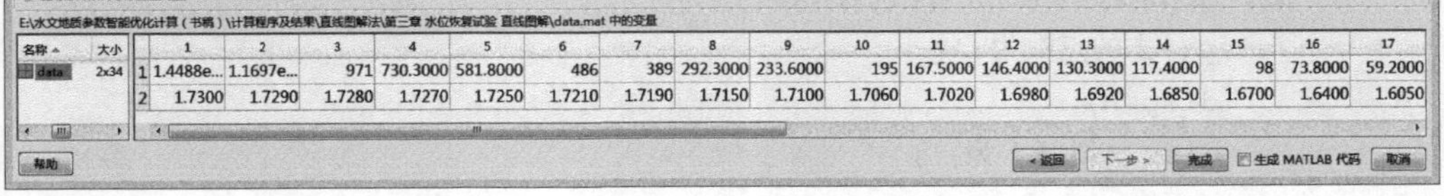

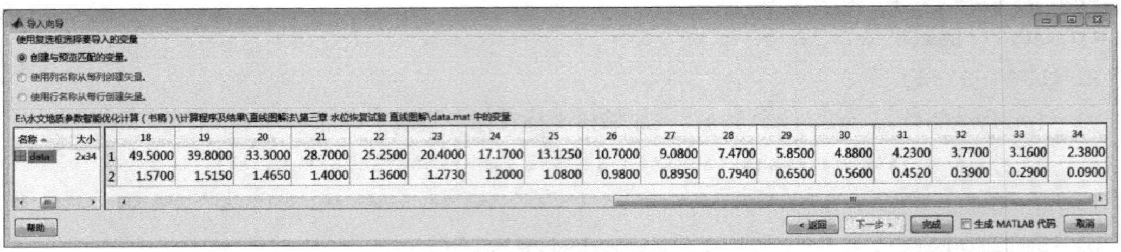

(2)水位恢复直线图解法直线拟合计算程序 fitline. m

```
                %%%%%%%%%%%%%%%%%% 水位恢复直线图解法     %%%%%%%%%%%%%%%%%%
clc
clear
close all
load data
format long
               %%%%%%%%%%%%%%%%%%%        初始参数设置          %%%%%%%%%%%%%%%%%%
cx=data(1,:);                    %读取原始数据横坐标
cx=log10(cx);                    %横坐标数据取对数
 cy=data(2,:);                   %读取纵坐标数据
 l=zeros(20,1);                  %预设变量 l
 a=zeros(20,1);                  %预设变量 a
 Q=22.6;                         %流量值 m^3/h
 r=117.85;                       %观测孔距离抽水井距离 m
 tp=97;                          %持续抽水时间 h
 sp=1.73;                        %停抽后的降深值 m
 k=0.03;                         %斜率变换率容许值
 for n=0:20
 x0=cx;                          %横坐标赋值到 x0
 y0=cy;                          %纵坐标赋值到 y0
 [x,y]=dele(n,x0,y0);
 y1=polyfit(x,y,1);              %拟合公式
 y2=y1(1)*x+y1(2);               %拟合出的直线方程
 l(n+1)=10^(-y1(2)/y1(1));       %拟合直线在横坐标上的截距
 a(n+1)=y1(1);                   %拟合直线在纵坐标上的截距
                %%%%%%%%%%%%%%%%%%%      斜率变化率判断     %%%%%%%%%%%%%%%%%%%
   if(n>0)
         if((a(n+1)-a(n))/a(n+1)<k)
          disp('去的点数为:')
             disp(n)
             disp('斜率 i 为:')
             disp(a(n+1))
             break
         end
```

```
    end
end
x=10.^x;
xx=0:2000;                          %生成拟合曲线横坐标
yy=(polyval(y1,log10(xx))); %拟合曲线纵坐标
        %%%%%%%%%%%%%%%%%%%%     绘图    %%%%%%%%%%%%%%%%%%%%%%
figure(1)
xx1=data(1,1:n);
yy1=data(2,1:n);
p2=semilogx(x,y,'o',xx,yy,xx1,yy1,'s','linewidth',2,'markersize',12');
%xlabel('1+{\ittp}/{\itt}^,','FontSize',20)
xlabel('1+{\ittp}/{\itt}^,','FontSize',20)
ylabel('降深{\its}/m','FontSize',20)
legend('原始数据点','最佳拟合直线','舍弃的点')
set(p2,'LineWidth',2.5);
set(gca,'fontsize',20)
axis([10^0 10^4,0 2]);
set(gca,'ydir','reverse','xaxislocation','top');
set(gca,'gridlinestyle','-','minorgridlinestyle','-');
grid on
        %%%%%%%%%%%%%%%%%%%%     参数计算    %%%%%%%%%%%%%%%%%%%%
aa=size(data,2);
for i=n+1:aa
    F(i)=data(2,i)-polyval(y1,log10(data(1,i)));
end
Fv=sum(F.^2);
fprintf('最小离差平方和 fv=%d\n',Fv)
fprintf('%%%%%%%%%%%%%%%%     计算结果     %%%%%%%%%%%%%%%%%%%%%\n')
T=0.183*Q*24/a(n+1);
fprintf('导水系数 T=%d  (m^2/d)\n',T)
AA=0.44*(r*r)*10^(sp/a(n+1));
fprintf('压力传导系数α=%d  (m^2/d)\n',AA)
S=T*24/AA;
fprintf('贮水系数 S=%d\n',S)
        %%%%%%%%%%%%%%%%%%%%%  End  %%%%%%%%%%%%%%%%%%%%%%
```

附录 9　无越流定降深非稳定流 SAPSO 算法优化配线

(1)抽水试验观测数据文件 data01. mat

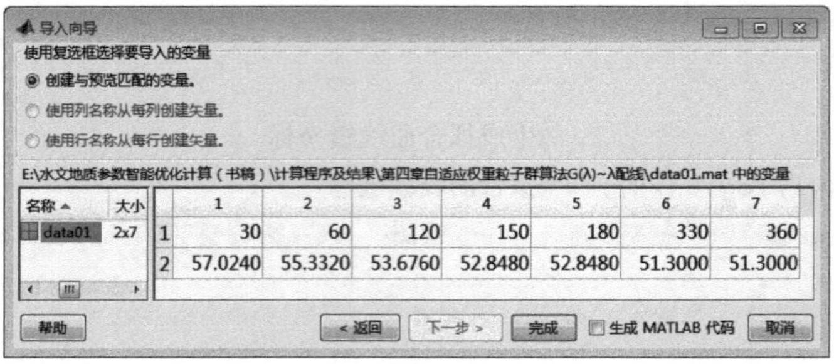

（2）目标函数计算程序 fitness03. m

```
                %%%%%%%%%%%%%%%%%%%% 目标函数计算      %%%%%%%%%%%%%%%%%%
function F=fitness03(t,data)
x1(1,:)=data(1,:);
y1(1,:)=data(2,:);
a=t(1,1);
b=t(1,2);
u=10.^(log10(x1)+log10(a));
F0=(1./(log(1+sqrt(pi*u))))-10.^(log10(y1)+log10(b));
F1=F0.^2;
 F2=sum(F1(1,:));
                 %%%%%%%%%%%%%%%%%%%%%%%%%%%%%%%%%%%%%%%%%%%%%%%%%%%%
```

（3）自适应惯性权重粒子群算法优化配线主程序 SAPSO. m

```
       %%%%%%%%%  自适应惯性权重粒子群算法优化配线求解水文地质参数  %%%%%%%%%%%%
%待优化的目标函数:fitness
%粒子数目:N
%学习因子 1:c1
%学习因子 2:c2
%权重最大值:wmax
%权重最小值:wmin
%最大迭代次数:M
%问题的维数:D
 %观测井半径:r
 %a b 取值:xm  配线完成后,观测点(ti,si)沿着横轴移动距离为 a,沿着纵轴移动距离为 b
 %离差平方和:fv    目标函数最小值
 %data:fitnes 输入实测数据,两行表格
            %%%%%%%%%%%%%%%%%%%%%    主程序   %%%%%%%%%%%%%%%%%%%%%%%
 function[xm,fv,Pbest,MM,rr]=SAPSO(fitness03,N,c1,c2,wmax,wmin,M,D,data,r)
            %%%%%%%%%%%%%%%%%%%% 初始数据赋值  %%%%%%%%%%%%%%%%%%%%%%
 Pbest=zeros(M,1);                          %适应度曲线绘制参数,M 代表的是迭代次数
 data00=data;                               %调用抽水试验数据
           %%%%%%%%%%%%%%%%%%  随机速度、位置初始化  %%%%%%%%%%%%%%%%%%%%
```

```
v=rand(N,D);
x(1:N,1)=rand(N,1);
x(1:N,2)=rand(N,1);
            %%%%%%%%%%%%%%%%%%%% 个体最优值计算 %%%%%%%%%%%%%%%%%%%%%%
for i=1:N
p(i)=fitness03(x(i,:),data00);
y(i,:)=x(i,:);
end
            %%%%%%%%%%%%%%%%%%%%%% 全局最优值计算 %%%%%%%%%%%%%%%%%%%%%
pg=x(N,:);
for i=1:(N-1)
if fitness03(x(i,:),data00)< fitness03(pg,data00)         %更新完适应度对比
pg=x(i,:);
end
end
            %%%%%%%%%%%%%%%%%%%% 更新速度和位置 %%%%%%%%%%%%%%%%%%%%%
for t=1:M                    %更新速度和位置
for j=1:N
   fv(j)=fitness03(x(j,:),data00);
end
fvag=sum(fv)/N;                          %适应度平均值
fmin=min(fv);                            %适应度最小值
for i=1:N
   if fv(i)<=fvag                        %自适应惯性权重计算公式
      w=wmin+(fv(i)-fmin)*(wmax-wmin)/(fvag-fmin);
   else
      w=wmax;
   end
v(i,:)=w*v(i,:)+c1*rand*(y(i,:)- x(i,:))+c2*rand*(pg-x(i,:));      %速度更新
x(i,:)=x(i,:)+ v(i,:);
if x(i,1)<=0.00005
  x(i,1)=0.005;
end
 if x(i,2)<=0.00005
   x(i,2)=0.005;
 end
 if fitness03(x(i,:),data00)<p(i)
 p(i)=fitness03(x(i,:),data00);
 y(i,:)=x(i,:);
 end
 if p(i)<fitness03(pg,data00)
   pg=y(i,:);
```

```
 end
end
Pbest(t)=fitness03(pg,data00);
end
          %%%%%%%%%%%%%%%  a、b 、fv 值输出及迭代次数绘图   %%%%%%%%%%%%%%%
xm=pg';
MM=M;
rr=r;
fv=fitness03(pg,data00);
               %%%%%%%%%%%%%%%%%%%%%  End   %%%%%%%%%%%%%%%%%%%%%%%%
```

(4)执行程序 run0827. m

```
                 %%%%%%%%%%%%%%%%%%%%%  执行程序   %%%%%%%%%%%%%%%%%%%%%
close all                                       %清图
clc                                             %清屏
clear                                           %清除所有变量
load data01                                     %调用抽水试验原始数据
load W01                                        %G(λ)井函数数据,用于绘井函数曲线
format long
tic
          %%%%%%%%%%%%%%%%%%  给出绘图区间的最大值和最小值  %%%%%%%%%%%%%%%%
 xLimits=[0.01 1e12];                           %# Limits for the x axis
 yLimits=[1e-2 1e3];                            %# Limits for the y axis
          %%%%%%%%%%%%%%%%%  主程序输入参数及确定匹配点  %%%%%%%%%%%%%%%%
 [xm,fv,Pbest,MM,rr]=PSO(@ fitness03,50,2,2,0.9,0.4,200,2,data01,0.055);
 Q=52.848;                                      %流量值
 s=6.51;                                        %水位降深
 disp('%%%%%%%%%%选取的匹配点位数%%%%%%%%%%')
 n=4                  %选取的匹配点位数为 1 ~ m(m 为试验数据个数,1 为第一对观测数据)
 disp('%%%%%%%%%%%%%%%%%%%%%%%%%%%%%%%%%%%%')
 %%%%%%%%%%%%%%%%%%%  输出 a、b 值    %%%%%%%%%%%%%%%%%%%%
 a=xm(1)                                        %x 轴配线移动值
 b=xm(2)                                        %y 轴配线移动值
             %%%%%%%%%%%%%%%%%%  纵、横向平移计算   %%%%%%%%%%%%%%%%%%%%
 times=size(data01,2);
 xy=zeros(2,times);
 for i=1:times
   xy(1,i)=10.^(log10(data01(1,i))+log10(a));
   xy(2,i)=10.^(log10(data01(2,i))+log10(b));
 end
          %%%%%%%%%%%%%%%   绘制标准曲线及原始数据图   %%%%%%%%%%%%%%%%%
 figure(1)
```

```
p1=loglog(W01(1,:),W01(2,:),data01(1,:),data01(2,:),'-o','linewidth',2.5,'markersize',12);
logScale=diff(yLimits)/diff(xLimits);
powerScale=diff(log10(yLimits))/diff(log10(xLimits));
set(p1,'LineWidth',2.5);                    %确定线宽
set(gca,'fontsize',20,'fontname','Times New Roman','xlim',xLimits,'ylim',yLimits,'DataAspectRatio',[1 logScale/powerScale 1]) xlabel('λ,t/(min)');    %x 轴标注
ylabel('G(λ),Q/(m^3/h)');                   %y 轴标注
legend('标准曲线','原始数据');
grid on;set(gca,'gridlinestyle','-','minorgridlinestyle','-');
            %%%%%%%%%%%%%%%%%%  绘制优化配线图  %%%%%%%%%%%%%%%%%%
figure(2)
p2=loglog(W01(1,:),W01(2,:),data01(1,:),data01(2,:),'-o',xy(1,:),xy(2,:),'-s','linewidth',2.5,'markersize',12);
set(p2,'LineWidth',2.5);
set(gca,'fontsize',20,'fontname','Times New Roman','xlim',xLimits,'XTick',...logspace(log10(xLimits(1)),log10(xLimits(2)),log10(xLimits(2)/xLimits(1))+1),...'ylim',yLimits,'DataAspectRatio',[1 logScale/powerScale 1])    %字体和大小选择
%xticks(0.01:10:1e12);
xlabel('λ,t/(min)');
ylabel('G(λ),Q/(m^3/h)');
legend('标准曲线','原始数据',[num2str(MM) '次迭代']);
grid on;set(gca,'gridlinestyle','-','minorgridlinestyle','-');
            %%%%%%%%%%%%%%%%%%  绘制适应度曲线  %%%%%%%%%%%%%%%%%%
figure(3)
p3=plot(Pbest);
set(gca,'fontsize',14,'fontname','Times New Roman')    %选择字体格式和大小
xlabel('迭代次数');
ylabel('适应度函数值');
            %%%%%%%%%%%%%%%%  选取匹配点计算参数值  %%%%%%%%%%%%%%%%
ww=[xy(1,:),xy(2,:)];
a=xm(1);                                    %x 轴配线移动值
b=xm(2);                                    %y 轴配线移动值
fv                                          %离差平方和最小值
fprintf('匹配点 t 的值为%d\n',data01(1,n))    %匹配点时间值
fprintf('匹配点 Q 的值为%d\n',data01(2,n))    %匹配点流量值
fprintf('匹配点λ的值为%d\n',xy(1,n))         %匹配点λ值
fprintf('匹配点 G(λ)的值为%d\n',xy(2,n))     %匹配 G(λ)值
            %%%%%%%%%%%%%%%%%%  计算水文地质参数  %%%%%%%%%%%%%%%%%%
T=(Q*24)/(2*pi*s*xy(2,n))                   %计算导水系数
```

```
S=(T*data01(1,n))/(rr*rr*1440*xy(1,n))      %计算贮水系数
                  %%%%%%%%%%%%%%%%%%%%%%%%%%%%%%%%%%%%%%%%%%%%%%%%%%%%%%%%
load train
sound(y,Fs)
t=toc;
time=t/60
                  %%%%%%%%%%%%%%%%%%%%%%%   End   %%%%%%%%%%%%%%%%%%%%%%%%%
```

附录 10　定降深、变流量直线图解法

(1)抽水试验观测数据文件 data. mat

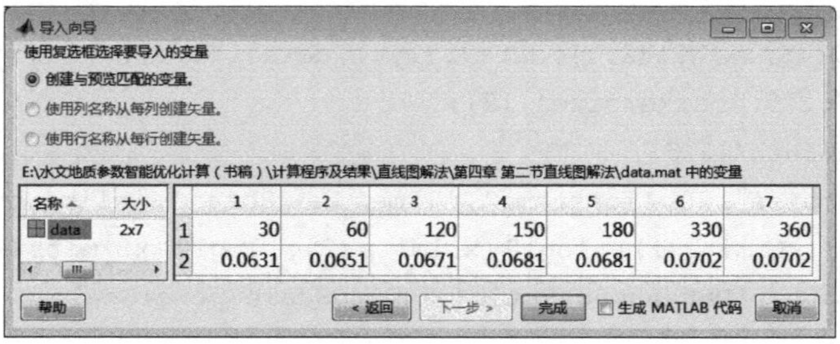

(2)定降深、变流量直线图解法目标函数计算程序 fitline. m

```
                %%%%%%%%%%%%%%%% 定降深、变流量直线图解法    %%%%%%%%%%%%%%
clc
clear
close all
load data
format long
tic
                  %%%%%%%%%%%%%%%%%%%%%%%%%%%%%%%%%%%%%%%%%%%%%%%%%5%%%%%%%%%%%
t1=data(1,:);                          %原始数据时间值
 q=data(2,:);                          %原始数据流量值得倒数
 l=polyfit(log10(t1),q,1);             %拟合出的直线方程
 t=1;                                  %匹配点时间值
 rw=0.055;                             %进水口进水段半径
 sw=6.51;                              %平均降深
 i=abs(l(1));                          %斜率绝对值
 v=l(2);                               %拟合出的直线在纵坐标上的截距
 x1=0.1:10^3;
 y1=(polyval(l,log10(x1)));            %原始横坐标在拟合直线上的点
 y2=(polyval(l,log10(t)));             %t=1 时,1/Q 的值 1/L
 fprintf('匹配点 t=1 时,1/Q 值为%d\n',y2)
 i=i                                   %斜率绝对值
```

```
            %%%%%%%%%%%%%%%%%%%%     绘图     %%%%%%%%%%%%%%%%%%%%%
figure(1)
p1=semilogx(t1,q,'o',x1,y1);
set(p1,'LineWidth',2.5);
%set(gca,'fontsize',20,'fontname','Times New Roman')
set(gca,'fontsize',20)
set(gca,'gridlinestyle','-','minorgridlinestyle','-');
axis([0.1 10^3,0.05 0.08]);
legend('原始数据点','拟合曲线')
xlabel('时间 t/min');
ylabel('流量 1/Q 1/L');
grid on
disp('%%%%%%%%%%%%%%%%%   离差平方和    %%%%%%%%%%%%%%%%%%%%%')
aa=size(data,2);
for ii=1:aa
  F(ii)=data(2,ii)-polyval(l,log10(data(1,ii)));
end
Fv=sum(F.^2)
disp('%%%%%%%%%%%%%%%%%%水文参数%%%%%%%%%%%%%%%%%%%%%%%%%%%')
             %%%%%%%%%%%%%%%%%%%% 参数计算     %%%%%%%%%%%%%%%%%%%%%
T=0.183/(0.01157012195*i*sw)        %导水系数,分母上数字为 min/l 与 d/m^3 的换算系数
S=(2.25*T*t)/(rw*rw*1440*10^(y2/i))        %贮水系数,1440 为时间单位换算系数
              %%%%%%%%%%%%%%%%%%%%%%%%%%%%%%%%%%%%%%%%%%%%%%%%%%%%
load train
sound(y,Fs)
t=toc;
time=t/60
            %%%%%%%%%%%%%%%%%%%%%%    End    %%%%%%%%%%%%%%%%%%%%%%%
```

```
figure(1)
plot(...)
set(gcf,'LineWidth',2)
set(gca,'fontsize',20,'fontname','Times New Roman')
set(gca,'fontsize',20)
set(gca,'FontName'...)
axis([...])
legend('...')
xlabel('时间 t/(min)')
ylabel('...')
grid on
disp('...')
aa=size(data,2)
for i=1:aa
    ...
end
...
disp('...')
...
a=[0.123,0.0118,0.01223...]
...
end train
sound(y,Fs)
t=toc
Time=t/60
end
```